公　式

◆ 三角関数の公式
加法定理
(1) $\sin(x \pm y) = \sin x \cos y \pm \cos x \sin y$　（複号同順）

(2) $\cos(x \pm y) = \cos x \cos y \mp \sin x \sin y$　（複号同順）

2倍角の公式
(3) $\sin 2x = 2 \sin x \cos x$

(4) $\cos 2x = 2 \cos^2 x - 1 = 1 - 2 \sin^2 x$

半角の公式
(5) $\sin^2 \dfrac{x}{2} = \dfrac{1 - \cos x}{2}$,　$\cos^2 \dfrac{x}{2} = \dfrac{1 + \cos x}{2}$

和・差を積にする公式
(6) $\sin \alpha + \sin \beta = 2 \sin \dfrac{\alpha + \beta}{2} \cos \dfrac{\alpha - \beta}{2}$

(7) $\sin \alpha - \sin \beta = 2 \cos \dfrac{\alpha + \beta}{2} \sin \dfrac{\alpha - \beta}{2}$

(8) $\cos \alpha + \cos \beta = 2 \cos \dfrac{\alpha + \beta}{2} \cos \dfrac{\alpha - \beta}{2}$

(9) $\cos \alpha - \cos \beta = -2 \sin \dfrac{\alpha + \beta}{2} \sin \dfrac{\alpha - \beta}{2}$

積を和・差にする公式
(10) $\sin A \cos B = \dfrac{1}{2} \{\sin(A+B) + \sin(A-B)\}$

(11) $\cos A \cos B = \dfrac{1}{2} \{\cos(A+B) + \cos(A-B)\}$

(12) $\sin A \sin B = -\dfrac{1}{2} \{\cos(A+B) - \cos(A-B)\}$

◆ 2項定理
異なる n 個のものから r 個取り出す組合せの総数を $_n\mathrm{C}_r$ で表すと，

(13) $_n\mathrm{C}_r = \dfrac{n(n-1)\cdots(n-r+1)}{r!} = \dfrac{n!}{r!\,(n-r)!}$

$(r! = r(r-1) \cdots 2 \cdot 1,\ 0! = 1)$

(14) $(a+b)^n = {_n\mathrm{C}_0} a^n + {_n\mathrm{C}_1} a^{n-1} b + \cdots + {_n\mathrm{C}_r} a^{n-r} b^r + \cdots + {_n\mathrm{C}_n} b^n$

新版 演習数学ライブラリ＝2

新版 演習 微分積分

寺田文行・坂田　泩　共著

サイエンス社

サイエンス社のホームページのご案内
http://www.saiensu.co.jp
ご意見・ご要望は　rikei @ saiensu.co.jp　まで.

まえがき

　この演習書を手にする大学生は，数学が広い範囲の学問・技術分野の基礎であることをよく認識し，その適正な主要部を分かりやすく学べる指導書を探し求めていると思います．数学は，物理学をはじめとする理系の諸分野，応用技術の工学諸分野のみならず，経済学の分野にまで，不可欠の基礎としての役割を担っています．

◆ 微分積分学　　微分積分学は 18 世紀に，ニュートンらによって始められ，物理学・力学と一体となり，膨大な応用の枠を広げたものでありました．今から見れば粗削りのものではありましたが，科学の大躍進に寄せる数学の立場を示したものでした．

　19 世紀の後半期に入り，微分積分学は，その理論の充実期に入りました．これに寄与した数学者としては，デデキント，ワイエルシュトラス，コーシーらがいました．その理論は，20 世紀以降，多くの数学者に受け継がれ，種々の分野にまで，応用の枠を広げております．

◆ 高校の微分積分と大学の微分積分　　我が国では，すでに 60 年以上も前から，高校教育に微分積分学を取り入れてきました．これが，他国に先駆けて，我が国の科学分野・技術分野を高める大きな要因となりました．現在の高校では上に述べたニュートンらの考え方と手法を扱う微分積分学ですが，大学ではこれに 19 世紀以降に作られた理論と応用を目指す内容が加わります．

◆ 本書の特色　　1975 年に刊行以来，大好評の『演習 微分積分』を次の (1)～(4) に主眼を置き，刷新をはかったものです．

　(1) 最近の高校のカリキュラムによく接続する　　大学の数学学習の参考書は，高校数学の目標・内容と学習の実態とをよく承知して作成されたものでありたいです．一見して高校に接続しているようであっても，十分な気遣いを欠いたり，接続の仕方を誤った本で学習すると "数学ギライの大学生" になり，後々に専門の場で「コマッタ」と後悔する人も少なくないでしょう．本書はそこを十分に配慮して作られています．平易なうちに本質をとらえられるような問題を選択し
　　　　　　　使える微分積分を，しっかり根底からつかむ
ことができるように作成しています．

(2) 応用力を目指した基礎理論固め　　使える微分積分を身につけねばなりません．どういう場面で，どう使えるかは，対象により人によりさまざまですが，それを自分で判断できるようにならねばなりません．それには，基礎理論の流れを学びとっておかねばならないでしょう．例題を選ぶに当たっても，テクニックを楽しむものはやめて，応用に発展するようなものを選びました．

のちのちまでも役に立つ演習書

でありたいと願っています．

(3) 分かりやすい展開　　大学での演習書というと，多くの場合難しすぎるため，せっかく買ってきたのに，やがて「ツンドク」に終えることが多いものです．1冊位は，ボロボロになるまで，本当に使えて役に立つものがあってもよいと思われます．また目先の目標として

試験に出そうな問題

の配列にも気を配りました．またやむをえず講義を欠席したときは

自室で補充できるコーチ書

でありたいと願っています．

(4) route と navi による展望とまとめ　　例題では解答の前に route や navi の項があります．

- **route** では，基本事項（概念・定理）とこの例題との結びつきを，分かりやすく説明します．
- **navi** は navigation の省略です．ここでは，例題固有の条件や要点・本質を端的にとりあげました．その条件を既知の基本事項と結びつけて，この例題の解決が展望されるように計画されています．

これらを，自力によるチャレンジに役立たせることができれば最高です．また解答を学習した後にもう一度振りかえり

充実した学習・満足できる学習

に活用してください．

◆ 学習法　　数学の理論の流れは，3つの部分から構成されています．まず概念（考え）を伝える用語の定義に始まり，流れの主体となる定理がつづき，最後に例題による深化・確認です．本書のような演習書では，主体は例題にありますが，このような流れに沿って作られています．

そこで学習にあたっては，次のことを参考にして下さい．

まえがき

(1) 書いて学習する　定義と定理の部分を，単に目だけで追うのでは，たとえ音読するとしてもその意味を的確に掴むことにはなりません．書きながら進んで下さい．ときには図形化（グラフ化）してみるのもよいことです．

(2) 覚えること　数学は計算テクニックの学問ではありません．基本概念と理論の流れをしっかり覚えてください．

(3) まねること　「まなぶ」は「まねる」から発したと言われています．各例題にはていねいな解答があります．その例題を書いて学んだときはもう一度 *route* や *navi* をよく理解した上で，その下にある問題でまねて解決してください．
また各章の終わりに少し程度の高い「演習問題 A, B」を集めました．挑戦してください．

◆ **最後に**　この小冊子が君の数学力の向上と充実に寄与することを両著者は心より願っています．また作成にあたり，サイエンス社の編集部長田島伸彦氏と編集担当の渡辺はるか女史に大変お世話になりました．心から感謝いたします．

2009 年 6 月

寺田　文行
坂田　泩

目　次

1 数列と級数 — 1
- *1.1* 数　列 1
  - 例題 1～4
- *1.2* 級　数 6
  - 例題 5～8
- *1.3* 交項級数，絶対収束級数，条件収束級数，整級数 11
  - 例題 9～10
- 研究　整級数の項別積分・項別微分 14
- 演習問題　1–A 15
- 演習問題　1–B 15

2 微分法とその応用 — 16
- *2.1* 関数の極限と連続性 16
  - 例題 1～5
- *2.2* 微 分 法 24
  - 例題 6～11
- *2.3* 導関数の性質とその応用 34
  - 例題 12～15
- *2.4* 関数のグラフ 42
  - 例題 16～20
- 演習問題　2–A 50
- 演習問題　2–B 51

3 積分法とその応用 — 52

- **3.1** 不定積分 ... 52
  - 例題 1〜9
- **3.2** 三角関数の積分法 ... 63
  - 例題 10, 11
- **3.3** 無理関数，指数関数，対数関数の積分法 ... 66
  - 例題 12〜17
- **3.4** 定積分 ... 73
  - 例題 18〜25
- 研究　ウォリスの公式とスターリングの公式 ... 83
- **3.5** 広義積分（特異積分と無限積分） ... 84
  - 例題 26〜30
- **3.6** 定積分の応用 ... 90
  - 例題 31〜34
- 演習問題　3-A ... 97
- 演習問題　3-B ... 98

4 偏微分法 — 100

- **4.1** 2変数関数とその極限 ... 100
  - 例題 1〜3
- **4.2** 偏導関数 ... 106
  - 例題 4〜7
- **4.3** 2変数のテイラーの定理とその応用 ... 114
  - 例題 8〜14
- 演習問題　4-A ... 124
- 演習問題　4-B ... 125
- 研究 I　3次元空間における直線，平面，曲面 ... 126
- 研究 II　3次元空間における直線や円の方程式 ... 128

5 重積分 — 132

- *5.1* 2 重積分 132
  - 例題 1～3
- *5.2* 2 重積分における変数変換と定義の拡張 138
  - 例題 4～8
- *5.3* 面積，体積，曲面積および 3 重積分 146
  - 例題 9～12
- 演習問題　5–A 151
- 演習問題　5–B 152

6 微分方程式の解法 — 153

- *6.1* 微分方程式とその解 153
  - 例題 1～3
- *6.2* 1 階常微分方程式 157
  - 例題 4～10
- *6.3* 2 階線形微分方程式 167
  - 例題 11～16
- 演習問題　6–A 175
- 演習問題　6–B 176

問題解答 — 177

- 1 章の問題解答 177
- 2 章の問題解答 183
- 3 章の問題解答 201
- 4 章の問題解答 231
- 5 章の問題解答 245
- 6 章の問題解答 261

索引 — 278

1 数列と級数

1.1 数　列

◆ **数列の収束，発散**　ある規則で順に並べられた数の集合 $a_1, a_2, \cdots, a_n, \cdots$ を**数列**といい $\{a_n\}$ と書く．a_n を**第 n 項**または**一般項**という．数列 $\{a_n\}$ において n を十分大きくするとき，a_n が一定値 a に限りなく近づくならば，$\{a_n\}$ は a に**収束する**または a を**極限値**にもつといい，

$$\lim_{n\to\infty} a_n = a, \qquad a_n \to a \quad (n \to \infty)$$

と表す．また収束しない数列を**発散する**という．特に a_n が限りなく大きくなるとき，$\{a_n\}$ は ∞（**正の無限大**）に発散するといい，$a_n < 0$ で $|a_n|$ が限りなく大きくなるとき，$\{a_n\}$ は $-\infty$（**負の無限大**）に発散するという．このときそれぞれ次のように表す．

$\lim_{n\to\infty} a_n = \infty$ または $a_n \to \infty \ (n \to \infty)$, $\quad \lim_{n\to\infty} a_n = -\infty$ または $a_n \to -\infty \ (n \to \infty)$

また $n \to \infty$ のとき a_n が確定でないとき $\{a_n\}$ は**振動する**という（極限値が 1 つに定まるとき（∞ でも $-\infty$ でもよい）極限値は**確定である**という）．

◆ **数列の単調増加，単調減少，有界**　数列 $\{a_n\}$ が $a_1 \leqq a_2 \leqq \cdots \leqq a_n \leqq \cdots$ ならば**単調増加**であるといい，$a_1 \geqq a_2 \geqq \cdots \geqq a_n \geqq \cdots$ ならば**単調減少**であるという．数列 $\{a_n\}$ の一般項 a_n がある一定数より小さいとき**上に有界**であるといい，ある一定数より大きいとき**下に有界**であるという．上および下に有界であるとき単に**有界**であるという．

◆ **数列の収束，極限に関する基本定理**

> **定理 1.1**（**有界単調数列の収束性**）　単調増加で上に有界な数列は収束する．単調減少で下に有界な数列は収束する．

> **定理 1.2**（**数列の極限の基本性質**）　$\lim_{n\to\infty} a_n = a$, $\lim_{n\to\infty} b_n = b$ ならば
> (i) $\lim_{n\to\infty}(\lambda a_n \pm \mu b_n) = \lambda a \pm \mu b$　　(ii) $\lim_{n\to\infty} a_n b_n = ab$
> (iii) $\lim_{n\to\infty} \dfrac{a_n}{b_n} = \dfrac{a}{b}$　（ただし，$b_n \neq 0, b \neq 0$）

> **定理 1.3**（**はさみうちの定理**）　$a_n \leqq c_n \leqq b_n$ のとき，
> $$\lim_{n\to\infty} a_n = \lim_{n\to\infty} b_n = a \quad \text{ならば} \quad \lim_{n\to\infty} c_n = a$$

例題 1 ───────────────── 数列の極限値

(1) 数列 $\{\sqrt{n^2+1} - \sqrt{n^2-1}\}$ の極限値を求めよ.

(2) (i) $a > 1$ のとき,$a^n \to \infty \ (n \to \infty)$
 (ii) $|a| < 1, a \neq 0$ のとき,$a^n \to 0 \ (n \to \infty)$
 であることを示せ.

route (1) $n \to \infty$ としたとき形式的に書くと $\infty - \infty$ となるがこの極限値が 0 となるとは限らない(この形を**不定形**という).分母分子に $\sqrt{n^2+1} + \sqrt{n^2-1}$ をかけて**分子を有理化**する.

(2) $a > 1$ のときは $a = 1 + x \ (x > 0)$ とおく.これを 2 項定理で展開して
$$a^n = (1+x)^n = 1 + nx + \frac{n(n-1)}{2!}x^2 + \cdots + x^n.$$
$x > 0$ より**不等式** $(1+x)^n > 1 + nx$ $\cdots$ ① を導き,これを利用する.

navi 極限値を求めやすい形に変形 (1) 分子の有理化
(2) 不等式 ① の利用.次にはさみうちの定理で求める.

解答 (1) $\dfrac{\sqrt{n^2+1} - \sqrt{n^2-1}}{1}$ の分母分子に $\sqrt{n^2+1} + \sqrt{n^2-1}$ をかけて分子を有理化する.

$$\sqrt{n^2+1} - \sqrt{n^2-1} = \frac{(\sqrt{n^2+1})^2 - (\sqrt{n^2-1})^2}{\sqrt{n^2+1} + \sqrt{n^2-1}} = \frac{2}{\sqrt{n^2+1} + \sqrt{n^2-1}} \to 0 \ (n \to \infty)$$

(2) (i) $a > 1$ のとき.$a = 1 + x$ とおく $(x > 0)$.上記不等式 ① より,
$$a^n = (1+x)^n > 1 + nx \quad \therefore \ a^n \to \infty \ (n \to \infty).$$

(ii) $-1 < a < 1 \ (a \neq 0)$ のとき.$1/a = b$ とおくと,$b > 1$ または $b < -1$ であり,(i) より,$|b^n| \to \infty \ (n \to \infty)$ である.よって,$|a^n| = 1/|b^n| \to 0 \ (n \to \infty)$.
$$\therefore \ a^n \to 0 \ (n \to \infty)$$

追記 1.1 **数列の収束,発散について** 前頁で述べた "限りなく近づく","限りなく大きくなる" ということをさらに精密に述べると次のようになる.

• $a_n \to a$ とは「どんな小さな正の数 ε が与えられても,適当な番号 n_0 を定めると,$n > n_0$ であるすべての n について $|a_n - a| < \varepsilon$ となること.

• $a_n \to \infty$ とは,どんな正の数 K を与えられても,適当な番号 n_0 を定めると,$n > n_0$ であるすべての n について $a_n > K$ となること.

しかし本書ではこのような表現は用いないことにする(このような表現については高木貞治著『改訂解析概論』岩波書店,を参照のこと).

問 題

1.1 第 n 項が次のように与えられる数列の極限値を求めよ.

(1) $\dfrac{1-n}{2+\sqrt{n}}$ (2) $\dfrac{\sin n}{n}$ (3) $\sqrt{n+1} - \sqrt{n}$ (4) $\dfrac{1+2+\cdots+n}{n^2}$

1.1 数列

---**例題 2**---**極限値の存在**---

数列 $\left\{\left(1+\dfrac{1}{n}\right)^n\right\}$ は収束することを証明せよ．

route 定理 1.1（⇨ p.1，有界単調数列の収束性）を用いる．

navi **極限値の存在** **有界性**と**単調性**を確かめる．

[解答] まず $\{a_n\}$ は単調増加な数列であることをいう．二項定理を用いて，

$$a_n = \left(1+\dfrac{1}{n}\right)^n$$

を展開する．すなわち，

$$a_n = 1 + n\left(\dfrac{1}{n}\right) + \dfrac{n(n-1)}{2!}\left(\dfrac{1}{n}\right)^2 + \dfrac{n(n-1)(n-2)}{3!}\left(\dfrac{1}{n}\right)^3 + \cdots + \dfrac{n(n-1)\cdots(n-(n-1))}{n!}\left(\dfrac{1}{n}\right)^n$$

$$= 1 + 1 + \dfrac{1}{2!}\left(1-\dfrac{1}{n}\right) + \dfrac{1}{3!}\left(1-\dfrac{1}{n}\right)\left(1-\dfrac{2}{n}\right) + \cdots + \dfrac{1}{n!}\left(1-\dfrac{1}{n}\right)\cdots\left(1-\dfrac{n-1}{n}\right).$$

同様にして，

$$a_{n+1} = 1 + 1 + \dfrac{1}{2!}\left(1-\dfrac{1}{n+1}\right) + \dfrac{1}{3!}\left(1-\dfrac{1}{n+1}\right)\left(1-\dfrac{2}{n+1}\right) + \cdots$$

$$+ \dfrac{1}{n!}\left(1-\dfrac{1}{n+1}\right)\cdots\left(1-\dfrac{n-1}{n+1}\right) + \dfrac{1}{(n+1)!}\left(1-\dfrac{1}{n+1}\right)\cdots\left(1-\dfrac{n}{n+1}\right).$$

a_n と a_{n+1} とを比較してみれば，後者の各項は前者の各項よりも大きく，しかも項数が1つ多いから $a_n < a_{n+1}$．次に上に有界であることをいう．

$$a_n = 1 + 1 + \dfrac{1}{2!}\left(1-\dfrac{1}{n}\right) + \dfrac{1}{3!}\left(1-\dfrac{1}{n}\right)\left(1-\dfrac{2}{n}\right) + \cdots + \dfrac{1}{n!}\left(1-\dfrac{1}{n}\right)\cdots\left(1-\dfrac{n-1}{n}\right)$$

$$< 1 + 1 + \dfrac{1}{2!} + \dfrac{1}{3!} + \cdots + \dfrac{1}{n!} < 1 + 1 + \dfrac{1}{2} + \dfrac{1}{2^2} + \cdots + \dfrac{1}{2^n}$$

$$= 1 + \dfrac{1 - 1/2^{n+1}}{1 - 1/2} < 3.$$

よって p.1 の定理 1.1 により数列 $\{a_n\}$ は収束する．

追記 1.2 $\displaystyle\lim_{n\to\infty}\left(1+\dfrac{1}{n}\right)^n = e$ とおいて**自然対数の底**（ネイピアの数）という．
e は無理数で，$e = 2.718\cdots$

問題

2.1 $a > 0$ のとき，
$$\sqrt[n]{a} \to 1 \quad (n \to \infty)$$
を示せ（$a > 1$, $a = 1$, $0 < a < 1$ の3つの場合にわけて考えよ）．

例題 3 ———————————————————————————— 数例の収束・発散

次の数列の収束,発散について調べよ.
(1) $\left\{\dfrac{(-5)^n}{2^n+3^n}\right\}$ (2) $\left\{\dfrac{a^n}{n!}\right\}$ $(a \neq 0)$

route (1) 分母分子を 3^n で割り,p.2 の例題 1 (2) を用いる.
(2) **不等式** $\dfrac{|a|}{n-1} > \dfrac{|a|}{n}$ を利用.

navi 極限を求めやすい形に変形 (1) 分母分子を 3^n で割る
(2) **不等式** $\dfrac{a}{p} > \dfrac{a}{q}$ $(a>0,\ 0<p<q)$ の利用

解答 (1) 分母・分子を 3^n で割って,

$$\dfrac{(-5)^n}{2^n+3^n} = \left(-\dfrac{5}{3}\right)^n \Big/ \left\{\left(\dfrac{2}{3}\right)^n + 1\right\}. \text{ 例題 1 (2)(⇨p.2) より}$$

$\displaystyle\lim_{n\to\infty}\left(\dfrac{5}{3}\right)^n = \infty,\ \lim_{n\to\infty}\left(\dfrac{2}{3}\right)^n = 0 \quad \therefore\ \lim_{n\to\infty}\dfrac{(-5)^n}{2^n+3^n} = \begin{cases} \infty & (n \text{ が偶数のとき}) \\ -\infty & (n \text{ が奇数のとき}) \end{cases}$

ゆえに数列 $\left\{\dfrac{(-5)^n}{2^n+3^n}\right\}$ は振動する.

(2) $|a| \leqq k$ であるような正の整数 $k\ (<n)$ をとると,

$$\dfrac{a^n}{n!} = \dfrac{a^k}{k!} \cdot \dfrac{a}{k+1} \cdot \dfrac{a}{k+2} \cdots \dfrac{a}{n},$$

$\left|\dfrac{a}{k+1}\right| > \left|\dfrac{a}{k+2}\right| > \cdots > \left|\dfrac{a}{n}\right|$ $\quad \therefore\ \left|\dfrac{a^n}{n!}\right| \leqq \left|\dfrac{a^k}{k!}\right| \cdot \left|\dfrac{a}{k+1}\right|^{n-k}$

$\left|\dfrac{a^k}{k!}\right|$ は定数,$\left|\dfrac{a}{k+1}\right| < 1$ であるから p.2 の例題 1 (2) より $\displaystyle\lim_{n\to\infty}\left|\dfrac{a}{k+1}\right|^{n-k} = 0$

したがって,$\displaystyle\lim_{n\to\infty}\left|\dfrac{a^n}{n!}\right| = 0 \quad \therefore\ \lim_{n\to\infty}\dfrac{a^n}{n!} = 0.$ ゆえに数列 $\left\{\dfrac{a^n}{n!}\right\}$ は収束する.

~~~~~~~~~~ 問題 ~~~~~~~~~~

3.1[†] 2 つの数列 $\{a_n\}, \{b_n\}$ について,次の事柄は正しいか.

(1) $\displaystyle\lim_{n\to\infty} a_n = \alpha,\ \lim_{n\to\infty} b_n = \beta\ (\alpha, \beta \text{は定数})$ ならば $\displaystyle\lim_{n\to\infty}\dfrac{a_n}{b_n} = \dfrac{\alpha}{\beta}$

(2) $\displaystyle\lim_{n\to\infty} a_n = \infty,\ \lim_{n\to\infty} b_n = \infty$ ならば $\displaystyle\lim_{n\to\infty}(a_n - b_n) = 0$

(3) $\displaystyle\lim_{n\to\infty} a_n = \alpha,\ \lim_{n\to\infty}(a_n - b_n) = 0\ (\alpha \text{は定数})$ ならば $\displaystyle\lim_{n\to\infty} b_n = \alpha$

[†] 正しい場合は証明せよ.正しくない場合は反例を示せ.

例題 4 ───────────────────── 漸化式と極限

次のように定義された漸化式がある．その極限値を求めよ．
$$a_1 = \sqrt{2}, \quad a_{n+1} = \sqrt{a_n + 2} \quad (n \text{ は自然数})$$

route 定理 1.1（⇨ p.1，有界単調数列の収束性）を用いる．有界性は数学的帰納法により $0 < a_n < 2$ を示し，単調性は $a_{n+1}^2 - a_n^2$ によって調べる．

navi **極限値の存在** **有界性** ・ **単調性**を確認する．次に**極限値を α とおいて求める**．

解答 ① すべての n について，$0 < a_n < 2$ であることを数学的帰納法を用いて証明する．
 (i) $n = 1$ のとき，$0 < a_1 < 2$ は明らかである．
 (ii) $n = k$ のとき成り立つ，すなわち $0 < a_k < 2$ と仮定すると，
$$0 < a_{k+1} = \sqrt{a_k + 2} < 2$$
が成り立つ．よって (i), (ii) から数学的帰納法によりすべての n について $0 < a_n < 2$ が成り立つ．ゆえに a_n は有界である．

② 次に単調増加であることを示す．
$$a_{n+1}^2 - a_n^2 = 2 + a_n - a_n^2 = (2 - a_n)(1 + a_n) > 0$$
が成り立つ．また一方 $a_{n+1}^2 - a_n^2 = (a_{n+1} - a_n)(a_{n+1} + a_n) > 0$
$$\therefore \quad a_n < a_{n+1}$$

①, ② より p.1 の定理 1.1 により，与えられた数列は極限値をもつ．
いまその極限値を α とすると，$a_{n+1}^2 = a_n + 2$ の両辺は $n \to \infty$ のとき
$$\alpha^2 = \alpha + 2$$
となるから，これを解いて，$\alpha = 2$ または $\alpha = -1$ となる．
ここで $a_n > 0$ であるので $\alpha > 0$．よって $\alpha = 2$．

問題

4.1 次の漸化式によって定義される数列の単調性，有界性を調べて，その極限値を求めよ．
$$a_1 = 3, \quad a_{n+1} = 2\sqrt{a_n} \quad (n \text{ は自然数})$$

4.2 次のような数列の例を挙げよ．
 (1) $a_n - a_{n+1} \to 0 \ (n \to \infty)$ であるが $\{a_n\}$ は収束しない．
 (2) $\{a_n\}, \{b_n\}$ はともに発散するが，$\{a_n + b_n\}$ は収束する．
 (3) $\{a_n\}, \{b_n\}$ は収束するが，$\left\{\dfrac{a_n}{b_n}\right\}$ は発散する．
 (4) $\{a_n\}$ は発散するが $\{|a_n|\}$ は収束する．

1.2 級　　数

◆ **級数の収束と発散**　　数列 $\{a_n\}$ が与えられたとき，$a_1 + a_2 + \cdots + a_n + \cdots$ ① を級数といい，$\sum a_n, \sum_{n=1}^{\infty} a_n$ 等と書く．a_n を第 n 項といい，$S_n = \sum_{k=1}^{n} a_k$ を**第 n 部分和**という．

$\{S_n\}$ が S に収束するとき，$\sum a_n$ は S に**収束する**といい，$\sum_{k=1}^{\infty} a_k = S$ と書く．このとき S を級数 ① の**和**という．$\{S_n\}$ が収束しないとき $\sum a_n$ は**発散する**という．$S_n \to \infty \ (n \to \infty)$ のとき**正の無限大に発散する**，$S_n \to -\infty \ (n \to \infty)$ のとき，**負の無限大に発散する**といい，$n \to \infty$ のとき S_n が確実でないとき**振動する**という．

注意 1.1　級数 ① の収束，発散は部分和の列 $\{S_n\}$ の収束，発散と同値であるから数列のときの定理を級数にそのまま書きなおすことができる．

定理 1.4（級数の基本性質）　(i) $\sum a_n$ が収束 $\Longrightarrow a_n \to 0 \ (n \to \infty)$
(ii) $\sum a_n = a, \sum b_n = b \Longrightarrow$ 任意の α, β に対し $\sum (\alpha a_n + \beta b_n) = \alpha a + \beta b$
(iii) $\sum a_n$ が収束するとき，その項の順序を変えずに若干項ずつを任意に括弧でくくって得られる級数は収束し，その和はもとの級数の和に等しい．

◆ **正項級数**　　すべての n に対して，$a_n \geqq 0$ である級数 $\sum a_n$ を**正項級数**という．

定理 1.5（比較判定法）　2つの正項級数 $\sum a_n, \sum b_n$ があり，すべての n に対し，$a_n \leqq p b_n \ (p > 0, \ 定数)$ であるとき，
(i) $\sum b_n$ が収束 $\Longrightarrow \sum a_n$ は収束，　　(ii) $\sum a_n$ が発散 $\Longrightarrow \sum b_n$ は発散

定理 1.6 (i)（コーシーの判定法）正項級数 $\sum a_n$ において，$\lim_{n \to \infty} \sqrt[n]{a_n} = r \Longrightarrow \sum a_n$ は $r < 1$ のとき収束，$r > 1$ のとき発散．$r = 1$ のときはわからない．
(ii)（ダランベールの判定法）正項級数 $\sum a_n$ において，$\lim_{n \to \infty} \left(\dfrac{a_{n+1}}{a_n} \right) = r \Longrightarrow \sum a_n$ は $r < 1$ のとき収束し，$r > 1$ のとき発散する．$r = 1$ のときはわからない．

定理 1.7（積分判定法）　$a_1 \geqq a_2 \geqq \cdots \geqq a_n \geqq \cdots > 0$ とする．いま $f(x)$ は $x \geqq 1$ で定義された単調減少する連続関数（⇨ p.17）で，$f(n) = a_n \ (n = 1, 2, \cdots)$ であるとする．このとき $\lim_{n \to \infty} \int_1^n f(x) dx$ が収束すれば，$\sum a_n$ は収束し，この積分が発散すれば $\sum a_n$ は発散する．

注意 1.2　定理 1.4 (i) の逆は必ずしも成立しない（⇨ p.8 の例題 6）．

1.2 級数

例題 5 ─────────────── 無限等比級数の収束，発散 ───

無限等比級数
$$\sum_{n=0}^{\infty} x^n = 1 + x + x^2 + \cdots + x^n + \cdots \qquad \cdots \text{①}$$
の収束，発散について調べよ．

---

route　$x = \pm 1$ で場合分けする．

navi　**無限級数**　まず部分和に着目し，次に $\lim$ を求める．

解答　$S_n = 1 + x + x^2 + \cdots + x^{n-1}$ とおくと，

(i)　$|x| < 1$ のときは，
$$S_n = \frac{1-x^n}{1-x} = \frac{1}{1-x} - \frac{x^n}{1-x} \text{ で } \lim_{n \to \infty} x^n = 0 \quad (\Rightarrow \text{p.2 の例題 1 (ii)})$$
したがって，$\displaystyle\lim_{n \to \infty} S_n = \frac{1}{1-x}$ であるから，級数 ① は収束する．

(ii)　$x > 1$ のときは，$S_n = \dfrac{1-x^n}{1-x} = \dfrac{x^n}{x-1} - \dfrac{1}{x-1}$ で $\displaystyle\lim_{n \to \infty} S_n = \infty$ （⇨ p.2 の例題 1 (i)）
特に，$x = 1$ のときは，$S_n = 1 + 1 + \cdots + 1 = n, S_n \to \infty \, (n \to \infty)$
したがって $x \geqq 1$ のときは級数 ① は正の無限大に発散する．

(iii)　$x < -1$ のときは $S_n = \dfrac{1}{1-x} - \dfrac{x^n}{1-x}$ で
　　　n が奇数のときは $S_n \to \infty \, (n \to \infty)$，偶数のときは $S_n \to -\infty \, (n \to \infty)$．
特に $x = -1$ のときは $S_n = 1 - 1 + 1 - \cdots + (-1)^{n-1}$ であるから，
$$n \text{ が奇数のときは } S_n = 1, \text{ 偶数のときは } S_n = 0.$$
したがって $x \leqq -1$ のときは，$\displaystyle\lim_{n \to \infty} S_n$ は確定でないので，級数 ① は振動する．

注意 1.3　$\sum a_n$ の和 S は S_n の極限であって，$a_1, a_2, \cdots, a_n, \cdots$ を全部加えたものではない．無限個のものを実際に加えるということは不可能であるから，有限個を加えて得られた数列 $S_1, S_2, \cdots$ から直観的な "無限個の和" というものを推測しているにすぎない．
　したがってこの "無限個の加法" に対して通常の加法のような計算法則，例えば交換，配分，組合せの法則が成り立つとは限らない．

≋≋ 問　題 ≋≋≋≋≋≋≋≋≋≋≋≋≋≋≋≋≋≋≋≋≋≋≋≋≋

5.1　次の級数の収束，発散について調べよ．

(1)　$\displaystyle\sum_{n=0}^{\infty} \frac{1}{n!}$ 　　　　　(2)　$\displaystyle\sum_{n=1}^{\infty} \frac{1}{(3n-2)(3n+1)}$

(3)　$\displaystyle\sum_{n=1}^{\infty} \frac{1}{\sqrt{n} + \sqrt{n+1}}$ 　　(4)　$\displaystyle\sum_{n=1}^{\infty} \frac{n}{2n-1}$

例題 6 ─────────────────── ゼータ級数の収束，発散，調和級数 ─

級数 $\sum_{n=1}^{\infty} \dfrac{1}{n^p}$ は $p>1$ のときは収束し，$0<p\leqq 1$ のときは発散することを示せ．

---

route　級数の問題を**関数 $y=1/x^p\,(p>0)$ に着目**，**積分の助けをかりる**．

[解答] 関数 $y=1/x^p\,(p>0)$ は $x>0$ のときは減少関数で，グラフは下の**図1.1**のようになる．そして，$\displaystyle\int_1^n \dfrac{dx}{x^p}$ は，この曲線と直線 $x=1,\,x=n,\,x$ 軸で囲まれた面積を表し，$\displaystyle\sum_{k=2}^n \dfrac{1}{k^p}$ は底辺が 1 で高さが $\dfrac{1}{2^p},\dfrac{1}{3^p},\cdots,\dfrac{1}{n^p}$ に等しい長方形の面積の和を表す．

$$\therefore\ \ S_n=1+\sum_{k=2}^{n}\dfrac{1}{k^p}<1+\int_1^n \dfrac{dx}{x^p}\quad\cdots ①$$

次に $\displaystyle\sum_{k=1}^n \dfrac{1}{k^p}$ は図1.1で点線で描いた階段グラフ $A_1B_1A_2B_2\cdots A_nB_n$ と直線 $x=1$，$x=n+1$，x 軸で囲まれた面積を表す．　　$\therefore\ \ S_n=\displaystyle\sum_{k=1}^n \dfrac{1}{k^p}>\int_1^{n+1}\dfrac{dx}{x^p}\quad\cdots ②$

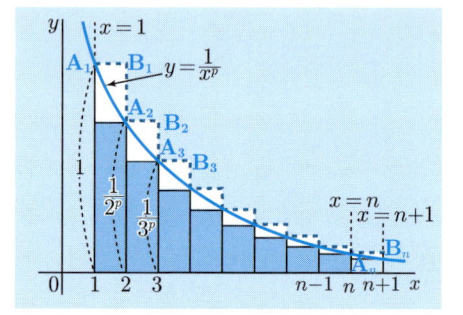

図1.1

ゆえに $p\neq 1$ のとき $\displaystyle\int_1^n \dfrac{dx}{x^p}=\dfrac{1}{1-p}\left(\dfrac{1}{n^{p-1}}-1\right)$，$p=1$ のとき $\displaystyle\int_1^n \dfrac{dx}{x^p}=\log n$．

(i) $p>1$ のとき ① から $S_n<1+\displaystyle\int_1^n \dfrac{dx}{x^p}=\dfrac{p}{p-1}-\dfrac{1}{(p-1)n^{p-1}}<\dfrac{p}{p-1}$（定数）

また，数列 $\{S_n\}$ は単調増加であるから p.1 の定理1.1 により数列 $\{S_n\}$ は収束する．したがって，$n\to\infty$ のとき S_n は存在し，与えられた級数は収束する．

(ii) $0<p\leqq 1$ のとき ② から $S_n>\displaystyle\int_1^{n+1}\dfrac{dx}{x^p}$，そして $\displaystyle\lim_{n\to\infty}\int_1^{n+1}\dfrac{dx}{x^p}=\infty$ したがって，$n\to\infty$ のとき $S_n\to\infty$ で，級数は ∞ に発散する．

注意 1.4　$\displaystyle\sum_{n=1}^{\infty}\dfrac{1}{n^p}\,(p>0)$ を**ゼータ級数**という．特に $p=1$ のとき**調和級数**という．

───── 問　題 ─────

6.1　次の級数の収束，発散を判定せよ．

(1) $\displaystyle\sum_{n=1}^{\infty}\dfrac{1}{\sqrt{n(n+1)}}$　　(2) $\displaystyle\sum_{n=1}^{\infty}\left(\dfrac{1}{\sqrt{n}}-\dfrac{1}{\sqrt{n+1}}\right)$　　(3) $\displaystyle\sum_{n=1}^{\infty}\dfrac{n}{(n+1)^3}$

1.2 級 数

─ 例題 7 ─────────────────────── 正項級数の収束 ─

正項級数 $\sum a_n$ が収束するとき，
(1) $\sum \sqrt{a_n a_{n+1}}$ (2) $\sum \dfrac{a_n}{1-a_n}$ ($a_n \neq 1$)

も収束することを示せ．また，
(3) $b_n > 0$ で $\dfrac{b_n}{b_{n-1}} < \dfrac{a_n}{a_{n-1}}$ ならば $\sum b_n$ も収束することを示せ．

route (1) 不等式 $\sqrt{a_n a_{n+1}} \leqq 1/2(a_n + a_{n+1})$ を用いよ．

(2) $a_n \to 0\,(n \to \infty)$ であるから，$0 \leqq a_n < 1/2\,(n \geqq N)$ のような N が存在する．これを用いて不等式 $\dfrac{a_n}{1-a_n} < 2a_n\,(n \geqq N)$ を導け．

(3) $b_n < \dfrac{a_n}{a_{n-1}} b_{n-1}$ とし，b_{n-1} の n を 1 つずつ下げ，最後に定理 1.5（⇨p.6）を用いよ．

navi 収束，発散が判定しやすい形に変形　(1) 不等式 $\sqrt{ab} \leqq \dfrac{a+b}{2}$ ($a \geqq 0,\ b \geqq 0$) を利用．次に比較判定法

(2) $0 \leqq a_n < \dfrac{1}{2}\,(n \geqq N)$ を用いて $0 < \dfrac{a_n}{1-a_n} < 2a_n$ を導く．次に比較判定法

解答 (1) 正項級数 $\sum a_n$ は収束するという仮定から $\sum \dfrac{a_n + a_{n+1}}{2}$ は収束する．また不等式 $\sqrt{a_n a_{n+1}} \leqq \dfrac{1}{2}(a_n + a_{n+1})$ を用いると，定理 1.5（⇨p.6）により $\sum \sqrt{a_n a_{n+1}}$ は収束する．

(2) $\sum a_n$ は収束するから，定理 1.4 (i)（⇨p.6）により $a_n \to 0\,(n \to \infty)$ である．ゆえに，$n \geqq N$ であるすべての n について $0 < a_n < \dfrac{1}{2}$ であるような自然数 N をとることができる．これより，$1 - a_n > \dfrac{1}{2}$ となるので，$\dfrac{1}{1-a_n} < 2$．よって，

$$0 < \dfrac{a_n}{1-a_n} < 2a_n$$

が成り立つ．ゆえに定理 1.5（⇨p.6）によって，与えられた級数は収束する．

(3) $\dfrac{b_n}{b_{n-1}} < \dfrac{a_n}{a_{n-1}}$ を変形して $b_n < \dfrac{a_n}{a_{n-1}} b_{n-1}$，また n を 1 つ下げて $b_{n-1} < \dfrac{a_{n-1}}{a_{n-2}} b_{n-2}$．ゆえに，

$$b_n < \dfrac{a_n}{a_{n-1}} \cdot \dfrac{a_{n-1}}{a_{n-2}} \cdots \dfrac{a_3}{a_2} \cdot \dfrac{a_2}{a_1} \cdot b_1$$

より $b_n < \dfrac{b_1}{a_1} a_n$ を得る．よって定理 1.5（⇨p.6）により，与えられた級数は収束する．

～～ 問 題 ～～

7.1 次の級数の収束，発散を判定せよ．

(1)† $\displaystyle\sum_{n=1}^{\infty} \dfrac{1}{n} \log\left(1 + \dfrac{1}{n}\right)$　(2) $\displaystyle\sum_{n=1}^{\infty} \dfrac{1}{(2n-1)^2}$　(3) $\displaystyle\sum_{n=1}^{\infty} \dfrac{n!}{10^n}$

---

† **不等式** $\log(1+x) < x,\ x > 0$ を利用．

例題 8 ━━━━━━━━━━━━━━━━━━━━━━━━━━ 正項級数の収束,発散

次の級数の収束,発散を判定せよ.
(1) $\sum_{n=2}^{\infty} a_n = \sum_{n=2}^{\infty} \dfrac{1}{(\log n)^n}$ (2) $\sum_{n=1}^{\infty} a_n = \sum_{n=1}^{\infty} \dfrac{n^p}{n!}$ $(p > 0)$

route (1) **不等式** $\dfrac{1}{(\log n)^n} \leqq \dfrac{1}{2^n}$ を導き,p.6 の定理 1.5(比較判定法)を用いる.
(2) p.6 の定理 1.6 (ii) ダランベールの判定法を用いる.

navi (1) **収束,発散が判定しやすい形に変形** $\sqrt[n]{a_n} \to 0\ (n \to \infty)$ より $0 \leqq a_n < \dfrac{1}{2^n}$ **を導く** (2) **ダランベールの判定法**

解答 (1) $a_n = \dfrac{1}{(\log n)^n}$ より,$\sqrt[n]{a_n} = \dfrac{1}{\log n} \to 0\ (n \to \infty)$. よって $n \geqq N$ であるようなすべての n について,$0 \leqq \sqrt[n]{a_n} < \dfrac{1}{2}$. つまり,$0 \leqq a_n < \dfrac{1}{2^n}$.

$\sum_{n=2}^{\infty} \dfrac{1}{2^n}$ は収束する(⇨ p.7 の例題 5)から,$\sum_{n=2}^{\infty} a_n$ は p.6 の定理 1.5 により収束する.

(2) $a_n = \dfrac{n^p}{n!}$ とおけば

$$\dfrac{a_{n+1}}{a_n} = \left(1 + \dfrac{1}{n}\right)^p \dfrac{1}{1+n} \leqq \dfrac{2^p}{1+n} \to 0\ (<1)\quad (n \to \infty).$$

ゆえに p.6 の定理 1.6 (ii) ダランベールの判定法により $\sum_{n=1}^{\infty} a_n$ は収束する.

問題

8.1[†] 次の級数の収束,発散を調べよ.
(1) $1 + \dfrac{2^2}{2!} + \dfrac{3^3}{3!} + \cdots + \dfrac{n^n}{n!} + \cdots$
(2) $1 + \dfrac{1 \cdot 3}{1 \cdot 4} + \dfrac{1 \cdot 3 \cdot 5}{1 \cdot 4 \cdot 7} + \cdots + \dfrac{1 \cdot 3 \cdot 5 \cdots (2n-1)}{1 \cdot 4 \cdot 7 \cdots (3n-2)} + \cdots$
(3) $\dfrac{1}{3} + \dfrac{2}{3^2} + \dfrac{3}{3^3} + \cdots + \dfrac{n}{3^n} + \cdots$
(4) $\sum_{n=1}^{\infty} \left(\dfrac{n}{n+1}\right)^{n^2}$

[†] 無限級数の収束,発散の判定やその極限値,和を求めるのに一定の方針はない.その特徴に応じた工夫が,必要である.特に不等式の扱いに習熟することが大切である.

1.3 交項級数,絶対収束級数,条件収束級数,整級数

◆ **交項級数** 級数 $\sum a_n$ の項の符号が交互に異なるとき,例えば
$$a_1 - a_2 + a_3 - \cdots + a_{2n-1} - a_{2n} + \cdots \quad (a_k > 0,\ k = 1, 2, \cdots) \quad \cdots ①$$
のような級数を**交項級数**という.交項級数の収束に関する次の定理がある.

> **定理 1.8**(交項級数の収束条件) $a_1 \geqq a_2 \geqq \cdots \geqq a_n \geqq \cdots > 0$ で $a_n \to 0 \,(n \to \infty)$ ならば交項級数 ① は収束する.

◆ **絶対収束級数,条件収束級数** 級数 $\sum a_n$ において $\sum |a_n|$ が収束するとき,級数 $\sum a_n$ は**絶対収束する**という.これに反して $\sum a_n$ は収束するが $\sum |a_n|$ が発散するとき級数 $\sum a_n$ は**条件収束する**という.

> **定理 1.9**(絶対収束級数の収束性) 級数 $\sum a_n$ が絶対収束ならば $\sum a_n$ は収束する.

◆ **整級数** x を実数とするとき,次の級数を x の**整級数**または**べき級数**という.
$$\sum_{n=0}^{\infty} a_n x^n = a_0 + a_1 x + a_2 x^2 + \cdots + a_n x^n + \cdots. \quad \cdots ②$$

> **定理1.10**(整級数の収束,発散) 整級数 ② が x の 1 つの値 $x = x_0$ で収束すれば $|x| < |x_0|$ であるすべての x について絶対収束する.
> また整級数 ② が x の 1 つの値 $x = x_1$ で発散するならば,$|x| > |x_1|$ であるすべての x で発散する.

この定理より整級数 ② に対して次のような $\rho \,(0 \leqq \rho \leqq \infty)$ が存在する.

$\quad |x| < \rho$ である x で絶対収束し,$\quad |x| > \rho$ である x で発散する.

ただし $\rho = 0$ のときには $x \neq 0$ で発散することを意味し,$\rho = \infty$ のときは任意の x で絶対収束することを意味する.このような ρ を整級数 ② の**収束半径**という.

> **定理1.11**(整級数の収束半径) 整級数 ② において,$\lim_{n \to \infty} \sqrt[n]{|a_n|} = r$ または $\lim_{n \to \infty} \left| \dfrac{a_{n+1}}{a_n} \right| = r$ ならば,収束半径 ρ は $\rho = \dfrac{1}{r}$ で与えられる.ただし,$r = 0$ のときは $\rho = \infty$,$r = \infty$ のとき $\rho = 0$ を意味する.

また整級数が収束する x の範囲を**収束域**という.

注意 1.5 $x = 0$ を含むある区間で定義されている関数を整級数で表現することを関数の展開という.このことについては p.14 の 研究 や第 2 章の p.35, p.36 および p.41 を参照のこと.

例題 9 ─────── 交項級数・絶対収束級数・条件収束級数

次の級数について絶対収束か，条件収束かを調べよ．

(1) $1 - \dfrac{1}{2} + \dfrac{1}{3} - \cdots + (-1)^{n-1}\dfrac{1}{n} + \cdots$

(2) $\dfrac{\sin x}{1^2} + \dfrac{\sin 2x}{2^2} + \cdots + \dfrac{\sin nx}{n^2} + \cdots$

(3) $\dfrac{e \sin x}{1!} + \dfrac{e^2 \sin 2x}{2!} + \cdots + \dfrac{e^n \sin nx}{n!} + \cdots$

route (1) 交項級数と調和級数に着目．(2), (3) とも**不等式** $|\sin nx| \leqq 1$ を用い，(2) $\dfrac{|\sin nx|}{n^2} \leqq \dfrac{1}{n^2}$ と変形し，ゼータ級数，(3) $\dfrac{|e^n \sin nx|}{n!} \leqq \dfrac{e^n}{n!}$ と変形し，ダランベールの判定法．

navi **不等式** $|\sin nx| \leqq 1$ を用いて，**判定しやすい形に変形**．**ゼータ級数，交項級数，ダランベールの判定法**．

解答 (1) この級数は交項級数で，$1 > \dfrac{1}{2} > \cdots > \dfrac{1}{n} > \cdots$，かつ $\displaystyle\lim_{n \to \infty}\dfrac{1}{n} = 0$ であるから，p.11 の定理 1.8 (交項級数の収束条件) により，収束する．しかし，各項の絶対値をとった級数

$$1 + \dfrac{1}{2} + \cdots + \dfrac{1}{n} + \cdots$$

は，調和級数 (p.8 の例題 6) であるから発散する．ゆえに (1) は収束するが絶対収束ではないので条件収束である．

(2) 与えられた級数の第 n 項の絶対値をとると $\left|\dfrac{\sin nx}{n^2}\right| \leqq \dfrac{1}{n^2}$. $\displaystyle\sum_{n=1}^{\infty}\dfrac{1}{n^2}$ はゼータ級数 ($p = 2$) (p.8 の例題 6) であるから収束する．よって p.6 の定理 1.5 (比較判定法) により $\displaystyle\sum_{n=1}^{\infty}\dfrac{|\sin nx|}{n^2}$ は収束する．したがって，(2) は絶対収束である．

(3) $a_n = \dfrac{e^n \sin nx}{n!}$ とおくと，$|a_n| = \left|\dfrac{e^n \sin nx}{n!}\right| \leqq \dfrac{e^n}{n!}$. $\displaystyle\sum \dfrac{e^n}{n!}$ に p.6 の定理 1.6 (ii) (ダランベールの判定法) を用いると，$\dfrac{e^{n+1}}{(n+1)!} \bigg/ \dfrac{e^n}{n!} = \dfrac{e}{n+1} \to 0 \ (n \to \infty)$ となり $\displaystyle\sum \dfrac{e^n}{n!}$ は収束する．よって，$\displaystyle\sum |a_n|$ は収束する．ゆえに (3) は絶対収束である．

問 題

9.1 次の級数の絶対収束，条件収束性について調べよ．

(1) $\displaystyle\sum_{n=1}^{\infty}\dfrac{(-1)^{n-1}}{\log n}$

(2) $\displaystyle\sum_{n=1}^{\infty} a^n \sin nx \quad (0 < a < 1)$

(3) $\displaystyle\sum_{n=1}^{\infty}\dfrac{(-1)^{n-1}}{(n+a)^s} \quad (s > 0, a > 0)$

1.3 交項級数，絶対収束級数，条件収束級数，整級数

例題 10 ─────────────────────── 整級数の収束域 ─

次の整級数の収束域を求めよ．
(1) $\displaystyle\sum_{n=0}^{\infty} \frac{x^n}{n!}$ 　　(2) $\displaystyle\sum_{n=1}^{\infty}(-1)^n \frac{x^n}{\sqrt{n}}$

route p.11 の定理 1.11 により **整級数の収束半径を求める**．

navi **整級数**には**収束する範囲**がある．**端点には注意**せよ（収束する場合も発散する場合もある）．

解答 (1) $a_n = \dfrac{1}{n!}$ とおけば，
$$\left|\frac{a_{n+1}}{a_n}\right| = \frac{1}{n+1} \to 0 \quad (n \to \infty).$$
ゆえに収束半径は $\rho = \infty$．ゆえに収束域は $-\infty < x < \infty$．

(2) $a_n = (-1)^n \dfrac{1}{\sqrt{n}}$ とおくと，
$$\left|\frac{a_{n+1}}{a_n}\right| = \frac{\sqrt{n}}{\sqrt{n+1}} \to 1 \quad (n \to \infty).$$
ゆえに収束半径は $\rho = 1$ である．$x = 1$ のとき，級数 $\sum \dfrac{(-1)^n}{\sqrt{n}}$ は交項級数で p.11 の定理 1.8（交項級数の収束条件）を満足するから収束する．

次に $x = -1$ のとき，級数 $\sum \dfrac{1}{\sqrt{n}}$ はゼータ級数 $\left(p = \dfrac{1}{2}\right)$ である．いま $p < 1$ であるから p.8 の例題 6 により，与えられたゼータ級数は発散する．ゆえに収束域は $-1 < x \leqq 1$．

問題

10.1 次の整級数の収束域を求めよ．

(1) $\displaystyle\sum_{n=1}^{\infty}(-1)^n \frac{x^{2n+1}}{2n+1}$ 　　(2) $\displaystyle\sum_{n=1}^{\infty} \frac{x^n}{n^2 \cdot 2^n}$

(3) $\displaystyle\sum_{n=0}^{\infty} \frac{(x+2)^n}{3^n}$ 　　(4) $\displaystyle\sum_{n=0}^{\infty} (\sqrt{n+1} - \sqrt{n}) x^n$

10.2 次の整級数の収束半径を求めよ．

(1) $1 + \displaystyle\sum_{n=1}^{\infty} \frac{x^n}{n}$ 　　(2) $\displaystyle\sum_{n=1}^{\infty}(-1)^n \frac{x^n}{\log(n+1)}$

(3) $\displaystyle\sum_{n=0}^{\infty} \frac{m(m-1)\cdots(m-n+1)}{n!} x^n$ 　　（m は実数）

(4) $\displaystyle\sum_{n=1}^{\infty} n(n+1) x^{n-1}$ 　　(5) $\displaystyle\sum_{n=0}^{\infty} \frac{n^n}{(n+1)^{n+1}} x^n$

研究　整級数の項別積分・項別微分[†]

関数項級数 $\sum_{n=0}^{\infty} f_n(x)$ から $\sum_{n=0}^{\infty} f_n'(x)$ を作ることを**項別微分**するといい，$\sum_{n=0}^{\infty} \int_a^b f(x)dx$ を作ることを**項別積分**するという．項別積分や項別微分は一般には許されない．しかし，整級数の場合は収束域では可能なのである．次の定理がある．

定理 A（整級数の項別積分・項別微分の定理）　整級数 $f(x) = \sum_{n=0}^{\infty} a_n x^n$ の収束半径を $\rho > 0$ とすると，$f(x)$ は $(-\rho, \rho)$ で連続で，$|x| < \rho$ ならば

(1) $\displaystyle \int_0^x f(t)dt = \sum_{n=0}^{\infty} \frac{a_n}{n+1} x^{n+1}$，すなわち**項別積分可能**である．

(2) $\displaystyle f'(x) = \sum_{n=1}^{\infty} n a_n x^{n-1}$ の収束半径も ρ である．すなわち**項別微分可能**である．

関数の展開を作る 1 つの方法はテイラーの定理を使って剰余項が 0 に収束することを示せばよいのであるが（⇨ p.36）ここでは他の方法で求めてみよう．

例題 A　次の整級数展開が成り立つことを示せ．

(1) 実数 α に対して，$(1+x)^\alpha = \begin{pmatrix} \alpha \\ 0 \end{pmatrix} + \begin{pmatrix} \alpha \\ 1 \end{pmatrix} x + \cdots + \begin{pmatrix} \alpha \\ n \end{pmatrix} x^n + \cdots$　　$(|x| < 1)$

(2) $\displaystyle \tan^{-1} x = x - \frac{x^3}{3} + \frac{x^5}{5} - \cdots + (-1)^{n-1} \frac{x^{2n-1}}{2n-1} + \cdots$　　$(|x| < 1)$

解答　(1) $f(x) = \sum_{n=0}^{\infty} \begin{pmatrix} \alpha \\ n \end{pmatrix} x^n$ とすると，p.11 の定理 1.11 により収束半径は 1 となる．定理 A (2) より，$|x| < 1$ で項別微分できるので，$f'(x) = \sum_{n=1}^{\infty} \begin{pmatrix} \alpha \\ n \end{pmatrix} n x^{n-1}$ $(|x| < 1)$.

このことから $(1+x)f'(x) = f'(x) + x f'(x) = \alpha f(x)$ $\cdots$① が示される．

一方 $\displaystyle \frac{d}{dx}\left\{ \frac{f(x)}{(1+x)^\alpha} \right\} = \frac{(1+x)f'(x) - \alpha f(x)}{(1+x)^{\alpha+1}} = 0$　　（①により分子が 0 となる）．

$$\therefore \quad \frac{f(x)}{(1+x)^\alpha} = C.$$

$x = 0$ とおいてみると，$f(0) = 1$ だから $C = 1$　　$\therefore$　　$f(x) = (1+x)^\alpha$

(2) $|x| < 1$ のとき
$$1 - x^2 + x^4 - \cdots + (-1)^{n-1} x^{2(n-1)} + \cdots = \frac{1}{1+x^2}$$

ゆえに定理 A (1) により
$$\tan^{-1} x = \int_0^x \frac{dt}{1+t^2} = x - \frac{x^3}{3} + \frac{x^5}{5} - \cdots + (-1)^{n-1} \frac{x^{2n-1}}{2n-1} + \cdots$$

[†] この **研究** は第 2 章，第 3 章の学習後再度読みかえしてほしい．そうすると上記定理 A の意味が理解できる．

演習問題 1-A

1 次の事柄は正しいか．正しくないときは反例を挙げよ．
  (1) 数列 $\{a_n\}$ は a に収束し，すべての n に対して $a_n < K$ であるならば，$a < K$ である．
  (2) $\lim_{n\to\infty}(a_n - b_n) = 0$ であるならば，数列 $\{a_n\}$, $\{b_n\}$ は収束し，同一の極限値を有する．
  (3) 2つの数列 $\{a_n\}$, $\{b_n\}$ において，$\lim_{n\to\infty} a_n = a$, $\lim_{n\to\infty} b_n = b$ でかつ，常に $a_n < b_n$ であれば $a < b$ である．

2 次の極限値を求めよ
$$\lim_{n\to\infty} \sqrt[n]{pa^n + qb^n} \quad (a > b > 0, p > 0, q > 0)$$

3 $a_1 = \sqrt{2}$, $a_n = \sqrt{2 + \sqrt{a_{n-1}}}$ $(n \geqq 2)$ であるとき，$\{a_n\}$ は単調増加列であり，上に有界である（したがって $\{a_n\}$ は収束する）ことを証明せよ．

4 正項級数 $\sum a_n$ が収束するとき，$\sum a_n^2$ は収束することを示せ．

5 次の級数の収束域を求めよ．
  (1) $\displaystyle\sum_{n=1}^{\infty}(-1)^{n-1}\frac{x^{2n-1}}{(2n-1)!}$
  (2) $\displaystyle\sum_{n=0}^{\infty}(-1)^n\frac{x^{2n}}{(2n)!}$
  (3) $\displaystyle\sum_{n=1}^{\infty}(-1)^{n-1}\frac{x^n}{n}$

演習問題 1-B

1 次の各問に答えよ．
  (1) $\sqrt[n]{n+1} \to 1$ $(n \to \infty)$ を証明せよ．
  (2) $\displaystyle\sum_{n=1}^{\infty}\frac{e^n}{n+1}$ の収束，発散を判定せよ．
  (3) $\displaystyle\sum_{n=2}^{\infty}(-1)^n\frac{1}{n\log n}$ は絶対収束か，条件収束かについて調べよ．

2 $\displaystyle\sum_{n=1}^{\infty} a_n^2$ が収束すれば，$\displaystyle\sum_{n=1}^{\infty}\frac{a_n}{n}$ は絶対収束することを示せ．

3 $S_n = \displaystyle\sum_{k=1}^{n}\frac{1}{k}$ とするとき，$\displaystyle\sum_{n=1}^{\infty}\frac{x^n}{nS_n}$ の収束半径を求めよ．

4 $\displaystyle\sum_{n=2}^{\infty}\frac{\log n}{n^2}$ の収束，発散を判定せよ．

2 微分法とその応用

2.1 関数の極限と連続性

◆ **関数の極限** x の関数 $f(x)$ が点 a を含むある区間で定義されているとする ($x = a$ では定義されていても定義されていなくてもよい)．x がその区間内を変化して a に限りなく近づくとき $f(x)$ が一定値 A に限りなく近づくならば，x が a に近づくとき $f(x)$ は極限値 A に収束するといって，記号で

$$\lim_{x \to a} f(x) = A \quad \text{あるいは} \quad f(x) \to A \quad (x \to a)$$

などと書く．数列のときと同様に $\lim_{x \to a} f(x) = \infty, \lim_{x \to a} f(x) = -\infty$ も定義される．

また，$f(x)$ が $x \geqq a$ の範囲で定義されていて，x が限りなく大きくなるとき $f(x)$ が一定値 A に限りなく近づくならば，x が限りなく大きくなるとき $f(x)$ は極限値 A に収束するといって，

$$\lim_{x \to \infty} f(x) = A \quad \text{あるいは} \quad f(x) \to A \quad (x \to \infty)$$

などと書く．$\lim_{x \to -\infty} f(x) = A, \lim_{x \to \infty} f(x) = \infty, \lim_{x \to -\infty} f(x) = \infty$ なども同様に定義される．

x が a より大きい方から（または小さい方から）a に近づくとき $f(x)$ が一定値 A に近づくならば

$$\lim_{x \to a+0} f(x) = A \quad (\text{または} \lim_{x \to a-0} f(x) = A)$$

などと書き，A を**右側**（または**左側**）**極限値**という．$\lim_{x \to a+0} f(x) = \infty$ なども同様に定義される．なお，$x \to 0+0$（または $x \to 0-0$）は単に $x \to +0$（または $x \to -0$）と書く．

◆ **関数の極限に関する基本定理** 関数の極限に関して，一般に次のことが成り立つ．

> **定理 2.1**（定数倍，和，差，積，商の極限，はさみうちの定理）
>
> $f(x) \to A \ (x \to a), \ g(x) \to B \ (x \to a)$ のとき
>
> (i) $f(x) \pm g(x) \to A \pm B \quad (x \to a)$
>
> (ii) $f(x)g(x) \to AB \quad (x \to a)$, 特に $cf(x) \to cA \quad (x \to a) \quad$ (c は定数)
>
> (iii) $\dfrac{f(x)}{g(x)} \to \dfrac{A}{B} \quad (x \to a)$ (ただし $B \neq 0$ とする)
>
> (iv) $f(x) \leqq h(x) \leqq g(x), \ f(x) \to A \ (x \to a), \ g(x) \to A \ (x \to a)$ ならば $h(x) \to A \quad (x \to a)$ （はさみうちの定理）

定理 2.2（合成関数の極限値）　関数 $y = f(x)$, $z = g(y)$ に対して $\lim_{x \to a} f(x) = b$, $\lim_{y \to b} g(y) = A$ ならば，$\lim_{x \to a} g\{f(x)\} = A$ が成り立つ．

定理 2.3（重要な極限値）
(ⅰ) $\displaystyle\lim_{x \to 0} \frac{\sin x}{x} = 1$ 　　(ⅱ) $\displaystyle\lim_{x \to \pm\infty} \left(1 + \frac{1}{x}\right)^x = \lim_{x \to 0}(1 + x)^{1/x} = e$
(ⅲ) $\displaystyle\lim_{x \to 0} \frac{\log(1 + x)}{x} = 1$ 　　(ⅳ) $\displaystyle\lim_{x \to 0} \frac{e^x - 1}{x} = 1$

◆ **無限小，無限小の位数**　変数 u が 0 に収束するとき，u を**無限小**という．u, v がともに無限小で，u/v が 0 でない有限の値に収束するとき，u, v は**同位の無限小**であるという．u/v がまた無限小ならば，u は v より**高位の無限小**であるという．これは u の方が v よりも速く 0 に近づくことを意味する．さらに，u と v^k ($k > 0$) が同位の無限小ならば u は v に対して **k 位の無限小**であるという．

◆ **連続関数**　<u>点で連続</u>　$f(x)$ が点 a を含むある開区間で定義されていて
$$\lim_{x \to a+0} f(x) = f(a) \quad \text{（または} \lim_{x \to a-0} f(x) = f(a)\text{）}$$
が成り立つとき，$f(x)$ は a で**右側**（または**左側**）**連続**であるという．$f(x)$ が点 a で右側かつ左側連続のとき，すなわち
$$\lim_{x \to a} f(x) = f(a)$$
のとき $f(x)$ は点 a で**連続**であるという．そうでないときは，点 a で**不連続**であるという．したがって次のいずれかの場合は点 a で不連続である（⇨ 図 2.1）．

(ⅰ) $\lim_{x \to a} f(x)$ が存在しないとき．これは $\pm\infty$ に発散することもあるし，右側，左側極限値が一致しない場合，このいずれかが存在しない場合である．
(ⅱ) $\lim_{x \to a} f(x)$ が存在しても $f(a)$ が存在しないとき．
(ⅲ) 上の両方が存在しても一致しないとき．

図形的にいうと関数 $f(x)$ が点 a で不連続であるときは，曲線 $y = f(x)$ が点 $A(a, f(a))$ で切れているということである．

<u>区間で連続</u>　$f(x)$ が開区間の各点で連続のとき $f(x)$ はその**区間で連続**であるという．また $f(x)$ が閉区間 $[a, b]$ で定義されていて，開区間 (a, b) で連続で，点 a, b でそれぞれ右側，左側連続のとき，$f(x)$ は**閉区間 $[a, b]$ で連続**であるという．関数の連続性に関しては次の諸定理が成り立つ．

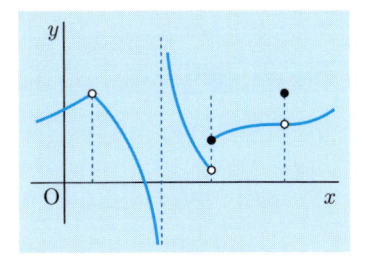

図 2.1　不連続の例

定理2.4（諸演算の連続性） $f(x), g(x)$ がともに点 a で連続ならば，$cf(x)$（c は定数），$f(x) \pm g(x)$, $f(x)g(x)$ および $f(x)/g(x)$ （$g(a) \neq 0$ とする）も a で連続である．

定理2.5（合成関数の連続性） $y = f(x)$ が点 a で連続で，$z = g(y)$ が点 $f(a)$ で連続ならば，合成関数 $z = g\{f(x)\}$ は点 a で連続である．

定理2.6（連続関数の性質） $f(x)$ が点 a で連続で $f(a) \neq 0$ ならば，a に十分近い点 x において $f(x)$ は $f(a)$ と同符号である．

定理2.7（中間値の定理） $f(x)$ が閉区間 $[a,b]$ で連続で $f(a) < f(b)$ とする．η を $f(a) < \eta < f(b)$ なる任意の値とするとき，$f(c) = \eta$ となる c が開区間 (a,b) の中に少なくとも1つ存在する（$f(a) > f(b)$ のときも同様である）．特に，$f(a)f(b) < 0$ ならば方程式 $f(x) = 0$ は開区間 (a,b) において少なくとも1つの実数解をもつ．

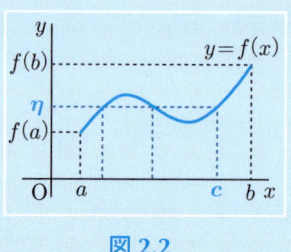

図 2.2

定理2.8（最大値・最小値の存在） $f(x)$ が閉区間 $[a,b]$ で連続ならば，$f(x)$ はこの区間で最大値，最小値をとる．

◆ **逆関数**　関数 $f(x)$ が $x < x'$ に対して $f(x) \leqq f(x')$ となるとき**増加関数**という．特に等号が成り立たないときは**狭義の増加関数**という．減少関数，狭義の減少関数も同様に定義される．$f(x)$ が狭義の増加（または減少）関数のときは，$f(x)$ の値域の y の値を1つあたえると $y = f(x)$ となる x の値はただ一つ決まる．この関数を $g(y)$ で表すとき，$g(y)$, あるいは y を x でおきかえたもの $g(x)$ を $f(x)$ の**逆関数**といって，g を f^{-1} と書く．$y = f(x)$ と $y = f^{-1}(x)$ のグラフは直線 $\boldsymbol{y = x}$ に関して対称である．

定理2.9（逆関数の連続性，単調性） $f(x)$ が連続な狭義の増加（または減少）関数であれば，その逆関数 $f^{-1}(x)$ もまた連続な狭義の増加（または減少）関数である．

対数関数 $y = \log x$ と指数関数 $y = e^x$ は互いに逆関数の関係にある．三角関数 $y = \sin x, \cos x, \tan x,$ はそれぞれ $-\pi/2 \leqq x \leqq \pi/2,\ 0 \leqq x \leqq \pi,\ -\pi/2 < x < \pi/2$ の範囲で狭義の増加あるいは減少関数となるから，それらの逆関数

$y = \sin^{-1} x$（アークサイン x），$\cos^{-1} x$（アークコサイン x），$\tan^{-1} x$（アークタンジェント x）

が存在する．これらを総称して**逆三角関数**という（⇨p.22 の例題4，図 2.4）．

2.1 関数の極限と連続性

例題 1 ──────────────────────────────── 関数の極限値 ──

次の極限値を求めよ．
(1) $\displaystyle\lim_{x\to\infty}(\sqrt{x^2+3x+1}-x)$ 　　(2) $\displaystyle\lim_{x\to 0}\frac{\log_a(1+x)}{x}$ 　$(0<a\neq 1)$
(3) $\displaystyle\lim_{x\to 0}\frac{1-\cos 3x}{x^2}$ 　　(4) $\displaystyle\lim_{x\to\infty}e^{-x}\sin x$

route 　(1) 分子の有理化　 (2) $(1+x)^{1/x}\to e$ $(x\to 0)$ の利用
(3) $\dfrac{\sin x}{x}$ に着目　 (4) はさみうちの定理

navi 　極限値が求めやすい形に変形

解答 (1) $\sqrt{x^2+3x+1}-x = \dfrac{(\sqrt{x^2+3x+1}-x)(\sqrt{x^2+3x+1}+x)}{\sqrt{x^2+3x+1}+x}$
$= \dfrac{3x+1}{\sqrt{x^2+3x+1}+x}$ と変形しておけば，

$$\lim_{x\to\infty}(\sqrt{x^2+3x+1}-x)=\lim_{x\to\infty}\frac{3+\dfrac{1}{x}}{\sqrt{1+\dfrac{3}{x}+\dfrac{1}{x^2}}+1}=\frac{3}{2}.$$

(2) $\displaystyle\lim_{x\to 0}\frac{\log_a(1+x)}{x} = \lim_{x\to 0}\frac{\log(1+x)}{\log a}\cdot\frac{1}{x} = \lim_{x\to 0}\frac{1}{\log a}\log(1+x)^{1/x}$
$= \dfrac{\log e}{\log a} = \dfrac{1}{\log a}$

(3) $\dfrac{1-\cos 3x}{x^2} = \dfrac{(1-\cos 3x)(1+\cos 3x)}{x^2(1+\cos 3x)} = \dfrac{1-\cos^2 3x}{x^2(1+\cos 3x)} = \dfrac{\sin^2 3x}{x^2(1+\cos 3x)}$

よって
$$\lim_{x\to 0}\left(3\cdot\frac{\sin 3x}{3x}\right)^2\frac{1}{1+\cos 3x}=(3\cdot 1)^2\frac{1}{1+1}=\frac{9}{2}$$

(4) 常に $-1\leqq\sin x\leqq 1$ かつ $e^{-x}>0$ であるから，$-e^{-x}\leqq e^{-x}\sin x\leqq e^{-x}$．ここで $\displaystyle\lim_{x\to\infty}e^{-x}=0$, $\displaystyle\lim_{x\to\infty}(-e^{-x})=0$．よって　$\displaystyle\lim_{x\to\infty}e^{-x}\sin x=0$

───────────────── 問　題 ─────────────────

1.1 次の極限値を計算せよ．
(1) $\displaystyle\lim_{x\to 2}\frac{2x^2-x-6}{3x^2-2x-8}$ 　(2) $\displaystyle\lim_{x\to 0}\frac{x}{\sin^{-1}x}$ 　(3) $\displaystyle\lim_{x\to 0}\frac{a^x-1}{x}$ 　$(0<a\neq 1)$

1.2 次の極限値を計算せよ．
(1) $\displaystyle\lim_{x\to 0}x\sin\frac{1}{x}$ 　(2) $\displaystyle\lim_{x\to\infty}x\sin\frac{a}{x}$ 　(3) $\displaystyle\lim_{x\to 0}\frac{\sqrt{a^2+x}-\sqrt{a^2-x}}{x}$

例題 2 ─────────────── 無限小の位数

$x \to 0$ のとき，次の関数は x に対して何位の無限小か．
(1) $\dfrac{1}{1-x} - (1+x)$ 　(2) $x^2 \sin x$ 　(3) $\sqrt[3]{2x^2 - 3x^4}$

route 与式を極限が求めやすい形に変形して無限小の位数の定義により $\lim_{x\to 0} f(x)/x^\alpha$ が 0 でない値に収束する α を求める．

navi 無限小の位数の定義　極限値が求めやすい形に変形
(1) x^2 をくくり出す　(2) $\dfrac{\sin x}{x}$ に着目　(3) $x^{2/3}$ をくくり出す

解答 (1) $\dfrac{1}{1-x} - (1+x) = \dfrac{x^2}{1-x}$ であるから

$$\lim_{x\to 0} \frac{\dfrac{1}{1-x} - (1+x)}{x^2} = \lim_{x\to 0} \frac{1}{1-x} = 1$$

ゆえに，$\dfrac{1}{1-x} - (1+x)$ は x に対して 2 位の無限小である．

(2) $\lim_{x\to 0} \dfrac{\sin x}{x} = 1$ であるから

$$\lim_{x\to 0} \frac{x^2 \sin x}{x^3} = \lim_{x\to 0} \frac{\sin x}{x} = 1.$$

ゆえに，$x^2 \sin x$ は x に対して 3 位の無限小である．

(3) $\sqrt[3]{2x^2 - 3x^4} = \sqrt[3]{x^2(2 - 3x^2)} = x^{2/3} \sqrt[3]{2 - 3x^2}$ であるから

$$\lim_{x\to 0} \frac{\sqrt[3]{2x^2 - 3x^4}}{x^{2/3}} = \lim_{x\to 0} \sqrt[3]{2 - 3x^2} = \sqrt[3]{2}.$$

ゆえに，$\sqrt[3]{2x^2 - 3x^4}$ は x に対して 2/3 位の無限小である．

問題

2.1 $x \to 0$ のとき次の関数は x に対して何位の無限小か．
(1) $x^3 + 3x$ 　(2) $\tan^{-1} x$ 　(3) $\sqrt{1+x} - \sqrt{1-x}$

2.2 $x \to 0$ のとき次の関数は x に対して何位の無限小か．
(1) $1 - \cos x$ 　(2) $\sin \pi(1+x)$ 　(3) $\sqrt[5]{3x^2 - 4x^3}$

2.3 $x \to 0$ のとき関数 $f(x), g(x)$ は x に対してそれぞれ m 位，n 位の無限小であるとする．$m > n$ ならば $f(x) + g(x)$，$\dfrac{f(x)}{g(x)}$ は x に対して何位の無限小か．

例題 3 — 関数の連続性

次の関数の連続性を吟味せよ．

(1) $f(x) = \dfrac{x^2 - 3x + 2}{x - 1}$

(2) $f(x) = \begin{cases} x\sin\dfrac{1}{x} & (x \neq 0) \\ 0 & (x = 0) \end{cases}$

route (1) $x = 1, x \neq 1$ と分けて吟味する． (2) $\lim_{x\to 0} f(x)$ と $f(0)$ を比べる．

navi 連続性 ① $f(x)$ が $x = a$ の近くで定義されているか，② $f(x) \to f(a)\,(x \to a)$ が成立するか，という 2 つのことを確認する．

解答 (1) $x^2 - 3x + 2,\ x - 1$ はともに連続関数であるから，$f(x)$ は $x \neq 1$ では連続である（⇨ p.18 の定理 2.4）．次に $x \neq 1$ のとき，

$$\lim_{x\to 1}\frac{x^2 - 3x + 2}{x - 1} = \lim_{x\to 1}\frac{(x - 2)(x - 1)}{x - 1} = \lim_{x\to 1}(x - 2) = -1$$

は存在するが $f(1)$ は定義されていないから $f(x)$ は $x = 1$ で不連続である．

(2) $x, \sin 1/x\ (x \neq 0)$ はともに連続関数であることから $f(x)$ が $x \neq 0$ で連続であることは (1) と同様である．また $|\sin\frac{1}{x}| \leqq 1$ より

$$\left|x\sin\frac{1}{x}\right| \leqq |x| \to 0 \quad (x \to 0)$$

となるから，

$$\lim_{x\to 0} f(x) = \lim_{x\to 0} x\sin\frac{1}{x} = f(0) = 0.$$

したがって，$f(x)$ は $x = 0$ でも連続である．

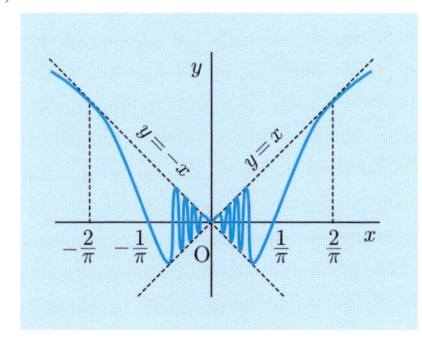

図 2.3

注意 2.1 $f(x) = x\sin\dfrac{1}{x}$ は $x = 0$ で不連続であるが，$f(0) = 0$ と改めて定義すると，$f(x)$ は $x = 0$ でも連続となることが上記 (2) からわかる．このような不連続点を**除去可能な不連続点**という．これに対して $f(x) = \dfrac{1}{1 + e^{1/x}}$ については，$f(x) \to 0\,(x \to +0),\ f(x) \to 1\,(x \to -0)$ であるから，$x = 0$ は除去可能な不連続点ではない．

問題

3.1 次の関数の連続性を吟味せよ．

(1) $f(x) = \begin{cases} \dfrac{x(x+1)}{x^2 - 1} & (x \neq -1) \\ 1/2 & (x = -1) \end{cases}$

(2) $f(x) = \begin{cases} \dfrac{1}{x}\sin x & (x \neq 0) \\ 1 & (x = 0) \end{cases}$

例題 4 ― 逆三角関数

逆三角関数 $y = \sin^{-1} x$, $y = \cos^{-1} x$ および $y = \tan^{-1} x$ の定義域，値域はどうなるか．$y = \sin^{-1} x$, $y = \cos^{-1} x$, $y = \tan^{-1} x$ のグラフの概形を示せ．

route $y = \sin x$, $y = \cos x$, $y = \tan x$ のグラフと**直線 $y = x$ に関して線対称なグラフ**を書く．

navi **逆三角関数**の**定義域と値域**に着目．

解答 $y = \sin x \, (-\pi/2 \leqq x \leqq \pi/2, \, -1 \leqq y \leqq 1)\cdots$① は 1 対 1 の関数である．この逆関数は x と y を入れ替えて，$x = \sin y \, (-\pi/2 \leqq y \leqq \pi/2, -1 \leqq x \leqq 1)$ となり，これを $y = (x \text{ の式})$ に変形して，$y = \sin^{-1} x \, (-1 \leqq x \leqq 1, -\pi/2 \leqq y \leqq \pi/2)$ となる．同様にして $y = \cos x \, (0 \leqq x \leqq \pi)\cdots$②, $y = \tan x \, (-\pi/2 < x < \pi/2)\cdots$③ の逆関数を考えると，それらの定義域，値域は次のようになる．

これらの逆関数のグラフは上記①, ②, ③ の直線 $y = x$ に関する線対称なグラフである．

	定義域	値域
$y = \sin^{-1} x$	$-1 \leqq x \leqq 1$	$-\pi/2 \leqq y \leqq \pi/2$
$y = \cos^{-1} x$	$-1 \leqq x \leqq 1$	$0 \leqq y \leqq \pi$
$y = \tan^{-1} x$	$-\infty < x < \infty$	$-\pi/2 < y < \pi/2$

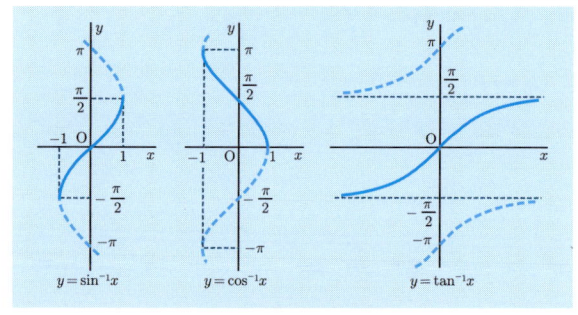

図 2.4 逆三角関数

問題

4.1 次の関数の逆関数を求め，その定義域を示せ．
(1) $f(x) = 2x - 3 \quad (-1 \leqq x \leqq 1)$
(2) $f(x) = x^2 \quad (0 \leqq x \leqq 2)$
(3) $f(x) = \dfrac{1}{x+1} \quad (x > -1)$
(4) $f(x) = \dfrac{1}{\sqrt{x}} \quad (x > 0)$

4.2 $\sin^{-1} x + \cos^{-1} x = \pi/2 \, (-1 \leqq x \leqq 1)$ であることを証明せよ．

4.3 次の式の値を求めよ．
(1) $\cos^{-1}\left(-\dfrac{1}{2}\right) + \tan^{-1}(-\sqrt{3}) + \sin^{-1}\left(-\dfrac{1}{\sqrt{2}}\right)$
(2) $2\sin^{-1} 1 - \cos^{-1}\left(-\dfrac{1}{\sqrt{2}}\right) + \tan^{-1}(-1) + \tan^{-1} 0$

2.1 関数の極限と連続性

例題 5 ────────────────────────── 中間値の定理 ──

方程式 $\dfrac{1}{x-1} + \dfrac{1}{x-2} + \dfrac{1}{x-3} = 0$ は 1 と 2 との間に 1 つの解と，2 と 3 の間に 1 つの解をもつことを示せ．

---

route $f(x) = \dfrac{1}{x-1} + \dfrac{1}{x-2} + \dfrac{1}{x-3}$ とおき，$\lim_{x \to 1+0} f(x)$, $\lim_{x \to 2-0} f(x)$ を調べ，中間値の定理（⇨ p.18）を用いる．

navi 中間値の定理を用いる．

解答 分母を払えば 2 次方程式になるから，たかだか 2 つの解しかもたない．左辺を $f(x)$ とおくと，$\lim_{x \to 1+0} f(x) = +\infty$, $\lim_{x \to 2-0} f(x) = -\infty$ であるから，
$$1 < a < b < 2$$
となるような a, b を適当に（a を十分 1 に近く，b を 2 に近く）とって，$f(a) > 0, f(b) < 0$ とできる．ゆえに中間値の定理（⇨ p.18）からの a, b の間，すなわち 1, 2 の間に α をとって $f(\alpha) = 0$ とできる．

同様に $f(\beta) = 0$ となる β が 2, 3 の間にあることがわかる．ゆえに α, β が解である．

追記 2.1 次の各式で定義される関数を**双曲線関数**という．

$$\cosh x = \frac{e^x + e^{-x}}{2}, \quad \sinh x = \frac{e^x - e^{-x}}{2}, \quad \tanh x = \frac{\sinh x}{\cosh x} = \frac{e^x - e^{-x}}{e^x + e^{-x}}$$

左からハイパボリックコサイン x（双曲余弦関数），ハイパボリックサイン x（双曲正弦関数），ハイパボリックタンジェント x（双曲正接関数）である．

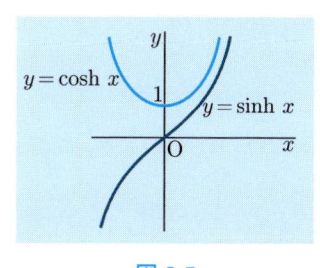

図 2.5 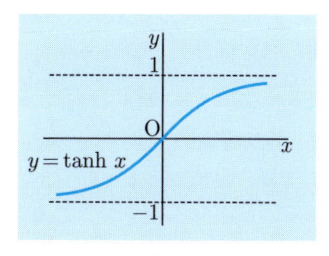   図 2.6

── 問 題 ──

5.1 次の各方程式はいずれも指定された区間内に少なくとも 1 つの実数解をもつことを証明せよ．
(1) $x - \cos x = 0 \quad (0 < x < \pi/2)$　　(2) $x - 2\sin x = 3 \quad (0 < x < \pi)$

5.2[†] 方程式 $e^x - 3x = 0$ は 0 と 1 の間および 1 と 2 の間に実数解をもつことを証明せよ．

[†] $5/2 < e < 3$ に注意せよ．

2.2 微 分 法

◆ **微（分）係数** 関数 $y=f(x)$ が区間 I で定義されているとき，点 $a\in I$ において
$$\lim_{x\to a+0}\frac{f(x)-f(a)}{x-a},\quad \lim_{x\to a-0}\frac{f(x)-f(a)}{x-a}$$
が存在すれば，これらの極限値をそれぞれ点 a における $f(x)$ の**右側微（分）係数**，**左側微分係数**といっておのおのを $f'_+(a)$, $f'_-(a)$ と表す．これら 2 つが一致するとき，その共通の値

> **微分係数の定義** $\displaystyle \lim_{x\to a}\frac{f(x)-f(a)}{x-a}=\lim_{h\to 0}\frac{f(a+h)-f(a)}{h}=f'(a)$

を $f(x)$ の点 $a\in I$ における**微（分）係数**といって $f'(a)$ で表し，関数 $f(x)$ は点 a で**微分可能**であるという．

このことは次のように書くことができる．$f(x)$ が $x=a$ で微分可能であるとき，$\dfrac{f(x)-f(a)}{x-a}-f'(a)=\varepsilon$ とおくと $x\to a$ のとき $\varepsilon\to 0$ である．

点 a における $y=f(x)$ の微分係数は曲線 $y=f(x)$ 上の点 $\mathrm{P}(a,f(a))$ における**接線**が x 軸の正方向となす角の正接に等しく，この点 P における $y=f(x)$ の**接線の方程式**は
$$y-f(a)=f'(a)(x-a),$$
また**法線の方程式**は
$$-f'(a)\{y-f(a)\}=x-a$$
である．ここで法線とは点 P においてその点における接線と直交する直線である．

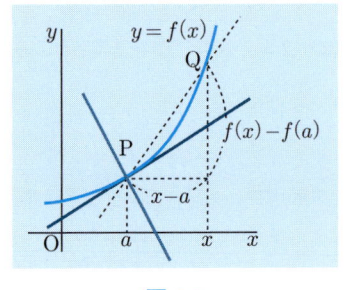

図 2.7

◆ **導関数・高次導関数** 関数 $y=f(x)$ が区間 I の各点で微分可能のとき，$y=f(x)$ は区間 I で微分可能であるという（ただし I が閉区間の場合は右，左の端点ではそれぞれ左側，右側微分係数を考えるものとする）．各点 $x\in I$ に対して，その点における $f(x)$ の微分係数を対応させる関数を $y=f(x)$ の**導関数**といって
$$y',\quad f'(x),\quad \frac{dy}{dx},\quad \frac{df(x)}{dx}$$
などと書く．

導関数 $y=f'(x)$ がまた区間 I で微分可能ならば $y=f'(x)$ の導関数が考えられる．これを $f(x)$ の **2 次（階）導関数**という．2 次導関数の導関数を **3 次（階）導関数**といい，以下同様にして，任意の自然数 n に対して **n 次（階）導関数**が定義される．これを

$$y^{(n)}, \quad f^{(n)}(x), \quad \frac{d^n y}{dx^n}, \quad (n \geqq 2)$$

などと書く．2次以上の導関数を一般に**高次導関数**という．

◆ **微分法の公式**　微分法に関する公式として次のものがある．いずれも実際の微分計算に有効である．

> **定理2.10**　（微分法の基本公式）　$f(x), g(x)$ がともに微分可能ならば，次の基本公式が成り立つ．
> 　（ⅰ）　$\{cf(x)\}' = cf'(x)$　（c は定数）
> 　（ⅱ）　$\{f(x) \pm g(x)\}' = f'(x) \pm g'(x)$　（複号同順）
> 　（ⅲ）　$\{f(x)g(x)\}' = f'(x)g(x) + f(x)g'(x)$
> 　（ⅳ）　$\left\{\dfrac{f(x)}{g(x)}\right\}' = \dfrac{f'(x)g(x) - f(x)g'(x)}{\{g(x)\}^2}$　　$(g(x) \neq 0)$

> **定理2.11**　（合成関数の導関数）　関数 $y = f(x)$ は $[a, b]$ で微分可能で，$z = g(y)$ は $f(x)$ の値域で定義されていて，微分可能とする．このとき，合成関数 $z = g(f(x))$ は $[a, b]$ で微分可能で　$\dfrac{dz}{dx} = \dfrac{dz}{dy}\dfrac{dy}{dx}$

> **定理2.12**　（逆関数の導関数）　y の関数 $x = g(y)$ は $[c, d]$ で微分可能で，狭義の増加（あるいは減少）関数であるとすると，逆関数 $y = g^{-1}(x)$ は $[g(c), g(d)]$ で微分可能で　$\dfrac{dy}{dx} = \dfrac{1}{\dfrac{dx}{dy}}$　　$\left(\dfrac{dx}{dy} \neq 0\right)$

◆ **媒介変数**　x の関数 y が $x = \varphi(t), y = \psi(t)$ のように変数 t を仲介として表されている場合を考える．このような t のことを**媒介変数**（**パラメータ**）という．

> **定理2.13**　（媒介変数表示された関数の導関数）　$x = \varphi(t), y = \psi(t)$ は微分可能とし，$x = \varphi(t)$ は狭義の増加（あるいは減少）関数で $\varphi'(t) \neq 0$ ならば y は x の関数として微分可能で　$\dfrac{dy}{dx} = \dfrac{\dfrac{dy}{dt}}{\dfrac{dx}{dt}} = \dfrac{\psi'(t)}{\varphi'(t)}$

> **定理2.14**　$f(x)$ が微分可能で，$f(x) \neq 0$ ならば $\dfrac{d}{dx}\log|f(x)| = \dfrac{f'(x)}{f(x)}$

定理2.15（高次導関数） $f(x)$, $g(x)$ がともに n 次導関数をもてば次の式が成り立つ.

(i) $h(x) = f(x) \pm g(x)$ の n 次導関数は
$$h^{(n)}(x) = f^{(n)}(x) \pm g^{(n)}(x).$$

(ii) （ライプニッツの公式） $h(x) = f(x)g(x)$ の n 次導関数は
$$h^{(n)}(x) = \sum_{k=0}^{n} \binom{n}{k} f^{(n-k)}(x) g^{(k)}(x)$$

ここで
$$\binom{n}{k} = \frac{n(n-1)\cdots(n-k+1)}{k!}$$

であり, $f^{(0)}(x) = f(x)$, $g^{(0)}(x) = g(x)$ とする.

◆ **基本的な関数の導関数**

$f(x)$	$f'(x)$	$f(x)$	$f'(x)$
$C = $ 定数	0	$\sin^{-1} x$	$\dfrac{1}{\sqrt{1-x^2}}$
x^α	$\alpha x^{\alpha-1}$		
e^x	e^x	$\cos^{-1} x$	$\dfrac{-1}{\sqrt{1-x^2}}$
$a^x \quad (a > 0)$	$a^x \log a$		
$\log|x|$	$1/x$	$\tan^{-1} x$	$\dfrac{1}{1+x^2}$
$\log_a |x| \quad (0 < a \neq 1)$	$\dfrac{1}{x \log a}$		
$\sin x$	$\cos x$	$\cot^{-1} x$	$\dfrac{-1}{1+x^2}$
$\cos x$	$-\sin x$		
$\tan x$	$\sec^2 x$	$\sec^{-1} x$	$\dfrac{1}{|x|\sqrt{x^2-1}}$
$\cot x$	$-\operatorname{cosec}^2 x$		
$\sec x$	$\sec x \cdot \tan x$	$\operatorname{cosec}^{-1} x$	$\dfrac{-1}{|x|\sqrt{x^2-1}}$
$\operatorname{cosec} x$	$-\operatorname{cosec} x \cdot \cot x$		

注意 2.2 $\sec x = 1/\cos x$, $\operatorname{cosec} x = 1/\sin x$, $\cot x = 1/\tan x$

◆ **基本的な関数の高次導関数**

$f(x)$	$f^{(n)}(x)$	$f(x)$	$f^{(n)}(x)$
x^α	$\alpha(\alpha-1)\cdots(\alpha-n+1)x^{\alpha-n}$	e^x	e^x
$\sin x$	$\sin\left(x + \dfrac{n\pi}{2}\right)$	$a^x \quad (a > 0)$	$a^x (\log a)^n$
$\cos x$	$\cos\left(x + \dfrac{n\pi}{2}\right)$	$\log|x|$	$(-1)^{n-1}(n-1)!\dfrac{1}{x^n}$
		$f(ax+b)$	$a^n f^{(n)}(ax+b)$

2.2 微分法

例題 6 ──────────── 連続性と微分可能性

(A) 関数 $f(x)$ は連続で，$f(x) = 1 - (x-a)^2 + g(x)$ とおくと，$\displaystyle\lim_{x \to a} \frac{g(x)}{(x-a)^3} = 1$ であるという．このとき，
  (1) $f(a)$ を求めよ．　　(2) $f'(a)$ を求めよ．
(B) 関数 $f(x)$ が $x = a$ で微分可能ならば $f(x)$ は $x = a$ で連続であることを示せ．

route 微分係数の定義 ① $\displaystyle\lim_{h \to 0} \frac{f(a+h) - f(a)}{h} = f'(a)$ は
② $\dfrac{f(a+h) - f(a)}{h} - f'(a) = \varepsilon$ とおくと，$h \to 0$ のとき $\varepsilon \to 0$ のように書いてもよい．これを用いよ．

navi 微分可能な関数 $\Longrightarrow$ 連続，逆は必ずしも成立しない．

解答 (A) (1) $\dfrac{g(x)}{(x-a)^3} = 1 + \varepsilon$ とおくと，$g(x) = (1+\varepsilon)(x-a)^3$．　∴　$g(a) = 0$.
いま，$f(x) = 1 - (x-a)^2 + (1+\varepsilon)(x-a)^3$ であるから，$f(a) = 1$ である．
(2) $\dfrac{f(a+h) - f(a)}{h} = \dfrac{1 - h^2 + g(a+h) - f(a)}{h}$
$\qquad\qquad\qquad\quad = \dfrac{1 - h^2 + (1+\varepsilon)h^3 - 1}{h} = -h + (1+\varepsilon)h^2 \to 0 \quad (h \to 0)$
∴　$f'(a) = 0$

(B) 仮定によって，$\displaystyle\lim_{h \to 0} \dfrac{f(a+h) - f(a)}{h} = f'(a)$ であるから，
$\dfrac{f(a+h) - f(a)}{h} = f'(a) + \varepsilon$ とおくと，
$$f(a+h) - f(a) = h\{f'(a) + \varepsilon\}.$$
ここで $h \to 0$ のときは $\varepsilon \to 0$.
$$\therefore\quad \lim_{h \to 0}\{f(a+h) - f(a)\} = 0 \quad \therefore\quad \lim_{h \to 0} f(a+h) = f(a)$$
ゆえに $f(x)$ は $x = a$ で連続である．

注意 2.3 この例題の逆は必ずしも成立しない（⇨ 問題 6.1 (2)）．

問題

6.1 次の関数は $x = 0$ において連続か，また微分可能であるか．
  (1) $f(x) = \sqrt[3]{x}$　　(2) $f(x) = |x|$　　(3) $f(x) = \dfrac{1}{|x| + 1}$
6.2 $f(x) = |2x - x^2|$ は $x = 2$ で微分可能であるか．

例題 7 — 微分可能性

次の関数の原点における微分可能性を調べよ．

(1) $f(x) = \begin{cases} x \sin \dfrac{1}{x} & (x \neq 0) \\ 0 & (x = 0) \end{cases}$ (2) $f(x) = \begin{cases} x^2 \sin \dfrac{1}{x} & (x \neq 0) \\ 0 & (x = 0) \end{cases}$

route 微分可能とは $\displaystyle\lim_{h \to 0} \dfrac{f(a+h) - f(a)}{h}$ が存在することである．

navi 微分可能の定義にもどる

解答 (1) $\displaystyle\lim_{h \to 0} \dfrac{f(h) - f(0)}{h} = \lim_{h \to 0} \dfrac{1}{h}\left(h \sin \dfrac{1}{h}\right) = \lim_{h \to 0} \sin \dfrac{1}{h}$

これは極限値をもたないので $f(x)$ は $x = 0$ で微分可能でない（⇨ p.50 演習問題 2–A 5）．

(2) $\displaystyle\lim_{h \to 0} \dfrac{f(h) - f(0)}{h} = \lim_{h \to 0} \dfrac{1}{h}\left(h^2 \sin \dfrac{1}{h}\right) = \lim_{h \to 0} h \sin \dfrac{1}{h} = 0$ （⇨ p.21 例題 3 (2)）．

ゆえに $f(x)$ は $x = 0$ で微分可能である．

問題

7.1 次の関数の微分可能性を調べよ．

$$f(x) = \begin{cases} \dfrac{x}{1 + e^{1/x}} & (x \neq 0) \\ 0 & (x = 0) \end{cases}$$

7.2[†] $f(x) = \displaystyle\lim_{n \to \infty} \dfrac{x^{2n}}{x^{2n} + 1}$ の連続性と微分可能性について調べよ．

7.3[††] $f(x)$ が点 a で微分可能で $f(a) > 0$ とするとき，

$$\lim_{h \to 0} \left\{\dfrac{f(a+h)}{f(a)}\right\}^{1/h} = e^{f'(a)/f(a)}$$

であることを証明せよ．

7.4 次の関数の $f'_+(0), f'_-(0), f'(0)$ を定義にしたがって計算せよ．

(1) $f(x) = \begin{cases} x \tan^{-1} \dfrac{1}{x} & (x \neq 0) \\ 0 & (x = 0) \end{cases}$ (2) $f(x) = \begin{cases} x \dfrac{e^{1/x} - 1}{e^{1/x} + 1} & (x \neq 0) \\ 0 & (x = 0) \end{cases}$

navi 右側微分係数　左側微分係数

[†] $|x| > 1, |x| = 1, |x| < 1$ と分けて考えよ．

[††] $\left\{\dfrac{f(a+h)}{f(a)}\right\}^{1/h}$ の対数をとって考えよ．

2.2 微分法

例題 8 ──────────────────────────── 微分の計算 ──

次の関数を微分せよ．
(1) $y = \cos^{-1}\dfrac{4+5\cos x}{5+4\cos x}$　　(2) $y = a^{\tan^{-1}x}$　$(a>0)$

route　(1) 合成関数の導関数（⇨ p.25 の定理 2.11）．　(2) 対数微分法（両辺の対数をとって，p.25 の定理 2.14 を用いる方法）．

navi　合成関数の導関数，対数微分法を用いる．

解答 (1) $y' = -\dfrac{1}{\sqrt{1-\left(\dfrac{4+5\cos x}{5+4\cos x}\right)^2}} \cdot \left(\dfrac{4+5\cos x}{5+4\cos x}\right)'$

$$\dfrac{1}{\sqrt{1-\left(\dfrac{4+5\cos x}{5+4\cos x}\right)^2}} = \dfrac{5+4\cos x}{\sqrt{9(1-\cos^2 x)}} = \dfrac{5+4\cos x}{3\sqrt{\sin^2 x}} = \dfrac{5+4\cos x}{3|\sin x|}$$

$$\dfrac{d}{dx}\left(\dfrac{4+5\cos x}{5+4\cos x}\right) = \dfrac{-5\sin x(5+4\cos x) + 4\sin x(4+5\cos x)}{(5+4\cos x)^2}$$

$$= \dfrac{-9\sin x}{(5+4\cos x)^2}$$

$\therefore\quad y' = -\dfrac{5+4\cos x}{3|\sin x|} \cdot \dfrac{-9\sin x}{(5+4\cos x)^2} = \dfrac{3\sin x}{(5+4\cos x)|\sin x|}$

注意 2.4　$x \geqq 0$ のときは $\sqrt{x^2} = x$，$x < 0$ のときは $\sqrt{x^2} = -x$ である．したがって，$\sqrt{(\sin x)^2} = |\sin x|$ である．

(2) 対数微分法を用いる．つまり両辺の対数をとると，

$$\log y = \tan^{-1}x \cdot \log a$$

この両辺を x について微分すると，$\dfrac{y'}{y} = \log a \dfrac{1}{1+x^2}$

$\therefore\quad y' = a^{\tan^{-1}x} \dfrac{\log a}{1+x^2}.$

問 題

8.1 次の関数を微分せよ．

(1) $\left(x + \dfrac{1}{x}\right)^4$　　(2) $\dfrac{x^2-1}{3x^2+1}$　　(3) $\sin^{-1}\sqrt{1-x^2}$

(4) $\tan^{-1}(\sec x + \tan x)$　　(5) e^{x^x}　　(6) $(\tan x)^{\sin x}$

(7) $\log(x + \sqrt{1+x^2})$　　(8) $\dfrac{x}{x - \sqrt{x^2+a^2}}$　$(a>0)$

8.2 双曲線関数 $\cosh x, \sinh x, \tanh x$（⇨ p.23 の追記 2.1）を微分せよ．

例題 9 ─────────────────── 媒介変数表示の関数の導関数

次の関係から $\dfrac{dy}{dx}$, $\dfrac{d^2y}{dx^2}$ を求めよ．

$$\begin{cases} x = a\cos^3 t \\ y = a\sin^3 t \end{cases} \quad (a>0)$$

route 媒介変数表示の導関数 (⇨ p.25 の定理 2.13) を用いる．

解答 $\dfrac{dx}{dt} = -3a\cos^2 t \sin t$, $\dfrac{dy}{dt} = 3a\sin^2 t \cos t$ であるから，

$$\frac{dy}{dx} = \frac{dy}{dt} \bigg/ \frac{dx}{dt} = \frac{3a\sin^2 t \cos t}{-3a\cos^2 t \sin t} = -\tan t$$

さらに，

$$\frac{d^2y}{dx^2} = \frac{d}{dx}(-\tan t) = \frac{d}{dt}(-\tan t) \bigg/ \frac{dx}{dt}$$
$$= \frac{-\sec^2 t}{-3a\cos^2 t \sin t} = \frac{1}{3a\cos^4 t \sin t}$$

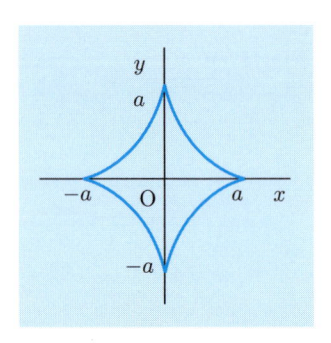

図 2.8 アステロイド（星芒形）

注意 2.5 上の曲線は**アステロイド**（**星芒形**）といわれるもので上図のような曲線である．与式から t を消去して x, y の関係になおせば次のようになる．

$$x^{2/3} = a^{2/3}\cos^2 t, \quad y^{2/3} = a^{2/3}\sin^2 t \implies x^{2/3} + y^{2/3} = a^{2/3}$$

問題

9.1 次の関係から $\dfrac{dy}{dx}$ を求めよ（結果は t の関数でよい）．

(1) $\begin{cases} x = at^2 \\ y = 2at \end{cases}$ $(a \neq 0)$
(2) $\begin{cases} x = a(t - \sin t) \\ y = a(1 - \cos t) \end{cases}$ $(a \neq 0)$
(3) $\begin{cases} x = \dfrac{3t}{1+t^3} \\ y = \dfrac{3t^2}{1+t^3} \end{cases}$

9.2 $x = \varphi(t), y = \psi(t)$ はともに 2 回微分可能で $\varphi(t)$ は狭義の増加（または減少）関数で $\varphi'(t) \neq 0$ とする．このとき $\dfrac{d^2y}{dx^2}$ を求めよ．

9.3 次の関係から $\dfrac{dy}{dx}, \dfrac{d^2y}{dx^2}$ を求めよ．

(1) $\begin{cases} x = a(\cos t + t\sin t) \\ y = a(\sin t - t\cos t) \end{cases}$ $(a > 0)$
(2) $\begin{cases} x = 1 - t^2 \\ y = t^3 \end{cases}$

2.2 微分法

―― 例題 10 ―――――――――――――――――――――――――― 高次導関数 ――

次の関数の n 次導関数を求めよ．
(1) $x^3 \sin x$ (2) $\dfrac{x}{(x-1)(x-2)}$

route (1) $h(x) = f(x)g(x)$ において，$\dfrac{d^k}{dx^k}x^3 = 0 \ (k \geqq 4)$ であるから，$f(x) = \sin x, g(x) = x^3$ とおいてライプニッツの公式（⇨ p.26 定理 2.15 (ii)）を用いる．
(2) 部分分数に展開して n 次導関数を求めよ．

navi 高次導関数 (1) ライプニッツの公式 (2) 部分分数に展開

解答 (1) $\dfrac{d^k}{dx^k}\sin x = \sin\left(x + \dfrac{k\pi}{2}\right)$, $\dfrac{d^k}{dx^k}x^3 = 0 \ (k \geqq 4)$ であるから，ライプニッツの公式から

$$(x^3 \sin x)^{(n)} = (\sin x)^{(n)} x^3 + \binom{n}{1}(\sin x)^{(n-1)} \cdot (x^3)' + \binom{n}{2}(\sin x)^{(n-2)}(x^3)''$$

$$+ \binom{n}{3}(\sin x)^{(n-3)}(x^3)'''$$

$$= x^3 \sin\left(x + \dfrac{n\pi}{2}\right) + 3nx^2 \sin\left(x + \dfrac{n-1}{2}\pi\right)$$

$$+ 3n(n-1)x \sin\left(x + \dfrac{n-2}{2}\pi\right) + n(n-1)(n-2)\sin\left(x + \dfrac{n-3}{2}\pi\right).$$

(2) $y = \dfrac{x}{(x-1)(x-2)} = \dfrac{2}{x-2} - \dfrac{1}{x-1}$ であるから，

$$y^{(n)} = \left(\dfrac{2}{x-2}\right)^{(n)} - \left(\dfrac{1}{x-1}\right)^{(n)} = 2\{(x-2)^{-1}\}^{(n)} - \{(x-1)^{-1}\}^{(n)}$$

$$= 2\{(-1)(-2)\cdots(-1-n+1)(x-2)^{-1-n}\} - (-1)(-2)\cdots(-1-n+1)(x-1)^{-1-n}$$

$$= \dfrac{(-1)^n 2 \cdot n!}{(x-2)^{n+1}} - \dfrac{(-1)^n \cdot n!}{(x-1)^{n+1}}$$

―― 問 題 ――

10.1 次の関数の n 次導関数を求めよ．
(1) $x^3 e^x$ (2) $\dfrac{1}{x^2 - 4x + 3}$ (3) $x^3 \log x$ (4) $\dfrac{x}{x^2 - 1}$

10.2[†] $y = e^x \cos x, y = e^x \sin x$ の n 次導関数がそれぞれ，次のようになることを示せ．

$$2^{n/2} e^x \cos\left(x + \dfrac{n\pi}{4}\right), \quad 2^{n/2} e^x \sin\left(x + \dfrac{n\pi}{4}\right)$$

[†] 帰納法を用いよ．

例題 11 — 高次導関数（ライプニッツの公式）

$y = \tan^{-1} x$ は

$$(1+x^2)y^{(n+2)} + 2(n+1)xy^{(n+1)} + n(n+1)y^{(n)} = 0$$

を満たすことを示し，$x=0$ における $y^{(n)}$ の値を求めよ．

route $y = \tan^{-1} x$ から $y' = \dfrac{1}{1+x^2}$，$(1+x^2)y' = 1$．この両辺を $f = y'$, $g = 1+x^2$ として，ライプニッツの公式（⇨ p.26 定理 2.15 (ii)）を用いる．

navi ライプニッツの公式を用いる．

[解答] $y = \tan^{-1} x$ から $y' = \dfrac{1}{1+x^2}$，$(1+x^2)y' = 1$ の両辺をライプニッツの公式により $n+1$ 回微分すると，

$$(1+x^2)y^{(n+2)} + (n+1)\cdot 2x \cdot y^{(n+1)} + \frac{(n+1)n}{2}\cdot 2 \cdot y^{(n)} = 0$$

すなわち，$(1+x^2)y^{(n+2)} + 2(n+1)xy^{(n+1)} + n(n+1)y^{(n)} = 0$.

$y^{(n)}$ で $x=0$ とおいた値を $y_0^{(n)}$ と書くことにすれば，上式で $x=0$ として，

$$y_0^{(n+2)} = -n(n+1)y_0^{(n)}$$

一方 $y'' = \dfrac{-2x}{(1+x^2)^2}$ だから $y_0' = 1$, $y_0'' = 0$. ゆえにいま求めた漸化式から

$$y_0^{(2m)} = 0, \quad y_0^{(2m+1)} = (-1)^m (2m)!$$

問 題

11.1 次のおのおのの関数は括弧 [ ] の中に示した等式を満たすことを示せ．

(1) $y = \sin(n \sin^{-1} x)$ $\quad [(1-x^2)y'' - xy' + n^2 y = 0]$

(2)† $y = \dfrac{1}{2^n n!} \dfrac{d^n}{dx^n}(x^2-1)^n$ $\quad [(x^2-1)y'' + 2xy' - n(n+1)y = 0]$

(3) $y = e^{-x} \cos x$ $\quad [y'' + 2y' + 2y = 0]$

(4) $y = \log(\sqrt{x+a} + \sqrt{x-a})^2$ $\quad [y'' + x(y')^3 = 0]$

注意 2.6 (2) の関数をルジャンドルの関数という．

11.2 $y = \log(x + \sqrt{1+x^2})$ が

$$(1+x^2)y^{(n+2)} + (2n+1)xy^{(n+1)} + n^2 y^{(n)} = 0$$

を満たすことを証明せよ．

---

† $u = (x^2-1)^n$ とおくと，$u' = n(x^2-1)^{n-1}\cdot 2x$．この両辺に x^2-1 をかけて，$(x^2-1)u' = 2nxu$．これにライプニッツの公式を用いて，$n+1$ 回微分する．

◆ 平面曲線の図 ($a > 0$)

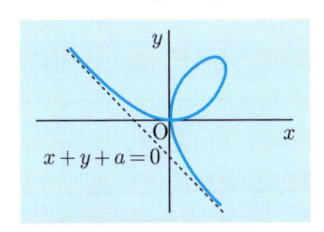

図 2.9 正葉線 (デカルトのホリアム)
直交座標系 $x^3 + y^3 - 3axy = 0$

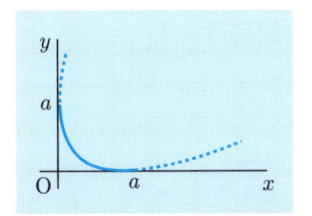

図 2.10 パラボラ (放物線)
直交座標系 $x^{1/2} + y^{1/2} = a^{1/2}$

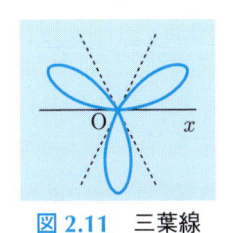

図 2.11 三葉線
極座標系 $r = a \sin 3\theta$

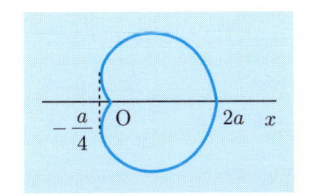

図 2.12 カーディオイド (心臓形)
極座標系 $r = a(1 + \cos\theta)$

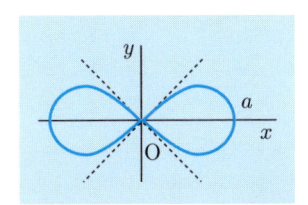

図 2.13 レムニスケート (連珠形)
極座標系 $r^2 = a^2 \cos 2\theta$
直交座標系 $(x^2 + y^2)^2 = a^2(x^2 - y^2)$

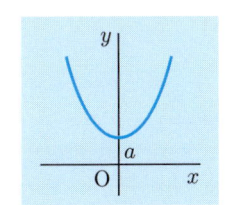

図 2.14 カテナリー
直交座標系 $y = \dfrac{a}{2}\left(e^{x/a} + e^{-x/a}\right)$

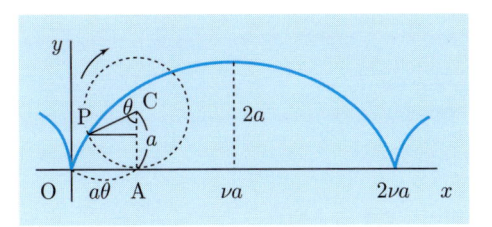

図 2.15 サイクロイド
極座標系 $\begin{cases} x = a(\theta - \sin\theta) \\ y = a(1 - \cos\theta) \end{cases}$

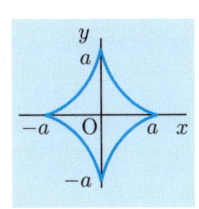

図 2.16 アストロイド (星芒形)
極座標系 $\begin{cases} x = a\cos^3\theta \\ y = a\sin^3\theta \end{cases}$
直交座標系 $x^{2/3} + y^{2/3} = a^{2/3}$

2.3 導関数の性質とその応用

◆ 平均値の定理

定理2.16（ロルの定理） $f(x)$ が $[a, b]$ で連続，(a, b) で微分可能で，$f(a) = f(b)$ ならば $f'(c) = 0$ となる c が a と b の間に少なくとも1つ存在する．

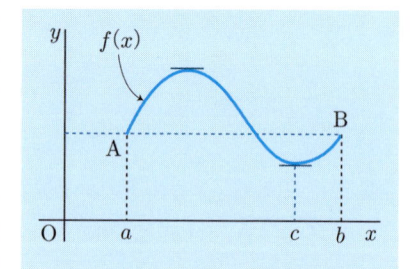

図 2.17 ロルの定理

定理2.17（平均値の定理） 定理 2.16 で $f(a) = f(b)$ の仮定がなくても
$$\frac{f(b) - f(a)}{b - a} = f'(c)$$
となる c が a と b の間に少なくとも1つ存在する．

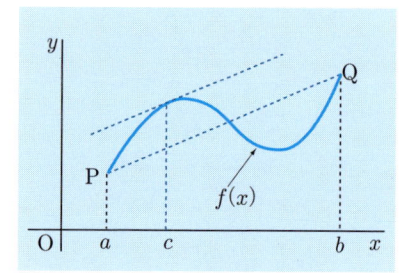

図 2.18 平均値の定理

注意 2.7 $h = b - a$, $\theta = (c - a)/(b - a)$ とおけば，この平均値の定理は次のように述べることができる：

$$f(a + h) = f(a) + hf'(a + \theta h) \quad (0 < \theta < 1)$$

を満たす θ が存在する．

この定理から次のことがわかる．

$$f'(x) \equiv 0 \implies f(x) = \text{定数}.$$

したがって，$f'(x) = g'(x)$ ならば $f(x), g(x)$ はその区間で定数しか異ならない．

定理2.18（コーシーの平均値の定理） $f(x), g(x)$ が $[a, b]$ で連続，(a, b) で微分可能で $g'(x) \neq 0$ ならば
$$\frac{f(b) - f(a)}{g(b) - g(a)} = \frac{f'(c)}{g'(c)}$$
となる c が a と b の間に少なくとも1つ存在する．

特に定理 2.18 で $g(x) = x$ のときは平均値の定理になる．
また定理 2.17 で $f(a) = f(b)$ とすると，ロルの定理になる．

◆ テイラーの定理　　平均値の定理（定理 2.17）を n 次導関数まで拡張したのが次のテイラーの定理である．

2.3 導関数の性質とその応用

定理2.19（テイラーの定理） $f(x), f'(x), \cdots, f^{(n-1)}(x)$ が $[a,b]$ で連続で，$f^{(n)}(x)$ は (a,b) で存在するものとすれば，

$$f(b) = f(a) + \frac{f'(a)}{1!}(b-a) + \frac{f''(a)}{2!}(b-a)^2 + \cdots + \frac{f^{(n-1)}(a)}{(n-1)!}(b-a)^{n-1} + R_n$$

$$R_n = \frac{f^{(n)}(a+\theta(b-a))}{n!}(b-a)^n \quad (0 < \theta < 1)$$

を満たす θ が存在する．

注意 2.8 最後の項 R_n は剰余項といって，上の形のものを**ラグランジュの剰余項**という．R_n の表し方はその他に次の形のものがあり，これを**コーシーの剰余項**という．

$$R_n = \frac{(1-\theta)^{n-1} f^{(n)}(a+\theta(b-a))}{n!}(b-a)^n \quad (0 < \theta < 1).$$

定理2.20（マクローリンの定理） 上記テイラーの定理を，特に $a=0, b=x$ として原点の近くで考えると次のようになる．

$$f(x) = f(0) + \frac{f'(0)}{1!}x + \frac{f''(0)}{2!}x^2 + \cdots + \frac{f^{(n-1)}(0)}{(n-1)!}x^{n-1} + R_n$$

$$R_n = \frac{f^{(n)}(\theta x)}{n!}x^n \quad (0 < \theta < 1)$$

これは通常**マクローリンの定理**といわれている．

p.26 の基本的な関数の高次導関数の表を利用してマクローリンの定理を用いれば，次の諸式が得られる $(0 < \theta < 1)$．

$$e^x = 1 + x + \frac{x^2}{2!} + \cdots + \frac{x^{n-1}}{(n-1)!} + \frac{e^{\theta x}}{n!}x^n$$

$$\sin x = x - \frac{x^3}{3!} + \frac{x^5}{5!} - \cdots + (-1)^{n-1}\frac{x^{2n-1}}{(2n-1)!} + (-1)^n \frac{\cos \theta x}{(2n+1)!}x^{2n+1}$$

$$\cos x = 1 - \frac{x^2}{2!} + \frac{x^4}{4!} - \cdots + (-1)^{n-1}\frac{x^{2n-2}}{(2n-2)!} + (-1)^n \frac{\cos \theta x}{(2n)!}x^{2n}$$

$$\log(1+x) = x - \frac{x^2}{2} + \frac{x^3}{3} - \cdots + (-1)^{n-2}\frac{x^{n-1}}{n-1} + (-1)^{n-1}\frac{(1+\theta x)^{-n}}{n}x^n$$

$$(1+x)^\alpha = 1 + \frac{\alpha}{1!}x + \frac{\alpha(\alpha-1)}{2!}x^2 + \cdots + \frac{\alpha(\alpha-1)\cdots(\alpha-n+2)}{(n-1)!}x^{n-1}$$

$$+ \frac{\alpha(\alpha-1)\cdots(\alpha-n+1)}{n!}(1+\theta x)^{\alpha-n}x^n \quad (\alpha \text{は定数})$$

◆ **テイラー級数** $f(x)$ が何回でも微分可能な関数のとき，点 a のまわりでテイラーの定理を適用した場合，もし剰余項 R_n が $\lim_{n \to \infty} R_n = 0$ を満たすならば，$f(x)$ は

$$f(x) = f(a) + \frac{f'(a)}{1!}(x-a) + \frac{f''(a)}{2!}(x-a)^2 + \cdots + \frac{f^{(n)}(a)}{n!}(x-a)^n + \cdots$$

と整級数に展開できる．この整級数を $f(x)$ の a のまわりでの**テイラー級数**という．特に，$a = 0$ のときは**マクローリン級数**と呼ぶことがある．

前頁に挙げた5つの関数はいずれも何回でも微分可能であるので次のようにマクローリン級数に展開できる．

① $e^x = \sum_{n=0}^{\infty} \dfrac{x^n}{n!}$ $(-\infty < x < \infty)$ （収束域は p.13 の例題 10 (1)）

② $\sin x = \sum_{n=1}^{\infty} (-1)^{n-1} \dfrac{x^{2n-1}}{(2n-1)!}$ $(-\infty < x < \infty)$ （収束域は p.15 の 1-A **5** (1)）

③ $\cos x = \sum_{n=0}^{\infty} (-1)^n \dfrac{x^{2n}}{(2n)!}$ $(-\infty < x < \infty)$ （収束域は p.15 の 1-A **5** (2)）

④ $\log(1+x) = \sum_{n=1}^{\infty} (-1)^{n-1} \dfrac{x^n}{n}$ $(-1 < x \leqq 1)$ （収束域は p.15 の 1-A **5** (3)）

⑤ $(1+x)^\alpha = \sum_{n=0}^{\infty} \dfrac{\alpha(\alpha-1)\cdots(\alpha-n+1)}{n!} x^n$ $(-1 < x < 1)$

（**2 項級数**という．収束域は p.13 の問題 10.2 (3)）

◆ **不定形の極限値** 関数 $f(x), g(x)$ において $x \to a$ あるいは $x \to \pm\infty$ のとき $f(x), g(x)$ が $\to 0, 1, \pm\infty$ などになれば，$f(x) \pm g(x), f(x)g(x), f(x)/g(x), \{f(x)\}^{g(x)}$ は形式的に書くと，

$$\infty - \infty, \quad \frac{0}{0}, \quad \frac{\infty}{\infty}, \quad 0 \times \infty, \quad 1^\infty, \quad 0^0, \quad \infty^0$$

の形になる．これらをまとめて**不定形**という．不定形の極限値を計算する場合には，マクローリンの定理および次の定理が有効である．

定理2.21（ロピタルの定理）$\lim_{x \to a} f(x) = \lim_{x \to a} g(x) = 0$ あるいは ∞（または $-\infty$）であるとき，$\lim_{x \to a} \dfrac{f'(x)}{g'(x)} = A$ が存在するかあるいは $A = +\infty, -\infty$ ならば $\lim_{x \to a} \dfrac{f(x)}{g(x)} = A$ である．ここで $x \to a$ は $x \to +\infty$（または $-\infty$）とおきかえても同じ結論が成り立つ．

上記定理 2.21 を使うとき，もし $f'(x)/g'(x)$ がまた不定形であれば $f''(x)/g''(x)$ の極限値を求めればよい．以下同様に不定形でない形となるまで分母，分子の微分を行う．

2.3 導関数の性質とその応用

例題 12 ─────────────── コーシーの平均値の定理の拡張 ───

$f(x), g(x), h(x)$ が a, b を含む区間で微分可能ならば

$$\begin{vmatrix} f(a) & g(a) & h(a) \\ f(b) & g(b) & h(b) \\ f'(c) & g'(c) & h'(c) \end{vmatrix} = 0$$

となる c が a と b の間に少なくとも1つ存在することを示せ．またこれを利用してコーシーの平均値の定理を導け．

route 前半はロルの定理（p.34）を用いよ．後半は $h(x) = 1$ とおく．

navi コーシーの平均値の定理の拡張である．

解答 $F(x) = \begin{vmatrix} f(a) & g(a) & h(a) \\ f(b) & g(b) & h(b) \\ f(x) & g(x) & h(x) \end{vmatrix}$ とおけば $F(x)$ は a, b を含む区間で微分可能であり，

$F(a) = F(b) = 0$ となる．したがってロルの定理（⇨ p.34）から $F'(c) = 0$ となる c が a と b の間に少なくとも1つ存在する．一方

$$F'(x) = \begin{vmatrix} f(a) & g(a) & h(a) \\ f(b) & g(b) & h(b) \\ f'(x) & g'(x) & h'(x) \end{vmatrix}$$

であるから前半が得られる．特に $h(x) = 1$ とおくと

$$F'(c) = \begin{vmatrix} f(a) & g(a) & 1 \\ f(b) & g(b) & 1 \\ f'(c) & g'(c) & 0 \end{vmatrix} = \begin{vmatrix} f(b) & g(b) \\ f'(c) & g'(c) \end{vmatrix} - \begin{vmatrix} f(a) & g(a) \\ f'(c) & g'(c) \end{vmatrix}$$

$$= f(b)g'(c) - g(b)f'(c) - \{f(a)g'(c) - g(a)f'(c)\}$$

$$= \{f(b) - f(a)\}g'(c) - \{g(b) - g(a)\}f'(c) = 0$$

となるから $g'(x) \neq 0$ のときはコーシーの平均値の定理（⇨ p.34）を得る．

注意 2.9 さらに $g(x) = x, h(x) = 1$ とおけば $g'(c) = 1$ であるから

$$F'(c) = f(b) - f(a) - (b - a)f'(c) = 0$$

となり，平均値の定理を得る．すなわち例題12はp.34の定理2.16〜定理2.18の拡張になっている．

問題

12.1 方程式 $f(x) = 0$ の相異なる2つの実数解の間には方程式 $f'(x) = 0$ の実数解が少なくとも1つあることを示せ．

12.2 $\lim_{x \to \infty} f'(x) = a$ のとき $\lim_{x \to \infty} \{f(x+1) - f(x)\} = a$ が成立することを証明せよ．

例題 13 ― 不定形の極限値

次の極限値を求めよ．

(1) $\displaystyle\lim_{x\to 1}\frac{x^3-3x+2}{x^3-x^2-x+1}$ (2) $\displaystyle\lim_{x\to\infty}\left(\frac{2}{\pi}\tan^{-1}x\right)^x$ (3) $\displaystyle\lim_{x\to 0}\left(\frac{1}{x^2}-\cot^2 x\right)$

route いずれも不定形の極限値であるからロピタルの定理を利用する．(3) はマクローリンの定理の利用が簡単である．

navi **不定形の極限値 ロピタルの定理** $\left(\dfrac{0}{0},\dfrac{\infty}{\infty}\right)$ や**マクローリンの定理**を利用．

追記 2.2 p.36 の定理 2.21 は $\dfrac{0}{0},\dfrac{\infty}{\infty}$ の形の不定形のときは直接使うことができるが，その他の不定形については次の変形を行えばこの定理を使うことができる．

$\infty-\infty$: $f-g=\dfrac{1/g-1/f}{1/f\cdot 1/g}$ $\left(\dfrac{0}{0}\text{となる}\right)$

$0\times\infty$: $fg=\dfrac{f}{1/g}$ $\left(\dfrac{0}{0}\text{あるいは}\dfrac{\infty}{\infty}\text{となる}\right)$

$1^\infty, 0^0, \infty^0$: $f^g=h$ とおいて $\log h=g\log f$ として $\lim\log h$ を求めれば，$\lim h=\lim e^{\log h}$ である．

解答 (1) $0/0$ の形であるから，分母，分子の微分を続ければ

$$\lim_{x\to 1}\frac{x^3-3x+2}{x^3-x^2+x+1}=\lim_{x\to 1}\frac{3x^2-3}{3x^2-2x+1}=\lim_{x\to 1}\frac{6x}{6x-2}=\frac{3}{2}.$$

あるいは，分母，分子の因数分解を考えて

$$\lim_{x\to 1}\frac{x^3-3x+2}{x^3-x^2-x+1}=\lim_{x\to 1}\frac{(x-1)^2(x+2)}{(x-1)^2(x+1)}=\lim_{x\to 1}\frac{x+2}{x+1}=\frac{3}{2}.$$

(2) $\tan^{-1}x\to\dfrac{\pi}{2}\ (x\to\infty)$ であるから 1^∞ の形の不定形である．$y=\left(\dfrac{2}{\pi}\tan^{-1}x\right)^x$ とおくと，$\log y=x\log\left(\dfrac{2}{\pi}\tan^{-1}x\right)=\dfrac{\log\left(\dfrac{2}{\pi}\tan^{-1}x\right)}{\dfrac{1}{x}}$ は $\dfrac{0}{0}$ の不定形である．

$$\therefore\ \lim_{x\to\infty}\log y=\lim_{x\to\infty}\frac{\log\left(\dfrac{2}{\pi}\tan^{-1}x\right)}{\dfrac{1}{x}}=\lim_{x\to\infty}\frac{\dfrac{1}{\tan^{-1}x}\cdot\dfrac{1}{1+x^2}}{-\dfrac{1}{x^2}}=\lim_{x\to\infty}\frac{-x^2}{(1+x^2)\tan^{-1}x}$$

$$=\lim_{x\to\infty}\frac{-1}{\left(1+\dfrac{1}{x^2}\right)\tan^{-1}x}=-\frac{2}{\pi},\qquad \lim_{x\to\infty}y=e^{-2/\pi}.$$

(3) $\dfrac{1}{x^2} - \cot^2 x = \dfrac{\sin^2 x - x^2 \cos^2 x}{x^2 \sin^2 x}$ と変形しておいて，$\sin x$, $\cos x$ にマクローリンの定理を用いると $(0 < \theta_1 < 1,\ 0 < \theta_2 < 1)$,
$$\sin x = x - \frac{x^3}{6} + \frac{\cos\theta_1 x}{5!}x^5, \quad \cos x = 1 - \frac{x^2}{2} + \frac{\cos\theta_2 x}{4!}x^4.$$
ゆえに，
$$\sin^2 x = \left(x - \frac{x^3}{6} + \frac{\cos\theta_1 x}{5!}x^5\right)^2 = x^2 + \frac{x^6}{36} + \left(\frac{\cos\theta_1 x}{5!}\right)^2 x^{10} - \frac{x^4}{3} + \frac{2\cos\theta_1 x}{5!}x^6 - \frac{\cos\theta_1 x}{5!\cdot 3}x^8$$
$$= x^2 - \frac{1}{3}x^4 + \varepsilon_1, \quad \frac{\varepsilon_1}{x^4} \to 0 \quad (x \to 0),$$
$$\varepsilon_1 = \left(\frac{1}{36} + \frac{2\cos\theta_1 x}{5!}\right)x^6 - \frac{\cos\theta_1 x}{5!\cdot 3}x^8 + \left(\frac{\cos\theta_1 x}{5!}\right)^2 x^{10}$$
$$\cos^2 x = \left(1 - \frac{x^2}{2} + \frac{\cos\theta_2 x}{4!}x^4\right)^2 = 1 - x^2 + \varepsilon_2, \quad \frac{\varepsilon_2}{x^3} \to 0 \quad (x \to 0),$$
$$\varepsilon_2 = \left(\frac{1}{4} + 2\frac{\cos\theta_2 x}{4!}\right)x^4 - 2\frac{\cos\theta_2 x}{4!}\frac{x^6}{2} + \left(\frac{\cos\theta_2 x}{4!}\right)^2 x^8$$
したがって，
$$\lim_{x\to 0}\left(\frac{1}{x^2} - \cot^2 x\right) = \lim_{x\to 0}\frac{x^2 - \frac{1}{3}x^4 + \varepsilon_1 - x^2(1 - x^2 + \varepsilon_2)}{x^2\left(x^2 - \frac{1}{3}x^4 + \varepsilon_1\right)} = \lim_{x\to 0}\frac{\frac{2}{3} + \frac{\varepsilon_1}{x^4} - \frac{\varepsilon_2}{x^2}}{1 - \frac{1}{3}x^2 + \frac{\varepsilon_1}{x^2}} = \frac{2}{3}.$$

問　題

13.1 次の極限値を求めよ．

(1) $\displaystyle\lim_{x\to 0}\frac{e^x - e^{-x}}{\sin x}$　　(2) $\displaystyle\lim_{x\to 0}\frac{x - \log(1+x)}{x^2}$　　(3) $\displaystyle\lim_{x\to 0}\frac{e^{2x} - 1 - 2x}{1 - \cos x}$

(4) $\displaystyle\lim_{x\to \pi/2}(\tan x - \sec x)$　　(5) $\displaystyle\lim_{x\to 0}\left(\frac{1}{x^2} - \frac{\cot x}{x}\right)$　　(6) $\displaystyle\lim_{x\to 0}\frac{\tan x - \sin x}{x^3}$

13.2 次の極限値を求めよ．

(1) $\displaystyle\lim_{x\to +0} x\log(\sin x)$　　(2) $\displaystyle\lim_{x\to 1-0} x^{1/(1-x)}$

(3) $\displaystyle\lim_{x\to +0}\left(\frac{1}{x}\right)^{\sin x}$　　(4) $\displaystyle\lim_{x\to +\infty}\left(\frac{\pi}{2} - \tan^{-1} x\right)^{1/x}$

13.3 マクローリンの定理を用いて次の極限値を求めよ．

(1) $\displaystyle\lim_{x\to\infty}\left\{x - x^2\log\left(1 + \frac{1}{x}\right)\right\}$　　(2) $\displaystyle\lim_{x\to 0}\frac{x - \sin x}{x^3}$

(3) $\displaystyle\lim_{x\to 0}\frac{\cos x - \left(1 - \frac{x^2}{2!} + \frac{x^4}{4!}\right)}{x^6}$　　(4) $\displaystyle\lim_{x\to 0}\frac{1 - \cos x}{x^2}$

例題 14 ━━━━━━━━━━━━━━━━━━ テイラーの定理，平均値の定理 ━━

関数 $f(x)$ が点 a を含む区間で2回微分可能で $f''(x)$ が連続とする．$f''(a) \neq 0$ のとき，平均値の定理 $f(a+h) = f(a) + hf'(a+\theta h)$ $(0 < \theta < 1)$ において，次を証明せよ．

$$\lim_{h \to 0} \theta = \frac{1}{2}$$

---

route $n=2$ としてテイラーの定理を用い，$f'(x)$ に対して $a+\theta h$ で平均値の定理を用いる．

navi テイラーの定理や平均値の定理の利用．

解答 $f''(x)$ は連続で $f''(a) \neq 0$ であるから a の十分近くの点では $f''(x) \neq 0$ である（⇨ p.18 の定理 2.6）．テイラーの定理から

$$f(a+h) = f(a) + hf'(a) + \frac{h^2}{2!}f''(a+\theta_1 h) \quad (0 < \theta_1 < 1).$$

$f'(x)$ に平均値の定理を用いれば

$$f'(a+\theta h) = f'(a) + \theta h f''(a+\theta_2 \theta h) \quad (0 < \theta_2 < 1).$$

$$\therefore \quad f(a+h) = f(a) + hf'(a+\theta h) = f(a) + h\{f'(a) + \theta h f''(a+\theta_2 \theta h)\}$$
$$= f(a) + hf'(a) + \theta h^2 f''(a+\theta_2 \theta h).$$

よって， $f(a) + hf'(a) + \dfrac{h^2}{2!}f''(a+\theta_1 h) = f(a) + hf'(a) + \theta h^2 f''(a+\theta_2 \theta h)$.

$f''(a+\theta_2 \theta h) \neq 0$ としてよいから，

$$\theta = \frac{1}{2}\frac{f''(a+\theta_1 h)}{f''(a+\theta_2 \theta h)} \to \frac{1}{2} \quad (h \to 0).$$

━━━ 問 題 ━━━

14.1 $f(x)$ が点 a を含む区間で2回微分可能で $f''(x)$ が連続のとき，

$$\lim_{h \to 0} \frac{1}{h^2}\{f(a+h) + f(a-h) - 2f(a)\} = f''(a)$$

であることを証明せよ．

14.2[†] $f(x)$ は点 a, b を含む区間で微分可能で $f(a) = f(b) = 0$ とする．任意の実数 λ に対して，次式を満たす c が a と b の間に存在することを示せ．

$$f'(c) = \lambda f(c)$$

[†] 微分方程式 $f'(x) = \lambda f(x)$ は変数分離形（⇨ p.157）であるので，これを解くと，$f(x) = Ke^{\lambda x}$ つまり $K = e^{-\lambda x}f(x)$ となる．ここで K を x の関数と考え（**定数変化法**）$K(x) = e^{-\lambda x}f(x)$ とおく． **navi** 結論からお迎え．これにロルの定理を用いる．

2.3 導関数の性質とその応用

例題 15 ─────────────────────── 整級数展開 ─

次の関数を x の整級数に展開せよ．
(1) $\dfrac{1}{(x-a)(x-b)}$ $(a > b > 0)$ (2) $\sinh x$ (3) $\log \dfrac{1+x}{1-x}$

route (1) 部分分数に分解して，次に 2 項級数展開（⇨ p.36 の ⑤）．(2) e^x のマクローリン級数（⇨ p.36 の ①）．(3) $\log(1+x)$ のマクローリン級数（⇨ p.36 の ④）．

navi 整級数展開　収束域に注意

解答 (1) $\dfrac{1}{(x-a)(x-b)} = \dfrac{1}{a-b}\left(\dfrac{1}{x-a} - \dfrac{1}{x-b}\right)$ であり，2 項級数展開（⇨ p.36 の ⑤）が使える．

$$\frac{1}{x-a} = -\frac{1}{a}\frac{1}{1-\dfrac{x}{a}} = -\frac{1}{a}\sum_{n=0}^{\infty}\left(\frac{x}{a}\right)^n \quad \left(\left|\frac{x}{a}\right| < 1\right),$$

$$\frac{1}{x-b} = -\frac{1}{b}\frac{1}{1-\dfrac{x}{b}} = -\frac{1}{b}\sum_{n=0}^{\infty}\left(\frac{x}{b}\right)^n \quad \left(\left|\frac{x}{b}\right| < 1\right)$$

$$\therefore \quad \frac{1}{(x-a)(x-b)} = \frac{1}{a-b}\left\{\sum_{n=0}^{\infty}\frac{-x^n}{a^{n+1}} + \sum_{n=0}^{\infty}\frac{x^n}{b^{n+1}}\right\} = \frac{1}{a-b}\sum_{n=0}^{\infty}\left(\frac{1}{b^{n+1}} - \frac{1}{a^{n+1}}\right)x^n$$

$$(|x| < b).$$

(2) $e^x = \sum_{n=0}^{\infty}\dfrac{x^n}{n!},\ e^{-x} = \sum_{n=0}^{\infty}\dfrac{(-x)^n}{n!} = \sum_{n=0}^{\infty}(-1)^n\dfrac{x^n}{n!}\ (-\infty < x < \infty)$ であるから，

$$\sinh x = \frac{e^x - e^{-x}}{2} = \sum_{n=1}^{\infty}\frac{x^{2n-1}}{(2n-1)!} \quad (-\infty < x < \infty).$$

(3) $\log\dfrac{1+x}{1-x} = \log(1+x) - \log(1-x)$ であり，p.36 の ④ より

$$\log(1+x) = x - \frac{x^2}{2} + \frac{x^3}{3} - \cdots + (-1)^{n-1}\frac{x^n}{n} + \cdots \quad (-1 < x \leqq 1),$$

$$\log(1-x) = -x - \frac{x^2}{2} - \frac{x^3}{3} - \cdots - \frac{x^n}{n} - \cdots \quad (-1 \leqq x < 1),$$

$$\therefore \quad \log\frac{1+x}{1-x} = 2\left(x + \frac{x^3}{3} + \cdots + \frac{x^{2n-1}}{2n-1} + \cdots\right) = 2\sum_{n=1}^{\infty}\frac{x^{2n-1}}{2n-1} \quad (|x| < 1).$$

── 問　題 ──

15.1 次の関数を原点の近くで整級数に展開せよ．
(1) $\dfrac{1}{1-3x+2x^2}$ (2) $\sqrt{1+x}$ (3) $\dfrac{1}{\sqrt{1+x}}$

2.4 関数のグラフ

◆ **関数の増減**　関数 $y=f(x)$ が $x=a$ で**増加**または**減少の状態**であるとは，十分小さなすべての正数 h に対して

$$f(a-h) \leqq f(a) \leqq f(a+h) \quad \text{または} \quad f(a-h) \geqq f(a) \geqq f(a+h)$$

となることである．$\leqq$ または $\geqq$ のかわりに $<$ または $>$ とするとき**狭義の増加**または**狭義の減少の状態**という．特に $f(x)$ が微分可能のときは次が成り立つ．

$$f'(a) \geqq 0 \quad (\text{または} \leqq 0) \quad \Longrightarrow \quad x=a \text{ で増加（または減少）の状態}$$

各点で増加（または減少）の状態のとき，その区間で増加（または減少）である．

> **定理2.22**（導関数の符号と関数の増減）　$y=f(x)$ が $[a,b]$ で連続で (a,b) で $f'(x) \geqq 0$（または $\leqq 0$）ならば，$f(x)$ は (a,b) で増加（または減少）関数である．$f'(x) > 0$（または < 0）ならば，狭義の増加（または減少）関数である．

◆ **極値**　$y=f(x)$ が $x=a$ で**極大**または**極小**であるとは十分小さな正数 h に対し

$$f(a \pm h) < f(a) \quad \text{または} \quad f(a \pm h) > f(a)$$

となることをいう．このとき $f(a)$ を**極大値**または**極小値**といい，総称して**極値**という．

> **定理2.23**（極値の必要条件）　$f(x)$ が微分可能で，$f(a)$ が極値 $\Longrightarrow$ $f'(a)=0$

◆ **極値の求め方**　関数 $f(x)$ の極値を求めるには，まず $f'(x)=0$ となるか，または $f'(x)$ が存在しないような点を求める．そのような点 a の近くで $f'(x)$ の符号を調べれば，定理 2.22 によって関数の増減がわかり，$f(a)$ が極値であるかどうか判定できる．

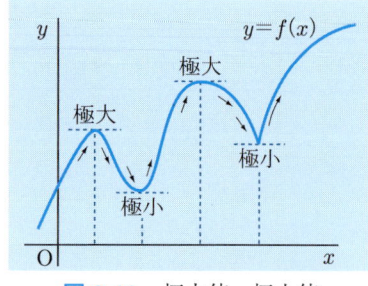

x	$\cdots$	a	$\cdots$
$f'(x)$	$+$		$-$
$f(x)$	↗	極大	↘

x	$\cdots$	a	$\cdots$
$f'(x)$	$-$		$+$
$f(x)$	↘	極小	↗

図 2.19　極大値，極小値

> **注意 2.10**　$x=a$ の近くで微分可能な関数 $f(x)$ が $f'(a)=0$ となるからといって，必ずしも $x=a$ で極値をとるとは限らない．例えば $f(x)=x^3$ は $f'(0)=0$ であるが，$x=0$ で極値はとらない．

> **追記 2.3**　変域の端点における値は極大値・極小値の対象にしないのが普通である．

2.4 関数のグラフ

◆ **最大値・最小値**　ある区間で定義された関数のその区間における最大・最小を調べるには，次の定理が有効である．

> **定理2.24**（最大値・最小値）　関数 $y = f(x)$ が区間 $[a, b]$ で連続で区間 (a, b) で微分可能のとき，$f(x)$ は $f'(x) = 0$ となる点かまたは端点のいずれかで最大値あるいは最小値をとる．

◆ **曲線の凹凸，変曲点**　ある区間で定義された関数 $y = f(x)$ がその区間内の任意の3点 x_1, x_2, x_3 $(x_1 < x_2 < x_3)$ に対し

$$\frac{f(x_2) - f(x_1)}{x_2 - x_1} \leqq \frac{f(x_3) - f(x_2)}{x_3 - x_2}$$

を満たす，すなわち曲線 $y = f(x)$ がその曲線上の2点 $P_1(x_1, f(x_1))$, $P_3(x_3, f(x_3))$ を結ぶ直線の下側にあるとき $f(x)$ はその区間で**下に凸**（あるいは**上に凹**）であるという．不等号の向き $\leqq$ を $\geqq$ と変えて**上に凸**（あるいは**下に凹**）であることが定義される．曲線が凸から凹（または凹から凸）に変る点を**変曲点**という．

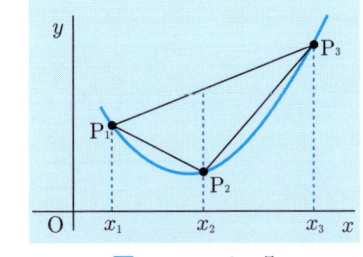

図 2.20　下に凸

> **定理2.25**（$f''(x)$ による凹凸の判定）　ある区間で定義された関数 $y = f(x)$ が2次導関数をもつとする．このとき $f(x)$ がその区間で下に凸であるための必要十分条件は，この区間で常に $f''(x) \geqq 0$ となることである．また上に凸であるための必要十分条件は $f''(x) \leqq 0$ が常に成り立つことである．

特に $f(x)$ が点 a を含む区間で連続な2次導関数をもつときは，

$f''(a) > 0 \implies$ 曲線 $y = f(x)$ は a の近くで下に凸
$f''(a) < 0 \implies$ 曲線 $y = f(x)$ は a の近くで上に凸

であり，さらに点 $(a, f(a))$ が変曲点ならば $f''(a) = 0$ である．したがって曲線 $y = f(x)$ の凹凸，変曲点を調べるには $f''(x)$ の符号を調べればよいことがわかる．

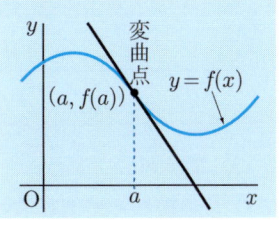

図 2.21　変曲点

◆ **グラフの書き方**　次のことがらについて調べる．
(1) 関数の定義域
(2) 関数の増減，極値
(3) 曲線の凹凸，変曲点
(4) 点や直線に関する対称性，周期性の有無
(5) 座標軸の交点等
(6) 漸近線の有無
(7) 連続でない点，微分可能でない点等，特殊な点の近くにおける様子

---例題 16---　　　　　　　　　　　　　　　　　　　　　　　　　極大値・極小値---

次の関数の極値を求めよ．
(1) $f(x) = (x-3)^2(x-2)$　　(2) $f(x) = \dfrac{1}{3}x^{2/3}(2-x)$

route 関数 $f(x)$ の極値は $f'(x)$ の符号の変わり目に着目して求める．その候補は $f'(x) = 0$ の実数解と $f'(x)$ の存在しない点である．

navi y' の符号の変り目と $f'(x)$ の存在しない点に着目増減表をつくる．

解答 (1)
$$f'(x) = 2(x-3)(x-2) + (x-3)^2 = (x-3)(3x-7)$$
であるから，$f'(x) = 0$ となるのは $x = 3$, $x = 7/3$ のときである．増減表は次のようになる．

x	$\cdots$	$7/3$	$\cdots$	3	$\cdots$
$f'(x)$	$+$		$-$		$+$
$f(x)$	↗	極大	↘	極小	↗

ゆえに　極小値は $f(3) = 0$

極大値は $f\left(\dfrac{7}{3}\right) = \dfrac{4}{27}$ である．

(2) $x \neq 0$ のときは
$$f'(x) = \dfrac{2}{9}x^{-1/3}(2-x) - \dfrac{1}{3}x^{2/3}$$
$$= \dfrac{1}{9} \cdot \dfrac{4-5x}{\sqrt[3]{x}}$$

ゆえに，$f'(x) = 0$ となるのは $x = 4/5$．増減表は次のようになる．

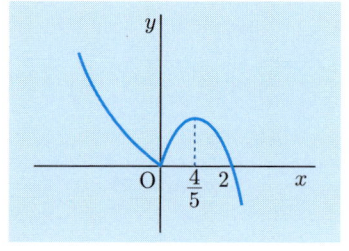

x	$\cdots$	0	$\cdots$	$4/5$	$\cdots$
$f'(x)$	$-$		$+$		$-$
$f(x)$	↘	極小	↗	極大	↘

図 2.22

ゆえに　極小値は $f(0) = 0$,

極大値は $f\left(\dfrac{4}{5}\right) = \left(\dfrac{4}{5}\right)^{2/3} \cdot \dfrac{2}{5}$ である．

問題

16.1 次の関数の極値を求めよ．
(1) $f(x) = x^3 - 3x^2 - 45x + 21$　　(2) $f(x) = (x-5)\sqrt[3]{x^2}$
(3) $f(x) = \dfrac{x^2 - 3x + 2}{x^2 + 3x + 2}$　　(4) $f(x) = x\sqrt{2x - x^2}$

16.2 次の関数のグラフを書き極値および最大値，最小値を求めよ．
(1) $f(x) = |x^3 + x^2 - x - 1|$　　(2) $f(x) = x + \sqrt{4 - x^2}$

navi 最大値・最小値　極値と端の値を比較する．

2.4 関数のグラフ

―― 例題 17 ――――――――――――――――――――――――― 増加（減少）関数 ――

関数 $f(x), g(x)$ は $x \geqq a$ で連続で $f(a) = g(a)$ であり，$x > a$ で $f'(x) > g'(x)$ であれば，$f(x) > g(x)$ $(x > a)$ であることを証明せよ．また，これを利用して次の不等式を示せ．

$$e^x > 1 + x + \frac{x^2}{2} \quad (x > 0)$$

route 関数 $f(x) - g(x)$ に対して区間 $[a, b]$ （$b > a$ は任意）で定理 2.22 （⇨ p.42）（導関数の符号と関数の増減）を適用する．

navi y' の符号の変化 に着目．

[解答] $h(x) = f(x) - g(x)$ とおくと $h(a) = 0$ でありさらに，任意の $b\,(>a)$ について $h(x)$ は閉区間 $[a, b]$ で連続で開区間 (a, b) で微分可能である．仮定から

$$h'(x) > 0, \quad a < x < b$$

したがって定理 2.22 によって $h(x)$ は区間 $[a, b]$ で狭義の増加関数である．ゆえに

$$a < x < b \implies h(x) > h(a) = 0.$$

$b\,(>a)$ は任意であるから，

$$x > a \implies h(x) = f(x) - g(x) > 0.$$

上の結果を $h(x) = e^x - (1 + x + x^2/2)\,(x > 0)$ に適用しよう．$h'(x) = e^x - 1 - x$ の $x > 0$ における符号がわかればただちに上の結果が使えるが，それが簡単にはわからないから，さらに微分してみると

$$h''(x) = e^x - 1 > e^0 - 1 = 0 \quad (x > 0).$$

$$\therefore \quad x > 0 \implies h'(x) > h'(0) = 0.$$

また $h(0) = 0$ であるから，前の結果から求める不等式が得られる．

―― 問 題 ――

17.1 次の不等式を示せ．

(1) $x > \sin x \quad \left(0 < x < \dfrac{\pi}{2}\right)$ 　　(2) $\log(1+x) < x - \dfrac{x^2}{2} + \dfrac{x^3}{3} \quad (x > 0)$

(3) $\sin x > x - \dfrac{x^3}{6} \quad \left(0 < x < \dfrac{\pi}{2}\right)$ 　　(4) $\sin x + \cos x > 1 + x - x^2 \quad (x > 0)$

17.2 $p > 1$, $\dfrac{1}{p} + \dfrac{1}{q} = 1$ のとき $x \geqq 0$ に対して次式が成り立つことを証明せよ．

$$\frac{x^p}{p} + \frac{1}{q} \geqq x$$

─ 例題 18 ─────────────────────────────── 関数のグラフ ─

関数 $f(x) = \dfrac{x}{x^2+1}$ の増減凹凸を調べそのグラフの概形を書け.

navi　グラフの書き方
増減と極値, **凹凸と変曲点**, **定義域**, **対称性**, **漸近線**, **座標軸との共有点** を調べる.

[解答]
$$f'(x) = \frac{x^2+1-2x^2}{(x^2+1)^2} = \frac{1-x^2}{(x^2+1)^2}$$

であるから, $f'(x) = 0$ となるのは $x = \pm 1$ である. ゆえに $f(x)$ の増減表は次のようになる.

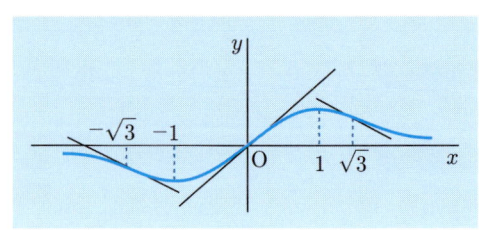

図 2.23

x		-1		1	
$f'(x)$	$-$	0	$+$	0	$-$
$f(x)$	↘	極小	↗	極大	↘

さらに
$$f''(x) = \frac{-2x(x^2+1)^2 - (1-x^2)\cdot 4(x^2+1)x}{(x^2+1)^4} = \frac{2x(x-\sqrt{3})(x+\sqrt{3})}{(x^2+1)^3}$$

であるから, $f''(x) = 0$ となるのは $x = -\sqrt{3}$, $x = 0$, $x = \sqrt{3}$ である. したがって

x		$-\sqrt{3}$		0		$\sqrt{3}$	
$f''(x)$	$-$	0	$+$	0	$-$	0	$+$
$f(x)$	∩	変曲点	∪	変曲点	∩	変曲点	∪

ゆえに, 極大値は $f(1) = 1/2$, 極小値は $f(-1) = -1/2$ であり変曲点は $(-\sqrt{3}, -\sqrt{3}/4)$, $(0, 0)$ および $(\sqrt{3}, \sqrt{3}/4)$ である.

　定義域: $-\infty < x < \infty$,　　座標軸との共有点: $f(0) = 0$ より原点を通る.
　対称性: $f(x) = -f(-x)$ が成り立つので, 原点に関して対称.
　漸近線: $\displaystyle\lim_{x \to \infty} \dfrac{x}{x^2+1} = 0$, $\displaystyle\lim_{x \to -\infty} \dfrac{x}{x^2+1} = 0$. よって x 軸が漸近線.

～～～ 問　題 ～～～～～～～～～～～～～～～～～～～～～～～～～～～～～

18.1 次の関数の増減凹凸を調べてグラフの概形を書け.

　(1)　$y = x^4 - 8x^3 + 18x^2$　　(2)　$y = \dfrac{1}{1+x^2}$　　(3)　$y = e^{-x}\sin x$　$(0 \leqq x \leqq 2\pi)$

18.2 $f(x)$, $g(x)$ がともに区間 I で下に凸ならば, $\alpha f(x) + \beta g(x)$ も I で下に凸であることを証明せよ. ここで α, β はともに正の定数である.

例題 19 — 最大・最小

楕円 $\dfrac{x^2}{a^2}+\dfrac{y^2}{b^2}=1$ の接線が両軸と交わる点を A, B とするとき，線分 AB の長さの最小値を求めよ．

navi 最大値・最小値　極値と端点の値を比較

[解答] 楕円上の点 P を $(a\cos\theta, b\sin\theta)$ とするとその点における接線の方程式は

$$\frac{x\cos\theta}{a}+\frac{y\sin\theta}{b}=1.$$

このとき

$$\mathrm{OA}=\frac{a}{\cos\theta},\quad \mathrm{OB}=\frac{b}{\sin\theta}$$

であるから $\mathrm{AB}^2=\dfrac{a^2}{\cos^2\theta}+\dfrac{b^2}{\sin^2\theta}$. この右辺を $f(\theta)$ とおけば，

$$f'(\theta)=2\left(\frac{a^2\sin\theta}{\cos^3\theta}-\frac{b^2\cos\theta}{\sin^3\theta}\right)=\frac{2a^2\cos\theta}{\sin^3\theta}\left(\tan^4\theta-\frac{b^2}{a^2}\right).$$

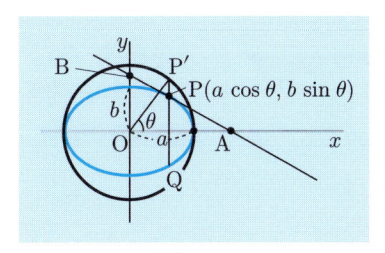

図 2.24

グラフの対称性から点 P は第 1 象限の点としてよい．このとき $0<\theta<\pi/2$ であるから，この範囲で $f(\theta)$ の増減表をつくれば，左のようになる．$\theta=\tan^{-1}\sqrt{\dfrac{b}{a}}$ のとき $f(\theta)$ は最小であるが，このとき，$\tan^2\theta=\dfrac{b}{a}$. したがって

θ	0	$\tan^{-1}\sqrt{b/a}$	$\pi/2$
$f'(\theta)$		$-$	0	$+$
$f(\theta)$		↘	最小値	↗

$$f(\theta)=a^2\sec^2\theta+b^2\mathrm{cosec}^2\theta=a^2(1+\tan^2\theta)+b^2(1+\cot^2\theta)$$
$$=a^2\frac{a+b}{a}+b^2\frac{a+b}{b}=(a+b)^2.$$

ゆえに AB の最小値は $a+b$ である．

問題

19.1 一辺の長さが a の正方形の四隅から合同な 4 つの正方形を切り取り，その残りの部分を折り曲げてつくった（上部のあいた）箱の体積を最大にせよ．

19.2 三辺の長さが a の台形の面積が最大になるのはどんな場合か，このとき台形の面積を求めよ．

19.3 体積が一定な直円錐の側面積が最小になるのはその高さと底面の半径の比がいくらのときか．

例題 20 ───────────────────────────── ニュートン法 ─

点 a, b を含むある範囲で $f(x)$ は連続な 2 次導関数をもち $f''(x) > 0$ とする．$f(a) > 0, f(b) < 0$ なるとき

(1) 方程式 $f(x) = 0$ は a と b の間にただ 1 つの解 c をもつことを示せ．

(2) $a_1 = a, a_2 = a_1 - \dfrac{f(a_1)}{f'(a_1)}, \cdots, a_{n+1} = a_n - \dfrac{f(a_n)}{f'(a_n)}, \cdots$

とするとき，$\lim\limits_{n \to \infty} a_n = c$ であることを証明せよ（ニュートン法）．

---

route (1) は中間値の定理（⇨ p.18 の定理 2.7）と $f(x)$ が下に凸であることを利用する．(2) は $\{a_n\}$ が単調増加で上に有界なことを用いよ．（⇨ p.1 の 定理 1.1）．

navi ニュートン法　**中間値の定理**と**単調有界数列の収束性**を用いる．

解答 (1) $f(x) = 0$ が a と b の間に少なくとも 1 つの解をもつことは中間値の定理（⇨ p.18 の定理 2.7）から明らかである．いま 2 つの解 $c_1, c_2 \, (a < c_1 < c_2 < b, \, f(c_1) = f(c_2) = 0)$ をもつと仮定する．$f''(x) > 0$ によって $f(x)$ は下に凸（⇨ p.43）である．ゆえに

$$0 = \frac{f(c_2) - f(c_1)}{c_2 - c_1} \leqq \frac{f(b) - f(c_2)}{b - c_2} = \frac{f(b)}{b - c_2}.$$

これは $f(b) < 0$ に反する．したがって $f(x) = 0$ は a と b の間にただ 1 つの解 c をもつ．

(2) 点 $A_1(a, f(a))$ における接線 $y - f(a) = f'(a)(x - a)$ と x 軸との交点は，

$$x = a - \frac{f(a)}{f'(a)} \quad (= a_2 \text{とおく}) \quad \cdots ①$$

いま，テイラーの定理 $(n = 2)$ により

$0 = f(c) = f(a) + f'(a)(c - a) + f''(d)(c - a)^2/2!$
$\qquad\qquad\qquad (a < d < c) \quad \cdots ②$

① より $f'(a)$ を計算し，これを ② に代入すると，$f(a) > 0, f''(d) > 0$ より

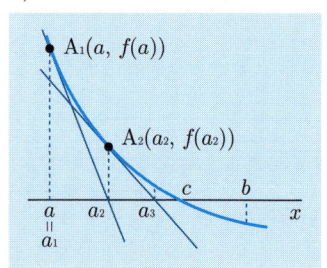

図 2.25

$$\frac{a_2 - c}{a - a_2} = \frac{f''(d)(c - a)^2}{2 f(a)} > 0. \qquad \therefore \quad a = a_1 < a_2 < c$$

同様に $A_2(a_2, f(a_2))$ における接線と x 軸との交点を a_3 とし，以下これをくり返して得られる数列は

$$a_{n+1} = a_n - \frac{f(a_n)}{f'(a_n)} \qquad \cdots ③$$

すなわち $a = a_1 < a_2 < \cdots < a_n < \cdots < c$．よって，p.1 の定理 1.1 より $\lim\limits_{n \to \infty} a_n \, (= \alpha$ とする) が存在して $\alpha \leqq c$ である．漸化式 $a_{n+1} = a_n - \dfrac{f(a_n)}{f'(a_n)}$ において $n \to \infty$ とすれば，

$\alpha = \alpha - \dfrac{f(\alpha)}{f'(\alpha)}$ となるから $f(\alpha) = 0$ が得られる．他方 (1) から $f(x) = 0$ の解は a と b の間に c 以外はないから，$\alpha = c$ である．

追記 2.4 $a_1, a_2, \cdots, a_n, \cdots$ は方程式 $f(x) = 0$ の解の近似値であってそれぞれ第 1 近似値，第 2 近似値，$\cdots$，第 n 近似値という．n が大きくなるにしたがってより精密な近似値となるが，$f(x) = 0$ の解 c と a_n の差 E_n は

$$|c - a_n| = E_n < \frac{M\{f(a_{n-1})\}^2}{2K^3}$$

の範囲にある．ただし M, K は点 c の近くで $0 \leqq K \leqq |f'(x)|,\ |f''(x)| \leqq M$ を満たす定数である（このことはテイラーの定理を応用して得られるがここでは省略する）．

上で $f''(x) < 0$ の場合には $g(x) = -f(x)$ として $f(x) = 0$ のかわりに方程式 $g(x) = 0$ を考えればよい．このときは

$$a_{n+1} = a_n - \frac{g(a_n)}{g'(a_n)} = a_n - \frac{f(a_n)}{f'(a_n)}$$

であるから，上に述べたことがそのまま $g(x)$ に適用される．

例えば方程式 $f(x) = e^x - x^2 = 0$ の解を考えよう．まず

$$f'(x) = e^x - 2x, \quad f''(x) = e^x - 2$$

したがって，$x = \log 2$ が変曲点でこの点の右で下に凸，左で上に凸となることがわかる．また

$$f'(\log 2) = 2 - 2\log 2 > 0 \quad (\log 2 < \log e = 1\ \text{である})．$$

ゆえに，$f'(x) > 0$ である．一方

$$f(0) = 1, \quad f(-1) = e^{-1} - 1 < 0$$

であるから，方程式 $f(x) = 0$ は -1 と 0 の間にただ 1 つの解 c をもつ．c の近くで $f''(x) < 0$（上に凸）だから $a_1 = -1$ を第 1 近似値にとる．$-1 \leqq x \leqq 0$ において $f'(x)$ の最小値は $f'(0) = 1$，$|f''(x)|$ の最大値は $|f''(-1)| = 2 - e^{-1}$ となることが容易にわかるから，ニュートン法で第 2 近似値 a_2 を求めたときの誤差の限界と a_2 はそれぞれ

$$|E_2| < \frac{(2-e^{-1})f(-1)^2}{2} < 0.33, \quad a_2 = -1 - \frac{f(-1)}{f'(-1)} \fallingdotseq -0.73$$

である．

問題

20.1 方程式 $f(x) = x^3 - 3x + 1 = 0$ が 0 と 1 の間にただ 1 つの実数解をもつことを示せ．また $a_1 = 0$ を第 1 近似値として，第 2 近似値および第 3 近似値を求めよ．

20.2 方程式 $x - \cos x = 0$ は，$0 < c < \dfrac{\pi}{2}$ なる解 c をもつ．$a_1 = \dfrac{\pi}{4}$ を c の第 1 近似値として，第 2 近似値を求めよ．

演習問題 2-A

1 次の関数の $\lim_{x\to+0} f(x)$, $\lim_{x\to-0} f(x)$ は存在するかどうか調べよ.

  (1) $f(x) = e^{1/x}$ (2) $f(x) = \dfrac{1}{1+2^{1/x}}$

  (3) $f(x) = \dfrac{x}{1+e^{1/x}}$

2 $x \to 0$ のとき次の関数は x に対して何位の無限小であるか.
$$2\sin x - \sin 2x$$

3 次の極限値を求めよ.

  (1) $\lim_{\theta \to 0} \dfrac{\tan \theta}{\theta}$

  (2) $\lim_{n \to \infty} n(\sqrt[n]{x} - 1) \quad (x > 0)$

4 $f(x)$ が $x = a$ において連続であるとき, $|f(x)|$ もまた $x = a$ で連続であることを証明せよ.

5 $f(x) = \begin{cases} \sin \dfrac{1}{x} & (x \neq 0) \\ 0 & (x = 0) \end{cases}$ は $x = 0$ で連続であるかどうか調べよ.

6 方程式 $(x^2 - 1)\cos x + \sqrt{2}\sin x - 1 = 0$ は 0 と 1 との間に少なくとも 1 つの実数解をもつことを証明せよ $\left(1 > \dfrac{\pi}{4}\text{ より不等式 }\sin 1 > \sin \dfrac{\pi}{4}\text{ が成立する. これを用いよ}\right)$.

7 次の関数を微分せよ.

  (1) $y = (2x^2 + 3)^2(3x+1)^3$ (2) $y = \tan^{-1}\left(\dfrac{1}{\sqrt{2}}\tan\dfrac{x}{2}\right)$

  (3) $y = \dfrac{x\sin^{-1} x}{\sqrt{1-x^2}} + \log\sqrt{1-x^2} \quad (\sin^{-1} x = t \text{ とおく})$

8 次の極限値を求めよ.

  (1) $\lim_{x \to 0} \dfrac{x - \sin^{-1} x}{x^3}$ (2) $\lim_{x \to \pi/2 - 0} \left(x\tan x - \dfrac{\pi}{2}\sec x\right)$

  (3) $\lim_{x \to 0} \left(\dfrac{\tan x}{x}\right)^{1/x^2}$ (4) $\lim_{x \to +0} x^x$

  (5) $\lim_{x \to \pi/4 - 0} \tan 2x \cdot \cot\left(x + \dfrac{\pi}{4}\right)$

9 半径 $r > 0$ の円に内接する長方形のうちで面積が最大となるものを求めよ.

10 閉区間 $[a, b]$ において常に $f''(x) > 0$ とすれば，$[a, b]$ の任意の 3 点 x_1, x_2, x_3 (ただし $x_1 < x_2 < x_3$) に対して次の不等式が成り立つことを証明せよ．

$$\begin{vmatrix} 1 & 1 & 1 \\ x_1 & x_2 & x_3 \\ f(x_1) & f(x_2) & f(x_3) \end{vmatrix} > 0$$

11 次の関数のグラフを描け．
   (1) $y = e^{-x^2}$ (2) $y = x \log x$

演習問題 2-B

1 n を正の整数とするとき，次の極限値を求めよ．
$$f(x) = \lim_{n \to \infty} \frac{1 - x^n + x^{n+1}}{1 - x^n + x^{n+2}}$$

2 $y = \sin^{-1} x$ について次の問に答えよ．
   (1) $(1-x^2) y^{(n+2)} - (2n+1) xy^{(n+1)} - n^2 y^{(n)} = 0 \ (n \geqq 0)$ を示せ．
   (2) $y^{(n)}$ の $x = 0$ における値が次のようになることを示せ．

$$y^{(n)}(0) = \begin{cases} (n-2)^2 (n-4)^2 \cdots 3^2 \cdot 1^2 & (n : 奇数) \\ 0 & (n : 偶数) \end{cases}$$

   (3) y を x の整級数に展開せよ．

3 次の極限値を求めよ．
$$\lim_{x \to 0} \left(\frac{1}{\sin^2 x} - \frac{1}{x^2} \right)$$

4 $\dfrac{4}{\cos^2 x} + \dfrac{1}{\sin^2 x} \ \left(0 < x < \dfrac{\pi}{2} \right)$ の最大値，最小値を求めよ．

5 次の関数のグラフを描け．
   (1) $y = (x-2) e^x$ (2) $y = \dfrac{1}{x} \log x$ (3) $y = x^2 e^{-x}$

3 積分法とその応用

3.1 不定積分

◆ **不定積分** 関数 $F(x)$ の導関数が $f(x)$ であるとき，$F(x)$ を $f(x)$ の**原始関数**または**不定積分**といい，$F(x) = \int f(x)dx$ と書く．また $F(x)$ を $f(x)$ の1つの不定積分とすれば，他の不定積分はすべて $F(x) + C$（C は定数）の形に書ける．この C を**積分定数**という．積分定数は必要のない限り書かないことにする．不定積分 $F(x)$ を求めることを**積分する**という．

◆ **基本公式**

$f(x)$	$F(x) = \int f(x)dx$	$f(x)$	$F(x) = \int f(x)dx$
① $x^\alpha \quad (\alpha \neq -1)$	$\dfrac{x^{\alpha+1}}{\alpha+1}$	⑨ $\sin x$	$-\cos x$
② x^{-1}	$\log |x|$	⑩ $\cos x$	$\sin x$
③ $\dfrac{1}{x^2 + a^2} \quad (a \neq 0)$	$\dfrac{1}{a}\tan^{-1}\dfrac{x}{a}$	⑪ $\sec^2 x$	$\tan x$
④ $\dfrac{1}{x^2 - a^2} \quad (a \neq 0)$	$\dfrac{1}{2a}\log\left|\dfrac{x-a}{x+a}\right|$	⑫ $\mathrm{cosec}^2 x$	$-\cot x$
⑤ $\dfrac{1}{\sqrt{a^2 - x^2}} \quad (a > 0)$	$\sin^{-1}\dfrac{x}{a}$	⑬ $\tan x$	$-\log |\cos x|$
⑥ $\dfrac{1}{\sqrt{x^2 + a}} \quad (a \neq 0)$	$\log |x + \sqrt{x^2 + a}|$	⑭ $\cot x$	$\log |\sin x|$
⑦ $\sqrt{a^2 - x^2} \quad (a > 0)$	$\dfrac{1}{2}\left(x\sqrt{a^2 - x^2} + a^2 \sin^{-1}\dfrac{x}{a}\right)$	⑮ $\sec x$	$\log\left|\tan\left(\dfrac{x}{2} + \dfrac{\pi}{4}\right)\right|$
⑧ $\sqrt{x^2 + a^2} \quad (a \neq 0)$	$\dfrac{1}{2}\{x\sqrt{x^2 + a^2} + a^2 \log(x + \sqrt{x^2 + a^2})\}$	⑯ $\mathrm{cosec}\, x$	$\log\left|\tan\dfrac{x}{2}\right|$
		⑰ e^x	e^x
		⑱ $a^x \quad (a \neq 1)$	$\dfrac{a^x}{\log a}$
		⑲ $\log x$	$x(\log x - 1)$

$\sec x = 1/\cos x, \quad \mathrm{cosec}\, x = 1/\sin x, \quad \cot x = 1/\tan x$

3.1 不定積分

◆ **計算公式**

(1) $\displaystyle\int \{f(x) \pm g(x)\}dx = \int f(x)dx \pm \int g(x)dx$ （複号同順）

(2) $\displaystyle\int kf(x)dx = k\int f(x)dx$ （k は定数）

(3) $\displaystyle\int f(x)g'(x)dx = f(x)g(x) - \int f'(x)g(x)dx$ （部分積分法）

(4) $\displaystyle\int f(x)dx = xf(x) - \int xf'(x)dx$

(5) $x = g(t)$ のとき $\displaystyle\int f(x)dx = \int f(g(t))g'(t)dt$ （置換積分法）

(6) $\displaystyle\int \frac{f'(x)}{f(x)}dx = \log|f(x)|$

◆ **有理関数の積分法**　有理関数の積分は**部分分数分解**（⇨ p.60 の追記 3.3, 具体的方法は p.60, p.61）により次の (7), (8) に帰着される.

(7) $\displaystyle\int \frac{A}{(x-a)^n}dx = \begin{cases} A\log|x-a| & (n=1) \\ \dfrac{A}{-n+1}(x-a)^{-n+1} & (n \neq 1) \end{cases}$

(8) $\displaystyle\int \frac{Bx+C}{(x^2+px+q)^n}dx$　$(p^2 - 4q < 0)$, ここで $x + \dfrac{p}{2} = t, q - \dfrac{p^2}{4} = a^2$ とおくと
(8) は次の $(8_1), (8_2)$ の積分に帰着される.

(8_1) $\displaystyle\int \frac{t}{(t^2+a^2)^n}dt = \begin{cases} \dfrac{1}{2}\log|t^2+a^2| & (n=1) \\ \dfrac{1}{2(-n+1)}(t^2+a^2)^{-n+1} & (n \neq 1) \end{cases}$

(8_2) $I_n = \displaystyle\int \frac{dt}{(t^2+a^2)^n}$ とおくと
$I_n = \dfrac{1}{a^2}\left\{\dfrac{t}{(2n-2)(x^2+a^2)^{n-1}} + \dfrac{2n-3}{2n-2}I_{n-1}\right\}$　$(n \geq 2)$
$I_1 = \dfrac{1}{a}\tan^{-1}\dfrac{t}{a}.$

例題 1 ─────── 不定積分の基本公式 (1)

次の関数を積分せよ．

(1) $\sqrt[3]{x^2} - \dfrac{3}{x\sqrt{x}} + \dfrac{8}{x}$ 　　(2) $\dfrac{(x^2+1)^2}{x^3}$ 　　(3) $\dfrac{5}{9x^2-4}$

route 　不定積分の基本公式（⇨ p.52 の ①, ②, ④) を用いる．

navi 　被積分関数を基本公式が使える形に変形する．

[解答] (1) $\displaystyle\int \left(\sqrt[3]{x^2} - \dfrac{3}{x\sqrt{x}} + \dfrac{8}{x}\right)dx = \int (x^{2/3} - 3x^{-3/2} + 8x^{-1})dx$

$\quad = \dfrac{1}{\frac{2}{3}+1}x^{2/3+1} - \dfrac{3}{-\frac{3}{2}+1}x^{-3/2+1} + 8\log|x| = \dfrac{3}{5}x^{5/3} + 6x^{-1/2} + 8\log|x|$

$\quad = \dfrac{3}{5}\sqrt[3]{x^5} + \dfrac{6}{\sqrt{x}} + 8\log|x|$ 　（⇨ 基本公式 ①, ②)

(2) $\displaystyle\int \dfrac{(x^2+1)^2}{x^3}dx = \int \dfrac{x^4+2x^2+1}{x^3}dx = \int \left(x + 2\dfrac{1}{x} + \dfrac{1}{x^3}\right)dx$

$\quad = x^2/2 + 2\log|x| - 1/(2x^2)$ 　（⇨ 基本公式 ①, ②)

(3) $\displaystyle\int \dfrac{5}{9x^2-4}dx = \dfrac{5}{9}\int \dfrac{1}{x^2 - \left(\frac{2}{3}\right)^2}dx = \dfrac{5}{9} \times \dfrac{1}{2 \times \frac{2}{3}}\log\left|\dfrac{x - \frac{2}{3}}{x + \frac{2}{3}}\right|$

$\quad = \dfrac{5}{12}\log\left|\dfrac{3x-2}{3x+2}\right|$ 　（⇨ 基本公式 ④)

問　題

1.1 次の関数を積分せよ．

(1) $\dfrac{5x^2 - 3x + 1}{x}$ 　(2) $\dfrac{3x^2 - 4x + 2}{\sqrt{x}}$ 　(3) $\dfrac{x^4}{1-x^2}$ 　(4) $\dfrac{1}{(x-3)(x+2)}$

(5) $x^2(x-2)^3$ 　(6) $2e^x + 3\cos x$ 　(7) $\dfrac{x}{(x^2+1)^2}$

追記 3.1 初等関数の不定積分について 　初等関数とは次のような関数である．

初等関数 $\begin{cases} \text{代数関数（整関数，有理関数，無理関数）} \\ \text{初等超越関数（三角関数，逆三角関数，指数関数，対数関数）} \end{cases}$

初等関数の導関数を求めることはすでに学習した．しかし初等関数の不定積分はそれが連続な区間では存在するが，必ずしも初等関数になるとは限らない（⇨ p.93）．

また，微分法では積や商についての公式があったが，不定積分では積や商のすべての場合に使えるような一般的な方法はない．したがって，それぞれの関数の特徴を利用して積分することになる．この点が積分の難しいところである．

3.1 不定積分

例題 2 ─────────── 不定積分の基本公式 (2) ──

次の関数の不定積分を求めよ．

(1) $\dfrac{5}{4x^2+3}$ (2) $\dfrac{3}{\sqrt{5x^2+4}}$ (3) $\dfrac{4}{\sqrt{3x^2-6}}$

(4) $\dfrac{1}{\sqrt{16-9x^2}}$ (5) $\dfrac{x^2}{\sqrt{1-x^2}}$

route 不定積分の基本公式 (⇨ p.52 の ③, ⑤, ⑥, ⑦) を用いる．

navi 被積分関数を基本公式が使える形に変形する．

解答 (1) $\displaystyle\int \dfrac{5}{4x^2+3}dx = \dfrac{5}{4}\int \dfrac{1}{x^2+\left(\sqrt{3}/2\right)^2}dx = \dfrac{5}{4}\times\dfrac{1}{\sqrt{3}/2}\tan^{-1}\dfrac{x}{\sqrt{3}/2}$

$\qquad = \left(5/2\sqrt{3}\right)\tan^{-1}(2x/\sqrt{3})$　(⇨ p.52 の基本公式 ③)

(2) $\displaystyle\int \dfrac{3}{\sqrt{5x^2+4}}dx = \dfrac{3}{\sqrt{5}}\int \dfrac{1}{\sqrt{x^2+4/5}}dx = \dfrac{3}{\sqrt{5}}\log\left(x+\sqrt{x^2+4/5}\right)$

$\qquad$ (⇨ p.52 の基本公式 ⑥, 注意 3.1)

(3) $\displaystyle\int \dfrac{4}{\sqrt{3x^2-6}}dx = \dfrac{4}{\sqrt{3}}\int \dfrac{1}{\sqrt{x^2-2}}dx = \dfrac{4}{\sqrt{3}}\log\left|x+\sqrt{x^2-2}\right|$

$\qquad$ (⇨ 基本公式 ⑥, 注意 3.1)

(4) $\displaystyle\int \dfrac{1}{\sqrt{16-9x^2}}dx = \dfrac{1}{3}\int \dfrac{1}{\sqrt{(4/3)^2-x^2}}dx = \dfrac{1}{3}\sin^{-1}\dfrac{x}{4/3} = \dfrac{1}{3}\sin^{-1}\dfrac{3x}{4}$

$\qquad$ (⇨ p.52 の基本公式 ⑤)

(5) $\displaystyle\int \dfrac{x^2}{\sqrt{1-x^2}}dx = -\int \dfrac{1-x^2-1}{\sqrt{1-x^2}}dx = -\int \sqrt{1-x^2}\,dx + \int \dfrac{1}{\sqrt{1-x^2}}dx$

$\qquad = -(x\sqrt{1-x^2}+\sin^{-1}x)/2 + \sin^{-1}x$　(⇨ 基本公式 ⑦, ⑤)

$\qquad = (\sin^{-1}x - x\sqrt{1-x^2})/2$

注意 3.1 基本公式 $\displaystyle\int \dfrac{dx}{\sqrt{x^2+a}}$ ($a \neq 0$) において，$a>0$ のときは，$x+\sqrt{x^2+a}$ は常に正であるので，| | は不要であるが，$x+\sqrt{x^2-a}$ は負になることがあるので，| | をつける必要がある．

問 題

2.1 次の関数の不定積分を求めよ．

(1) $\dfrac{4}{\sqrt{3-x^2}}$ (2) $\dfrac{4}{\sqrt{2x^2-3}}$ (3) $\dfrac{x^2}{x^2+1}$

(4) $\dfrac{3}{x^2}+\dfrac{2}{1+x^2}$ (5) $\dfrac{4}{x}-\dfrac{3}{\sqrt{1-x^2}}$ (6) $\left(\cos\dfrac{x}{2}-\sin\dfrac{x}{2}\right)^2$

例題 3 　　　　　　　　　　　　　　　　　　　　　　　　　置換積分法

置換積分法により次の関数の不定積分を求めよ $(a > 0)$.
(1) $\sqrt{a^2 - x^2}$ 　　　(2) $\dfrac{1}{(a^2 + x^2)^{3/2}}$

route　(1) $x = a\sin t$ とおく．　　(2) $x = a\tan t$ とおく．

navi　積分できる形に変形　根号をとるように $x = a\sin t, \; x = a\tan t$ と置換する．

[解答] (1) $x = a\sin t \; (-\pi/2 \leqq t \leqq \pi/2)$ とおく． $dx = a\cos t\, dt$ となるから，
$$I = \int \sqrt{a^2 - a^2 \sin^2 t}\, a\cos t\, dt.$$

いま $-\pi/2 \leqq t \leqq \pi/2$ であるので $\sqrt{\cos^2 t} = \cos t$ である．ゆえに
$$I = a^2 \int \underline{\cos^2 t}\, dt = \frac{a^2}{2}\int (1 + \cos 2t)\, dt = \frac{a^2}{2}\left(t + \frac{\sin 2t}{2} \right).$$

　　　　　　　$\cos^2 t = \dfrac{1}{2}(1 + \cos 2t)$ と次数を下げる．

これを x で表すには， $t = \sin^{-1}\dfrac{x}{a}$, $\sin 2t = 2\sin t \cos t = 2\dfrac{x}{a}\sqrt{1 - \dfrac{x^2}{a^2}} = \dfrac{2x\sqrt{a^2 - x^2}}{a^2}$ を代入して，
$$I = \frac{a^2}{2}\sin^{-1}\frac{x}{a} + \frac{1}{2}x\sqrt{a^2 - x^2}.$$

(2) $x = a\tan t \; (-\pi/2 < t < \pi/2)$ とおくと， $t = \tan^{-1}(x/a)$, $dx = a\sec^2 t\, dt$, $(a^2 + x^2)^{3/2} = a^3 \sec^3 t$ であるので，
$$I = \int \frac{1}{a^3 \sec^3 t} \cdot a\sec^2 t\, dt = \frac{1}{a^2}\int \cos t\, dt = \frac{1}{a^2}\sin t.$$

注意 3.2　前問では $x = a\sin t$ と置換したので，変数 t に関しての不定積分が求められた．これを変数 x にもどしたが，p.74 の定理 3.6 により定積分の場合は変数 t のままで計算できるので，不定積分も変数 t のままでその目的は達せられる．

問　題

3.1[†]　次の関数を積分せよ．

(1) $\dfrac{1}{(4 - x^2)^{3/2}}$ 　　(2) $\dfrac{1}{(1 + x^2)^2}$ 　　(3) $\dfrac{3x}{\sqrt{1 - x^4}}$ 　　(4) $\dfrac{x^2}{x^6 - 1}$

(5) $(2x + 1)\sqrt{x + 1}$

[†] (1) は根号をとるように置換 $(x = 2\sin t)$　(2), (3), (4) は積分できる形に置換 $(x = \tan t,\; x^2 = t,\; x^3 = t)$　(5) は丸ごと置換 $(\sqrt{x + 1} = t)$

3.1 不定積分

例題 4 ──────────────────────────────── 部分積分法 ──

部分積分法により次の関数を積分せよ．
(1) $x^n \log x$　　(2) $x^2 \cos x$　　(3) $x \sin^{-1} x$

---

route 部分積分法を用いる．それぞれ f, g' を次のようにおく．
(1) $f = \log x, g' = x^n$ ($n \neq -1, n = -1$ の場合に分ける)　　(2) $f = x^2, g' = \cos x$
(3) $f = \sin^{-1} x, g' = x$

navi 積の積分は部分積分　積分を fg' に分解　$g', f'g$ が積分しやすいように

解答 (1) $n \neq -1$ のとき，$f = \log x, g' = x^n$ と考えて，部分積分法を用いると，

$$\int x^n \log x\, dx = \frac{1}{n+1} x^{n+1} \log x - \int \frac{1}{n+1} x^{n+1} \frac{1}{x} dx = \frac{x^{n+1}}{n+1} \log x - \frac{1}{n+1} \int x^n dx$$
$$= \{x^{n+1}/(n+1)\}\{\log x - 1/(n+1)\}.$$

$n = -1$ のとき，$f = \log x, g' = 1/x$ と考えて，部分積分法を用いると，

$$\int x^{-1} \log x\, dx = \int \frac{\log x}{x} dx = (\log x)^2 - \int \frac{1}{x} \log x\, dx$$

最後の項を左辺に移項すると，

$$2\int \frac{1}{x} \log x\, dx = (\log x)^2 \quad \therefore \quad \int \frac{1}{x} \log x\, dx = \frac{1}{2}(\log x)^2.$$

(2) $f = x^2, g' = \cos x$ と考えて，部分積分法を用いると，

$$\int x^2 \cos x\, dx = x^2 \sin x - \int (2x) \sin x\, dx = x^2 \sin x - \left\{ 2x(-\cos x) + 2\int \cos x\, dx \right\}$$

($f = 2x, g' = \sin x$ と考えて，部分積分法をもう一度使った)
$$= x^2 \sin x + 2x \cos x - 2 \sin x.$$

(3) $f = \sin^{-1} x, g' = x$ と考えて，部分積分法を用いると，

$$\int x \sin^{-1} x\, dx = \frac{x^2}{2} \sin^{-1} x - \frac{1}{2} \int x^2 \frac{1}{\sqrt{1-x^2}} dx$$
$$\int \frac{x^2}{\sqrt{1-x^2}} dx = \frac{1}{2}(\sin^{-1} x - x\sqrt{1-x^2}) \quad (\Rightarrow \text{p.55 の例題 2 (5)})$$

であるから，与式 $= (x^2/2)\sin^{-1} x - (1/4)\sin^{-1} x + (1/4)x\sqrt{1-x^2}$

── 問　題 ──

4.1 次の関数を積分せよ．
(1) xe^x　　(2) $\cos x \log \sin x$　　(3) $x^2(x\sqrt{1-x^2})$

---例題 5--------------------------------------積や商の積分---

次の関数の不定積分を求めよ．
(1) $\sqrt{x^2+a}$ $(a \neq 0)$ (2) $x^2 e^{-2x}$ (3) $\dfrac{2x-5}{3x^2+4}$

route (1) p.53 の (3) または (4) を用いる．　(2) x^2 の次数を下げる．
(3) p.53 の (6) を用いる．

navi 積を $f \cdot g'$ に変形　(1) $1 \cdot \sqrt{x^2+a}$ と考え，$f = \sqrt{x^2+a}, g' = 1$
(2) $f' \cdot g$ が積分しやすいように x の次数を下げる　(3) f'/f に着目

解答 (1) $I = \displaystyle\int 1 \times \sqrt{x^2+a}\, dx$ と考えて $f = \sqrt{x^2+a}, g' = 1$ とおき部分積分法を用いる．

$$I = x\sqrt{x^2+a} - \int x \frac{x}{\sqrt{x^2+a}} dx = x\sqrt{x^2+a} - \int \frac{x^2+a-a}{\sqrt{x^2+a}} dx$$
$$= x\sqrt{x^2+a} - \int \sqrt{x^2+a}\, dx + \int \frac{a}{\sqrt{x^2+a}} dx$$
$$= x\sqrt{x^2+a} - I + a\log|x + \sqrt{x^2+a}|$$

したがって
$$2I = x\sqrt{x^2+a} + a\log|x + \sqrt{x^2+a}|$$
$$\therefore\quad I = (1/2)\{x\sqrt{x^2+a} + a\log|x + \sqrt{x^2+a}|\}.$$

(2) $f = x^2, g' = e^{-2x}$ として部分積分を行う．$f' \cdot g = -xe^{-2x}$ となり積分しやすくなる．これにもう 1 回部分積分を行う．

$$\int x^2 e^{-2x} dx = x^2 \left(\frac{e^{-2x}}{-2}\right) - \int 2x \frac{e^{-2x}}{-2} dx = -\frac{x^2 e^{-2x}}{2} + x\left(\frac{e^{-2x}}{-2}\right) + \frac{1}{2} \int e^{-2x} dx$$
$$= -\frac{x^2 e^{-2x}}{2} - \frac{xe^{-2x}}{2} - \frac{1}{4} e^{-2x} = -\frac{e^{-2x}}{2}\left(x^2 + x + \frac{1}{2}\right)$$

(3) $\dfrac{d}{dx}(3x^2+4) = 6x$ より p.53 の (6) が使えるので，

$$\int \frac{2x-5}{3x^2+4} dx = \frac{1}{3} \int \frac{6x}{3x^2+4} dx - 5 \int \frac{1}{3x^2+4} dx$$
$$= \frac{1}{3} \log|3x^2+4| - \frac{5}{2\sqrt{3}} \tan^{-1} \frac{\sqrt{3}}{2} x.$$

≈≈ 問 題 ≈≈≈≈≈≈≈≈≈≈≈≈≈≈≈≈≈≈≈≈≈≈≈≈≈≈≈≈≈≈≈≈

5.1 次の関数を積分せよ．

(1) $x^2 \cos 3x$　(2) $\dfrac{2x+3}{x^2+3x+5}$　(3) $\dfrac{3x-2}{\sqrt{9-x^2}}$　(4) $\tan^{-1} x$

3.1 不定積分

例題 6 ─────────────── 部分積分法（同形出現）

$I_1 = \int e^{ax} \sin bx \, dx, \quad I_2 = \int e^{ax} \cos bx \, dx$ を求めよ．$(a \neq 0, b \neq 0)$

route I_1 では $f = \sin bx, g' = e^{ax}$，I_2 では $f = \cos bx, g' = e^{ax}$ とおいて部分積分法を用いる．

navi 積の積分は部分積分　① 積を $f \cdot g'$ に分解　② $g', f' \cdot g$ が積分しやすいように　③ 同形出現 $(e^{ax} \sin bx, e^{ax} \cos bx)$

解答 I_1 では $f = \sin bx, g' = e^{ax}$，I_2 では $f = \cos bx, g' = e^{ax}$ とおいて部分積分法を用いると，

$$I_1 = \frac{1}{a} e^{ax} \sin bx - \frac{b}{a} \int e^{ax} \cos bx \, dx, \quad I_2 = \frac{1}{a} e^{ax} \cos bx + \frac{b}{a} \int e^{ax} \sin bx \, dx$$

$$\therefore \quad I_1 + \frac{b}{a} I_2 = \frac{1}{a} e^{ax} \sin bx, \quad I_2 - \frac{b}{a} I_1 = \frac{1}{a} e^{ax} \cos bx$$

これを I_1, I_2 について解くと次の結果を得る．

$$I_1 = \frac{e^{ax}}{a^2 + b^2}(a \sin bx - b \cos bx), \quad I_2 = \frac{e^{ax}}{a^2 + b^2}(a \cos bx + b \sin bx)$$

追記 3.2 例題 6 のように I_1, I_2 とペアで出題されるとは限らない．例えば $I_1 = \int e^{ax} \sin bx \, dx \ (a \neq 0, b \neq 0)$ だけのときは次のようにすればよい．

$$I_1 = \frac{1}{a} e^{ax} \sin bx - \frac{b}{a} \int e^{ax} \cos bx \, dx \quad \text{であるので，もう 1 回部分積分法を用いて}$$

$$= \frac{1}{a} e^{ax} \sin bx - \frac{b}{a} \left\{ \frac{1}{a} e^{ax} \cos bx + \frac{b}{a} \underline{\int e^{ax} \sin bx \, dx} \right\}$$

$$ \uparrow I_1$$

$$\left(1 + \frac{b^2}{a^2}\right) I_1 = e^{ax} \left(\frac{\sin bx}{a} - \frac{b \cos bx}{a^2} \right) \quad \therefore \quad I_1 = \frac{e^{ax}}{a^2 + b^2}(a \sin bx - b \cos bx)$$

―――――― 問　題 ――――――

6.1 $\dfrac{\sin 2x}{e^{3x}}$ を積分せよ．

6.2 次の関数を積分せよ．

(1) $x \tan^{-1} x$　　(2) $\dfrac{x \sin^{-1} x}{\sqrt{1 - x^2}}$　　(3) $e^x \log x + \dfrac{1}{x} e^x$

(4) $\dfrac{1}{e^x + e^{-x}}$　　(5) $\dfrac{2x + 1}{\sqrt{x^2 - 4x + 5}}$

―― 例題 7 ――――――――――――――――――――――――― 有理関数の積分 (1) ――

$\dfrac{x^5 + x^4 - 8}{x^3 - 4x}$ を積分せよ．

navi 有理関数の積分　① 分子の次数を下げる　② 部分分数に分解

解答 分母より分子の次数が高いので $x^5 + x^4 - 8$ を $x^3 - 4x$ で割って

$$\frac{x^5 + x^4 - 8}{x^3 - 4x} = x^2 + x + 4 + \frac{4x^2 + 16x - 8}{x^3 - 4x}$$

を得る．部分分数に分解（⇨ 追記 3.3）するために，

$$\frac{4x^2 + 16x - 8}{x^3 - 4x} = \frac{4x^2 + 16x - 8}{x(x-2)(x+2)} = \frac{A}{x} + \frac{B}{x-2} + \frac{C}{x+2} \quad \cdots \text{ⓐ}$$

とおいて分母を払うと $4x^2 + 16x - 8 = A(x-2)(x+2) + Bx(x+2) + Cx(x-2)$.

これは恒等式であるので x の値は何であっても成立する．

そこで　$x = 0$　とおくと　$-8 = A(-2)(+2)$　　∴　$A = 2$
　　　　$x = 2$　とおくと　$40 = B \times 2 \times 4$　　∴　$B = 5$
　　　　$x = -2$　とおくと　$-24 = C(-2)(-4)$　　∴　$C = -3$

∴ $\displaystyle\int \frac{x^5 + x^4 - 8}{x^3 - 4x} dx = \int \left(x^2 + x + 4 + \frac{2}{x} + \frac{5}{x-2} + \frac{-3}{x+2} \right) dx$

$= x^3/3 + x^2/2 + 4x + 2\log|x| + 5\log|x-2| - 3\log|x+2|$

$= \dfrac{1}{3}x^3 + \dfrac{1}{2}x^2 + 4x + \log\left|\dfrac{x^2(x-2)^5}{(x+2)^3}\right|.$

追記 3.3　**部分分数に分解**　分数式をいくつかの分数式の和の形にすることを，部分分数に分解するという．分母の因数の形に応じて，部分分数の形は次のようになる（ただし（$P(x)$ の次数）<（分母の次数）とする）．

(1) 分母の因数が $(x-a)^n$ の形のときは

$$\frac{P(x)}{(x-a)^n} = \frac{A_1}{x-a} + \frac{A_2}{(x-a)^2} + \cdots + \frac{A_n}{(x-a)^n}$$

(2) 分母の因数が $(x^2 + px + q)^m, (p^2 - 4q < 0)$ の形のときは

$$\frac{P(x)}{(x^2+px+q)^m} = \frac{B_1 x + C_1}{x^2+px+q} + \frac{B_2 x + C_2}{(x^2+px+q)^2} + \cdots + \frac{B_m x + C_m}{(x^2+px+q)^m}$$

～～～ 問　題 ～～～～～～～～～～～～～～～～～～～～～～～～

7.1　次の関数の積分を求めよ．

(1) $\dfrac{x^3}{(x-1)(x-2)}$　　(2) $\dfrac{x^3+1}{x(x-1)^3}$　　(3) $\dfrac{4}{x^3+4x}$

例題 8 ───────────────── 有理関数の積分 (2)

次の有理関数を積分せよ． $\dfrac{2x}{(x+1)(x^2+1)^2}$

navi 　有理関数の積分　部分分数に分解して積分する．

解答　まず次のように部分分数に分解して，A, B, C, D, E を求める．
$$\frac{2x}{(x+1)(x^2+1)^2} = \frac{A}{x+1} + \frac{Bx+C}{(x^2+1)^2} + \frac{Dx+E}{x^2+1}$$
とおき分母を払うと $2x = A(x^2+1)^2 + (Bx+C)(x+1) + (Dx+E)(x+1)(x^2+1)$.

そこで $x=-1$ とおくと $-2 = 4A$, x^4 の係数を比較すると $0 = A+D$, x^3 の係数を比較すると $0 = D+E$, x^2 の係数を比較すると $0 = 2A+B+D+E$, $x=0$ とおくと $0 = A+C+E$ となる．　　∴　$A=-1/2, B=C=1, D=1/2, E=-1/2$.

∴ $\displaystyle\int \frac{2x}{(x+1)(x^2+1)^2}dx = \int\left\{-\frac{1}{2}\frac{1}{x+1} + \frac{x+1}{(x^2+1)^2} + \frac{x-1}{2(x^2+1)}\right\}dx$

$\qquad\qquad = -\dfrac{1}{2}\log|x+1| + \dfrac{1}{2}\displaystyle\int \dfrac{2x}{(x^2+1)^2}dx$

$\qquad\qquad\quad + \displaystyle\int \dfrac{dx}{(x^2+1)^2} + \dfrac{1}{4}\int \dfrac{2x}{x^2+1}dx - \dfrac{1}{2}\int \dfrac{dx}{x^2+1}$.

ここに，$\displaystyle\int \dfrac{dx}{(x^2+1)^2} = \int \dfrac{(x^2+1)-x^2}{(x^2+1)^2}dx = \int\dfrac{dx}{x^2+1} - \int \dfrac{x}{2}\cdot\dfrac{2x}{(x^2+1)^2}dx$

$\qquad\qquad = \tan^{-1}x - \left(\dfrac{x}{2}\cdot\dfrac{-1}{x^2+1} - \int \dfrac{-1}{x^2+1}\cdot\dfrac{1}{2}dx\right)$

$\qquad\qquad = \tan^{-1}x + \dfrac{x}{2(x^2+1)} - \dfrac{1}{2}\tan^{-1}x$.

∴ $\displaystyle\int \dfrac{2x}{(x+1)(x^2+1)^2}dx = -\dfrac{1}{2}\log|x+1| + \dfrac{1}{2}\dfrac{-1}{x^2+1} + \dfrac{1}{2}\tan^{-1}x$

$\qquad\qquad + \dfrac{x}{2(x^2+1)} + \dfrac{1}{4}\log(x^2+1) - \dfrac{1}{2}\tan^{-1}x$

$\qquad\qquad = \dfrac{1}{4}\log\dfrac{x^2+1}{(x+1)^2} + \dfrac{1}{2}\dfrac{x-1}{x^2+1}$.

問題

8.1 次の有理関数を積分せよ．

(1) $\dfrac{1}{x^3+1}$ 　　(2) $\dfrac{x^2}{x^4+x^2-2}$

例題 9 ──────────────────────────── 漸化式 (1) ─

$I_n = \int \dfrac{dx}{(x^2+a^2)^n}$ ($a > 0, n \geqq 2$ は整数) とおけば,

$$I_n = \dfrac{1}{2(n-1)a^2}\left\{\dfrac{x}{(x^2+a^2)^{n-1}} + (2n-3)I_{n-1}\right\}$$

であることを証明せよ.

---

route $\quad \dfrac{1}{(x^2+a^2)^n} = \dfrac{1}{a^2}\dfrac{(x^2+a^2) - x^2}{(x^2+a^2)^n}$ とおく.

navi 有理関数の積分は $\displaystyle\int \dfrac{dx}{(x-a)^n}, \int \dfrac{x}{(x^2+a^2)^n}dx, \int \dfrac{dx}{(x^2+a^2)^n}$ の3つの場合に帰着する（⇨ p.53）.

解答
$$I_n = \dfrac{1}{a^2}\int \dfrac{(x^2+a^2) - x^2}{(x^2+a^2)^n}dx = \dfrac{1}{a^2}\int \dfrac{dx}{(x^2+a^2)^{n-1}} - \dfrac{1}{a^2}\int \dfrac{x^2}{(x^2+a^2)^n}dx$$

$$= \dfrac{1}{a^2}I_{n-1} - \dfrac{1}{a^2}\int \dfrac{x}{2}\cdot\dfrac{2x}{(x^2+a^2)^n}dx$$

$$= \dfrac{1}{a^2}I_{n-1} - \dfrac{1}{a^2}\left\{\dfrac{x}{2}\dfrac{1}{-n+1}\dfrac{1}{(x^2+a^2)^{n-1}} - \dfrac{-1}{2(n-1)}\int \dfrac{dx}{(x^2+a^2)^{n-1}}\right\}$$

$$= \dfrac{1}{a^2}I_{n-1} + \dfrac{1}{a^2}\left\{\dfrac{1}{2(n-1)}\dfrac{x}{(x^2+a^2)^{n-1}} - \dfrac{1}{2(n-1)}I_{n-1}\right\}$$

$$\therefore \quad I_n = \dfrac{1}{2(n-1)a^2}\left\{\dfrac{x}{(x^2+a^2)^{n-1}} + (2n-3)I_{n-1}\right\}$$

注意 3.3 このように, I_n を $I_{n-1}, I_{n-2}, \cdots$ で表した式を, I_n の**漸化式**という. 上の例題では I_n を I_{n-1} で表してあるから, これを繰り返し用いることによって, I_n の積分を, 結局 $I_1 = \displaystyle\int \dfrac{dx}{x^2+a^2}$ の積分に帰着させることができる.

―――――――― 問 題 ――――――――

9.1 上記漸化式を用いて $I_3 = \displaystyle\int \dfrac{dx}{(x^2+a^2)^3}$ を求めよ.

9.2† 次の漸化式を証明せよ.

$$I_n = \int x^n e^x dx = x^n e^x - nI_{n-1},$$

$$I_1 = \int xe^x dx = e^x(x-1).$$

―――
† $f = x^n, g' = e^x$ と考えて部分積分法を用いよ.

3.2 三角関数の積分法

◆ **三角関数の積分法** $f(u,v)$ を u,v の有理関数とするとき，

$$\int f(\sin x, \cos x)dx$$

は

$$\tan\frac{x}{2}=t \text{ とおくと,} \quad \cos x=\frac{1-t^2}{1+t^2}, \quad \sin x=\frac{2t}{1+t^2}, \quad \frac{dx}{dt}=\frac{2}{1+t^2}$$

となり，置換積分法により（変数 t の）有理関数の積分となる．

しかしすべての場合にこの置換による必要はない．特別な場合には次のように計算を楽にする方法がある．

(I) $f(\sin x, \cos x)$ が $g(\sin^2 x, \cos^2 x)$ のように書きかえられるときには $\tan x=t$ とおけばよい．

(II) $f(\sin x, \cos x)$ から $\cos x$ をくくり出すとき，$\cos x$ の偶数次の式が得られるとき，すなわち $f(\sin x, \cos x)=g(\sin x, \cos^2 x)\cos x$ のときには $\sin x=t$ とおくと，

$$\int f(\sin x, \cos x)dx = \int g(t, 1-t^2)dt$$

となる．

(III) $f(\sin x, \cos x)=g(\sin^2 x, \cos x)\sin x$ のときも同様であり，$\cos x=t$ とおけば有理化される．

◆ $I(m,n)=\displaystyle\int (\sin x)^m(\cos x)^n dx$ **の漸化式** （m,n は整数とする）

(1) $I(m,n)=\dfrac{(\sin x)^{m+1}(\cos x)^{n-1}}{m+n}+\dfrac{n-1}{m+n}I(m,n-2)$ $\quad (m+n\neq 0)$

(2) $I(m,n)=-\dfrac{(\sin x)^{m-1}(\cos x)^{n+1}}{m+n}+\dfrac{m-1}{m+n}I(m-2,n)$ $\quad (m+n\neq 0)$

(3) $I(m,n)=-\dfrac{(\sin x)^{m+1}(\cos x)^{n+1}}{n+1}+\dfrac{m+n+2}{n+1}I(m,n+2)$ $\quad (n\neq -1)$

(4) $I(m,n)=\dfrac{(\sin x)^{m+1}(\cos x)^{n+1}}{m+1}+\dfrac{m+n+2}{m+1}I(m+2,n)$ $\quad (m\neq -1)$

m,n が正の整数のときは (1), (2) を何回か用い，負の整数のときは (3), (4) を何回か用いると，求める不定積分は $I(-1,-1), I(-1,0), I(-1,1), I(0,-1), I(0,0), I(0,1), I(1,-1), I(1,0), I(1,1)$ の 9 個の場合に帰着させられる．

例題 10 ─────────────── 三角関数の積分 (1)

次の関数を積分せよ.

(1) $\dfrac{1+\sin x}{\sin x(1+\cos x)}$ (2) $\dfrac{1}{\cos^2 x + 4\sin^2 x}$

route (1) $\tan x/2 = t$ とおく.   (2) $\tan x = t$ とおく.

navi 三角関数の積分   置換 $(\tan x/2 = t, \cos x = t, \tan x = t)$ によって有理関数化する.

解答 (1) $\tan\dfrac{x}{2} = t$ とおくと, $dx = \dfrac{2}{1+t^2}dt$, $\cos x = \dfrac{1-t^2}{1+t^2}$, $\sin x = \dfrac{2t}{1+t^2}$ となる. よって,

$$\int \frac{1+\sin x}{\sin x(1+\cos x)}dx = \int \frac{1+\dfrac{2t}{1+t^2}}{\dfrac{2t}{1+t^2}\left(1+\dfrac{1-t^2}{1+t^2}\right)} \cdot \frac{2}{1+t^2}dt$$

$$= \int \frac{1+t^2+2t}{2t}dt = \frac{1}{2}\int \left(\frac{1}{t}+t+2\right)dt$$

$$= \frac{1}{2}\left(\log|t| + \frac{1}{2}t^2 + 2t\right) = \frac{1}{2}\log\left|\tan\frac{x}{2}\right| + \frac{1}{4}\tan^2\frac{x}{2} + \tan\frac{x}{2}.$$

(2) $\tan\dfrac{x}{2} = t$ とおいてもよいが, この場合は $\tan x = t$ とおいた方が簡単である. すなわち $\sec^2 x\, dx = dt$ であるので,

$$\int \frac{dx}{\cos^2 x + 4\sin^2 x} = \int \frac{1}{1+4\tan^2 x}\sec^2 x\, dx = \int \frac{1}{1+4t^2}dt$$

$$= \frac{1}{2}\tan^{-1} 2t = \frac{1}{2}\tan^{-1}(2\tan x).$$

問題

10.1[†] 次の関数を積分せよ.

(1) $\dfrac{\sin x}{1+\sin x}$ (2)[††] $\dfrac{1}{1+\sin x}$ (3)[†††] $\tan^3 x$

(4) $\dfrac{1-2\cos x}{5-4\cos x}$ (5)[††††] $\dfrac{\tan x}{\sqrt{1+5\tan^2 x}}$

[†] (1), (4) は $\tan\dfrac{x}{2} = t$ とおけ.

[††] (2) は上記のようにおいてもできるが, **与式の分母分子に $1-\sin x$ をかけよ**.

[†††] (3) は $\cos x = t$ とおけ.

[††††] (5) は $\tan x = t$ とおけ.

3.2 三角関数の積分法

---**例題 11**--------------------------------------三角関数の積分 (2)---

次の関数を積分せよ.
(1) $\sin^3 x \cos^3 x$ (2) $\sin^4 x \cos^2 x$

route   (1) $\sin x = t$ とおく.   (2) p.63 の漸化式 (1), (2) を用いる.

navi   **三角関数の積分**   (1) **奇数乗のときは，置換 $\sin x = t$ によって有理関数化**する.   (2) **偶数乗のときは，三角関数の漸化式**

解答 (1) $\sin x = t$ とおくのが簡単である. $\cos x\, dx = dt$ より

$$\int \sin^3 x \cos^3 x\, dx = \int \sin^3 x (1-\sin^2 x) \cos x\, dx = \int t^3 (1-t^2) dt$$
$$= t^4/4 - t^6/6 = \sin^4 x \left(1/4 - (1/6)\sin^2 x\right).$$

注意 3.4 (1) の別解. $(\sin x \cos x)^3 = \left((1/2)\sin 2x\right)^3$ であるので $\tan x = t$ とおくと, $\sin 2x = 2t/(1+t^2)$, $dx = dt/(1+t^2)$ より,

$$\int \sin^3 x \cos^3 x\, dx = \int \frac{t^3}{(1+t^2)^4} dt = \int \left\{\frac{t}{(1+t^2)^3} - \frac{t}{(1+t^2)^4}\right\} dt$$
$$= -\frac{1}{4(1+t^2)^2} + \frac{1}{6(1+t^2)^3} = -\frac{\cos^4 x}{4} + \frac{\cos^6 x}{6}.$$

このように $\sin x = t$ とおいたときと, $\tan x = t$ とおいたときのそのおき方によって不定積分の形が違うようにみえるが実は次のように計算すると定数 $-1/12$ の差しかない.

$$-\frac{\cos^4 x}{4} + \frac{\cos^6 x}{6} = -\frac{(1-\sin^2 x)^2}{4} + \frac{(1-\sin^2 x)^3}{6} = -\frac{1}{12} + \frac{\sin^4 x}{4} - \frac{\sin^6 x}{6}.$$

(2) 三角関数の漸化式（⇨ p.63）の (1), (2) を用いる.

$$\int \sin^4 x \cos^2 x\, dx = I(4,2) = \frac{(\sin x)^5 \cos x}{6} + \frac{1}{6} I(4,0)$$

$$I(4,0) = -\frac{\sin^3 \cos x}{4} + \frac{3}{4} I(2,0), \quad I(2,0) = -\frac{\sin x \cos x}{2} + \frac{x}{2}$$

$$\therefore \quad \int \sin^4 x \cos^2 x\, dx = \frac{1}{2} \cos x \left(\frac{\sin^5 x}{3} - \frac{\sin^3 x}{12} - \frac{\sin x}{8}\right) + \frac{x}{16}$$

～～ 問　題 ～～～～～～～～～～～～～～～～～～～～～～～～～～～～

11.1[†] 次の関数を積分せよ.

(1) $\dfrac{\sin^2 x}{\cos^3 x}$ (2) $\cos^2 x$ (3) $\dfrac{\sin^4 x}{\cos^2 x}$ (4) $\sin^4 x$

---

† (1) は $\sin x = t$ とおく. (2) は $\cos^2 x = \dfrac{1}{2}(1+\cos 2x)$ と変形せよ. **次数を下げる**. (3), (4) は漸化式 (⇨ p.63) を用いよ.

3.3 無理関数,指数関数,対数関数の積分法

◆ **無理関数の積分法** $f(u,v)$ は u,v の有理関数であり,n は正の整数とする.無理関数は次のような置換を行うことによって有理関数の積分にすることができる.

被積分関数	置換法
(1) $f(x, \sqrt[n]{ax+b})$ $(a \neq 0)$	$\sqrt[n]{ax+b} = t$ とおく.$x = \dfrac{1}{a}(t^n - b)$, $dx = \dfrac{n}{a} t^{n-1} dt$
(2) $f\left(x, \sqrt[n]{\dfrac{ax+b}{cx+d}}\right)$ $(ad - bc \neq 0)$	$\sqrt[n]{\dfrac{ax+b}{cx+d}} = t$ とおく.$x = \dfrac{dt^n - b}{a - ct^n}$, $dx = \dfrac{n(ad-bc)t^{n-1}}{(a-ct^n)^2} dt$
(3) $f(x, \sqrt{ax^2+bx+c})$ $D = b^2 - 4ac \neq 0$ $(a \neq 0)$	① $a > 0$, $\sqrt{ax^2+bx+c} + \sqrt{a}\,x = t$ とおく.$x = \dfrac{t^2 - c}{2\sqrt{a}\,t + b}$, $dx = \dfrac{2\sqrt{a}\,t^2 + 2bt + 2\sqrt{a}\,c}{(2\sqrt{a}\,t + b)^2} dt$ ② $a < 0$, $D > 0$, $ax^2 + bx + c = a(x-\alpha)(x-\beta)$, $(\alpha < \beta)$ とし,$\sqrt{\dfrac{x-\alpha}{\beta-x}} = t$ とおく.$x = \dfrac{\alpha + \beta t^2}{1 + t^2}, dx = \dfrac{2(\beta-\alpha)t}{(1+t^2)^2} dt$
(4) $f(x, \sqrt{a^2 - x^2})$ $(a > 0)$	$x = a \sin\theta$ $(-\pi/2 \leqq \theta \leqq \pi/2)$ とおく.
(5) $f(x, \sqrt{x^2 - a^2})$ $(a > 0)$	$x = a \sec\theta$ $(0 \leqq \theta < \pi/2, \pi/2 < \theta \leqq \pi)$ とおく.
(6) $f(x, \sqrt{x^2 + a^2})$ $(a > 0)$	$x = a \tan\theta$ $(-\pi/2 < \theta < \pi/2)$ とおく.

◆ **指数関数,対数関数の積分法** $f(u)$ を u の有理関数としたとき $I = \displaystyle\int f(e^x) dx$ は $e^x = t$ とおけば有理化できる.しかし $\displaystyle\int f(x, e^x) dx$ や $\displaystyle\int f(x, \log x) dx$ はそれぞれ $e^x = t, \log x = t$ とおいても有理化されるとは限らない.しかし $g(x)$ が有理関数で,$g(x)$ の不定積分 $G(x)$ も有理関数とすれば,部分積分法により

$$\int g(x) \log x \, dx = G(x) \log x - \int \frac{G(x)}{x} dx$$

のように有理化することができる.

3.3 無理関数，指数関数，対数関数の積分法

例題 12 ──────────────────────────── 無理関数の積分 (1) ──

$\displaystyle\int \frac{1}{x+3}\sqrt{\frac{x+1}{x+2}}\,dx$ を求めよ．

navi 無理関数の積分 $\sqrt{\dfrac{x+1}{x+2}}=t$ (⇨ p.66 の (2)) と丸ごと置換して有理関数化する．

解答 p.66 の (2) により $\sqrt{\dfrac{x+1}{x+2}}=t$ とおくと $\dfrac{x+1}{x+2}=t^2$ $\therefore\ x=\dfrac{2t^2-1}{1-t^2}=\dfrac{1}{1-t^2}-2$.

$\therefore\ x+3 = \dfrac{1}{1-t^2}+1 = \dfrac{2-t^2}{1-t^2}$ $\quad dx=\dfrac{2t}{(1-t^2)^2}dt$

$\therefore\ \displaystyle\int \frac{1}{x+3}\sqrt{\frac{x+1}{x+2}}\,dx = \int \frac{1-t^2}{2-t^2}\,t\,\frac{2t}{(1-t^2)^2}\,dt = \int \frac{2t^2}{(2-t^2)(1-t^2)}\,dt$ (⇨ 注意 3.5)

$= 2\displaystyle\int\left(\frac{2}{t^2-2}-\frac{1}{t^2-1}\right)dt = 2\left\{\frac{2}{2\sqrt{2}}\log\left|\frac{t-\sqrt{2}}{t+\sqrt{2}}\right| - \frac{1}{2}\log\left|\frac{t-1}{t+1}\right|\right\}$

$= \sqrt{2}\log\left|\dfrac{\sqrt{(x+1)/(x+2)}-\sqrt{2}}{\sqrt{(x+1)/(x+2)}+\sqrt{2}}\right| - \log\left|\dfrac{\sqrt{(x+1)/(x+2)}-1}{\sqrt{(x+1)/(x+2)}+1}\right|$.

注意 3.5 $\dfrac{2t^2}{(2-t^2)(1-t^2)}$ を部分分解に分解する．$t^2=u$ とおくと，$\dfrac{2t^2}{(2-t^2)(1-t^2)}=\dfrac{2u}{(2-u)(1-u)}$ となり，p.60 の ⓐ を参考にして部分分数に分解する．

$$\frac{2u}{(2-u)(1-u)} = \frac{A}{2-u}+\frac{B}{1-u} = \frac{-(A+B)u+(A+2B)}{(2-u)(1-u)}.$$

これにより，$-A-B=2,\ A+2B=0$ を解くと，$A=-4,\ B=2$ となる．

──── **問 題** ────

12.1 次の関数の不定積分を求めよ．

(1) $\displaystyle\int \sqrt{\frac{x-1}{x+1}}\,dx$　　(2)† $\displaystyle\int \frac{dx}{x+\sqrt{x-1}}$　　(3)†† $\displaystyle\int \frac{x+1}{x\sqrt[3]{x-8}}\,dx$

(4) $\displaystyle\int \frac{\sqrt[4]{x}}{1+\sqrt{x}}\,dx$　　(5)††† $\displaystyle\int \frac{dx}{\sqrt[3]{x+1}-\sqrt{x+1}}$

---

† $\sqrt{x-1}=t$ とおけ．　†† $\sqrt[3]{x-8}=t$ とおけ．

††† 3 乗根の 3 と 2 乗根の 2 の最小公倍数は 6 であるので $\sqrt[6]{x+1}=t$ とおけ．

例題 13 ────────────────────────────── 無理関数の積分 (2) ──

次の関数を積分せよ．
(1) $\dfrac{1}{\sqrt{x^2+2}}$ (2) $\dfrac{1}{(x-1)\sqrt{2+x-x^2}}$

---

route (1) $\sqrt{x^2+2}=t-x$ とおく（⇨ p.66 の (3) の ①）．

(2) $\sqrt{\dfrac{x+1}{2-x}}=t$ とおく（⇨ p.66 の (3) の ②）

navi 無理関数の積分　根号の中が 2 次式のときは特別の工夫で有理関数化する．

解答 (1) p.66 の (3) の ① より $\sqrt{x^2+2}=t-x$ とおくと，$x^2+2=t^2-2tx+x^2$．

$$\therefore\ x=\frac{t^2-2}{2t}.\quad \sqrt{x^2+2}=t-\frac{t^2-2}{2t}=\frac{t^2+2}{2t},\quad dx=\frac{t^2+2}{2t^2}dt.$$

$$\therefore\ \int\frac{1}{\sqrt{x^2+2}}dx=\int\frac{2t}{t^2+2}\cdot\frac{t^2+2}{2t^2}dt=\int\frac{1}{t}dt=\log|t|$$

$$=\log|\sqrt{x^2+2}+x|.$$

(2) p.66 の (3) の ② を用いる．$-x^2+x+2=-(x+1)(x-2)$ より，$\alpha=-1,\ \beta=2$ とし，

$$\sqrt{\frac{x+1}{2-x}}=t\ \text{とおくと，}\ x+1=(2-x)t^2\quad \therefore\ x=\frac{2t^2-1}{t^2+1}$$

$$x-1=\frac{2t^2-1}{t^2+1}-1=\frac{t^2-2}{t^2+1},\qquad dx=\frac{6t}{(t^2+1)^2}dt$$

$$\sqrt{2+x-x^2}=(2-x)\sqrt{\frac{x+1}{2-x}}=\left(2-\frac{2t^2-1}{t^2+1}\right)t=\frac{3t}{t^2+1}$$

$$\therefore\ \int\frac{dx}{(x-1)\sqrt{2+x-x^2}}=\int\frac{t^2+1}{t^2-2}\cdot\frac{t^2+1}{3t}\cdot\frac{6t}{(t^2+1)^2}dt$$

$$=\int\frac{2}{t^2-2}dt=2\cdot\frac{1}{2\sqrt{2}}\log\left|\frac{t-\sqrt{2}}{t+\sqrt{2}}\right|=\frac{1}{\sqrt{2}}\log\left|\frac{\sqrt{x+1}-\sqrt{2}\sqrt{2-x}}{\sqrt{x+1}+\sqrt{2}\sqrt{2-x}}\right|.$$

～～　**問　題**　～～～～～～～～～～～～～～～～～～～～～～～～

13.1[†] 次の関数を積分せよ．

(1) $\dfrac{x}{\sqrt{2-x-x^2}}$ (2) $\dfrac{\sqrt{x^2+4x}}{x^2}$ (3) $\dfrac{1}{(x-1)\sqrt{x^2-4x-2}}$

[†] (1) は p.66 の (3) の ②，(2), (3) は p.66 の (3) の ① を用いよ．

3.3 無理関数，指数関数，対数関数の積分法

例題 14 ───────────────────────── 無理関数の積分 (3) ──

次の関数を積分せよ．
(1) $\dfrac{1}{x+\sqrt{x-1}}$ (2) $\dfrac{1}{x^2(x^2-a^2)^{3/2}}$ $(a>0)$

---

route (1) $\sqrt{x-1}=t$ とおく（⇨ p.66 の (1)）． (2) $x=a\sec\theta$ とおく（⇨ p.66 の (5)）．

navi 無理関数の積分 (1) $\sqrt{x-1}=t$ と丸ごと置換して有理関数化
(2) 根号をとるように，$x=a\sec\theta$ と置換（さらに $\sin\theta=t$ と 2 度置換）せよ．

解答 (1) p.66 の (1) より $\sqrt{x-1}=t$ とおくと，$x=t^2+1, dx/dt=2t$.
よって，$\displaystyle\int\frac{dx}{x+\sqrt{x-1}}=\int\frac{2t}{t^2+1+t}dt=\int\frac{(2t+1)-1}{t^2+t+1}dt$

ゆえに $\displaystyle\int\frac{2t+1}{t^2+t+1}dt=\log|t^2+t+1|$

また $\displaystyle\int\frac{1}{t^2+t+1}dt=\int\frac{1}{(t+1/2)^2+(\sqrt{3}/2)^2}dt=\frac{2}{\sqrt{3}}\tan^{-1}\frac{2}{\sqrt{3}}\left(t+\frac{1}{2}\right)$

∴ $\displaystyle\int\frac{dx}{x+\sqrt{x-1}}=\log\left|x+\sqrt{x-1}\right|-\frac{2}{\sqrt{3}}\tan^{-1}\frac{2}{\sqrt{3}}\left(\sqrt{x-1}+\frac{1}{2}\right)$

(2) p.66 の (5) より $x=a\sec\theta\,(0<\theta<\pi/2)$ とおくと，$\tan\theta>0$ で $\sqrt{x^2-a^2}=a\tan\theta, dx=a\sec\theta\tan\theta d\theta$. ゆえに求める積分を I とすると，

$$I=\int\frac{1}{x^2(x^2-a^2)^{3/2}}dx=\int\frac{a\sec\theta\tan\theta}{a^2\sec^2\theta(a\tan\theta)^3}d\theta=\int\frac{1}{a^4\sec\theta\tan^2\theta}d\theta=\frac{1}{a^4}\int\frac{\cos^3\theta}{\sin^2\theta}d\theta$$

ここで $\sin\theta=t$ とおくと $\cos\theta d\theta=dt$ であるから，

$$I=\frac{1}{a^4}\int\left(\frac{1}{t^2}-1\right)dt=\frac{1}{a^4}\left(-\frac{1}{t}-t\right)=\frac{1}{a^4}\left(-\frac{1}{\sin\theta}-\sin\theta\right).$$

$\sin\theta$ は x と同符号をもち，$\sin\theta=\dfrac{\sqrt{x^2-a^2}}{x}$ である． ∴ $I=-\dfrac{2x^2-a^2}{a^4x\sqrt{x^2-a^2}}$.

≈≈≈ 問 題 ≈≈≈≈≈≈≈≈≈≈≈≈≈≈≈≈≈≈≈≈≈≈≈≈≈≈

14.1[†] 次の関数を積分せよ．
(1) $\dfrac{1}{(1-x^2)\sqrt{x^2+1}}$ (2) $\dfrac{1}{(1+x^2)\sqrt{1-x^2}}$

[†] (1) $x=\tan\theta$ とおいて後 $\sin\theta=t$ とおけ． (2) $x=\sin\theta$ とおいて後，分母分子を $\cos^2\theta$ で割り $\tan\theta=t$ とおけ．**2 度置換**．

例題 15 ―――――――――――――――――――――― 逆数置換法 ―

$\displaystyle\int \dfrac{1}{x^2\sqrt{27x^2+6x-1}}dx$ を求めよ.

route $x = \dfrac{1}{t}$ とおく(逆数置換法)

navi 無理関数の積分 $x = \dfrac{1}{t}$ と置換して有理関数化する.

解答 $x = \dfrac{1}{t}$ とおくと, $dx = -\dfrac{1}{t^2}dt$ であり, また

$$\sqrt{27x^2+6x-1} = \begin{cases} \dfrac{\sqrt{27+6t-t^2}}{t} & (t>0 \text{ のとき}) \quad \cdots ① \\ -\dfrac{\sqrt{27+6t-t^2}}{t} & (t<0 \text{ のとき}) \quad \cdots ② \end{cases}$$

(ⅰ) $x > 0$ のときは $t > 0$ となり ①の場合である.

$$\begin{aligned}
\int \frac{dx}{x^2\sqrt{27x^2+6x-1}} &= \int t^2 \frac{t}{\sqrt{27+6t-t^2}}\left(-\frac{1}{t^2}\right)dt \\
&= \int \frac{-t}{\sqrt{27+6t-t^2}}dt = \frac{1}{2}\int \frac{6-2t-6}{\sqrt{27+6t-t^2}}dt \\
&= \sqrt{27+6t-t^2} - 3\int \frac{1}{\sqrt{6^2-(t-3)^2}}dt \\
&= \sqrt{27+6t-t^2} - 3\sin^{-1}\frac{t-3}{6} \\
&= \frac{\sqrt{27x^2+6x-1}}{x} - 3\sin^{-1}\frac{1-3x}{6x}
\end{aligned}$$

(ⅱ) $x < 0$ のときは $t < 0$ となり ②の場合である.

$$\begin{aligned}
\int \frac{dx}{x^2\sqrt{27x^2+6x-1}} &= -\sqrt{27+6t-t^2} + 3\sin^{-1}\frac{t-3}{6} \\
&= -\frac{\sqrt{27x^2+6x-1}}{x} + 3\sin^{-1}\frac{1-3x}{6x}.
\end{aligned}$$

〜〜〜 問 題 〜〜〜〜〜〜〜〜〜〜〜〜〜〜〜〜〜〜〜〜〜

15.1 逆数置換法により次の関数を積分せよ.

(1) $\dfrac{1}{x^2\sqrt{x^2-3}}$ (2) $\dfrac{1}{x\sqrt{4-x^2}}$

3.3 無理関数，指数関数，対数関数の積分法

---**例題 16**------------------------------------**指数関数，対数関数の積分**---

次の関数を積分せよ．

(1) $\dfrac{1}{e^{2x} - 2e^x}$ (2) $\dfrac{(\log x)^n}{x}$ $(n \neq -1)$ (3) $\dfrac{\log(1+x)}{\sqrt{1+x}}$

---

route それぞれ次のように置換する．(1) $e^x = t$ (2) $\log x = t$
(3) $\log(1+x) = t$.

navi **指数関数，対数関数の積分** $e^x = t, \log x = t$ または $\log(1+x) = t$ と丸ごと置換して有理関数化する．

[解答] (1) $e^x = t$ とおくと，$x = \log t, dx = \dfrac{1}{t}dt$

$\therefore \displaystyle\int \dfrac{1}{e^{2x} - 2e^x} dx = \int \dfrac{1}{t^2 - 2t} \cdot \dfrac{1}{t} dt = \int \dfrac{dt}{t^2(t-2)}$ （⇨ p.60 問題 7.1 (3)）

$= \dfrac{1}{4}\displaystyle\int \left(\dfrac{1}{t-2} - \dfrac{1}{t} - \dfrac{2}{t^2} \right) dt = \dfrac{1}{4} \log \left| \dfrac{t-2}{t} \right| + \dfrac{1}{2t}$

$= \dfrac{1}{4} \log \left| \dfrac{e^x - 2}{e^x} \right| + \dfrac{1}{2e^x}$.

(2) $\log x = t$ とおくと，$x = e^t, dx = e^t dt$,

$\therefore \displaystyle\int \dfrac{(\log x)^n}{x} dx = \int \dfrac{t^n}{e^t} e^t dt = \dfrac{1}{n+1} t^{n+1} = \dfrac{1}{n+1} (\log x)^{n+1}$.

(3) $\log(1+x) = t$ とおくと $e^t = 1+x, dx = e^t dt$,

$\therefore \displaystyle\int \dfrac{\log(1+x)}{\sqrt{1+x}} dx = \int \dfrac{t}{e^{t/2}} e^t dt = \int t e^{t/2} dt$

$= 2t e^{t/2} - 2 \displaystyle\int e^{t/2} dt = 2t e^{t/2} - 4e^{t/2} = 2\sqrt{1+x}\,\{\log(1+x) - 2\}$.

問 題

16.1 次の関数を積分せよ．

(1)† $\sqrt{e^x - 1}$ (2)†† $\dfrac{1}{(e^x + e^{-x})^4}$ (3)† $\dfrac{1}{\sqrt{e^{3x} + 4}}$ (4) $\dfrac{e^x - e^{-x}}{e^x + e^{-x}}$

(5) $x(\log x)^2$ (6) $(\log x)^3$ (7) $\dfrac{e^{2x}}{\sqrt[4]{e^x + 1}}$ (8)† $\dfrac{\sqrt{1 + \log x}}{x}$

---

† (1) $\sqrt{e^x - 1} = t$ (3) $\sqrt{e^{3x} + 4} = t$ (8) $\sqrt{1 + \log x} = t$ **と丸ごと置換**．
†† $e^x = t$ とおき，次に $1 + t^2 = z$ とおけ．**2 度置換**．

例題 17 ─────────────────────────────── 漸化式 (2) ─

$I_n = \int (\sin^{-1} x)^n dx \ (n \geqq 2)$ の漸化式をつくり，次を求めよ．

$$I_3 = \int (\sin^{-1} x)^3 dx$$

route $\sin^{-1} x = t$ とおき，部分積分法を 2 度用いる．

navi 置換積分と部分積分の両方を使う．

解答 $\sin^{-1} x = t$ とおくと $x = \sin t \ (-\pi/2 \leqq t \leqq \pi/2), \ dx = \cos t \, dt$

$$\therefore \quad I_n = \int t^n \cos t \, dt$$

ここで部分積分法により $\quad I_n = t^n \sin t - n \int t^{n-1} \sin t \, dt$.

もう一度部分積分法を用いると

$$I_n = t^n \sin t - n \left\{ t^{n-1}(-\cos t) + (n-1) \int t^{n-2} \cos t \, dt \right\}$$

$$= t^n \sin t + n t^{n-1} \cos t - n(n-1) \int t^{n-2} \cos t \, dt.$$

そして $\cos t = \sqrt{1 - \sin^2 t} = \sqrt{1 - x^2}$ であるから，

$$I_n = x(\sin^{-1} x)^n + n\sqrt{1-x^2}(\sin^{-1} x)^{n-1} - n(n-1) I_{n-2}.$$

したがって， $\quad I_3 = x(\sin^{-1} x)^3 + 3\sqrt{1-x^2}(\sin^{-1} x)^2 - 6 I_1$.

部分積分法により，

$$I_1 = \int 1 \cdot \sin^{-1} x \, dx = x \sin^{-1} x - \int \frac{x}{\sqrt{1-x^2}} dx = x \sin^{-1} x + \sqrt{1-x^2}$$

$$\therefore \quad I_3 = x(\sin^{-1} x)^3 + 3\sqrt{1-x^2}(\sin^{-1} x)^2 - 6x \sin^{-1} x - 6\sqrt{1-x^2}.$$

❦❦ **問 題** ❦❦❦❦❦❦❦❦❦❦❦❦❦❦❦❦❦❦❦❦❦❦❦❦❦❦

17.1[†] 次の漸化式を証明せよ．

$$I_n = \int (\log x)^n dx \quad \text{とすると} \quad I_n = x(\log x)^n - n I_{n-1}.$$

───────────────

[†] $1 \cdot (\log x)^n$ と考えて部分積分法を用いよ．

3.4 定 積 分

◆ **定積分の定義** 閉区間 $[a, b]$ において関数 $y = f(x)$ が与えられているとする. $a = x_0 < x_1 < x_2 < \cdots < x_{n-1} < x_n = b$ となるような，分点 $x_1, x_2, \cdots, x_{n-1}$ によって $[a, b]$ を n 個の小区間 $[x_0, x_1]$, $[x_1, x_2]$, $\cdots$, $[x_{n-1}, x_n]$ に分割し（等分とは限らない）各小区間 $[x_{i-1}, x_i]$ から点 c_i を任意にとり，

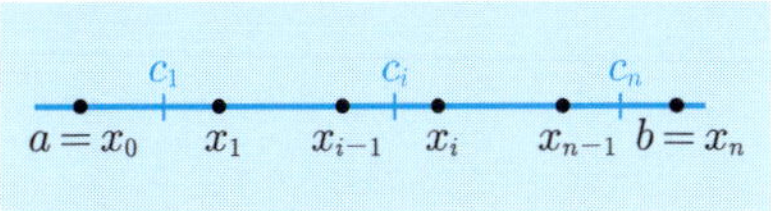

図 3.1

$$(1) \quad \sum_{i=1}^{n} f(c_i)(x_i - x_{i-1}) \quad (\text{リーマン和})$$

を考える．ここで n を限りなく大きくして，$x_i - x_{i-1}$ $(i = 1, 2, 3, \cdots, n)$ を限りなく 0 に収束させるとき，上記 (1) が区間の分割の仕方および各小区間における c_i のとり方に無関係に一定の値に収束するとき，$f(x)$ は $[a, b]$ で**積分可能**であるといい，この極限値を $\int_a^b f(x)dx$ と書き，これを $f(x)$ の閉区間 $[a, b]$ における**定積分**という．$f(x)$ を**被積分関数**，a, b をそれぞれ定積分の**上限**，**下限**という．高等学校では次頁の定理 3.4 を定積分の定義に用いたが，大学ではリーマン和に従い定義し定理 3.4 を導くことが多い．

◆ **連続関数の定積分** 連続関数の積分可能性について次の定理が成り立つ．

> **定理 3.1**（定積分の存在） 閉区間 $[a, b]$ で連続な関数 $f(x)$ は積分可能である．

◆ **定積分の基本性質**

> **定理 3.2**（定積分の基本性質） $f(x), g(x)$ は $[a, b]$ で積分可能な関数とする．
> (ⅰ) α, β を定数とするとき
> $$\int_a^b \{\alpha f(x) + \beta g(x)\}dx = \alpha \int_a^b f(x)dx + \beta \int_a^b g(x)dx.$$
> (ⅱ) $f(x) \leqq g(x)$ ならば $\int_a^b f(x)dx \leqq \int_a^b g(x)dx.$
> ここで $f(x), g(x)$ が連続のとき，$f(x) \leqq g(x)$ で少なくとも 1 点で $f(x) < g(x)$ となるならば，$\int_a^b f(x)dx < \int_a^b g(x)dx.$
> (ⅲ) $\left| \int_a^b f(x)dx \right| \leqq \int_a^b |f(x)|dx.$
> (ⅳ) $a < c < b$ とすれば $\int_a^b f(x)dx = \int_a^c f(x)dx + \int_c^b f(x)dx.$

いままで定積分を，$a < b$ の仮定のもとにとりあげてきたが，$b \leqq a$ の場合にも考え

$$b < a \text{ のとき } \int_a^b f(x)dx = -\int_b^a f(x)dx, \quad \text{または} \quad \int_a^a f(x)dx = 0$$

と定める．こうすると a, b の大小にかかわらず，記号が意味をもつことになる．このとき，定理 3.2 (i) はそのまま成り立ち，(ii), (iii)は不等号の向きが逆になり，(iv)は a, b, c の大小に関係なく成り立つ．

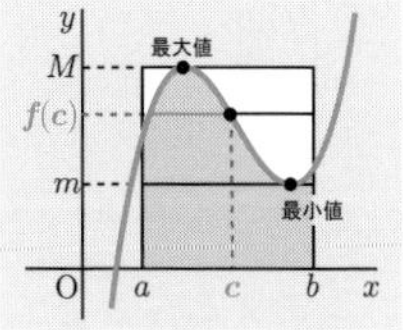

> **定理3.3** （定積分の平均値の定理） $f(x)$ が $[a, b]$ で連続ならば次のような c が積分区域内に少なくとも 1 つ存在する．
> $$\int_a^b f(x)dx = (b-a)f(c)$$

図 3.2

> **定理3.4** （微分積分学の基本定理） $f(x)$ が $[a, b]$ で連続ならば，
> $$(2) \quad F(x) = \int_a^x f(t)dt \quad (x \in [a, b])$$
> は $f(x)$ の 1 つの原始関数である．すなわち $F'(x) = f(x)$．

◆ **定積分の計算**

> **定理3.5** （定積分の計算公式） $f(x)$ は $[a, b]$ で連続関数とする．$F(x)$ を $f(x)$ の 1 つの不定積分とすると，
> $$(3) \quad \int_a^b f(x)dx = \Big[F(x)\Big]_a^b = F(b) - F(a).$$

> **定理3.6** （置換積分法） $f(x)$ は $[a, b]$ で連続とする．$x = g(t)$ とおけば，(i) t が α から β まで変わるとき $x = g(t)$ は a から b まで変わり， (ii) $g'(t), f(g(t))$ がともにこの区間で連続であるとする．このとき次の式が成り立つ．
> $$(4) \quad \int_a^b f(x)dx = \int_\alpha^\beta f(g(t))g'(t)dt.$$

> **定理3.7** （部分積分法） $f'(x), g'(x)$ がともに $[a, b]$ で積分可能ならば
> $$(5) \quad \int_a^b f'(x)g(x)dx = \Big[f(x)g(x)\Big]_a^b - \int_a^b f(x)g'(x)dx.$$

3.4 定積分

──**例題 18**────────────────定積分の定義,定積分の計算──

(1) $\displaystyle\int_a^b k\,dx$ (k は定数)を定積分の定義に従って求めよ.

(2) $\displaystyle\int_0^1 \frac{x^2}{\sqrt{x^2+4}}\,dx$ を求めよ.

route (1) は**定積分の定義**(⇨ p.72)に従って求めるのであるが,これを毎回やるのは面倒で,不定積分ができる関数に対しては (2) のように p.74 の定理 3.5 の**定積分の計算公式**によって,その定積分を容易に求めることができる.

解答 (1) 与えられた関数が $f(x)=k$ であるので,任意の分割 $a=x_0<x_1<x_2<\cdots<x_{n-1}<x_n=b$ と,c_i の勝手なえらび方に対して $f(c_i)=k$ である.したがって,

$$\sum_{i=1}^n f(c_i)(x_i-x_{i-1}) = \sum_{i=1}^n k(x_i-x_{i-1})$$
$$= k\{(x_1-x_0)+(x_2-x_1)+\cdots+(x_n-x_{n-1})\}$$
$$= k(x_n-x_0) = k(b-a)$$

すなわちこの和は,分割の仕方と,c_i のえらび方のいかんに関係なく一定である.したがって,分割を細かくしたときの極限もこの一定の値に等しい.よって,$f(x)=k$ は $[a,b]$ で積分可能であって

$$\int_a^b k\,dx = k(b-a)$$

である.

(2) $\displaystyle\int_0^1 \frac{x^2}{\sqrt{x^2+4}}\,dx = \int_0^1 \frac{x^2+4-4}{\sqrt{x^2+4}}\,dx = \int_0^1 \left(\sqrt{x^2+4}-\frac{4}{\sqrt{x^2+4}}\right)dx$

$\displaystyle = \left[\frac{1}{2}\{x\sqrt{x^2+4}+4\log(x+\sqrt{x^2+4})\}-4\log(x+\sqrt{x^2+4})\right]_0^1$

$\displaystyle = \left[\frac{1}{2}x\sqrt{x^2+4}-2\log(x+\sqrt{x^2+4})\right]_0^1 = \frac{1}{2}\sqrt{5}-2\log\frac{1+\sqrt{5}}{2}.$

❦❦ 問 題 ❦❦❦❦❦❦❦❦❦❦❦❦❦❦❦❦❦❦❦❦❦❦❦❦❦❦❦❦

18.1[†] 次の定積分を計算せよ.

(1) $\displaystyle\int_{-\pi/6}^{\pi/6} \frac{d\theta}{1+2\sin^2\theta}$ (2) $\displaystyle\int_0^1 \frac{x^2}{\sqrt{2-x^2}}\,dx$

────────────────
[†] (1) 分母分子を $\cos^2\theta$ で割り,$\tan\theta=t$ とおく.次に p.74 の定理 3.6 を用いよ.
(2) $\displaystyle\frac{x^2}{\sqrt{2-x^2}} = \frac{-(2-x^2)+2}{\sqrt{2-x^2}}$ と変形せよ.

例題 19 ─────────────────── 三角関数の直交性

m, n を正の整数とするとき，次を証明せよ．

$$\int_{-\pi}^{\pi} \sin mx \sin nx\, dx = \int_{-\pi}^{\pi} \cos mx \cos nx\, dx = \begin{cases} 0 & (m \neq n) \\ \pi & (m = n) \end{cases}, \quad \int_{-\pi}^{\pi} \sin mx \cos nx\, dx = 0$$

route 三角関数の積を和に変形する公式を用いよ． **navi** 三角関数の直交性．

[解答] (i) $m \neq n$ のとき，

$$\int_{-\pi}^{\pi} \sin mx \sin nx\, dx = \int_{-\pi}^{\pi} \frac{\cos(m-n)x - \cos(m+n)x}{2}\, dx$$

$$= \frac{1}{2}\left[\frac{\sin(m-n)x}{m-n} - \frac{\sin(m+n)x}{m+n}\right]_{-\pi}^{\pi} = 0$$

$$\int_{-\pi}^{\pi} \cos mx \cos nx\, dx = \int_{-\pi}^{\pi} \frac{\cos(m+n)x + \cos(m-n)x}{2}\, dx$$

$$= \frac{1}{2}\left[\frac{\sin(m+n)x}{m+n} + \frac{\sin(m-n)x}{m-n}\right]_{-\pi}^{\pi} = 0$$

$$\int_{-\pi}^{\pi} \sin mx \cos nx\, dx = -\frac{1}{2}\left[\frac{\cos(m+n)x}{m+n} + \frac{\cos(m-n)x}{m-n}\right]_{-\pi}^{\pi} = 0$$

(ii) $m = n$ のとき，

$$\int_{-\pi}^{\pi} \sin^2 mx\, dx = \int_{-\pi}^{\pi} \frac{1 - \cos 2mx}{2}\, dx = \frac{1}{2}\left[x - \frac{\sin 2mx}{2m}\right]_{-\pi}^{\pi} = \pi$$

$$\int_{-\pi}^{\pi} \cos^2 mx\, dx = \int_{-\pi}^{\pi} \frac{1 + \cos 2mx}{2}\, dx = \frac{1}{2}\left[x + \frac{\sin 2mx}{2m}\right]_{-\pi}^{\pi} = \pi$$

追記 3.4 関数の内積，直交性，ノルム $f(x), g(x)$ は $[a, b]$ で連続とする．

$\int_a^b f(x)g(x)\, dx = \langle f(x), g(x) \rangle$ を $f(x)$ と $g(x)$ の**内積**という．$\langle f(x), g(x) \rangle = 0$ のとき，$f(x)$ と $g(x)$ は**直交する**といい，$\sqrt{\langle f(x), f(x) \rangle} = \|f(x)\|$ を $f(x)$ の**ノルム**という．

上の例題 19 は $[-\pi, \pi]$ で $\sin mx$ と $\cos nx$ は互いに直交し，ノルムは $\sqrt{\pi}$ であることを示している．このことはフーリエ級数の理論で用いられる．

問題

19.1 次の定積分を計算せよ．$(a > 0)$

(1) $\displaystyle\int_0^1 \frac{1-x^2}{1+x^2}\, dx$　　(2) $\displaystyle\int_0^1 \frac{x}{x^2+x+1}\, dx$　　(3) $\displaystyle\int_0^{\pi/2} \frac{\cos x}{1+\sin^2 x}\, dx$

(4) $\displaystyle\int_0^{\pi/4} \frac{1}{\cos x}\, dx$　　(5) $\displaystyle\int_0^a \frac{dx}{\sqrt{x+a}+\sqrt{x}}$　　(6) $\displaystyle\int_{-1}^2 |2-x-x^2|\, dx$

3.4 定積分

例題 20 ─────────────────── 定積分と不等式 ──

次の不等式を証明せよ．
(1) $n>2$ のとき，$1 > \displaystyle\int_0^1 \frac{1}{\sqrt{1+x^n}}dx > \log(1+\sqrt{2})$．
(2) $\dfrac{1}{3} < \displaystyle\int_0^1 x^{(\sin x + \cos x)^2} dx < \dfrac{1}{2}$

route (1) $0<x^n<x^2\,(0<x<1,\,n>2)$ より，**不等式** $1 > \dfrac{1}{\sqrt{1+x^n}} > \dfrac{1}{\sqrt{1+x^2}}$
を導け．
(2) $\sin x + \cos x = \sqrt{2}\sin(x+\pi/4)$ より $1 \leqq \sin x + \cos x \leqq \sqrt{2}$ を導く．次に (1), (2) ともに p.73 の定理 3.2 (ii) を用いよ．

navi 積分できる関数で両側よりはさむ

解答 (1) $n>2,\ 1>x>0$ のときは，$0<x^n<x^2$,
$\therefore\ 1<1+x^n<1+x^2$, したがって $1 > 1/\sqrt{1+x^n} > 1/\sqrt{1+x^2}$.
ゆえに p.73 の定理 3.2 (ii) により $\displaystyle\int_0^1 1\,dx > \int_0^1 \frac{dx}{\sqrt{1+x^n}} > \int_0^1 \frac{dx}{\sqrt{1+x^2}}$ が成立する．ここに，
$$\int_0^1 1\,dx = [x]_0^1 = 1,\quad \int_0^1 \frac{dx}{\sqrt{1+x^2}} = [\log(x+\sqrt{1+x^2})]_0^1 = \log(1+\sqrt{2})$$
$$\therefore\ 1 > \int_0^1 \frac{1}{\sqrt{1+x^n}}dx > \log(1+\sqrt{2}).$$

(2) $\sin x + \cos x = \sqrt{2}\left(\dfrac{1}{\sqrt{2}}\sin x + \dfrac{1}{\sqrt{2}}\cos x\right) = \sqrt{2}\sin\left(x+\dfrac{\pi}{4}\right)$
いま $0 \leqq x \leqq 1$ で考えているから，$\pi/4 \leqq x+\pi/4 \leqq 1+\pi/4,\ \pi/4 < 1 < \pi/2$
$\therefore\ 1 \leqq \sin x + \cos x = \sqrt{2}\sin(x+\pi/4) \leqq \sqrt{2}$
$\therefore\ x^2 < x^{(\sin x + \cos x)^2} < x$．この両辺を積分すると，p.73 の定理 3.2(ii) より
$$\int_0^1 x^2\,dx < \int_0^1 x^{(\sin x + \cos x)^2}dx < \int_0^1 x\,dx \quad \therefore\ \frac{1}{3} < \int_0^1 x^{(\sin x + \cos x)^2}dx < \frac{1}{2}$$

≈≈≈ **問 題** ≈≈≈≈≈≈≈≈≈≈≈≈≈≈≈≈≈≈≈≈≈≈≈≈≈≈≈≈

20.1 次の不等式を証明せよ．
(1) $\dfrac{\pi}{2} > \displaystyle\int_0^1 \frac{dx}{\sqrt{1-x^4}} > \dfrac{\pi}{2\sqrt{2}}$ 　　(2) $\dfrac{\pi}{2} < \displaystyle\int_0^{\pi/2} \frac{dx}{\sqrt{1-(1/2)\sin^2 x}} < \dfrac{\pi}{\sqrt{2}}$

例題 21 ──────────────────────────── 定積分と和の極限 ─

(1) $\displaystyle\lim_{n\to\infty}\left(\dfrac{1}{n+1}+\dfrac{1}{n+2}+\cdots+\dfrac{1}{2n}\right)$ を求めよ．

(2) $\displaystyle\lim_{n\to\infty}\left(\dfrac{1}{\sqrt{n^2+1^2}}+\dfrac{1}{\sqrt{n^2+2^2}}+\cdots+\dfrac{1}{\sqrt{n^2+n^2}}\right)$ を求めよ．

ただし n は正の整数である．

---

route 定積分の定義（⇨ p.73）より，関数 $f(x)$ が $[a, b]$ で連続であるとき，その区間を n 等分して，両端と分点を $a = x_0, x_1, x_2, \cdots, x_n = b$ とすると，
$$\lim_{n\to\infty}\sum_{i=1}^{n} f(x_i)(x_i - x_{i-1}) = \int_a^b f(x)\,dx$$

navi 定積分を利用して，和の極限をもとめる．

[解答] (1) $S_n = \dfrac{1}{n+1} + \dfrac{1}{n+2} + \cdots + \dfrac{1}{n+n}$ とおき，これを

$$S_n = \dfrac{1}{1+1/n}\dfrac{1}{n} + \dfrac{1}{1+2/n}\dfrac{1}{n} + \cdots + \dfrac{1}{1+n/n}\dfrac{1}{n}$$ と書きかえる．

いま $f(x) = 1/(1+x)$ とおけば，上式はこの関数に対して区間 $[0, 1]$ を分点 $x_1, x_2, \cdots, x_{n-1}$ によって n 等分し，$x_0 = 0, x_n = 1$ とすると，次のようになっている．

$$S_n = f(x_1)(x_1 - x_0) + f(x_2)(x_2 - x_1) + \cdots + f(x_n)(x_n - x_{n-1})$$

$$\therefore \lim_{n\to\infty} S_n = \lim_{n\to\infty}\sum_{i=1}^{n} f(x_i)(x_i - x_{i-1}) = \int_0^1 \dfrac{dx}{1+x} = \Big[\log(1+x)\Big]_0^1 = \log 2.$$

(2) $S_n = \left\{\dfrac{1}{\sqrt{1+(1/n)^2}} + \dfrac{1}{\sqrt{1+(2/n)^2}} + \cdots + \dfrac{1}{\sqrt{1+(n/n)^2}}\right\}\cdot\dfrac{1}{n}$

いま右辺は $\displaystyle\sum_{i=1}^{n} f(x_i)(x_i - x_{i-1})$ において，$f(x) = \dfrac{1}{\sqrt{1+x^2}}, x_i = \dfrac{i}{n}, x_i - x_{i-1} = \dfrac{1}{n}$ ($i = 1, 2, \cdots, n$)，（$[0, 1]$ を n 等分して）とおいたものである．

$$\therefore \lim_{n\to\infty} S_n = \lim_{n\to\infty}\sum_{i=1}^{n} f(x_i)(x_i - x_{i-1}) = \int_0^1 \dfrac{dx}{\sqrt{1+x^2}}$$
$$= \Big[\log\left|x + \sqrt{1+x^2}\right|\Big]_0^1 = \log(1+\sqrt{2}).$$

～～ 問 題 ～～～～～～～～～～～～～～～～～～～～～～～～～～～～

21.1 次の式で定められる数列の極限値を求めよ．
$$a_n = \dfrac{1}{n} + \dfrac{n}{n^2+1} + \cdots + \dfrac{n}{n^2+(n-1)^2}$$

3.4 定積分

例題 22 ──────────────────── 定積分の置換積分法 (1) ──

次の定積分を求めよ．

(1) $\displaystyle\int_0^a x^2\sqrt{a^2-x^2}\,dx \quad (a>0)$ 　　(2) $\displaystyle\int_0^{\pi/2} \frac{1}{2+\cos x}\,dx$

---

route 次のように置換する．　(1) $x = a\sin t$,　(2) $\tan\dfrac{x}{2} = t$.

navi 定積分　まず不定積分を求めよ．どちらも置換積分である．積分区間の対応に注意

解答 (1) $x = a\sin t$ とおくと $dx = a\cos t\,dt$, t が 0 から $\pi/2$ まで変わるとき x は 0 から a まで増加する．$\sqrt{a^2-x^2} = \sqrt{a^2\cos^2 t} = a\cos t$（根号の規約に注意）．よって

$$\int_0^a x^2\sqrt{a^2-x^2}\,dx = \int_0^{\pi/2} a^2\sin^2 t \cdot a\cos t \cdot a\cos t\,dt$$

$$= a^4\int_0^{\pi/2}\sin^2 t\cos^2 t\,dt = \frac{a^4}{4}\int_0^{\pi/2}\sin^2 2t\,dt$$

$$= \frac{a^4}{8}\int_0^{\pi/2}(1-\cos 4t)\,dt = \frac{a^4}{8}\left[t - \frac{\sin 4t}{4}\right]_0^{\pi/2} = \frac{\pi a^4}{16}.$$

(2) $\tan\dfrac{x}{2} = t$ とおく．$\cos x = \dfrac{1-t^2}{1+t^2}$, $dx = \dfrac{2dt}{1+t^2}$, t が 0 から 1 まで変わるとき，x は 0 から $\pi/2$ まで増加する．よって

$$\int_0^{\pi/2}\frac{dx}{2+\cos x} = \int_0^1 \frac{2}{3+t^2}\,dt$$

$$= \left[\frac{2}{\sqrt{3}}\tan^{-1}\frac{t}{\sqrt{3}}\right]_0^1 = \frac{\pi}{3\sqrt{3}}.$$

問題

22.1† 次の定積分を求めよ．

(1) $\displaystyle\int_a^b \sqrt{\frac{x-a}{b-x}}\,dx \quad (a<b)$ 　　(2) $\displaystyle\int_0^{\pi/2}\frac{\sin x}{1+\sin x}\,dx$

(3) $\displaystyle\int_{-1}^1 \frac{1}{(1+x^2)^2}\,dx$ 　　(4) $\displaystyle\int_0^1 \log(1+\sqrt{x})\,dx$

---

† それぞれ次のように置換する．

(1) $\sqrt{b-x} = t$　　(2) $\tan\dfrac{x}{2} = t$　　(3) $x = \tan t$　　(4) $\sqrt{x} = t$

例題 23 ────────────────── 定積分の置換積分法 (2) ──

(1) $\displaystyle\int_0^{\pi/4} \log(1+\tan x)dx$ を求めよ．

(2) $f(x)$ が連続関数のとき $\displaystyle\int_0^a f(x)dx = \int_0^{a/2}\{f(x)+f(a-x)\}dx$ を証明せよ．

route (1) は $x = \dfrac{\pi}{4}-t$, (2) は $a-x=t$ と置換せよ．

navi (1) 置換すると，**両辺に同じ定積分が表れる**ことに着目．

(2) $\displaystyle\int_0^a f(x)dx$ を $\displaystyle\int_0^{a/2} f(x)dx + \int_{a/2}^a f(x)dx$ **と分けて**考えよ．

解答 (1) $x=\pi/4-t$ とすると，

$$\int_0^{\pi/4}\log(1+\tan x)dx = \int_{\pi/4}^0 \log\left\{1+\tan\left(\frac{\pi}{4}-t\right)\right\}(-dt) = \int_0^{\pi/4}\log\left(\frac{2}{1+\tan t}\right)dt$$

$$= \int_0^{\pi/4}\log 2\, dt - \int_0^{\pi/4}\log(1+\tan t)dt \quad \therefore \quad \int_0^{\pi/4}\log(1+\tan x)dx = \frac{\pi}{8}\log 2.$$

(2) $a-x=t$ とおくと，$dx=-dt$

$$\therefore \int_0^{a/2} f(a-x)dx = -\int_a^{a/2} f(t)dt = \int_{a/2}^a f(t)dt$$

$$\therefore \int_0^a f(x)dx = \int_0^{a/2} f(x)dx + \int_{a/2}^a f(x)dx$$

$$= \int_0^{a/2} f(x)dx + \int_0^{a/2} f(a-x)dx = \int_0^{a/2}\{f(x)+f(a-x)\}dx.$$

━━━ 問　題 ━━━

23.1[†] $f(x)$ が連続関数のとき $\displaystyle\int_0^\pi f(\sin x)dx = 2\int_0^{\pi/2} f(\sin x)dx$ を証明せよ．

23.2[††] $\displaystyle\int_0^\pi \frac{x\sin x}{1+\cos^2 x}dx$ を求めよ．

───────────────

[†] $\displaystyle\int_0^\pi f(\sin x)dx = \int_0^{\pi/2} f(\sin x)dx + \int_{\pi/2}^\pi f(\sin x)dx$ と分けて考えよ． [††] $x=\pi-t$ とおけ．

3.4 定積分

例題 24 ───────────────────── 定積分の部分積分法

次の定積分を求めよ．

(1) $\displaystyle\int_0^{\pi/2} x^2 \sin x\, dx$ (2) $\displaystyle\int_0^{\pi/2} \frac{x+\sin x}{1+\cos x}\, dx$

navi (1) 積の積分は部分積分法

(2) $\displaystyle\int_0^{\pi/2} \frac{x+\sin x}{1+\cos x}dx = \int_0^{\pi/2} \frac{x}{1+\cos x}dx + \int_0^{\pi/2} \frac{\sin x}{1+\cos x}dx$ とし前者と後者に同じ定積分が出現することに注意せよ．

解答 (1) 部分積分法により

$$\int_0^{\pi/2} x^2 \sin x\, dx = \Big[-x^2\cos x\Big]_0^{\pi/2} + 2\int_0^{\pi/2} x\cos x\, dx = 0 + 2\left\{\Big[x\sin x\Big]_0^{\pi/2} - \int_0^{\pi/2}\sin x\, dx\right\}$$

$$= \pi - 2\Big[-\cos x\Big]_0^{\pi/2} = \pi - 2$$

(2) $\displaystyle\int_0^{\pi/2}\frac{x+\sin x}{1+\cos x}dx = \int_0^{\pi/2}\frac{x}{1+\cos x}dx + \int_0^{\pi/2}\frac{\sin x}{1+\cos x}dx = I_1 + I_2$ とおく

$$I_1 = \int_0^{\pi/2}\frac{x}{1+\big(2\cos^2(x/2)-1\big)}dx = \int_0^{\pi/2}\frac{1}{2}x\sec^2\frac{x}{2}dx$$

← $\cos 2\cdot(x/2)$ と考えて 2 倍角の公式

$$= \Big[x\tan\frac{x}{2}\Big]_0^{\pi/2} - \int_0^{\pi/2}\tan\frac{x}{2}dx = \frac{\pi}{2} - \int_0^{\pi/2}\tan\frac{x}{2}dx$$

← $\sin 2\cdot(x/2)$ と考えて 2 倍角の公式

$$I_2 = \int_0^{\pi/2}\frac{2\sin\frac{x}{2}\cos\frac{x}{2}}{2\cos^2\frac{x}{2}}dx = \int_0^{\pi/2}\tan\frac{x}{2}dx$$

← $\cos 2\cdot(x/2)$ と考えて 2 倍角の公式

ゆえに I_1 と I_2 と加えると，求める積分は $I = \pi/2$.

問題

24.1 次の定積分を求めよ．

(1) $\displaystyle\int_0^{\pi/2} x\sin^2 x\, dx$ (2) $\displaystyle\int_1^2 x^n \log x\, dx \quad (n > -1)$

(3)[†] $\displaystyle\int_0^a \sin^{-1}\sqrt{\frac{x}{x+a}}\, dx \quad (a > 0)$

[†] $\sin^{-1}\sqrt{x/(x+a)} = t$ と丸ごとおくと $x = a\tan^2 t$.

例題 25 ────────────────── 三角関数の定積分の漸化式

$$I_n = \int_0^{\pi/2} \sin^n x\,dx = \int_0^{\pi/2} \cos^n x\,dx = \begin{cases} \dfrac{n-1}{n}\dfrac{n-3}{n-2}\cdots\dfrac{4}{5}\dfrac{2}{3} & (n \geqq 2,\ 奇数) \\ \dfrac{n-1}{n}\dfrac{n-3}{n-2}\cdots\dfrac{3}{4}\dfrac{1}{2}\dfrac{\pi}{2} & (n \geqq 2,\ 偶数) \end{cases}$$

となることを証明せよ.

route　p.63 の (2) で $n=0$ とした場合の漸化式を 0 から $\pi/2$ まで積分する.

navi　$x = \dfrac{\pi}{2} - t$ とおくと,$\int_0^{\pi/2} \sin^n x\,dx = \int_0^{\pi/2} \cos^n x\,dx$ が示され,**漸化式** $I_n = \int_0^{\pi/2} \sin^2 x\,dx = \dfrac{n-1}{n} I_{n-2}$, $I_1 = 1$, $I_0 = \dfrac{\pi}{2}$ が導かれる.

解答　I_n において置換 $x = \pi/2 - t$ を行えば,t が $\pi/2$ から 0 に減少するとき,x は 0 から $\pi/2$ に増加する.よって

$$\int_0^{\pi/2} \sin^n x\,dx = \int_{\pi/2}^0 -\left\{\sin^n\left(\dfrac{\pi}{2} - t\right)\right\}dt = \int_0^{\pi/2} \cos^n t\,dt.$$

次に $I_1 = \displaystyle\int_0^{\pi/2} \sin x\,dx = 1$, $I_0 = \displaystyle\int_0^{\pi/2} dx = \dfrac{\pi}{2}$ で,また下の注意 3.6 の漸化式によって,

$$I_n = -\dfrac{1}{n}\Big[\sin^{n-1} x \cos x\Big]_0^{\pi/2} + \dfrac{n-1}{n} I_{n-2} = \dfrac{n-1}{n} I_{n-2}$$

$$= \dfrac{n-1}{n}\dfrac{n-3}{n-2} I_{n-4} = \begin{cases} \dfrac{n-1}{n}\dfrac{n-3}{n-2}\cdots\dfrac{4}{5}\dfrac{2}{3} & (n \geqq 2,\ 奇数) \\ \dfrac{n-1}{n}\dfrac{n-3}{n-2}\cdots\dfrac{3}{4}\dfrac{1}{2}\dfrac{\pi}{2} & (n \geqq 2,\ 偶数) \end{cases}$$

注意 3.6　p.63 の (2) において,$n = 0$ とすると,

$$I(m, 0) = -\dfrac{(\sin x)^{m-1}\cos x}{m} + \dfrac{m-1}{m} I(m-2, 0) \quad (m \neq 0) \qquad \cdots ①$$

問題

25.1 $\displaystyle\int_{-1}^2 x^2\,dx = \left[\dfrac{x^3}{3}\right]_{-1}^2 = \dfrac{8}{3} + \dfrac{1}{3} = 3$ であるのに,次のように計算すると誤った結果がでてくる.誤りはどこか.

$x = t^{1/4}$ とすると $dx = (t^{-3/4}/4)dt$, $x = -1$ のとき $t = 1$, $x = 2$ のとき $t = 16$, よって

$$\int_{-1}^2 x^2\,dx = \int_1^{16} t^{1/2} \cdot \dfrac{1}{4} t^{-3/4}\,dt = \dfrac{1}{4}\int_1^{16} t^{-1/4}\,dt = \dfrac{1}{4}\left[\dfrac{4}{3} t^{3/4}\right]_1^{16} = \dfrac{7}{3}.$$

研究 ウォリスの公式とスターリングの公式

三角関数の定積分の漸化式（⇨ p.82）を用いて，ウォリスの公式を証明し，これを用いて統計学への応用でよく知られているスターリングの公式を示す．

(1) $\displaystyle\lim_{n\to\infty}\frac{2^{2n}(n!)^2}{\sqrt{n}(2n)!}=\sqrt{\pi}$ を示し （ウォリスの公式）

(2) $\displaystyle\lim_{n\to\infty}\frac{n!}{n^{n+1/2}e^{-n}}=\sqrt{2\pi}$ を導け．（スターリングの公式）

解答 (1) ウォリスの公式：$I_n=\displaystyle\int_0^{\pi/2}(\sin x)^n dx$ とおく．

$0<(\sin x)^{2n+1}<(\sin x)^{2n}<(\sin x)^{2n-1}$ $(0<x<\pi/2)$ に注意すると，$0<I_{2n+1}<I_{2n}<I_{2n-1}$ であるから，

$$1<\frac{I_{2n}}{I_{2n+1}}<\frac{I_{2n-1}}{I_{2n+1}}=\frac{2n+1}{2n}\to 1 \quad (n\to\infty), \qquad \therefore\ \lim_{n\to\infty}\frac{I_{2n}}{I_{2n+1}}=1 \qquad \cdots ①$$

また，$I_{2n}\cdot I_{2n+1}=\dfrac{1}{(2n+1)}\cdot\dfrac{\pi}{2}$，$I_{2n+1}=\dfrac{2^{2n}(n!)^2}{(2n+1)(2n)!}$

$$\sqrt{\pi}=\sqrt{2(2n+1)}\,I_{2n+1}\sqrt{\frac{I_{2n}}{I_{2n+1}}}=\sqrt{\frac{2n}{2n+1}}\,\frac{2^{2n}(n!)^2}{\sqrt{n}\,(2n)!}\sqrt{\frac{I_{2n}}{I_{2n+1}}}$$

①により，$\displaystyle\lim_{n\to\infty}\frac{2^{2n}(n!)^2}{\sqrt{n}\,(2n)!}=\sqrt{\pi}$．

(2) スターリングの公式：$y=\dfrac{1}{x}$ を考え，$x=\dfrac{2n+1}{2}$ における接線を引く．これと直線 $x=n,\ x=n+1$ と x 軸とが囲む台形の面積を考えると $\dfrac{2}{2n+1}$ である（⇨ 図 3.3）．次に曲線は下に凸であるから

$$\frac{2}{2n+1}<\int_n^{n+1}\frac{dx}{x}=\log\frac{n+1}{n}$$

$\therefore\ e<\left(\dfrac{n+1}{n}\right)^{(2n+1)/2}$ $\cdots ②$． そこで，$a_n=\dfrac{n!}{n^{n+1/2}e^{-n}}$ とおきその極限を考える．

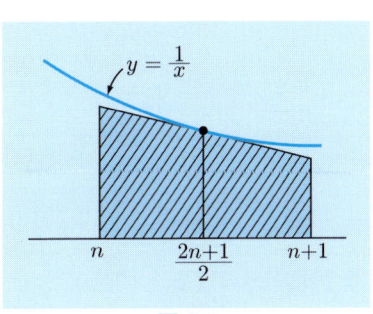

図 3.3

ところが ② から $\dfrac{a_n}{a_{n+1}}=\dfrac{1}{e}\left(\dfrac{n+1}{n}\right)^{(2n+1)/2}>1$ となり，数列 a_n は単調減少で下に有界である．よって p.1 の定理 1.1 より極限値 α が存在する．そこでウォリスの公式から，

$$\sqrt{\pi}=\lim_{n\to\infty}\frac{2^{2n}(n!)^2}{\sqrt{n}\,(2n)!}=\lim_{n\to\infty}\frac{2^{2n}a_n^2\,n^{2n+1}\,e^{-2n}}{\sqrt{n}\,a_{2n}(2n)^{2n+1/2}\,e^{-2n}}=\frac{\alpha}{\sqrt{2}}$$

$\therefore\ \alpha=\sqrt{2\pi}$

3.5 広義積分（特異積分と無限積分）

◆ **特異積分の定義**　関数 $f(x)$ が $a \leqq x < b$ で連続で $x = b$ で不連続であるときは、$\displaystyle\lim_{\varepsilon \to +0} \int_a^{b-\varepsilon} f(x)dx$ を考え、これが存在するならば、この極限値を a から b までの $f(x)$ の定積分と定め**特異積分**という（⇨図 3.4）．すなわち

$$\text{特異積分}\quad \int_a^b f(x)dx = \lim_{\varepsilon \to +0} \int_a^{b-\varepsilon} f(x)dx$$

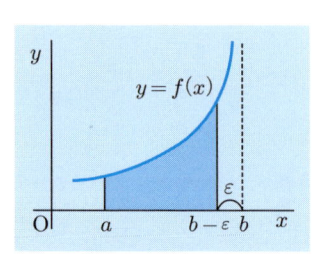

図 3.4

このとき b をこの定積分の**特異点**という．

同様に、$f(x)$ が $a < x \leqq b$ のとき連続で $x = a$ が特異点であるときには、

$$\int_a^b f(x)dx = \lim_{\varepsilon \to +0} \int_{a+\varepsilon}^b f(x)dx \quad \text{(右辺が存在するとき)} \text{ と定める．}$$

また、$f(x)$ が $a < x < b$ では連続であるが、$x = a$, $x = b$ が特異点のときは

$$\int_a^b f(x)dx = \lim_{\substack{\varepsilon \to +0 \\ \varepsilon' \to +0}} \int_{a+\varepsilon'}^{b-\varepsilon} f(x)dx \quad \text{(右辺が存在するとき)} \text{ と定める．}$$

以上のような意味で $\displaystyle\int_a^b f(x)dx$ を考えて、それが存在するとき特異積分は**収束する**といい、収束しないとき**発散する**という．

次に $f(x)$ が $a \leqq x \leqq b$ で $x = c (a < c < b)$ を除いて連続な場合は、$f(x)$ の $[a, c), (c, b]$ における特異積分が収束するとき、次のように定める．

$$\int_a^b f(x)dx = \int_a^c f(x)dx + \int_c^b f(x)dx$$

◆ **無限積分の定義**　関数 $f(x)$ は $a \leqq x < \infty$ で連続であるとき、有限区間 $a \leqq x \leqq N$ で $f(x)$ の定積分 $\displaystyle\int_a^N f(x)dx$ は定まる．いま、$N \to \infty$ としたときの極限値を考えて、それが存在するとき、

$$\text{無限積分}\quad \int_a^\infty f(x)dx = \lim_{N \to \infty} \int_a^N f(x)dx$$

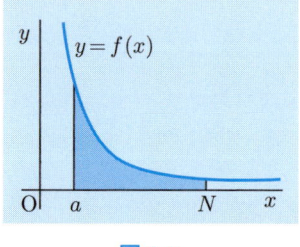

図 3.5

と定める．右辺の極限の収束、発散に応じて、$\displaystyle\int_a^\infty f(x)dx$ は**収束する**、**発散する**という．

$\displaystyle\int_{-\infty}^b f(x)dx, \int_{-\infty}^\infty f(x)dx$ も同様である．このような定積分を**無限積分**という（⇨図 3.5）．

3.5 広義積分（特異積分と無限積分）

定理 3.8（広義積分の存在）
(1) $f(x)$ は $(a, b]$ で連続とする．もしある $M > 0$ と $\lambda < 1$ に対して，
$|f(x)| \leq \dfrac{M}{(x-a)^\lambda}$ $(a < x < b)$ ならば特異積分 $\displaystyle\int_a^b f(x)dx$ は存在する．

(2) $f(x)$ が $[a, \infty)$ で連続とする．もしある $M > 0$ と $\lambda > 1$ に対して，
$|f(x)| \leq \dfrac{M}{x^\lambda}$ ならば，無限積分 $\displaystyle\int_a^\infty f(x)dx$ は存在する．

定理 3.9（特異積分—不定積分が連続の場合）$f(x)$ は $[a, b]$ のいくつかの点（有限個）で不連続となるが，$f(x)$ の不定積分 $F(x)$ が $[a, b]$ において連続であるときは，
$$\int_a^b f(x)dx = \Big[F(x)\Big]_a^b$$

例題 26 ──────────────────────────── 特異積分 ──

次の定積分を計算せよ． (1) $\displaystyle\int_0^1 \log x\, dx$ (2) $\displaystyle\int_{-1}^1 \dfrac{1}{x}dx$

▶ **navi** 　**不連続関数の定積分**は不連続な点（特異点）を求め**特異積分で攻略**．

[解答] (1) 特異点は $x = 0$ である．
$$\lim_{\varepsilon \to +0} \int_\varepsilon^1 \log x\, dx = \lim_{\varepsilon \to +0} \Big[x\log x - x\Big]_\varepsilon^1 = \lim_{\varepsilon \to +0}(-1 - \varepsilon\log\varepsilon + \varepsilon) = -1$$
（ロピタルの定理（⇨ p.36 の定理 2.21）により，$\varepsilon \to +0$ のとき $\varepsilon\log\varepsilon \to 0$）

(2) 特異点は $x = 0$ である．
$$\int_{-1}^1 \dfrac{dx}{x} = \lim_{\varepsilon \to +0}\int_{-1}^{-\varepsilon}\dfrac{dx}{x} + \lim_{\varepsilon' \to +0}\int_{\varepsilon'}^1 \dfrac{dx}{x} = \lim_{\varepsilon \to +0}\Big[\log|x|\Big]_{-1}^{-\varepsilon} + \lim_{\varepsilon' \to +0}\Big[\log|x|\Big]_{\varepsilon'}^1$$
$$= \lim_{\varepsilon \to +0}\log\varepsilon - \lim_{\varepsilon' \to +0}\log\varepsilon' = \lim_{\substack{\varepsilon \to +0 \\ \varepsilon' \to +0}}\log\dfrac{\varepsilon}{\varepsilon'}.$$
ここで ε と ε' は全く独立に 0 に収束するから上の極限値は不定である．したがって特異積分は存在しない．

問　題

26.1 次の定積分を求めよ．

(1) $\displaystyle\int_0^1 \dfrac{dx}{1-x^2}$　　(2) $\displaystyle\int_{-1}^2 \dfrac{dx}{(x+1)^\alpha}$ $(\alpha > 0)$　　(3) $\displaystyle\int_0^1 \dfrac{dx}{x^\alpha}$ $(\alpha > 0)$

例題 27 ——————————— 特異積分（不定積分が連続の場合）

次の定積分を計算せよ． $\int_0^3 \dfrac{x}{\sqrt[3]{(x^2-1)^2}}\,dx$

---

route $f(x)$ が $x=1$ で不連続なので特異積分であるがその不定積分 $F(x)$ が連続の場合は $\int_a^b f(x)dx = \Big[F(x)\Big]_a^b$ としてもよい（⇨ p.85 の定理 3.9）．

解答 (1) (i) **特異積分による解法** 特異点は $x=1$ だけである．

$$\int_0^3 \frac{xdx}{\sqrt[3]{(x^2-1)^2}} = \int_0^1 \frac{xdx}{\sqrt[3]{(x^2-1)^2}} + \int_1^3 \frac{xdx}{\sqrt[3]{(x^2-1)^2}}$$
$$= \lim_{\varepsilon\to +0}\Big[\frac{3}{2}(x^2-1)^{1/3}\Big]_0^{1-\varepsilon} + \lim_{\varepsilon'\to +0}\Big[\frac{3}{2}(x^2-1)^{1/3}\Big]_{1+\varepsilon'}^3 = \frac{9}{2}$$

(ii) **不定積分が連続の場合の解法** $\dfrac{x}{\sqrt[3]{(x^2-1)^2}}$ は $x=1$ で不連続であるが（$x=-1$ は積分範囲外であるので考えない）その不定積分 $(3/2)(x^2-1)^{1/3}$ は $x=1$ で連続である．ゆえに p.85 の定理 3.9 により

$$\int_0^3 \frac{xdx}{\sqrt[3]{(x^2-1)^2}} = \Big[\frac{3}{2}(x^2-1)^{1/3}\Big]_0^3 = \frac{3}{2}\big\{8^{1/3} - (-1)^{1/3}\big\} = \frac{9}{2}.$$

注意 3.7 $I = \int_{-1}^{1}\dfrac{dx}{x^2} = \Big[-\dfrac{1}{x}\Big]_{-1}^{1} = -2$ とするのは誤りである．$f(x) = \dfrac{1}{x^2}$ の不定積分 $F(x) = -1/x$ は $x=0$ で不連続であるから p.85 の定理 3.9 は使えない．

よって特異積分として計算する．積分 I の特異点は $x=0$ である．ゆえに
$\int_{-1}^{1}\dfrac{dx}{x^2} = \int_0^1 \dfrac{dx}{x^2} + \int_{-1}^0 \dfrac{dx}{x^2} = I_1 + I_2$ とするとき

$$I_1 = \lim_{\varepsilon\to +0}\int_\varepsilon^1 \frac{dx}{x^2} = \lim_{\varepsilon\to +0}\Big[-\frac{1}{x}\Big]_\varepsilon^1 = \lim_{\varepsilon\to +0}\Big(-1 + \frac{1}{\varepsilon}\Big) = \infty.$$

また I_2 も同様である．したがって I は発散する．

問 題

27.1 p.85 の定理 3.9 を証明せよ．

27.2 次の定積分を計算せよ．

(1) $\int_0^1 \dfrac{dx}{\sqrt{1-x^2}}$ (2)† $\int_0^\pi \dfrac{dx}{\sin x + \cos x}$

---

† $\sin x + \cos x = \sqrt{2}(\sin x \cos\pi/4 + \cos x \sin\pi/4) = \sqrt{2}\sin(x+\pi/4)$

3.5 広義積分（特異積分と無限積分）

---**例題 28**---ベータ関数---

$$B(p, q) = \int_0^1 x^{p-1}(1-x)^{q-1}dx \quad (p > 0,\ q > 0)$$

は収束することを証明せよ．これを**ベータ関数**という．

route $B(p, q)$ を $I_1 = \int_0^{1/2} x^{p-1}(1-x)^{q-1}dx$ と $I_2 = \int_{1/2}^1 x^{p-1}(1-x)^{q-1}dx$ に分けて考える（積分を 2 つに分ける点は 0 と 1 との間の定数であればよい．ここでは 1/2 とした）．次に広義積分の存在定理（⇨ p.85 の定理 3.8 (1)）を用いる．

navi 積分区間を **2 つに分割**すると，それらは**特異積分**となるので，**存在定理で確かめる**．

証明 (i) $p \geqq 1$, $q \geqq 1$ のときは，$B(p, q)$ は特異点をもたないから収束性は明らかである．次に $B(p, q)$ を

$$I_1 = \int_0^{1/2} x^{p-1}(1-x)^{q-1}dx, \quad I_2 = \int_{1/2}^1 x^{p-1}(1-x)^{q-1}dx$$

と 2 つに分けて考える．

(ii) $0 < p < 1$ のとき I_1 は $x = 0$ を特異点とする特異積分である．$[0, 1/2]$ での $(1-x)^{q-1}$ $(q > 0)$ の最大値を M とすると，

$$x^{1-p}\{x^{p-1}(1-x)^{q-1}\} < M \quad (0 < x \leqq 1/2)$$

であるので，p.85 の定理 3.8 (1) により I_1 は存在する．

(iii) I_2 で $t = 1 - x$ と置換積分を行うと，I_1 の p と q を入れかえたものになるので明らかである．

(iv) $0 < q < 1$ のときも同様に証明することができる．

～～ **問 題** ～～～～～～～～～～～～～～～～～～～～～～～～～～～～

28.1 次のベータ関数を計算せよ．

(1) $B\left(\dfrac{1}{2}, 1\right) = \displaystyle\int_0^1 x^{-1/2}dx$ (2) $B\left(\dfrac{1}{2}, \dfrac{1}{2}\right) = \displaystyle\int_0^1 \dfrac{1}{\sqrt{x(1-x)}}dx$

28.2 ベータ関数 $B(p, q) = \displaystyle\int_0^1 x^{p-1}(1-x)^{q-1}dx\,(p > 0, q > 0)$ について，次の等式を示せ．

(1) $B(p, q) = B(q, p)$ (2) $B(p+1, q) = \dfrac{p}{q}B(p, q+1)$

(3) $B(m, n) = \dfrac{(m-1)!\,(n-1)!}{(m+n-1)!}$ （ただし，m, n は自然数とする）

例題 29 ――――――――――――――――――――― 無限積分

次の広義積分を計算せよ． (1) $\displaystyle\int_1^\infty \frac{dx}{x^\alpha}$ $(\alpha > 0)$ (2) $\displaystyle\int_{-\infty}^\infty \frac{dx}{x^2+4}$

route 無限積分の定義（⇨ p.84）に従って求める．

navi 無限積分も，極限で決まる．

解答 (1) $\alpha \neq 1$ の場合は $\displaystyle\int_1^\infty \frac{dx}{x^\alpha} = \lim_{N\to\infty}\int_1^N \frac{dx}{x^\alpha} = \lim_{N\to\infty}\left[\frac{1}{1-\alpha}\frac{1}{x^{\alpha-1}}\right]_1^N$．ゆえに $\alpha > 1$ ならば $\displaystyle\int_1^\infty \frac{dx}{x^\alpha} = \frac{1}{\alpha-1}$ （収束）であり，$0 < \alpha < 1$ ならば発散である．

次に $\alpha = 1$ の場合は，$\displaystyle\int_1^\infty \frac{dx}{x} = \lim_{N\to\infty}\int_1^N \frac{dx}{x} = \lim_{N\to\infty}\Big[\log x\Big]_1^N = +\infty$ （発散，⇨ 図 3.6）．

図 3.6

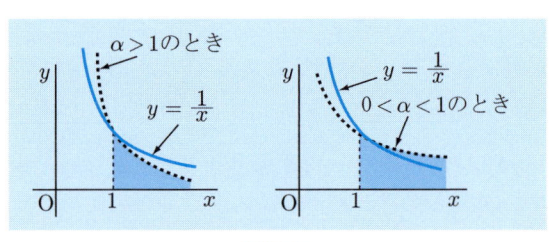

(2) $\displaystyle\int_{-\infty}^\infty \frac{dx}{x^2+4} = \lim_{\substack{M\to\infty\\N\to-\infty}}\left[\frac{1}{2}\tan^{-1}\frac{x}{2}\right]_N^M = \frac{1}{2}\left\{\lim_{M\to\infty}\tan^{-1}\frac{M}{2} - \lim_{N\to-\infty}\tan^{-1}\frac{N}{2}\right\}$

$= (1/2)\{\pi/2 - (-\pi/2)\} = \pi/2$

注意 3.8 $\displaystyle\lim_{\substack{M\to\infty\\N\to-\infty}}\left[\frac{1}{2}\tan^{-1}\frac{x}{2}\right]_N^M$ を略して $\left[\frac{1}{2}\tan^{-1}\frac{x}{2}\right]_{-\infty}^\infty$ と書いてよい．

問題

29.1 次の広義積分を計算せよ．

(1) $\displaystyle\int_0^\infty \frac{dx}{\sqrt[3]{e^x-1}}$ (2) $\displaystyle\int_{-\infty}^0 e^{3x}\sqrt{1-e^{3x}}\,dx$ (3) $\displaystyle\int_{-\infty}^\infty \frac{dx}{4x^2+6x+3}$

(4) $\displaystyle\int_1^\infty \frac{dx}{x(1+x^2)}$ (5) $\displaystyle\int_0^\infty e^{-x^2}x^{2n+1}dx$ （$x^2 = t$ とおけ）

29.2 不等式 $\displaystyle\int_0^\infty e^{-x^2}dx < 1 + \frac{1}{2e}$ を証明せよ（$0 < x < 1$ のとき $e^{-x^2} < 1$，$x \geqq 1$ のとき $e^{-x^2} \leqq xe^{-x^2}$ を用いる）．

3.5 広義積分（特異積分と無限積分）

例題 30 ――――――――――――――――――――――――― ガンマ関数 ――

$p > 0$ のとき $\Gamma(p) = \int_0^\infty e^{-x} x^{p-1} dx$ は収束することを証明せよ．この関数を**ガンマ関数**という．

---

route まず $c \leqq x$ のとき $e^{-x} x^{p+1} < 1$ となるような c をとる．次にこの c を使って $\Gamma(p) = \int_0^c e^{-x} x^{p-1} dx + \int_c^\infty e^{-x} x^{p-1} dx = I_1 + I_2$ のように積分を 2 つに分ける．

I_1 ($p \geqq 1$ のとき) は普通の定積分で，I_1 ($0 < p < 1$ のとき) は特異積分，I_2 は無限積分である．よって，これらの広義積分の存在については，存在定理 (⇨ p.85 の定理 3.8 (1), (2)) を用いて確める．

navi 積分区間を **2 つに分割**すると，**特異積分**と**無限積分**になる．これらを**存在定理で確かめる**．

[証明] $f(x) = e^{-x} x^{p-1}$ ($p > 0$) とおく．$p > 0$ であるのでロピタルの定理 (⇨ p.36 の定理 2.21) より $\lim_{x \to \infty} \dfrac{x^{p+1}}{e^x} = 0$ である．ゆえに，$c \leqq x$ について $e^{-x} x^{p+1} < 1$ ……① となるような c をとることができる．この c を用いて $\Gamma(p)$ を $I_1 = \int_0^c f(x) dx$ と $I_2 = \int_c^\infty f(x) dx$ に分けて考える．

(i) $p \geqq 1$ のとき，$f(x)$ は $[0, c]$ で連続だから I_1 は存在する．次に $0 < p < 1$ のときは $f(x)$ は $(0, c]$ で連続で，
$$x^{1-p} f(x) = e^{-x} < 1$$
であり，$0 < 1 - p < 1$ であるから，p.85 の定理 3.8 (1) により I_1 は存在する．

(ii) 上記①により，$c \leqq x$ について，$e^{-x} x^{p+1} < 1$ が成立している．よって
$$e^{-x} x^{p+1} = x^2 e^{-x} x^{p-1} = x^2 f(x) < 1$$
となる．また $f(x)$ は $[c, \infty)$ で連続であるから，p.85 の定理 3.8 (2) により I_2 は存在する． ■

問題

30.1 ガンマ関数 $\Gamma(p) = \int_0^\infty e^{-x} x^{p-1} dx$ ($p > 0$) について次を示せ．

(1) $\Gamma(p+1) = p\Gamma(p)$ ($p > 0$)　　(2) $\Gamma(1) = 1$, $\Gamma(n+1) = n!$ ($n = 1, 2, 3, \cdots$)

30.2 次の広義積分の存在を調べよ．

(1) $\displaystyle\int_0^1 \dfrac{\sin x}{\sqrt{x}} dx$　　(2) $\displaystyle\int_0^\infty \dfrac{1}{\sqrt{1+x^4}} dx$

3.6 定積分の応用

◆ **面積**　関数 $f(x)$ は $[a, b]$ で連続で，$f(x) \geqq 0$ とする．曲線 $y = f(x)$，x 軸，直線 $x = a$ および $x = b$ で囲まれる図形の**面積** S は次の式で与えられる（⇨図 3.7）．

$$S = \int_a^b f(x)dx$$

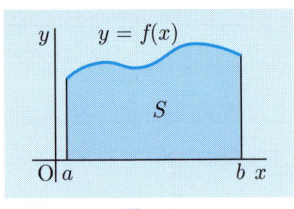

図 3.7

この定積分は p.73 で，リーマン和の極限として定義したものである（⇨図 3.8）．

さらに $[a, b]$ で連続な関数 $f(x), g(x)$ があって，$g(x) \leqq f(x)$ のとき，曲線 $y = f(x)$，$y = g(x)$ と直線 $x = a$，$x = b$ で囲まれる図形の面積 S は次の式で与えられる（⇨図 3.9）．

$$S = \int_a^b \{f(x) - g(x)\}dx$$

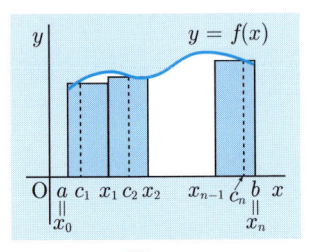

図 3.8

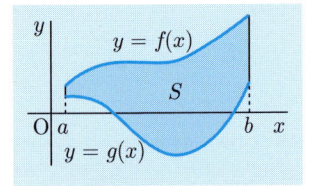

◆ **極座標**　図 3.10 のように O を始点とする半直線を OX とする．点 P と O を結ぶ線分 OP が始線となす角（反時計回りを正とする）を θ とし，OP $= r$ とする．このとき (r, θ) を点 P の**極座標**という．このように定められた座標系を O を**極**，OX を**始線**とする**極座標系**という．

図 3.9

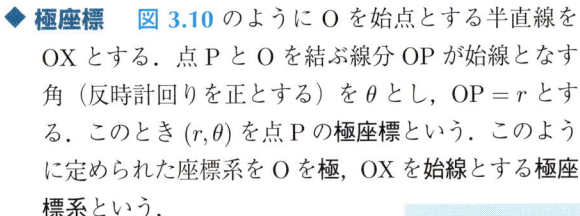

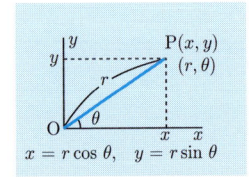

図 3.11 のように直交座標系において原点 O を極，x 軸の正方向の半直線 OX を始線とする極座標系を考えると，直交座標 (x, y) と極座標 (r, θ) は次のように変換される．

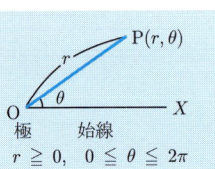

図 3.10　　図 3.11

$$(x, y) \to (r, \theta) : \begin{cases} r = \sqrt{x^2 + y^2} \\ \tan\theta = y/x, \end{cases} \qquad (r, \theta) \to (x, y) : \begin{cases} x = r\cos\theta \\ y = r\sin\theta \end{cases}$$

◆ **極座標で表される曲線**　一般に，方程式 $r = f(\theta)$ を満たす点 (r, θ) の全体は曲線を描く．$r = f(\theta)$ をこの曲線の**極方程式**という．

例えば円は $r = r_1$（$r^2 = r_1^2$ より $x^2 + y^2 = r_1^2$），直線は $\theta = \theta_1$（$\tan^{-1} y/x = \theta_1$ より $y = (\tan\theta_1)x = mx$）で表される．さらにカーディオイド（心臓形）（$r = a(1 + \cos\theta)$，$a > 0$）等の極方程式で表される曲線は p.33 に掲載されている．

3.6 定積分の応用

◆ **極座標で表される図形の面積**　関数 $f(\theta)$ は $\alpha \leqq \theta \leqq \beta$ で連続で $f(\theta) \geqq 0$ とし，曲線 $r = f(\theta)$，直線 $\theta = \alpha, \theta = \beta$ によって囲まれた図形の面積 S は次式で与えられる．

$$S = \frac{1}{2}\int_{\alpha}^{\beta} f(\theta)^2 d\theta \quad (\Rightarrow 図\ 3.12)$$

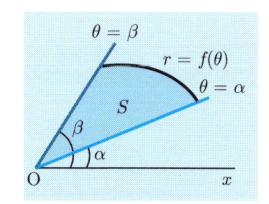

図 3.12

◆ **曲線の長さ**　曲線の長さ L は次のように与えられる．

(1) 曲線 $y = f(x)$ が $a \leqq x \leqq b$ で連続な導関数をもつとき，

直交座標表示　$L = \int_{a}^{b} \sqrt{1 + f'(x)^2}\, dx \quad (\Rightarrow 図\ 3.13)$

(2) 曲線 $x = f(t), y = g(t)$ が $a \leqq t \leqq b$ で連続な導関数をもつとき，

媒介変数表示　$L = \int_{a}^{b} \sqrt{f'(t)^2 + g'(t)^2}\, dt \quad (\Rightarrow 図\ 3.14)$

(3) 曲線 $r = f(\theta)$ が $\alpha \leqq \theta \leqq \beta$ で連続な導関数をもつとき，

極座標表示　$L = \int_{\alpha}^{\beta} \sqrt{r^2 + \left(\frac{dr}{d\theta}\right)^2}\, d\theta \quad (\Rightarrow 図\ 3.15)$

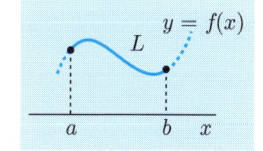

図 3.13

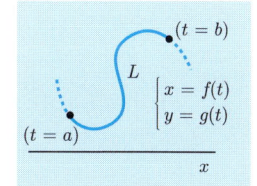

図 3.14

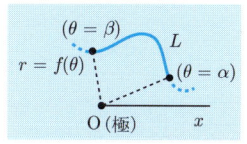

図 3.15

◆ **立体の体積**　立体において，x 軸に垂直な平面による切り口の面積が $S(x)$ のとき，この立体の 2 平面 $x = a, x = b$ の間の部分の**体積** V は次の式で与えられる（$\Rightarrow$ 図 3.16）．

$$V = \int_{a}^{b} S(x)dx \quad (a < b)$$

◆ **回転体の体積**　連続な関数 $f(x)\, (a \leqq x \leqq b)$ を x 軸のまわりに 1 回転して得られる曲面で囲まれる立体すなわち回転体の体積 V は次の式で与えられる．

$$V = \pi \int_{a}^{b} f(x)^2 dx \quad (\Rightarrow 図\ 3.17)$$

曲線が媒介変数 $t\, (a \leqq t \leqq b)$ を用いて，$x = f(t), y = g(t)$（$f(t), g(t)$ は連続な導関数をもつ）で与えられるとき，x 軸のまわりに 1 回転してできる**回転体の体積**は

$$V = \pi \int_{a}^{b} y^2 \frac{dx}{dt} dt \quad \left(\frac{dx}{dt} > 0\right)$$

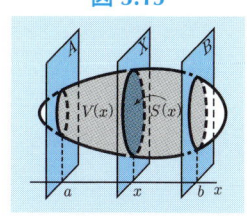

図 3.16

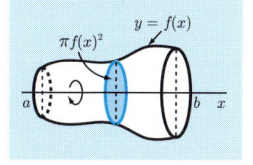

図 3.17

3 積分法とその応用

◆ **回転体の表面積**　曲線 $x = f(t), y = g(t)$ （$f(t), g(t)$ は連続な導関数をもつものとする）の弧 AB を x 軸のまわりに 1 回転してできる**回転体の表面積**は

$$S = 2\pi \int_a^b y\sqrt{\left(\frac{dx}{dt}\right)^2 + \left(\frac{dy}{dt}\right)^2}\, dt \quad (a \leqq t \leqq b)$$

曲線 $y = f(x)$（$f(x)$ は $[a, b]$ で微分可能で，$f'(x)$ は連続とする）を x 軸のまわりに 1 回転してできる回転体の表面積は

$$S = 2\pi \int_a^b y\sqrt{1 + \left(\frac{dy}{dx}\right)^2}\, dx \quad (a \leqq x \leqq b) \qquad (\Rightarrow \text{図 } 3.17)$$

◆ **定積分の近似計算**　定積分を計算するには一般に不定積分を用いるのであるが，簡単な関数でも初等関数の範囲では不定積分が求められない場合がある（⇨ p.93 の例題 33）．また，関数 $f(x)$ が式では表されていないが，各点 a における値 $f(a)$ がわかっている場合には，定積分の近似値を求めることができる．

(1) **台形公式**　区間 $[a, b]$ を n 等分して各分点および a, b に対する $f(x)$ の値を図 3.18 のように，

$$y_0, y_1, \cdots, y_{n-1}, y_n$$

とすると，次の**台形公式**が得られる．

$$\int_a^b f(x)\,dx \doteqdot \frac{b-a}{2n}\{y_0 + 2(y_1 + \cdots + y_{n-1}) + y_n\}$$

図 3.18

誤差 Δ は，$|f''(x)| \leqq M$ であれば次で与えられる．

$$|\Delta| \leqq \frac{(b-a)^3}{12n^2}M$$

(2) **シンプソンの公式**　区間 $[a, b]$ を $2n$ 等分する分割

$$a = x_0 < x_1 < \cdots < x_{2n} = b$$

の各点における $f(x)$ の値を図 3.19 のように

$$y_0, y_1, \cdots, y_{2n}$$

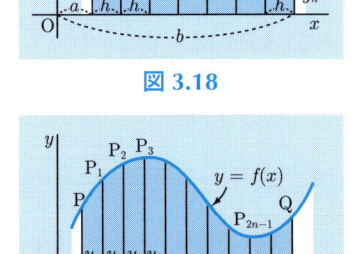

図 3.19

とし，$h = (N-a)/2n = x_i - x_{i-1}$ とすれば，次の**シンプソンの公式**が得られる．

$$\int_a^b f(x)\,dx \doteqdot \frac{h}{3}\{y_0 + 4(y_1 + \cdots + y_{2n-1}) + 2(y_2 + \cdots + y_{2n-2}) + y_{2n}\}$$

誤差 Δ は，$|f^{(4)}(x)| \leqq M$ とすれば，次で与えられる．

$$|\Delta| \leqq \frac{(b-a)^5}{2880n^4}M$$

3.6 定積分の応用

─ 例題 31 ─────────────────────────────── 面積・長さ ─

楕円 $\dfrac{x^2}{a^2} + \dfrac{y^2}{b^2} = 1 \ (a > b > 0)$ の面積 S を求めよ．また周の長さ L を定積分の形で表せ（⇨ 図 3.20）．

route 図形の面積や曲線の長さを求めるには，まずグラフを描くことが第一．グラフと x 軸の共有点とか対称性などグラフの特徴を調べ積分範囲を決める．

navi 図形の面積や曲線の長さの計算　まずグラフを描く

[解答] **面積** $y = (b/a)\sqrt{a^2 - x^2}$，したがって面積は，

$$\frac{1}{4}S = \int_0^a \frac{b}{a}\sqrt{a^2 - x^2}\,dx \quad である．$$

そこで $x = a\sin\theta$ とおくと $dx = a\cos\theta\,d\theta$, $\sqrt{a^2 - x^2} = a\cos\theta$.

$$\therefore \quad \int_0^a \sqrt{a^2 - x^2}\,dx = \int_0^{\pi/2} a^2\cos^2\theta\,d\theta$$
$$= \frac{a^2}{2}\int_0^{\pi/2}(1+\cos 2\theta)d\theta = \frac{a^2}{2}\left[\theta + \frac{1}{2}\sin 2\theta\right]_0^{\pi/2}$$
$$= (1/4)\pi a^2 \qquad \therefore \quad S = \pi ab.$$

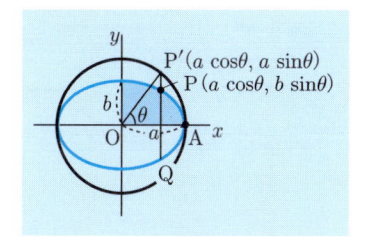

図 3.20　楕円

注意 3.9 $\angle \mathrm{AOP'} = \theta$ とすると円 O 上の点は $\mathrm{P'}(a\cos\theta, a\sin\theta)$ である．いま考える楕円は円 O の x 座標はそのままで，y 座標を b/a 倍に縮小したものであるからその座標は $\mathrm{P}(a\cos\theta, b\sin\theta)$ となる．

周の長さ　楕円を媒介変数 θ で表示すると $x = a\cos\theta, y = b\sin\theta$ となる．

$$\left(\frac{dx}{d\theta}\right)^2 + \left(\frac{dy}{d\theta}\right)^2 = (-a\sin\theta)^2 + (b\cos\theta)^2 = a^2(1 - e^2\cos^2\theta)$$

ここに　$e^2 = (a^2 - b^2)/a^2$.

$$\therefore \quad L = 4a\int_0^{\pi/2}\sqrt{1 - e^2\cos^2\theta}\,d\theta = 4a\int_0^{\pi/2}\sqrt{1 - e^2\sin^2\theta}\,d\theta \quad （⇨ p.80 問題 23.1）$$

注意 3.10 $\sqrt{1 - e^2\sin^2\theta}$ の不定積分はこれまでに習った関数（初等関数）では表せないものである．$\displaystyle\int\frac{d\theta}{\sqrt{1 - k^2\sin^2\theta}}, \int\sqrt{1 - k^2\sin^2\theta}\,d\theta\ (0 < k < 1)$ の形になる積分は初等関数では表すことができないもので前者を**第 1 種楕円積分**，後者を**第 2 種楕円積分**という．

～～～ 問　題 ～～～～～～～～～～～～～～～～～～～～～～～～～～～～～

31.1 星芒形　$x^{2/3} + y^{2/3} = a^{2/3}\ (a > 0)$　（⇨ p.33 の図 2.16）の面積および全長を求めよ．
31.2 サイクロイド　$x = a(\theta - \sin\theta), y = a(1 - \cos\theta), a > 0, 0 \leqq \theta \leqq 2\pi$　（⇨ p.33 の図 2.15）と x 軸で囲まれた部分の面積を求めよ．

―― 例題 32 ―――――――――――――――――――― 面積・長さ（極座標表示）――

$$\text{カーディオイド（心臓形）}\quad r = a(1+\cos\theta),\quad (a>0)$$

の囲む面積，および長さを求めよ（⇨ 図 3.21）．

route 曲線はカーディオイド（心臓形）で極座標で表示されている．まずグラフの概略を描き，始線と交わる点とか対称性を調べ積分範囲を決める．

navi 図形の面積や曲線の長さ（極座標表示）の計算　まずグラフを描く

[解答] **面積**　曲線の上半分だけを考えて積分範囲は $0 \leqq \theta \leqq \pi$，

$$\frac{1}{2}S = \frac{1}{2}\int_0^\pi a^2(1+\cos\theta)^2 d\theta$$

$$= \frac{a^2}{2}\left[\theta + 2\sin\theta + \frac{2\theta + \sin 2\theta}{4}\right]_0^\pi$$

$$= (3/4)\pi a^2 \qquad \therefore\quad S = (3/2)\pi a^2.$$

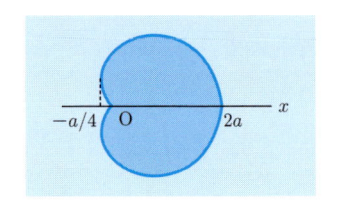

図 3.21　カーディオイド

長さ　面積のときと同様に曲線の上半分だけ考えて積分範囲は，$0 \leqq \theta \leqq \pi$．$dr/d\theta = -a\sin\theta$，したがって，

$$\sqrt{r^2 + \left(\frac{dr}{d\theta}\right)^2} = \sqrt{a^2(1+\cos\theta)^2 + a^2\sin^2\theta} = a\sqrt{2(1+\cos\theta)}$$

$$= a\sqrt{2\left\{1 + \left(2\cos^2\frac{\theta}{2} - 1\right)\right\}} = 2a\cos\frac{\theta}{2}.$$

よって，　$\displaystyle\frac{1}{2}L = \int_0^\pi 2a\cos\frac{\theta}{2}d\theta = 2a\left[2\sin\frac{\theta}{2}\right]_0^\pi = 4a \qquad \therefore\quad L = 8a.$

～～ 問　題 ～～

32.1　次の面積を求めよ $(a>0)$．

(1) 双曲線　$xy + x + y = 1$ と両座標軸の正の部分とで囲まれた部分の面積．

(2) 放物線（パラボラ）　$\sqrt{x} + \sqrt{y} = 1$（⇨ p.33 の図 2.10）と座標軸によって囲まれた部分の面積．

(3) 曲線　$y = 1/(x^2+1)$ と放物線 $x^2 = 2y$ によって囲まれた部分の面積．

(4) 三葉線　$r = a\sin 3\theta$（⇨ p.33 の図 2.11）と円 $r = a$ との間にある部分の面積．

(5) レムニスケート（連珠形）　$r^2 = a^2\cos 2\theta$（⇨ p.33 の図 2.13）で囲まれた部分の面積．

32.2　次の曲線の長さを求めよ．

(1) パラボラ　$\sqrt{x} + \sqrt{y} = 1$ の長さ　（⇨ p.33 の図 2.10）．

(2) 放物線　$y^2 = 4ax\ (a>0)$ の頂点から点 (x_1, y_1) に至る弧の長さ．

3.6 定積分の応用

─ 例題 33 ─────────────────── 回転体の体積・表面積 ─

楕円 $\dfrac{x^2}{a^2} + \dfrac{y^2}{b^2} = 1$ $(0 < b < a)$ を x 軸のまわりに1回転して得られる回転体の体積 V および表面積 S を求めよ（⇨ 図 3.22）．

[route] 一般の立体の曲面積や体積については第5章で学習するので，ここでは回転体の表面積や体積にしぼって考える．

[navi] 回転体の表面積や体積　まず回転する図形のグラフを描け．

図 3.22

[解答] 回転体の体積　$\dfrac{x^2}{a^2} + \dfrac{y^2}{b^2} = 1$ より $y = \pm (b/a)\sqrt{a^2 - x^2}$．よって求める体積 V は

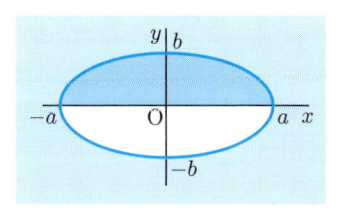

$$V = \pi \int_{-a}^{a} \frac{b^2}{a^2}(a^2 - x^2)\,dx = \frac{\pi b^2}{a^2}\left[a^2 x - \frac{x^3}{3}\right]_{-a}^{a} = \frac{4}{3}\pi a b^2.$$

回転体の表面積　$\dfrac{x^2}{a^2} + \dfrac{y^2}{b^2} = 1$ のときは $y^2 = \dfrac{b^2}{a^2}(a^2 - x^2)$, $2y\dfrac{dy}{dx} = -2\dfrac{b^2}{a^2}x$

$$\therefore \quad y^2 + \left(y\frac{dy}{dx}\right)^2 = \frac{b^2}{a^2}(a^2 - x^2) + \left(\frac{b^2}{a^2}x\right)^2 = b^2 - \frac{b^2}{a^2}\left(1 - \frac{b^2}{a^2}\right)x^2$$

したがって $\sqrt{1 - \dfrac{b^2}{a^2}} = e$ とおくと，$\sqrt{y^2 + \left(y\dfrac{dy}{dx}\right)^2} = \dfrac{be}{a}\sqrt{\dfrac{a^2}{e^2} - x^2}$．

ゆえに求める面積 S は

$$S = 2\pi \int_{-a}^{a} \frac{be}{a}\sqrt{\frac{a^2}{e^2} - x^2}\,dx = \frac{2\pi be}{2a}\left[x\sqrt{\frac{a^2}{e^2} - x^2} + \frac{a^2}{e^2}\sin^{-1}\frac{ex}{a}\right]_{-a}^{a}$$

$$= \frac{2\pi be}{a}\left(a\sqrt{\frac{a^2}{e^2} - a^2} + \frac{a^2}{e^2}\sin^{-1} e\right) = 2\pi b^2 + \frac{2\pi ab}{e}\sin^{-1} e.$$

問題

33.1 心臓形（カーディオイド）　$r = a(1 + \cos\theta)$（⇨ p.33 の図 2.12）を始線のまわりに回転して得られる回転体の体積および表面積を求めよ．

33.2 次の曲線で囲まれた図形を x 軸のまわりに1回転して得られる回転体の体積を求めよ．
  (1) $y = \log x$ のグラフの $1 \leqq x \leqq e$ の部分と x 軸の囲む部分．
  (2) 円　$x^2 + (y - b)^2 = a^2$ $(0 < a < b)$

33.3 次の曲線を x 軸のまわりに1回転して得られる回転体の表面積を求めよ $(a > 0)$．
  (1) 星芒形（アストロイド）　$\begin{cases} x = a\cos^3\theta \\ y = a\sin^3\theta \end{cases}$　（⇨ p.33 の図 2.16）
  (2) 連珠形（レムニスケート）　$r^2 = a^2\cos 2\theta$　（⇨ p.33 の図 2.13）

例題 34 — 定積分の近似計算（シンプソンの公式）

区間 $[0, 1]$ を 10 等分して，シンプソンの公式により $\displaystyle\int_0^1 \frac{dx}{1+x}$ を求め，$\log 2$ の近似値を小数第 5 位まで求めよ．

route 種々の実用的な問題では定積分を求めようとしても原始関数が簡単に求まらなかったり，被積分関数の形が正確な式で示されていないことがある．このようなときには近似的な定積分の計算が用いられる．このとき著名であり有用であるのは，シンプソンの公式 （⇨ p.92）である．

解答 シンプソンの公式において，$f(x) = \dfrac{1}{1+x}$, $a=0$, $b=1$, $2n=10$ とおくと，$h = \dfrac{1}{10}$ である．

$$y_0 = 1, \quad y_{10} = 0.5, \quad y_0 + y_{10} = 1.5$$

$$y_2 = \frac{10}{12} = 0.8333333, \qquad y_1 = \frac{10}{11} = 0.9090909,$$

$$y_4 = \frac{10}{14} = 0.7142857, \qquad y_3 = \frac{10}{13} = 0.7692308,$$

$$y_6 = \frac{10}{16} = 0.6250000, \qquad y_5 = \frac{10}{15} = 0.6666667,$$

$$+)\ y_8 = \frac{10}{18} = 0.5555556, \qquad y_7 = \frac{10}{17} = 0.5882353,$$

$$\underline{} 2.7281746$$
$$\times 2 \qquad +)\ y_9 = \frac{10}{19} = 0.5263158,$$
$$ 5.4563492 \underline{}$$
$$ 3.4595395$$
$$ \times 4$$
$$ \underline{}$$
$$ 13.8381580$$

$$\therefore\quad \int_0^1 \frac{dx}{1+x} = \log 2 \fallingdotseq \frac{1}{3} \times \frac{1}{10} \times (\ 1.5\ +\ 5.4563492\ +\ 13.8381580\ )$$

$$\fallingdotseq 0.69315$$

上式において，$\dfrac{1}{10}$ は h，1.5 は $y_0 + y_{10}$，5.4563492 は $2(y_2+y_4+y_6+y_8)$，13.8381580 は $4(y_1+y_3+y_5+y_7+y_9)$ である．

問題

34.1[†] シンプソンの公式を使い，$\displaystyle\int_0^1 \frac{dx}{1+x^2}$ を計算し，π の近似値を小数第 5 位まで求めよ．

[†] $\displaystyle\int_0^1 \frac{dx}{1+x^2} = \frac{\pi}{4}$ であるので $\pi = 4\displaystyle\int_0^1 \frac{dx}{1+x^2}$．$f(x) = \dfrac{1}{1+x^2}$, $a=0$, $b=1$, $2n=10$ としてシンプソンの公式を用いよ．

演習問題 3-A

1[†] 次の関数を積分せよ．

(1) $\dfrac{\sqrt{x}}{x-a}$ $(a>0)$

(2) $\dfrac{x^2}{(a^2-x^2)^{3/2}}$ $(a>0)$

(3) $x\log(x+\sqrt{x^2+1})$

(4) $\dfrac{x^2}{1+x^2}\tan^{-1}x$

(5) $\dfrac{4}{x^3+4x}$

(6) $\dfrac{x}{\sqrt{1-x^2}}\sin^{-1}x$

(7) $\sqrt{x+\sqrt{2+x^2}}$

(8) $\dfrac{x^2}{\sqrt{2ax-x^2}}$ $(a>0)$

(9) $\dfrac{1}{(x+1)\sqrt{1+x-x^2}}$

(10) $\dfrac{\log(1+x^2)}{x^2}$

2 $\displaystyle\int \sin^m x\,dx$ の漸化式をつくり，$\displaystyle\int \sin^4 x\,dx$ を求めよ．

3 次の定積分を計算せよ．

(1) $\displaystyle\int_0^1 \dfrac{x^2}{\sqrt{x^2+4}}dx$

(2) $\displaystyle\int_{-\pi/6}^{\pi/6} \dfrac{d\theta}{1+2\sin^2\theta}$

(3)[††] $\displaystyle\int_0^1 \dfrac{1}{(x^2-x+1)^{3/2}}dx$

(4)[†††] $\displaystyle\int_1^3 \dfrac{x^3}{\sqrt{x^2+16}}dx$

4 $f(t)$ が連続であるとき，次の式を証明せよ．
$$\dfrac{d}{dx}\int_{2x}^{x^2} f(t)dt = 2xf(x^2)-2f(2x)$$

5 次の式で定められる数列の極限値を求めよ．
$$a_n = \dfrac{1}{n^3}\sum_{i=0}^{n-1} i\sqrt{n^2-i^2}$$

[†] (1) $\sqrt{x}=t$ とおく． (4) 与式 $=\left(1-\dfrac{1}{1+x^2}\right)\tan^{-1}x$
(7) $x+\sqrt{2+x^2}=t$ とおく． (8) $2ax-x^2=a^2-(x-a)^2$ であるから $x-a=t$ とおく．
(9) $x+1=\dfrac{1}{t}$ とおく．

[††] (3) $x-\dfrac{1}{2}=t$ とおく．

[†††] (4) $x^3=x(x^2+16)-16x$ と変形する．

6† 次の広義積分を計算せよ．

(1) $\displaystyle\int_1^3 \frac{dx}{\sqrt{|x(x-2)|}}$

(2) $\displaystyle\int_\alpha^\beta \frac{dx}{\sqrt{(x-\alpha)(\beta-x)}}\quad (\alpha<\beta)$

(3) $\displaystyle\int_0^\infty \frac{\tan^{-1}x}{1+x^2}dx$

(4) $\displaystyle\int_0^\infty e^{-ax}\sin bx\,dx\quad (a>0)$

7 次の誤りを指摘して，正しい結果をのべよ．
$$\int_0^1 \frac{2x-1}{x^2-x}dx = \lim_{\varepsilon\to +0}\int_\varepsilon^{1-\varepsilon}\frac{2x-1}{x^2-x}dx = \lim_{\varepsilon\to +0}\Big[\log|x^2-x|\Big]_\varepsilon^{1-\varepsilon}$$
$$= \lim_{\varepsilon\to +0}(\log|\varepsilon(1-\varepsilon)|-\log|\varepsilon(1-\varepsilon)|)=0$$

8 曲線 $2x^2+2xy+y^2=1$ で囲まれた部分の面積を求めよ．

9 カテナリー $y=\dfrac{a}{2}(e^{x/a}+e^{-x/a}),\ a>0$（⇨ p.33 の図 2.14），と直線 $x=h(h>0)$ および両軸とによって囲まれる面積を A とし，この部分の曲線の長さを L とすれば，$A=aL$ となることを証明せよ．

10 半径 a の直円柱の底面の 1 つの直径を含み，底面と $\pi/6$ の角をなす平面の下にある直円柱の部分の体積 V を求めよ．

11 サイクロイド $\begin{cases} x=a(\theta-\sin\theta) \\ y=a(1-\cos\theta) \end{cases}\quad (a>0, 0\leqq\theta\leqq 2\pi)$ の弧の長さを求めよ．

演習問題 3-B

1†† 次の関数を積分せよ．

(1) $\dfrac{x^3}{(a^2+x^2)^{3/2}}\quad (a>0)$

(2) $\dfrac{\sqrt{1-x^2}}{x^4}\sin^{-1}x$

(3) $\dfrac{\cot^{-1}x}{x^2(1+x^2)}$

(4) $\dfrac{1}{x}e^x(1+x\log x)$

---

† (1) $1<x<2$ のときは $|x(x-2)|=x(2-x)$. $2<x$ のときは，$|x(x-2)|=x(x-2)$
(2) $(x-\alpha)(\beta-x)=\left(\dfrac{\beta-\alpha}{2}\right)^2-\left(x-\dfrac{\alpha+\beta}{2}\right)^2$

†† (2) $\sin^{-1}x=\theta$ とおけ．　(3) $\cot^{-1}x=t$ とおけ．

2[†] 次の広義積分を求めよ.

$$\int_0^\infty (\sqrt{x^2+1}-x)^\alpha dx \quad (\alpha > 1)$$

3[††] 次の広義積分は存在することを示し，その値を求めよ．

$$\int_0^\infty x^2 e^{-2x} dx$$

4 $p>1, \dfrac{1}{p}+\dfrac{1}{q}=1$ であるとき，$x \geqq 0$ に対して，不等式 $\dfrac{x^p}{p}+\dfrac{1}{q} \geqq x$ …① が成立することは p.45 の問題 17.2 で示した．
これを用いて，

$$\int_a^b f(x) \cdot g(x) dx \leqq \left\{\int_a^b f^p(x) dx\right\}^{1/p} \left\{\int_a^b g^q(x) dx\right\}^{1/q}$$

が成立することを示せ．

ただし，$f(x) \geqq 0, g(x) \geqq 0$ で，式の中の積分はみな存在するものとする．

これをヘルダー（**Hölder**）の**不等式**という（特に $p=q=2$ のときシュワルツ（**Schwarz**）の**不等式**という）．

[†] $\sqrt{x^2+1}-x=t$ とおけ． $\lim\limits_{x\to\infty} t = \lim\limits_{x\to\infty} \dfrac{1}{\sqrt{x^2+1}+x} = 0$

[††] $\lim\limits_{x\to\infty} x^4 e^{-2x} = 0$ であるから，$x \geq N$ に対して $x^2 e^{-2x} \leq \dfrac{1}{x^2}$ とみなしてよい． p.85 の定理 3.8
(2) を用いよ．次に $2x=t$ とおき，ガンマ関数（⇨ p.89 の問題 30.1）を用いよ．

4 偏微分法

4.1 2変数関数とその極限

これまで扱った関数は $y = f(x)$ の形の 1 変数関数であったが，第 4 章，第 5 章では $z = f(x, y)$ の形の 2 変数関数を扱うことになる．「3 次元空間の復習をしたい人」はまず p.126 の 研究I 「3 次元空間における直線，平面，曲面」で概念をつかんでほしい．

◆ **平面上の点集合** 平面上の 2 点 $P(x_1, y_1)$, $Q(x_2, y_2)$ に対して P, Q 間の**距離** $d(P, Q)$ は $d(P, Q) = \sqrt{(x_1 - x_2)^2 + (y_1 - y_2)^2}$ で与えられる．点列 $P_n(x_n, y_n)$ と点 $P(x, y)$ に対して $d(P, P_n) \to 0 \ (n \to \infty)$ となるとき，点列 $\{P_n\}$ は点 P に**収束**するといって，

$$\lim_{n \to \infty} P_n = P \quad \text{あるいは} \quad P_n \to P \ (n \to \infty)$$

などと記す．これは $x_n \to x \ (n \to \infty)$ と $y_n \to y \ (n \to \infty)$ が同時に成り立つことと同値である．

次に D を平面上の部分集合とする．点 P の近くの点が集合 D に含まれるとき，点 P を集合 D の**内点**という．また点 P が D の**外点**とは，P が D^c (D の補集合) の内点であることをいう．P が D の内点でも外点でもないとき，P を D の**境界点**という (⇨図 4.1)．

D のすべての点が D の内点であるとき，D は**開集合**であるという．また D^c が開集合であるとき，D は**閉集合**であるという．開集合 D の任意の 2 点 A, B が D に含まれる連続曲線で結ばれるとき D を**領域**といい，領域にその境界を付け加えたものを**閉領域**という．この章では，定義域として領域または閉領域を採用することが多い．閉領域 D が十分大きな半径の円に含まれるとき，D を**有界閉領域**という (⇨図 4.2)．

◆ **2 変数関数** D を平面上の部分集合とする．D の各点 $P(x, y)$ に対して実数 $z = f(x, y)$ が定まるとき，z は **2 変数 x, y の関数**であるといって，D をその**定義域**という．図形的には $z = f(x, y)$ は一般に図 4.3 のような xyz 空間の曲面を表す．

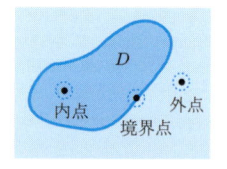

図 4.1

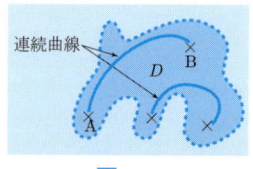

図 4.2

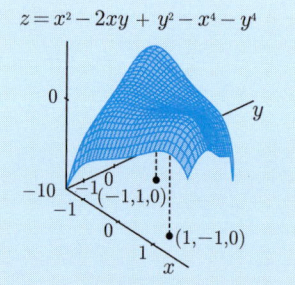

図 4.3

4.1 2変数関数とその極限

◆ **2 変数関数の極限**　$f(x,y)$ が点 A(a,b) を含むある領域 D で定義されているとする（ただし点 A では $f(x,y)$ は定義されていてもいなくてもよい）．点 P(x,y) が D 内を点 A(a,b) に限りなく近づくとき，その近づき方に<u>無関係</u>に $f(x,y)$ が一定値 l に近づくならば，点 P が点 A(a,b) に近づくときの $f(x,y)$ の**極限値**は l であるといって，次のように書く．

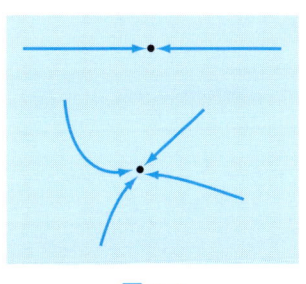

図 4.4

$$\lim_{(x,y)\to(a,b)} f(x,y) = l, \quad \text{あるいは} \quad f(x,y) \to l \quad ((x,y)\to(a,b))$$

$$\lim_{(x,y)\to(a,b)} f(x,y) = \infty, \quad \lim_{(x,y)\to(\infty,\infty)} f(x,y) = l$$

なども1変数の場合を参考にして定義することができる．

1変数の場合には変数 x は直線上を動くから，x が点 a に近づくのは，右からと左からの2通りしかない（⇨図 4.4 上）．しかし2変数だと，点 (x,y) の点 A(a,b) への近づき方は無数にある（⇨図 4.4 下）．これが事情を複雑にする．

注意 4.1　$\lim_{(x,y)\to(a,b)} f(x,y)$, $\lim_{x\to a}\lim_{y\to b} f(x,y)$, $\lim_{y\to b}\lim_{x\to a} f(x,y)$ は一般には等しくないし，1つが存在しても他が存在するとは限らない（⇨p.103 の例題1）．

◆ **2 変数関数の極限に関する基本定理**

定理 4.1（**2 変数関数の極限に関する基本定理**）　$\lim_{(x,y)\to(a,b)} f(x,y) = l$, $\lim_{(x,y)\to(a,b)} g(x,y) = m$ とすると

(i)　$\lim_{(x,y)\to(a,b)} \{f(x,y) \pm g(x,y)\} = l \pm m$

(ii)　$\lim_{(x,y)\to(a,b)} f(x,y)g(x,y) = lm$

(iii)　$\lim_{(x,y)\to(a,b)} \dfrac{f(x,y)}{g(x,y)} = \dfrac{l}{m} \quad (m \neq 0)$

(iv)　（**2 変数関数のはさみうちの定理**）　$f(x,y) \leqq h(x,y) \leqq g(x,y), l = m$ ならば

$$\lim_{(x,y)\to(a,b)} h(x,y) = l$$

である．

◆ 2変数関数の連続性

関数 $f(x,y)$ が点 $A(a,b)$ を含むある領域 D で定義されていて

連続性の定義
$$\lim_{(x,y)\to(a,b)} f(x,y) = f(a,b)$$

となるとき，$f(x,y)$ は**点 A で連続**であるという．D の各点で連続のとき，$f(x,y)$ は D **で連続**であるという．1変数の場合と同じように，$f(x,y)$ が点 $A(a,b)$ で**不連続**であるとは次のような場合である．

① $f(a,b)$ が定義されていないとき， ② $\lim_{(x,y)\to(a,b)} f(x,y)$ が存在しないとき，

③ $f(a,b)$ は定義され，$\lim_{(x,y)\to(a,b)} f(x,y)$ は存在するが，この両者が一致しないとき．

2変数の連続関数についても1変数の場合と同じように次の諸定理が成り立つ．

定理4.2（**2変数関数の和，差，積，商の連続性**） $f(x,y), g(x,y)$ がともに点 (a,b) で連続ならば，$f(x,y) \pm g(x,y), f(x,y) \cdot g(x,y), f(x,y)/g(x,y)$ $(g(a,b) \neq 0)$ も点 (a,b) で連続である．

定理4.3（**2変数の合成関数の連続性**） $f(x,y), g(x,y)$ が点 (a,b) で連続で $f(a,b) = \alpha, g(a,b) = \beta$ とする．$F(u,v)$ が点 (α, β) で連続ならば，合成関数 $F(f(x,y), g(x,y))$ は点 (a,b) で連続である．

定理4.4 $f(x,y)$ が点 (a,b) で連続で $f(a,b) \neq 0$ ならば，点 (a,b) に十分近い点 (x,y) では $f(x,y)$ の符号は $f(a,b)$ の符号と一致する．

定理4.5（**2変数関数の最大値・最小値の存在**） $f(x,y)$ が有界閉領域 X において連続ならば，$f(x,y)$ は X 上で最大値および最小値をとる．

定理4.6（**2変数関数の中間値の定理**） $f(x,y)$ が領域 X で連続で，$f(x_1, y_1) < l < f(x_2, y_2)$ ならば $f(x_3, y_3) = l$ となる点 $(x_3, y_3) \in X$ が存在する．

追記 4.1 多変数関数 この章では主に2変数関数を扱っているが，さらに変数の個数を増やして3変数関数 $f(x,y,z)$ や，もっと一般に n 変数関数に対しても偏微分の理論や次章の重積分の理論が展開できる．n 変数関数 $f(x_1, \cdots, x_n)$ では n 個の実数の組 $A(a_1, \cdots, a_n)$ を考える．点 A と点 $B(b_1, \cdots, b_n)$ の距離 $d(A,B)$ を $d(A,B) = \sqrt{(a_1-b_1)^2 + \cdots + (a_n-b_n)^2}$ によって定義する．点 $P(x_1, \cdots, x_n)$ が A に近づくとは $d(A,P) \to 0$ のことである．

4.1 2変数関数とその極限

例題 1 ─────────────────────── 2 変数関数の極限 (1) ──

関数 $f(x,y) = y + x\sin\dfrac{1}{y}$ の定義域はどんな集合か．また $\lim_{(x,y)\to(0,0)} f(x,y)$, $\lim_{x\to 0}\lim_{y\to 0} f(x,y)$ および $\lim_{y\to 0}\lim_{x\to 0} f(x,y)$ を調べよ．

---

route 1 変数関数の定義域は直線上の集合であったが，**2 変数関数の定義域は平面上の領域**（⇨ p.100）である．そのため 2 変数関数の極限値は，点 $P(x,y)$ が点 O への**近づき方に無関係に 1 つの値に近づく**ことを示さなくてはいけない．

navi **2 変数の関数の定義域は領域，極限値は近づき方に無関係**であることを示すために，ここでは**不等式** $|a+b| \leqq |a|+|b|$ を用いる．

解答 $f(x,y)$ は $\sin\dfrac{1}{y}$ の定義されるすべての点 (x,y) において意味をもつから $f(x,y)$ の定義域は平面全体から x 軸を除いた集合 $\{(x,y) : y \neq 0\}$ である．

次に，$\left|\sin\dfrac{1}{y}\right| \leqq 1 \ (y \neq 0)$ より

$$|f(x,y)| \leqq |y| + \left|x\sin\dfrac{1}{y}\right| \leqq |y| + |x| \quad (y \neq 0)$$

が成り立つから，$\lim_{(x,y)\to(0,0)} f(x,y) = 0$ である．また

$$\lim_{y\to 0}\lim_{x\to 0} f(x,y) = \lim_{y\to 0} y = 0$$

は明らかである．これに反して，

$$\lim_{y\to 0} x\sin\dfrac{1}{y} = x\lim_{y\to 0}\sin\dfrac{1}{y} \quad \text{は存在しない}^{\dagger}. \quad \text{したがって} \quad \lim_{x\to 0}\lim_{y\to 0} x\sin\dfrac{1}{y}$$

は存在しない．ゆえに $\lim_{x\to 0}\lim_{y\to 0} f(x,y)$ は存在しない．

～～ 問　題 ～～～～～～～～～～～～～～～～～～～～～～～～～～

1.1 次の各関数の定義域を調べそれを図示せよ．

(1) $\sqrt{|x|+|y|-2}$　　(2) $\log(x+y)$　　(3) $\sqrt{\dfrac{a^2-x^2}{b^2-y^2}}$

1.2 次の関数について $\lim_{(x,y)\to(0,0)} f(x,y), \lim_{x\to 0}\lim_{y\to 0} f(x,y), \lim_{y\to 0}\lim_{x\to 0} f(x,y)$ を求めよ．

$$f(x,y) = x\sin\dfrac{1}{y} + y\sin\dfrac{1}{x}$$

---
† $y_n = \dfrac{1}{2n\pi}, y'_n = \dfrac{1}{(2n+1/2)\pi}$ は $n \to \infty$ のとき $y_n \to 0, y'_n \to 0$ であるが，$\sin\dfrac{1}{y_n} = \sin 2n\pi = 0, \sin\dfrac{1}{y'_n} = \sin\left(2n + \dfrac{1}{2}\right)\pi = 1$ で $\lim_{y\to 0}\sin\dfrac{1}{y}$ は存在しない．

例題 2 ─────────────────────── 2 変数関数の極限 (2) ─

次の関数の極限値を求めよ．

(1) $\displaystyle\lim_{(x,y)\to(0,0)} \frac{x^3-y^3}{x^2+y^2}$ (2) $\displaystyle\lim_{(x,y)\to(0,0)} \frac{xy^2}{x^2+y^4}$

---

route 2 変数関数の極限値は点 $P(x,y)$ が点 O への**近づき方に無関係に 1 つの値に近づく**ことを示さなくてはならない．そのために**極座標を用いることは有効である**（下記の [注] をみよ）．

解答 (1) 極座標 $x=r\cos\theta,\ y=r\sin\theta\ (r>0)$ で，$(x,y)\to(0,0)$ のとき，$r=\sqrt{x^2+y^2}\to 0$ である．ゆえに，$\displaystyle\lim_{(x,y)\to(0,0)}\frac{x^3-y^3}{x^2+y^2}=\lim_{r\to 0}\frac{(r\cos\theta)^3-(r\sin\theta)^3}{(r\cos\theta)^2+(r\sin\theta)^2}=\lim_{r\to 0}r(\cos^3\theta-\sin^3\theta)=0,\ \because\ 0\leqq|r(\cos^3\theta-\sin^3\theta)|\leqq r(|\cos^3\theta|+|\sin^3\theta|)\leqq 2r\to 0\ (r\to 0)$．

(2) 点 (x,y) と $y^2=mx\ (m\neq 0)$ 上の点とすると，$f(x,y)=\dfrac{xy^2}{x^2+y^4}=\dfrac{x\cdot(mx)}{x^2+(mx)^2}=\dfrac{m}{1+m^2}$ となり，m が異なれば，この値も異なる．ゆえに，(x,y) の $(0,0)$ への近づけ方が異なれば，$f(x,y)$ は異なる値に近づく．したがって，$\lim_{(x,y)\to(0,0)}f(x,y)$ は存在しない．

[注] 原点 $(0,0)$ における極限値が 0 であることを示すとき，極座標を用いる方法は有効である．このとき，$(x,y)\to(0,0)$ と $r\to 0$ が同値であることに注意する．ただし，θ を固定して $r\to 0$ としたとき $f(x,y)\to 0$ だとしても，$f(x,y)$ の $(0,0)$ における極限値が 0 ということではない．実際，(2) では $y=mx$ に沿って $(x,y)\to(0,0)$ とすると $f(x,y)=\dfrac{xy^2}{x^2+y^4}=\dfrac{x\cdot m^2}{1+m^4x^2}\to 0$ であるが，(2) で述べたように $f(x,y)$ の原点 $(0,0)$ における極限値は存在しない．

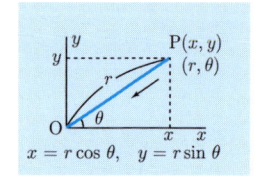

図 4.5

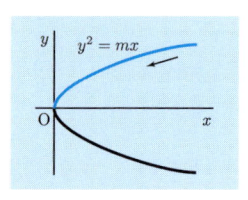

図 4.6

～～～ **問 題** ～～～～～～～～～～～～～～～～～

2.1 次の関数の極限値を求めよ．

(1) $\displaystyle\lim_{(x,y)\to(0,0)}\frac{x^2-y^2+x^3+y^3}{x^2+y^2}$ (2) $\displaystyle\lim_{(x,y)\to(0,0)}\frac{2x^3-y^3+x^2+y^2}{x^2+y^2}$

例題 3 — 2 変数関数の連続性

次の関数の連続性を吟味せよ．

$$f(x,y) = \begin{cases} \dfrac{x^4 - 3x^2y^2}{2x^2 + y^2} & (x,y) \neq (0,0) \\ 0 & (x,y) = (0,0) \end{cases}$$

route まず $(x,y) \neq (0,0)$ のときは p.102 の定理 4.2（2 変数関数の和，差，積，商の連続性）を用いて連続性を確かめ，次に $(0,0)$ のときは連続性の定義（⇨ p.102）にもどって吟味する．

navi 2 変数関数の連続性の性質と，連続性の定義を用いる．

[解答] $x^4, 3x^2y^2, 2x^2, y^2$ は連続である．よってそれらの和や差は連続である．また，$(x,y) \neq (0,0)$ のとき分母が 0 でないので，多項式の商は連続である（⇨ p.102 の定理 4.2）．次に $(x,y) = (0,0)$ の連続性を調べる．

p.104 の ② の手法を用いる．いま $x = r\cos\theta, y = r\sin\theta$ とおく．$2x^2 + y^2 \geqq x^2 + y^2$ であるので，

$$\left| \frac{x^4 - 3x^2y^2}{2x^2 + y^2} \right| \leqq \left| \frac{x^4 - 3x^2y^2}{x^2 + y^2} \right| = \left| \frac{r^4\cos^4\theta - 3r^4\cos^2\theta\sin^2\theta}{r^2} \right|$$

$$\leqq \left| \frac{r^4\cos^4\theta}{r^2} \right| + \left| \frac{3r^4\cos^2\theta\sin^2\theta}{r^2} \right| \leqq 4r^2 \to 0 \quad (r \to 0)$$

$$\therefore \lim_{(x,y)\to(0,0)} f(x,y) = \lim_{(x,y)\to(0,0)} \frac{x^4 - 3x^2y^2}{2x^2 + y^2} = 0 = f(0,0)$$

したがって，$f(x,y)$ は原点でも連続である．

問題

3.1 次の各関数の連続性を吟味せよ．

(1) $f(x,y) = \begin{cases} \dfrac{2xy}{x^2 + y^2} & (x,y) \neq (0,0) \\ 0 & (x,y) = (0,0) \end{cases}$

(2) $f(x,y) = \begin{cases} \dfrac{xy}{\sqrt{x^2 + y^2}} & (x,y) \neq (0,0) \\ 0 & (x,y) = (0,0) \end{cases}$

3.2 次の各関数は全平面で連続であることを示せ．

(1) $f(x,y) = \begin{cases} xy\dfrac{x^2 - y^2}{x^2 + y^2} & (x,y) \neq (0,0) \\ 0 & (x,y) = (0,0) \end{cases}$
(2) $f(x,y) = \begin{cases} \dfrac{x^2 y}{x^2 + y^2} & (x,y) \neq (0,0) \\ 0 & (x,y) = (0,0) \end{cases}$

4.2 偏導関数

◆ **偏微分係数** $f(x,y)$ は点 (a,b) を含む領域 D で定義された関数とする．x の関数 $f(x,b)$ が $x=a$ で微分可能のとき，$f(x,y)$ は点 (a,b) で x に関して**偏微分可能**であるという．そのときの微分係数を

$$f_x(a,b) \quad \text{あるいは} \quad \frac{\partial}{\partial x}f(a,b)$$

で表し，(a,b) における x に関する**偏微分係数**という．すなわち

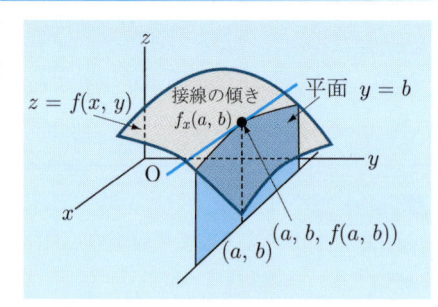

図 4.7　偏微分係数

| x に関する偏微分係数の定義 | $f_x(a,b) = \lim_{h \to 0} \dfrac{f(a+h,b) - f(a,b)}{h}$ | …① |

これは，図 4.7 のように $z=f(x,y)$ の表す曲面を，平面 $y=b$ で切ったときの切り口の曲線上の点 $(a,b,f(a,b))$ における接線の傾きを表す．同様に，点 (a,b) における $f(x,y)$ の y に関する偏微分係数が次のように定義できる．

| y に関する偏微分係数の定義 | $f_y(a,b) = \lim_{k \to 0} \dfrac{f(a,b+k) - f(a,b)}{k}$ | …② |

◆ **偏導関数** $z = f(x,y)$ を y を定数と考えて x で微分したものを $f_x(x,y)$ で，また，$f(x,y)$ を x を定数と考えて y で微分したものを $f_y(x,y)$ で表すと，$f_x(x,y)$ および $f_y(x,y)$ は，x, y の関数であるから，次のように呼ぶ．

$$f_x(x,y) \text{ を関数 } f(x,y) \text{ の } x \text{ に関する偏導関数,}$$

$$f_y(x,y) \text{ を関数 } f(x,y) \text{ の } y \text{ に関する偏導関数}$$

なお，$f_x(x,y)$ を $\dfrac{\partial f(x,y)}{\partial x}, \dfrac{\partial f}{\partial x}, \dfrac{\partial z}{\partial x}, f_x, z_x$，また $f_y(x,y)$ を $\dfrac{\partial f(x,y)}{\partial y}, \dfrac{\partial f}{\partial y}, \dfrac{\partial z}{\partial y}, f_y, z_y$ で表すことが多い．

そして関数 $f(x,y)$ の偏導関数を求める算法を**偏微分法**といい，$f(x,y)$ の x，または y に関する偏導関数を求めることをそれぞれ x または y について $f(x,y)$ を**偏微分する**という．

◆ **全微分可能，全微分** 関数 $f(x,y)$ が点 $(x,y) \in D$ で**全微分可能**であるとは x,y の増分 h,k に対して h,k に無関係な数 A, B（x,y には関係する）が存在して，

$$f(x+h, y+k) - f(x,y) = Ah + Bk + \varepsilon\sqrt{h^2+k^2}, \qquad \varepsilon \to 0 \quad (h \to 0, k \to 0)$$

となるときである．$df = Ah + Bk$ をその点における f の**全微分**という．D の各点で全微分可能のとき D で**全微分可能**であるという．

成り立たない例

偏微分可能 $\Longrightarrow$ 全微分可能，　　（⇨ p.111 の問題 6.3）
偏微分可能 $\Longrightarrow$ 連続，　　　　　（⇨ p.125 の演習問題 4-B **2**）　は一般には
連続　　　 $\Longrightarrow$ 全微分可能，　　（⇨ p.111 の問題 6.3）　　　　　成り立たない．
全微分可能 $\Longrightarrow$ 偏導関数は連続　（⇨ p.125 の演習問題 4-B **3**）

しかし次のことが成り立つ．

> **定理4.7**（全微分可能性と偏微分可能性）　$f(x,y)$ が点 (x,y) で全微分可能ならば $f(x,y)$ はその点で偏微分可能であり　　$df = f_x(x,y)h + f_y(x,y)k$．

$f(x,y) = x$ とおくと，$f_x = 1, f_y = 0$ であるから，$dx = h$ となる．同様に $f(x,y) = y$ とおくと，$dy = k$ となるので全微分を $df = f_x dx + f_y dy$ の形に書くものとする．

> **定理4.8**（全微分可能性と連続性）　$f(x,y)$ が点 (x,y) で全微分可能ならば $f(x,y)$ はその点で連続である．

> **定理4.9**（全微分可能性）　$f(x,y)$，点 (x,y) を含む領域 D で偏微分可能であり，$f_x(x,y), f_y(x,y)$ が D で連続ならば，$f(x,y)$ は D で全微分可能である．

全微分可能性についてわかったことを図示すると次のようになる．

$f(x,y)$ が偏微分可能で f_x, f_y が連続 $\Longrightarrow$ 全微分可能 $\Longrightarrow$ 連続，偏微分可能

◆ **接平面**　曲面 $z = f(x,y)$ 上の点 A を通る平面 π について，曲面上の点 P から平面 π におろした垂線の足を H，AP と AH のなす角を θ とするとき，$\theta \to 0$ ($P \to A$) ならば，π を点 A におけるこの曲面の**接平面**という．

◆ **接平面の方程式**　関数 $z = f(x,y)$ が点 (a,b) で全微分可能ならば，点 $(a,b,f(a,b))$ における接平面の方程式は次で与えられる．

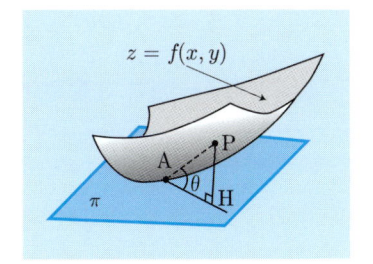

図 **4.8**　接平面

> **接平面の方程式**　$z - f(a,b) = f_x(a,b)(x-a) + f_y(a,b)(y-b)$　　　　…①

◆ **合成関数の偏微分法**

> **定理4.10**（合成関数の偏微分法） 関数 $z = f(u, v)$ が全微分可能で，$u = \varphi(t), v = \psi(t)$ が微分可能ならば
> $$\frac{dz}{dt} = \frac{\partial z}{\partial u}\frac{du}{dt} + \frac{\partial z}{\partial v}\frac{dv}{dt} \qquad \cdots ①$$
> $u = \varphi(x, y), v = \psi(x, y)$ が偏微分可能ならば
> $$\frac{\partial z}{\partial x} = \frac{\partial z}{\partial u}\frac{\partial u}{\partial x} + \frac{\partial z}{\partial v}\frac{\partial v}{\partial x}, \quad \frac{\partial z}{\partial y} = \frac{\partial z}{\partial u}\frac{\partial u}{\partial y} + \frac{\partial z}{\partial v}\frac{\partial v}{\partial y} \qquad \cdots ②$$

◆ **高次偏導関数** 関数 $f(x, y)$ の偏導関数 $f_x(x, y), f_y(x, y)$ はまた x, y の関数であるから，これらの偏導関数も考えられる．これらを $f(x, y)$ の **2次偏導関数**という．2次偏導関数には次の4つがある．

$$\frac{\partial}{\partial x}\left(\frac{\partial f}{\partial x}\right), \quad \frac{\partial}{\partial y}\left(\frac{\partial f}{\partial x}\right), \quad \frac{\partial}{\partial x}\left(\frac{\partial f}{\partial y}\right), \quad \frac{\partial}{\partial y}\left(\frac{\partial f}{\partial y}\right)$$

これらをそれぞれ $\quad \dfrac{\partial^2 f}{\partial x^2} = f_{xx}, \quad \dfrac{\partial^2 f}{\partial y \partial x} = f_{xy}, \quad \dfrac{\partial^2 f}{\partial x \partial y} = f_{yx}, \quad \dfrac{\partial^2 f}{\partial y^2} = f_{yy}$

で表す．さらに3次，4次，… の偏導関数も考えられるが，2次以上の偏導関数をまとめて**高次偏導関数**という．2次偏導関数 f_{xy}, f_{yx} は必ずしも一致しないが（⇨ p.111 の例題 6），次のことが成り立つ．

> **定理4.11**（偏微分の順序変換） $f_{xy}(x, y), f_{yx}(x, y)$ が連続ならば，
> $$f_{xy}(x, y) = f_{yx}(x, y)$$

一般に高次偏導関数の連続性を仮定すれば，その偏微分の順序は問題にならない．

◆ **偏微分作用素** 偏微分作用素 $h\dfrac{\partial}{\partial x} + k\dfrac{\partial}{\partial y}$ を次のように定義する．

$$\left(h\frac{\partial}{\partial x} + k\frac{\partial}{\partial y}\right)f(x, y) = h\frac{\partial}{\partial x}f(x, y) + k\frac{\partial}{\partial y}f(x, y) \quad (h, k \text{ は定数})$$

いま，$z = f(x, y), x = a + ht, y = b + kt$ で，$z = f(x, y)$ が必要な回数だけ連続な偏導関数をもてば，上記定理 4.10 より

$$\frac{dz}{dt} = \frac{\partial z}{\partial x}\frac{dx}{dt} + \frac{\partial z}{\partial y}\frac{dy}{dt} = h\frac{\partial z}{\partial x} + k\frac{\partial z}{\partial y} = \left(h\frac{\partial}{\partial x} + k\frac{\partial}{\partial y}\right)z$$

さらに，$\quad \dfrac{d^2 z}{dt^2} = h\left\{\dfrac{\partial^2 z}{\partial x^2}\dfrac{dx}{dt} + \dfrac{\partial^2 z}{\partial y \partial x}\dfrac{dy}{dt}\right\} + k\left\{\dfrac{\partial^2 z}{\partial x \partial y}\dfrac{dx}{dt} + \dfrac{\partial^2 z}{\partial y^2}\dfrac{dy}{dt}\right\}$

$$= h^2\frac{\partial^2 z}{\partial x^2} + 2hk\frac{\partial^2 z}{\partial x \partial y} + k^2\frac{\partial^2 z}{\partial y^2} = \left(h\frac{\partial}{\partial x} + k\frac{\partial}{\partial y}\right)^2 z$$

....

$$\frac{d^n z}{dt^n} = \left(h\frac{\partial}{\partial x} + k\frac{\partial}{\partial y}\right)^n z \qquad \cdots ③$$

4.2 偏導関数

―― 例題 4 ――――――――――――――――― 偏微分法，合成関数の偏微分法 ――

(1) $z = xy \sin \dfrac{1}{\sqrt{x^2+y^2}}$ を偏微分せよ．

(2) $z = \tan^{-1}(u+v),\ u = 2x^2 - y^2,\ v = x^2 y$ のとき z_x, z_y を求めよ．

route (1) $f(x, y)$ を x あるいは y について偏微分するには，当然 p.25 の 1 変数に関する微分法の基本公式や合成関数の微分法の公式を用いる．

(2) p.108 の 2 変数に関する合成関数の偏微分法の公式を用いる．

navi (1) 微分法の基本公式（1 変数） 合成関数の微分法の定理（1 変数）

(2) 合成関数の偏微分法（2 変数）

解答 (1) 1 変数の微分法の積の公式と合成関数の微分法の公式から，

$$\frac{\partial z}{\partial x} = \frac{\partial}{\partial x}(xy) \cdot \sin \frac{1}{\sqrt{x^2+y^2}} + xy \cdot \frac{\partial}{\partial x} \sin \frac{1}{\sqrt{x^2+y^2}}$$
$$= y \sin \frac{1}{\sqrt{x^2+y^2}} - \frac{x^2 y}{(x^2+y^2)\sqrt{x^2+y^2}} \cos \frac{1}{\sqrt{x^2+y^2}}.$$

上の計算で x と y を交換して考えてみれば，まったく同様にして，

$$\frac{\partial z}{\partial y} = x \sin \frac{1}{\sqrt{x^2+y^2}} - \frac{xy^2}{(x^2+y^2)\sqrt{x^2+y^2}} \cos \frac{1}{\sqrt{x^2+y^2}}.$$

(2) p.108 の合成関数の偏微分法（2 変数）の公式から

$$\frac{\partial z}{\partial x} = \frac{\partial}{\partial u} \tan^{-1}(u+v) \cdot \frac{\partial}{\partial x}(2x^2 - y^2) + \frac{\partial}{\partial v} \tan^{-1}(u+v) \cdot \frac{\partial}{\partial x}(x^2 y)$$
$$= \frac{4x + 2xy}{1 + (u+v)^2} = \frac{4x + 2xy}{1 + (2x^2 - y^2 + x^2 y)^2}.$$

同様にして

$$\frac{\partial z}{\partial y} = \frac{x^2 - 2y}{1 + (2x^2 - y^2 + x^2 y)^2}.$$

問題

4.1 次の関数を偏微分せよ．

(1) $z = \sqrt{x^2 + y^2}$ (2) $z = \sin^{-1} x/y \quad (x, y > 0)$ (3) $z = x^y \quad (x > 0)$

(4) $z = \log(x^2 + y^2)$ (5) $z = \tan^{-1} \dfrac{xy}{\sqrt{2 + x^2 + y^2}}$

4.2 次の関数関係で偏導関数 z_x, z_y を求めよ．

(1) $z = \dfrac{\sin u}{v},\ u = \dfrac{y}{x},\ v = x^2 + y^2$ (2) $z = e^{\sin u + \cos v},\ u = xy,\ v = x + y$

例題 5 ──────────────────────── 合成関数の偏微分法

関数 $z = f(x, y)$ が $ax + by$ $(ab \neq 0)$ だけの関数であるための必要十分条件は,

$$b\frac{\partial z}{\partial x} = a\frac{\partial z}{\partial y}$$

であることを証明せよ.

route (1) $z = f(x, y)$ が,偏微分可能な関数 $u = h(x, y)$ と微分可能な関数 $z = g(u)$ の合成関数,すなわち $z = f(x, y) = g(u) = g(h(x, y))$ と表されるとき,次の合成関数の偏微分法の公式が成り立つ.

$$\frac{\partial z}{\partial x} = \frac{dz}{du} \cdot \frac{\partial u}{\partial x}$$

- z は u の1変数関数なので d を使う
- u は x と y の2変数関数なので ∂ を使う

(2) p.108 の定理 4.10 ② で $u = ax + by,\ v = y$ とおく.

[解答] z が $ax + by$ だけの関数とする.まず $u = ax + by$ とおくと,$z = f(x, y) = g(u)$ となる.

$$\frac{\partial z}{\partial x} = \frac{dz}{du} \cdot \frac{\partial u}{\partial x} = ag'(u), \quad \frac{\partial z}{\partial y} = \frac{dz}{du} \cdot \frac{\partial u}{\partial y} = bg'(u).$$

ゆえに,

$$b\frac{\partial z}{\partial x} = abg'(u) = a\frac{\partial z}{\partial y}.$$

次に,$b\dfrac{\partial z}{\partial x} = a\dfrac{\partial z}{\partial y}$ を仮定する.$u = ax + by,\ v = y$ とおき,$z = f(x, y) = h(u, v)$ とおけば p.108 の定理 10 ② より

$$\frac{\partial z}{\partial x} = \frac{\partial h}{\partial u}\frac{\partial u}{\partial x} + \frac{\partial h}{\partial v}\frac{\partial v}{\partial x} = \frac{\partial h}{\partial u} \cdot a + \frac{\partial h}{\partial v} \cdot 0 = a\frac{\partial h}{\partial u}$$

$$\frac{\partial z}{\partial y} = \frac{\partial h}{\partial u}\frac{\partial u}{\partial y} + \frac{\partial h}{\partial v}\frac{\partial v}{\partial y} = \frac{\partial h}{\partial u} \cdot b + \frac{\partial h}{\partial v} \cdot 1 = b\frac{\partial h}{\partial u} + \frac{\partial h}{\partial v}$$

これらを $b\dfrac{\partial z}{\partial x} = a\dfrac{\partial z}{\partial y}$ に代入すると,$\quad a\dfrac{\partial h}{\partial v} = 0.\quad \therefore\quad \dfrac{\partial h}{\partial v} = 0$

これは h が u だけの関数,すなわち $ax + by$ だけの関数を意味する.

問 題

5.1 関数 $z = f(x, y)$ が y/x のみの関数であるための必要十分条件は,

$$x\frac{\partial z}{\partial x} + y\frac{\partial z}{\partial y} = 0$$

であることを証明せよ.

4.2 偏導関数

―― 例題 6 ――――――――――――――――――――――――――― 2 次偏導関数 ――

次の関数 $f(x,y)$ について $f_{xy}(0,0)$, $f_{yx}(0,0)$ を求めよ.

$$f(x,y) = \begin{cases} xy\dfrac{x^2-y^2}{x^2+y^2} & (x,y) \neq (0,0) \\ 0 & (x,y) = (0,0) \end{cases}$$

route $f_x(0,k) = \lim\limits_{h\to 0}\dfrac{f(h,k)-f(0,k)}{h}$, $f_{xy}(0,0) = \lim\limits_{k\to 0}\dfrac{f_x(0,k)-f_x(0,0)}{k}$ のように偏微分係数の定義（⇨ p.106 の①, ②）にもどる.

解答
$$f_x(0,k) = \lim_{h\to 0}\frac{f(h,k)-f(0,k)}{h} = \lim_{h\to 0}\frac{k(h^2-k^2)}{h^2+k^2} = -k.$$

ゆえに,
$$f_{xy}(0,0) = \lim_{k\to 0}\frac{f_x(0,k)-f_x(0,0)}{k} = \lim_{k\to 0}\frac{-k}{k} = -1.$$

同様に,
$$f_y(h,0) = \lim_{k\to 0}\frac{f(h,k)-f(h,0)}{k} = \lim_{k\to 0}\frac{h(h^2-k^2)}{h^2+k^2} = h,$$
$$f_{yx}(0,0) = \lim_{h\to 0}\frac{f_y(h,0)-f_y(0,0)}{h} = \lim_{h\to 0}\frac{h}{h} = 1.$$

注意 4.2 この例題は，偏微分する順序を変えて得られる偏導関数の値はかならずしも一致しないことを示している．しかし実際には p.108 の定理 4.11 が適用できて $f_{xy} = f_{yx}$ となる場合が多い．

問 題

6.1 次の関数について，$f_{xy}(0,0)$, $f_{yx}(0,0)$ を求めよ.

$$f(x,y) = \begin{cases} x^2\tan^{-1}\dfrac{y}{x} - y^2\tan^{-1}\dfrac{x}{y} & (xy \neq 0) \\ 0 & (xy = 0) \end{cases}$$

6.2 次の関数について計算で $\dfrac{\partial^2 f}{\partial x \partial y} = \dfrac{\partial^2 f}{\partial y \partial x}$ を確かめよ.

(1) $f(x,y) = \sqrt{1-x^2-y^2}$ (2) $f(x,y) = \tan^{-1}\dfrac{y}{x}$ $(x \neq 0)$

6.3[†] 関数 $f(x,y) = \sqrt{|xy|}$ は点 $(0,0)$ で連続であることを示し，$f_x(0,0)$, $f_y(0,0)$ を確かめよ．また点 $(0,0)$ において全微分可能でないことを示せ．

[†] $f(h,k) - f(0,0) = f_x(0,0)h + f_y(0,0)k + \varepsilon\sqrt{h^2+k^2}$ としたとき，$x,y \to 0$ であっても $\varepsilon \to 0$ とならないことを示すこと．

例題 7 ──────────────────────── 合成関数の偏微分法 ─

$z = f(x, y)$, $x = r\cos\theta$, $y = r\sin\theta$ のとき，次の式を証明せよ．

(1) $\left(\dfrac{\partial z}{\partial x}\right)^2 + \left(\dfrac{\partial z}{\partial y}\right)^2 = \left(\dfrac{\partial z}{\partial r}\right)^2 + \dfrac{1}{r^2}\left(\dfrac{\partial z}{\partial \theta}\right)^2$

(2) $\dfrac{\partial^2 z}{\partial x^2} + \dfrac{\partial^2 z}{\partial y^2} = \dfrac{\partial^2 z}{\partial r^2} + \dfrac{1}{r^2}\cdot\dfrac{\partial^2 z}{\partial \theta^2} + \dfrac{1}{r}\cdot\dfrac{\partial z}{\partial r}$

---

route (1) は z に**合成関数の偏微分法の公式**（⇨p.108）を，(2) は $\dfrac{\partial z}{\partial r}, \dfrac{\partial z}{\partial \theta}$ に**合成関数の偏微分法の公式**を用いる．

navi 直角座標 (x, y) と極座標 (r, θ) との**変数変換**は $x = r\cos\theta, y = r\sin\theta$

解答 (1) 合成関数の偏微分法の公式（⇨p.108）を用いれば，

$$\frac{\partial z}{\partial r} = \frac{\partial z}{\partial x}\cdot\frac{\partial x}{\partial r} + \frac{\partial z}{\partial y}\cdot\frac{\partial y}{\partial r} = \cos\theta\frac{\partial z}{\partial x} + \sin\theta\frac{\partial z}{\partial y},$$

$$\frac{\partial z}{\partial \theta} = \frac{\partial z}{\partial x}\cdot\frac{\partial x}{\partial \theta} + \frac{\partial z}{\partial y}\cdot\frac{\partial y}{\partial \theta} = -r\sin\theta\frac{\partial z}{\partial x} + r\cos\theta\frac{\partial z}{\partial y}.$$

ゆえに，

$$\left(\frac{\partial z}{\partial r}\right)^2 + \frac{1}{r^2}\left(\frac{\partial z}{\partial \theta}\right)^2 = \left(\cos\theta\frac{\partial z}{\partial x} + \sin\theta\frac{\partial z}{\partial y}\right)^2 + \left(-\sin\theta\frac{\partial z}{\partial x} + \cos\theta\frac{\partial z}{\partial y}\right)^2$$

$$= (\cos^2\theta + \sin^2\theta)\left(\frac{\partial z}{\partial x}\right)^2 + (\cos^2\theta + \sin^2\theta)\left(\frac{\partial z}{\partial y}\right)^2$$

$$= \left(\frac{\partial z}{\partial x}\right)^2 + \left(\frac{\partial z}{\partial y}\right)^2$$

(2) $\dfrac{\partial z}{\partial r}, \dfrac{\partial z}{\partial \theta}$ に対して合成関数の偏微分法の公式（⇨p.108）を用いれば，

$$\frac{\partial^2 z}{\partial r^2} = \frac{\partial}{\partial r}\left(\frac{\partial z}{\partial r}\right) = \frac{\partial}{\partial r}\left(\cos\theta\frac{\partial z}{\partial x} + \sin\theta\frac{\partial z}{\partial y}\right) = \cos\theta\frac{\partial}{\partial r}\left(\frac{\partial z}{\partial x}\right) + \sin\theta\frac{\partial}{\partial r}\left(\frac{\partial z}{\partial y}\right)$$

$$= \cos\theta\left\{\frac{\partial}{\partial x}\left(\frac{\partial z}{\partial x}\right)\frac{\partial x}{\partial r} + \frac{\partial}{\partial y}\left(\frac{\partial z}{\partial x}\right)\frac{\partial y}{\partial r}\right\}$$

$$+ \sin\theta\left\{\frac{\partial}{\partial x}\left(\frac{\partial z}{\partial y}\right)\frac{\partial x}{\partial r} + \frac{\partial}{\partial y}\left(\frac{\partial z}{\partial y}\right)\frac{\partial y}{\partial r}\right\}$$

$$= \cos\theta\left(\cos\theta\frac{\partial^2 z}{\partial x^2} + \sin\theta\frac{\partial^2 z}{\partial x\partial y}\right) + \sin\theta\left(\cos\theta\frac{\partial^2 z}{\partial x\partial y} + \sin\theta\frac{\partial^2 z}{\partial y^2}\right)$$

$$= \cos^2\theta\frac{\partial^2 z}{\partial x^2} + 2\sin\theta\cos\theta\frac{\partial^2 z}{\partial x\partial y} + \sin^2\theta\frac{\partial^2 z}{\partial y^2}.$$

4.2 偏導関数

同様に,
$$\frac{\partial^2 z}{\partial \theta^2} = \frac{\partial}{\partial \theta}\left(-r\sin\theta\frac{\partial z}{\partial x} + r\cos\theta\frac{\partial z}{\partial y}\right) = -r\frac{\partial}{\partial \theta}\left(\sin\theta\frac{\partial z}{\partial x}\right) + r\frac{\partial}{\partial \theta}\left(\cos\theta\frac{\partial z}{\partial y}\right)$$

$$= -r\left\{\cos\theta\frac{\partial z}{\partial x} + \sin\theta\frac{\partial}{\partial \theta}\left(\frac{\partial z}{\partial x}\right)\right\} + r\left\{-\sin\theta\frac{\partial z}{\partial y} + \cos\theta\frac{\partial}{\partial \theta}\left(\frac{\partial z}{\partial y}\right)\right\}$$

$$= -r\left(\cos\theta\frac{\partial z}{\partial x} + \sin\theta\frac{\partial z}{\partial y}\right) - r\sin\theta\left\{\frac{\partial}{\partial x}\left(\frac{\partial z}{\partial x}\right)\frac{\partial x}{\partial \theta} + \frac{\partial}{\partial y}\left(\frac{\partial z}{\partial x}\right)\frac{\partial y}{\partial \theta}\right\}$$

$$+ r\cos\theta\left\{\frac{\partial}{\partial x}\left(\frac{\partial z}{\partial y}\right)\frac{\partial x}{\partial \theta} + \frac{\partial}{\partial y}\left(\frac{\partial z}{\partial y}\right)\frac{\partial y}{\partial \theta}\right\}$$

$$= -r\frac{\partial z}{\partial r} - r\sin\theta\left(-r\sin\theta\frac{\partial^2 z}{\partial x^2} + r\cos\theta\frac{\partial^2 z}{\partial x\partial y}\right)$$

$$+ r\cos\theta\left(-r\sin\theta\frac{\partial^2 z}{\partial x\partial y} + r\cos\theta\frac{\partial^2 z}{\partial y^2}\right)$$

$$= -r\frac{\partial z}{\partial r} + r^2\left(\sin^2\theta\frac{\partial^2 z}{\partial x^2} - 2\sin\theta\cos\theta\frac{\partial^2 z}{\partial x\partial y} + \cos^2\theta\frac{\partial^2 z}{\partial y^2}\right)$$

ゆえに,
$$\frac{\partial^2 z}{\partial r^2} + \frac{1}{r^2}\cdot\frac{\partial^2 z}{\partial \theta^2} + \frac{1}{r}\cdot\frac{\partial z}{\partial r} = \cos^2\theta\frac{\partial^2 z}{\partial x^2} + 2\sin\theta\cos\theta\frac{\partial^2 z}{\partial x\partial y} + \sin^2\theta\frac{\partial^2 z}{\partial y^2}$$

$$- \frac{1}{r}\frac{\partial z}{\partial r} + \sin^2\theta\frac{\partial^2 z}{\partial x^2} - 2\sin\theta\cos\theta\frac{\partial^2 z}{\partial x\partial y} + \cos^2\theta\frac{\partial^2 z}{\partial y^2} + \frac{1}{r}\frac{\partial z}{\partial r}$$

$$= \left(\cos^2\theta + \sin^2\theta\right)\frac{\partial^2 z}{\partial x^2} + \left(\cos^2\theta + \sin^2\theta\right)\frac{\partial^2 z}{\partial y^2} = \frac{\partial^2 z}{\partial x^2} + \frac{\partial^2 z}{\partial y^2}.$$

注意 4.3 $r = \sqrt{x^2 + y^2}$, $\theta = \sin^{-1}\dfrac{y}{\sqrt{x^2+y^2}} = \cos^{-1}\dfrac{x}{\sqrt{x^2+y^2}}$ として r, θ を x, y の関数として合成関数の偏微分法の公式を用いても例題 7 の (1), (2) が導かれる.

問題

7.1 次の関数について 2 次偏導関数を計算せよ.

(1) $z = x^3 y^2$ 　　(2) $z = \dfrac{y}{x}$ 　　(3) $z = \dfrac{x^2+y^2}{x+y}$

7.2 関数 $f(x,y)$ について $\Delta f = \dfrac{\partial^2 f}{\partial x^2} + \dfrac{\partial^2 f}{\partial y^2}$ と書いて演算記号 Δ をラプラシアンという. $f(x,y) = \tan^{-1}\dfrac{y}{x}$ について Δf を求めよ.

7.3 $z = f(x,y)$, $x = e^u \cos v$, $y = e^u \sin v$ のとき,
$$\frac{\partial^2 z}{\partial u^2} + \frac{\partial^2 z}{\partial v^2} = (x^2 + y^2)\left(\frac{\partial^2 z}{\partial x^2} + \frac{\partial^2 z}{\partial y^2}\right)$$
を証明せよ.

7.4 $z = f(x,y)$ が常に $\dfrac{\partial^2 z}{\partial x \partial y} = 0$ を満たすならば, z は x だけの関数と y だけの関数の和であることを証明せよ.

4.3 2変数のテイラーの定理とその応用

◆ **2変数のテイラーの定理** 1変数の場合には，高次導関数をもつ関数についてテイラーの定理が成り立った．2変数の関数についても同様に次の定理が成り立つ．

定理4.12（2変数のテイラーの定理） 関数 $f(x,y)$ が点 (a,b) を含む領域 D で n 次までの連続な偏導関数をもてば，$(a+h,b+k) \in D$ のとき，次の θ が存在する．

$$f(a+h,b+k) = f(a,b) + \frac{1}{1!}\left(h\frac{\partial}{\partial x} + k\frac{\partial}{\partial y}\right)f(a,b) + \frac{1}{2!}\left(h\frac{\partial}{\partial x} + k\frac{\partial}{\partial y}\right)^2 f(a,b)$$
$$+ \cdots + \frac{1}{(n-1)!}\left(h\frac{\partial}{\partial x} + k\frac{\partial}{\partial y}\right)^{n-1} f(a,b)$$
$$+ \frac{1}{n!}\left(h\frac{\partial}{\partial x} + k\frac{\partial}{\partial y}\right)^n f(a+\theta h, b+\theta k) \quad (0<\theta<1)$$

特に $n=1$ のときは，

$$f(a+h,b+k) - f(a,b) = hf_x(a+\theta h, b+\theta k) + kf_y(a+\theta h, b+\theta k) \quad (0<\theta<1)$$

となるが，これを **2変数の平均値の定理** という．

また上の定理で $(a,b) = (0,0)$ とし h, k の代わりに x, y とすれば，

系（定理4.12の系）（2変数のマクローリンの定理）

$$f(x,y) = f(0,0) + \frac{1}{1!}\left(x\frac{\partial}{\partial x} + y\frac{\partial}{\partial y}\right)f(0,0) + \frac{1}{2!}\left(x\frac{\partial}{\partial x} + y\frac{\partial}{\partial y}\right)^2 f(0,0)$$
$$+ \cdots + \frac{1}{(n-1)!}\left(x\frac{\partial}{\partial x} + y\frac{\partial}{\partial y}\right)^{n-1} f(0,0)$$
$$+ \frac{1}{n!}\left(x\frac{\partial}{\partial x} + y\frac{\partial}{\partial y}\right)^n f(\theta x, \theta y) \quad (0<\theta<1)$$

となるが，これを **2変数のマクローリンの定理** という．

◆ **2変数関数の極値** 関数 $f(x,y)$ を点 (a,b) に近い点で考えたとき，点 (a,b) と異なるすべての点 (x,y) に対して，

$f(a,b) > f(x,y)$ ならば $f(x,y)$ は点 (a,b) で **極大**，
$f(a,b) < f(x,y)$ ならば $f(x,y)$ は点 (a,b) で **極小**

という．このとき $f(a,b)$ をそれぞれ **極大値**，**極小値** といい，2つを合わせて **極値** という．

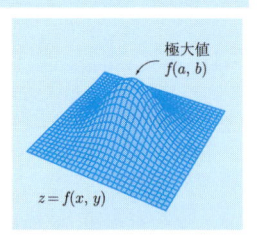

図 4.9

定理4.13（極値をもつ必要条件） 偏微分可能な関数 $f(x,y)$ が点 (a,b) で極値をとるならば (a,b) は連立方程式 $f_x(x,y) = 0, \ f_y(x,y) = 0$ の解である．

4.3 2変数のテイラーの定理とその応用

定理4.14（極値をもつ十分条件）関数 $f(x,y)$ が点 (a,b) において連続な2次偏導関数をもち，$f_x(a,b) = f_y(a,b) = 0$ であるとする．$D = f_{xy}(a,b)^2 - f_{xx}(a,b)f_{yy}(a,b)$ とおくとき，次のことが成り立つ．
 (i) $D < 0$, $f_{xx}(a,b) > 0$ ならば $f(a,b)$ は極小値
     $D < 0$, $f_{xx}(a,b) < 0$ ならば $f(a,b)$ は極大値
 (ii) $D > 0$ のときは $f(a,b)$ は極値でない．

注意 4.4 上の定理で $D = 0$ のときは $f(a,b)$ は極値のときもあり，極値でないときもあるので特別の工夫が必要である．

定理4.15（最大値・最小値）関数 $f(x,y)$ が次の性質をもつものとする．
 (i) 有界な閉領域 X で $f(x,y)$ は連続 (ii) X の内部で $f(x,y)$ は偏微分可能
 (iii) X の境界上で $f(x,y)$ は最大（または最小）とならない
このとき，$f(x,y)$ の最大（または最小）となる点 $(x,y) \in X$ が存在して，その点で $f_x(x,y) = f_y(x,y) = 0$ が成り立つ．

◆ **陰関数の微分** 変数 x, y の間に $F(x,y) = 0$ という関係があるとき，1つの x に対して y の値（1つとは限らない）が定まるから1つの関数 $y = f(x)$ （一般には多価関数）が定まる．この関数 $y = f(x)$ を $F(x,y) = 0$ で決まる**陰関数**という．$F(x,y) = 0$ のままで陰関数を微分するには次の定理による（⇨p.120 の例題 11, 図 4.14）．

定理4.16（陰関数の存在定理）関数 $F(x,y)$ は点 (a,b) を含む領域で連続な偏導関数をもち $F(a,b) = 0$, $F_y(a,b) \neq 0$ と仮定すると，$x = a$ を含むある区間を定義域とする関数 $y = f(x)$ で次の条件を満たすものが一意に定まる．
$$f(a) = b, \quad F(x, f(x)) = 0, \quad f'(x) = -\frac{F_x(x,y)}{F_y(x,y)}.$$

定理4.17（陰関数の極値）$F(x,y)$ は点 (a,b) を含む領域で連続な2次偏導関数をもつものとする．いま，$F_y(x,y) \neq 0$ のとき，$F(x,y) = 0$ で定まる陰関数 $y = f(x)$ が $x = a$ で極値 $b = f(a)$ をもつならば，次が成り立つ（極値をもつ必要条件）．
$$F(a,b) = 0, \quad F_x(a,b) = 0$$
さらに，$F_{xx}(a,b)/F_y(a,b) > 0$ ならば $x = a$ で $y = f(x)$ は極大値 b をもち，
 $F_{xx}(a,b)/F_y(a,b) < 0$ ならば $x = a$ で $y = f(x)$ は極小値 b をもつ．

4 偏微分法

◆ **条件つきの極値**　$z = f(x,y)$ は変数 x, y の間に $g(x,y) = 0$ の条件があるときは，z は x または y だけの関数となり，z の極大・極小が考えられる．$z = f(x,y)$ のグラフについて考えれば（⇨ 図 4.10）$g(x,y) = 0$ は xy 平面上の曲線で，その真上にある曲面

$$\Gamma = \{(x, y, z) \,;\, z = f(x,y)\}$$

上の曲線をとってその上の 1 点の十分近くで高さが最高，最低の点を見つけることである．

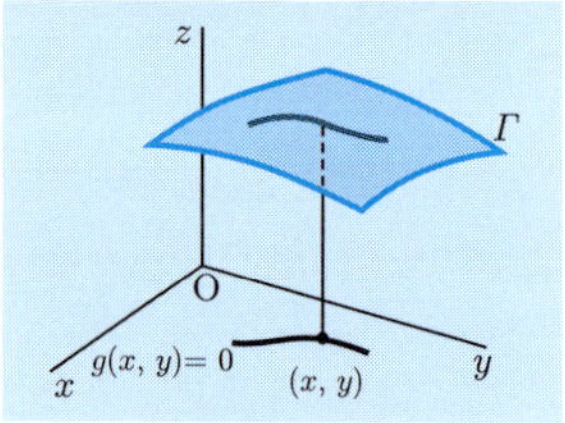

図 4.10

> **定理4.18**（ラグランジュの未定乗数法）　$g_x(x,y) \neq 0$ または $g_y(x,y) \neq 0$ とするとき，条件 $g(x,y) = 0$ のもとで関数 $f(x,y)$ が極値をとる点では，
> $$\left. \begin{array}{l} g(x,y) = 0, \quad f_x(x,y) + \lambda g_x(x,y) = 0 \\ f_y(x,y) + \lambda g_y(x,y) = 0 \end{array} \right\} \text{が成立する}\quad (\lambda \text{ は定数}).$$

3 変数の場合　これについても全く同様である．条件 $g(x, y, z) = 0$ のもとで関数 $f(x, y, z)$ が極値をとる点 (x, y, z) では，次の連立方程式が成立する．

$$\left. \begin{array}{l} g(x,y,z) = 0, \quad f_x(x,y,z) + \lambda g_x(x,y,z) = 0 \\ f_y(x,y,z) + \lambda g_y(x,y,z) = 0 \\ f_z(x,y,z) + \lambda g_z(x,y,z) = 0 \end{array} \right\} (\lambda \text{ は定数}) \quad \begin{array}{l} \text{ただし } g_x(x,y,z) \neq 0 \\ \text{または } g_y(x,y,z) \neq 0 \\ \text{とする}. \end{array}$$

|注意 4.5|　この方法は変数が多くても同様である．しかしこの方法は極値の必要条件を与えるものであるから，完全な方法とはいえない．だが問題の性質上極値の存在が明らかなときは有効である．

◆ **曲線の特異点**　曲線 $f(x,y) = 0$ 上の点 (a,b) が $f(a,b) = f_x(a,b) = f_y(a,b) = 0$ となるときはその点では曲線の接線が一意に定まらない．この点 (a,b) をその**曲線の特異点**という．

◆ **包絡線**　x, y の他に変数 α を含む方程式 $f(x, y, \alpha) = 0$ は α が変化するとき曲線の集まりを表す．この曲線の集まりを α を**助変数**（または**パラメータ**）とする**曲線群**という．この曲線群のすべての曲線に接し，かつその接点の軌跡になっている曲線をその曲線群の**包絡線**という．

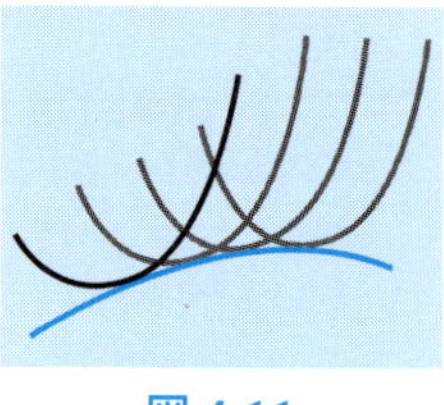

図 4.11

> **定理4.19**（包絡線）　曲線群 $f(x, y, \alpha) = 0$ が特異点をもたないときには，
> $$f(x, y, \alpha) = 0, \quad f_\alpha(x, y, \alpha) = 0$$
> から α を消去して得られる（また x, y を α でパラメータ表示した）曲線がこの曲線群の包絡線である．

4.3 2変数のテイラーの定理とその応用

例題 8 ──────── **2 変数のマクローリンの定理による関数の展開 $(n=4)$** ──

$n=4$ として関数 $f(x,y) = e^x \log(1+y)$ に点 $(0,0)$ で 2 変数のマクローリンの定理を適用して展開せよ．

---

route 2 変数のマクローリンの定理（⇨ p.114 の定理 4.12（系））を用いる．

navi 1 変数のマクローリンの定理（⇨ p.35）は関数 $f(x)$ を x の多項式で表したが，**2 変数のマクローリンの定理**で**関数 $f(x,y)$ を x や y の多項式で表す**ことができる．

解答 $\dfrac{d^n}{dx^n} e^x = e^x, \quad \dfrac{d^n}{dy^n} \log(1+y) = (-1)^{n-1} \dfrac{(n-1)!}{(1+y)^n}$ を用いれば，

$$f_x = f_{xx} = f_{xxx} = f_{xxxx} = e^x \log(1+y),$$

$$f_y = f_{xy} = f_{xxy} = f_{xxxy} = \frac{e^x}{1+y},$$

$$f_{yy} = f_{xyy} = f_{xxyy} = -\frac{e^x}{(1+y)^2}, \quad f_{yyy} = f_{xyyy} = \frac{2e^x}{(1+y)^3},$$

$$f_{yyyy} = -\frac{3! \, e^x}{(1+y)^4}.$$

したがって，

$$f_x(0,0) = f_{xx}(0,0) = f_{xxx}(0,0) = 0, \quad f_y(0,0) = f_{xy}(0,0) = f_{xxy}(0,0) = 1,$$
$$f_{yy}(0,0) = f_{xyy}(0,0) = -1, \quad f_{yyy}(0,0) = 2.$$

ゆえに p.114 の定理 4.12（系）より，

$$e^x \log(1+y) = y + \frac{1}{2!}(2xy - y^2) + \frac{1}{3!}(3x^2y - 3xy^2 + 2y^3)$$
$$+ \frac{e^{\theta x}}{4!} \left\{ x^4 \log(1+\theta y) + \frac{4x^3 y}{1+\theta y} - \frac{6x^2 y^2}{(1+\theta y)^2} + \frac{8xy^3}{(1+\theta y)^3} - \frac{3! \, y^4}{(1+\theta y)^4} \right\}$$
$$(0 < \theta < 1).$$

問 題

8.1 次の関数のマクローリン展開のはじめの数項を求めよ．
 (1) $f(x,y) = \sin(x + y^2)$
 (2) $f(x,y) = (1 - x^2 - y^2)^{1/2}$

8.2 $f(x,y) = ax^2 + by^2$ にテイラーの定理を用いて
$$f(x+h, y+k) = ax^2 + by^2 + 2(axh + byk) + ah^2 + bk^2$$
であることを証明せよ．

8.3 $f(x,y)$ の n 次偏導関数がすべて 0 ならば，$f(x,y)$ は $n-1$ 次以下の整式であることを証明せよ．

―― 例題 9 ――――――――――――――――――――――― 2 変数関数の極値 ――

関数 $f(x,y) = x^4 + y^4 - 2x^2 + 4xy - 2y^2$ の極値を調べよ.

route p.115 の定理 4.14 を用いる.

navi $D = f_{xy}^2 - f_{xx}f_{yy}$, $\Delta = f_{xx}$, $f_x = 0$, $f_y = 0$ なる点で,
$D < 0, \Delta > 0 \Rightarrow$ **極小**, $\quad D < 0, \Delta < 0 \Rightarrow$ **極大**, $\quad D > 0 \Rightarrow$ **極値でない**.
$D = 0$ のとき, 原点に近い y 軸上の点と $y = x$ 上の点に着目する.

解答 $f_x = 4(x^3 - x + y)$, $f_y = 4(y^3 - y + x)$ であるから, $f_x = f_y = 0$ を解けば,
(1) $x = \sqrt{2},\ y = -\sqrt{2}$ (2) $x = -\sqrt{2},\ y = \sqrt{2}$ (3) $x = 0,\ y = 0$
が得られる.

$$f_{xx} = 4(3x^2 - 1), \quad f_{yy} = 4(3y^2 - 1), \quad f_{xy} = 4$$

であるから, $\quad D(x,y) = f_{xy}^2 - f_{xx}f_{yy}$
とおくと, $\quad D(\sqrt{2}, -\sqrt{2}) = 16 - 4\cdot 5\cdot 4\cdot 5 < 0, \quad f_{xx}(\sqrt{2}, -\sqrt{2}) = 20 > 0.$
$\quad D(-\sqrt{2}, \sqrt{2}) = 16 - 4\cdot 5\cdot 4\cdot 5 < 0, \quad f_{xx}(-\sqrt{2}, \sqrt{2}) = 20 > 0.$
$\quad D(0,0) = 16 - 16 = 0.$

ゆえに $f(x,y)$ は点 $(\sqrt{2}, -\sqrt{2}), (-\sqrt{2}, \sqrt{2})$ で極小となり, 極小値は

$$f(\sqrt{2}, -\sqrt{2}) = f(-\sqrt{2}, \sqrt{2}) = -8$$

である. しかし $f(0,0)$ が極値であるかどうかは, これだけでは判定できないので別途に考察する必要がある. さて, $f(0,0) = 0$ であって,

$x = y \neq 0 \implies f(x,y) = f(x,x) = 2x^4 > 0,$

$x = 0,\quad 0 \neq |y| < \sqrt{2}$
$\implies f(x,y) = f(0,y) = y^2(y^2 - 2) < 0$

すなわち点 $(0,0)$ の近くで $f(x,y)$ の値は $f(0,0)$ より大きいことも小さいことも起こり得る. したがって $f(0,0)$ は極値ではない.

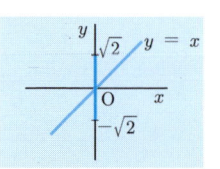

図 4.12

~~~~ 問 題 ~~~~

9.1 次の関数の極値を求めよ.
(1) $f(x,y) = xy(x^2 + y^2 - 1)$
(2) $f(x,y) = (x^2 + y^2)^2 - 2a^2(x^2 - y^2) \quad (a > 0)$
(3) $f(x,y) = x^3 + y^3 - 3axy \quad (a \neq 0)$
(4) $f(x,y) = \sin x + \sin y - \sin(x+y) \quad (0 < x < \pi, 0 < y < \pi)$

9.2 次の関数の極値の吟味せよ.
(1) $f(x,y) = 2x^4 - 5x^2y + 2y^2$ (2) $f(x,y) = x^2 - 2xy^2 + y^4 - y^5$

4.3 2変数のテイラーの定理とその応用

例題 10 ――――――――――――――――――――― 最大値・最小値 ――

3つの正数 x, y, z の和が一定値 a のとき，積 xyz の最大値を求めよ．

---

route 最大値・最小値の存在は p.102 の定理 4.5 で示されるので p.115 の定理 4.15 を用いて最大値を求める．

navi 有界閉領域 X （⇨ p.100） $X = \{x \geqq 0, y \geqq 0, a - x - y \geqq 0\}$ で考える． X の周上では $f(x, y) = 0$ であるから， X の内部に最大値がある ことがわかる．それは， $u_x = 0, u_y = 0$ を満たす点である．

[解答] $x + y + z = a$ であるから， $z = a - x - y$. $u = xyz$ とおくと，
$$u = xy(a - x - y).$$

$x > 0, y > 0, a - x - y > 0$ という xy 平面の三角形の内部でこの関数の最大値はどうなるかという問題である．

さて $u = f(x, y) = xy(a - x - y)$ は右の三角形（⇨ 図 4.13）の周まで含めた有界閉領域

$$X : x \geqq 0, \quad y \geqq 0, \quad a - x - y \geqq 0$$

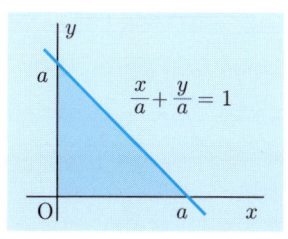

図 4.13

で連続であるから，$u = f(x, y)$ は X で必ず最大値をとる（⇨ p.102 の定理 4.5）．しかし X の周上の点における $f(x, y)$ の値は常に 0 であるから，$f(x, y)$ は X の内部の点で最大値に到達する．p.115 の定理 4.15 によればこの点は，

$$u_x = y(a - 2x - y) = 0, \quad u_y = x(a - x - 2y) = 0$$

を満たす点である．上の連立方程式を解けば，次のようになる．

$$\begin{cases} x = 0, & x = 0, \\ y = 0, & y = a, \end{cases} \quad \begin{matrix} x = a, \\ y = 0, \end{matrix} \quad \begin{matrix} x = a/3 \\ y = a/3 \end{matrix}$$

このうちで点 (x, y) が X の内部にあるのは，$x = y = a/3$ でこのときは $z = a/3$ である．

ゆえに xyz は $x = y = z = a/3$ のとき最大となり，最大値は $(a/3)^3$ である．

注意 4.6 上の結果から，一般に正数 x, y, z について，$x + y + z = a$ のとき，

$$xyz \leqq \left(\frac{a}{3}\right)^3$$

つまり， $\dfrac{x + y + z}{3} \geqq \sqrt[3]{xyz}$ （等号は $x = y = z$ のとき） が成立する．

問題

10.1 半径 r の円に内接する三角形で周の長さが最大になるのは正三角形であることを示せ．
10.2 半径 r の円に内接する三角形のうちで面積最大のものを求めよ．

── 例題 11 ────────────────────────────── 陰関数の存在定理 ──

$F(x,y) = x^3 + y^3 - 3xy = 0$ により，陰関数の存在定理（⇨ p.115 定理 4.16）の意味を説明せよ．また $f''(x)$ を求めよ．

[説明] 図 4.14 からわかるように（⇨ p.33 の正葉線の図 2.9）$F(x,y) = 0$ によって定められる x の関数 $y = f(x)$ は多価関数であるが，点 (a,b) を曲線上の点とするとき，点 (a,b) にごく近い 曲線の一部分をとって考えると，そこでは y は x の一価関数と考えることができる．

次に $F_y = 3y^2 - 3x = 0$ より $x = y^2$ であり，これを $F(x,y) = 0$ に代入して，
$$y^6 + y^3 - 3y^3 = 0 \quad \therefore \quad y = 0, \sqrt[3]{2}.$$

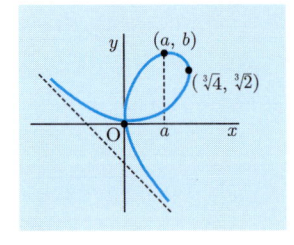

図 4.14 $x^3 + y^3 - 3xy = 0$

したがって，$F_y(x,y) = 0$ を満たす点は $(0,0), (\sqrt[3]{4}, \sqrt[3]{2})$ である．この 2 点では曲線の微分は存在しない．しかしこの 2 点以外の点の近くでは，一価関数で，しかも微分可能な 1 つの曲線を定めている．さらにこの定理は $y = f(x)$ の形を具体的に求めなくても，その導関数を次のように求めることができることを示している．

$$f'(x) = -\frac{F_x}{F_y} = -\frac{3x^2 - 3y}{3y^2 - 3x} = \frac{y - x^2}{y^2 - x} \quad (F_y \neq 0).$$

$F(x,y)$ が連続な 2 次偏導関数をもつとき，$f''(x)$ は一般に次のようになる．

$$f''(x) = \frac{d}{dx}\left(-\frac{F_x}{F_y}\right) = \frac{\partial}{\partial x}\left(-\frac{F_x}{F_y}\right) + \frac{\partial}{\partial y}\left(-\frac{F_x}{F_y}\right)\frac{df}{dx}$$

$$= -\frac{F_{xx}F_y - F_xF_{xy}}{(F_y)^2} - \frac{F_{xy}F_y - F_xF_{yy}}{(F_y)^2} \cdot \left(-\frac{F_x}{F_y}\right)$$

$$= -\frac{(F_y)^2 F_{xx} - 2F_xF_yF_{xy} + (F_x)^2 F_{yy}}{(F_y)^3} \quad \cdots ①$$

いま $F(x,y) = x^3 + y^3 - 3xy$ について考えているから，

$$F_x = 3(x^2 - y), \quad F_{xx} = 6x, \quad F_{xy} = -3, \quad F_y = 3(y^2 - x), \quad F_{yy} = 6y.$$

これらを上記 ① に代入すると，$f''(x) = -\dfrac{2xy}{(y^2 - x)^3}$ となる．

～～～ 問 題 ～～～～～～～～～～～～～～～～～～～～～～～～～～～～

11.1 次の式で定まる x の関数 y の導関数を求めよ．
(1) $y = x^y \quad (x > 0)$
(2) $x^3 + xy + y^2 = a^2 \quad (a > 0)$

11.2 $\log\sqrt{x^2 + y^2} = \tan^{-1}\dfrac{y}{x}$ で定まる x の関数 y の 2 次導関数を求めよ．

4.3 2変数のテイラーの定理とその応用

―― 例題 12 ――――――――――――――――――――――― 陰関数の極値 ――

$F(x,y) = (x^2+y^2)^2 - a^2(x^2-y^2) = 0 \ (a>0)$ で定義される x の関数 y の極値を求めよ．

route $F(x,y) = 0$ は定理 4.16 （⇨ p.115）の条件を満たすので，**陰関数は存在する**．この**陰関数の極値**は定理 4.17 （⇨ p.115）により求める．

navi 連立方程式 $F(x,y) = 0$, $F_x(x,y) = 0$ の解に対して，$\dfrac{F_{xx}(x,y)}{F_y(x,y)}$ が正なら極大，負なら極小である．

[解答] $F_x(x,y) = 4x(x^2+y^2) - 2a^2x$.
連立方程式 $F(x,y)=0, F_x(x,y)=0$ を解く．
$F_x(x,y)=0$ から，

$$x=0 \quad \text{または} \quad x^2+y^2 = \frac{a^2}{2}.$$

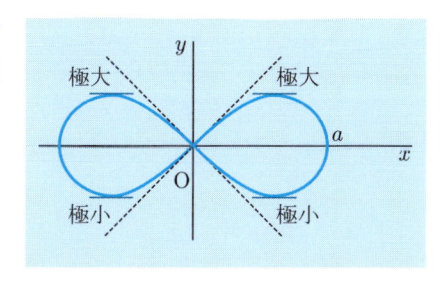

図 4.15 レムニスケート（連珠形）

これを $F(x,y)=0$ に代入して x,y を求めると，

$$x=0, \ y=0 \ ; \quad x=\pm\frac{\sqrt{3}\,a}{2\sqrt{2}}, y=\frac{a}{2\sqrt{2}} \ ; \quad x=\pm\frac{\sqrt{3}\,a}{2\sqrt{2}}, y=\frac{-a}{2\sqrt{2}}.$$

いま，$F_{xx}(x,y) = 2(6x^2+2y^2-a^2)$, $F_y(x,y) = 4y(x^2+y^2)+2a^2y$.
$x=0, y=0$ のときは $F_y(0,0)=0$ となるので，ここでは陰関数は意味をもたない．

$$x=\pm\frac{\sqrt{3}\,a}{2\sqrt{2}}, \quad y=\frac{a}{2\sqrt{2}} \quad \text{のとき} \quad -\frac{F_{xx}}{F_y} = -\frac{3}{\sqrt{2}\,a} < 0,$$

$$x=\pm\frac{\sqrt{3}\,a}{2\sqrt{2}}, \quad y=\frac{-a}{2\sqrt{2}} \quad \text{のとき} \quad -\frac{F_{xx}}{F_y} = \frac{3}{\sqrt{2}\,a} > 0$$

したがって，$x=\pm\dfrac{\sqrt{3}\,a}{2\sqrt{2}}$ のとき $y=\dfrac{a}{2\sqrt{2}}$ は極大値で，$x=\pm\dfrac{\sqrt{3}\,a}{2\sqrt{2}}$ のとき $y=\dfrac{-a}{2\sqrt{2}}$ は極小値である．

注意 4.7 $F(x,y)=0$ はレムニスケート（連珠形）と呼ばれる曲線である（⇨ p.33 の図 2.13）．

問題

12.1 次の式で与えられる x の関数 y の極値を求めよ．
(1) $f(x,y) = 2x^2 + xy + 3y^2 - 1 = 0$
(2) $f(x,y) = x^3y^3 + y - x = 0$
(3) $f(x,y) = x^4 + 2a^2x^2 + ay^3 - a^3y = 0 \quad (a>0)$
(4) $f(x,y) = x^3 - 3xy + y^3 = 0 \quad$ （ただし，$f_y(x,y) \neq 0$）

---例題 13--- ―条件つき極値（ラグランジュの未定乗数法）―

点 (α, β) から直線 $ax+by+c=0$ までの最短距離を求めよ $(a \neq 0, b \neq 0)$.

route 最短距離の存在は幾何学的にわかっているから，**条件つきの極値**を求めるには，**ラグランジュの未定乗数法が有効**である（⇨ p.116 の定理 4.18）．

navi $g(x,y)=ax+by+c=0$ の条件のとき $f(x,y)=(x-\alpha)^2+(y-\beta)^2$ を極小にする (x,y) の値は，連立方程式 $g(x,y)=0, f_x+\lambda g_x=0, f_y+\lambda g_y=0$ の解である．

解答 直線 $ax+by+c=0$ 上の点 (x,y) と点 (α, β) との距離の平方は，
$$f(x,y)=(x-\alpha)^2+(y-\beta)^2$$
である．したがって，$ax+by+c=0$ の条件のもとで $f(x,y)$ の最小値を求めればその平方根が求める最短距離である．

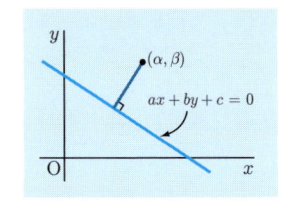

図 4.16

$$z=(x-\alpha)^2+(y-\beta)^2+\lambda(ax+by+c)$$

とおくと，
$$z_x=2(x-\alpha)+\lambda a, \quad z_y=2(y-\beta)+\lambda b.$$

$z_x=z_y=0$ から λ を消去すると，$bx-ay+a\beta-b\alpha=0$ を得る．これと $ax+by+c=0$ から x,y を求めると，
$$x=\frac{b^2\alpha-ab\beta-ac}{a^2+b^2}, \quad y=\frac{a^2\beta-ab\alpha-bc}{a^2+b^2}.$$

この x,y の値が $f(x,y)$ に極小値を与える候補であり，このとき $f(x,y)$ の値は，
$$\left(\frac{b^2\alpha-ab\beta-ac}{a^2+b^2}-\alpha\right)^2+\left(\frac{a^2\beta-ab\alpha-bc}{a^2+b^2}-\beta\right)^2=\frac{(a\alpha+b\beta+c)^2}{a^2+b^2}.$$

したがって，もし $f(x,y)$ の極小値があればそれは $\dfrac{(a\alpha+b\beta+c)^2}{a^2+b^2}$ に他ならない．一方問題の最短距離の存在は幾何学的にわかっているから，この極小値が最小値であり，求める最短距離は，
$$\frac{|a\alpha+b\beta+c|}{\sqrt{a^2+b^2}}.$$

問題

13.1 次の条件 $g(x,y)=0$ のもとで関数 $f(x,y)$ の極値を求めよ．

(1) $g(x,y)=x+y-1, \quad f(x,y)=x^2+y^2$

(2) $g(x,y)=x^3-3xy+y^3, \quad f(x,y)=x^2+y^2$

(3) $g(x,y)=x^2+y^2-2, \quad f(x,y)=xy$

例題 14 ───────────────────────────── 包絡線

次の曲線群の包絡線を求めよ．
(1) 両端が x 軸，y 軸上にあって長さが一定 a の線分群 $(a > 0)$．
(2) $(x-\alpha)^2 + y^2 = 1$ （α はパラメータ）

route p.116 の定理 4.19 を用いる．

navi 包絡線は $f(x, y, \alpha) = 0$, $f_\alpha(x, y, \alpha) = 0$ から α を消去した曲線である．ただし α はパラメータで，$f(x, y, \alpha) = 0$ が特異点をもたない場合．

解答 (1) x 軸と y 軸に関して対称であるから第 1 象限で考えても一般性を失わない．よって，x 軸と線分のなす角を α $(0 \leqq \alpha \leqq \pi/2)$ とすると，第 1 象限にある直線の方程式は

$$\frac{x}{a\cos\alpha} + \frac{y}{a\sin\alpha} = 1 \qquad \cdots ①$$

これを α で微分して

$$\frac{x}{a}\frac{\sin\alpha}{\cos^2\alpha} - \frac{y}{a}\frac{\cos\alpha}{\sin^2\alpha} = 0 \qquad \cdots ②$$

①，②から x, y を求めると，$x = a\cos^3\alpha$, $y = a\sin^3\alpha$．これから α を消去すると求める包絡線 $x^{2/3} + y^{2/3} = a^{2/3}$ （⇨図 4.17）が得られる．

(2) $f(x, y, \alpha) = (x-\alpha)^2 + y^2 - 1 = 0$ とおくと，

$$f_\alpha = -2(x-\alpha) = 0$$

より $\alpha = x$．これを

$$(x-\alpha)^2 + y^2 - 1 = 0$$

に代入して，$y^2 - 1 = 0$．すなわち $y = \pm 1$（⇨図 4.18）が求める包絡線である．

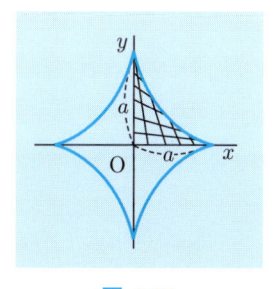

図 4.17

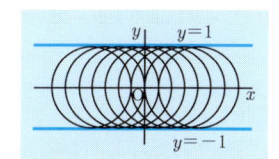

図 4.18

～～ 問 題 ～～

14.1 α をパラメータとする次の曲線群の包絡線を求めよ．
(1) $(1+\alpha^2)x^2 - \alpha x + y = 0$
(2) $x^3 = \alpha(y+\alpha)^2$

14.2 次の曲線群の包絡線を求めよ．
(1) 双曲線 $x^2 - y^2 = a^2$ の上に中心をもち，原点を通る円群．
(2) 円 $x^2 + y^2 = a^2$ $(a > 0)$ の y 軸に平行な弦 AB を直径とする円群．

演習問題 4-A

1. 関数 $f(x,y) = \begin{cases} \dfrac{x^3-y^3}{x^2+y^2} & (x^2+y^2 > 0) \\ 0 & (x=y=0) \end{cases}$ は $(0,0)$ で偏微分可能であるが，全微分可能でないことを示せ．

2. 次の曲面の与えられた点における接平面の方程式を求めよ．
    (1) $z = x^2 + y^2$, $(1,1,2)$
    (2) $z = \sqrt{1-x^2-y^2}$, (a,b,c)

3. 関数 $f(x,y)$ が t の任意の正数値に対して常に
$$f(xt,yt) = t^n f(x,y)$$
を満足するとき，$f(x,y)$ は x,y の n 次の同次関数という．
いま，$f(x,y)$ が x,y の n 次の同次関数とすると，
$$\left(x\frac{\partial}{\partial x} + y\frac{\partial}{\partial y}\right)^k f(x,y) = n(n-1)\cdots(n-k+1)f(x,y)$$
である（**オイラーの定理**）．これを証明せよ．

4. $z = f(u,v)$, $u = \varphi(x,y)$, $v = \psi(x,y)$ であるとき，$\dfrac{\partial^2 z}{\partial x^2}, \dfrac{\partial^2 z}{\partial y^2}$ を求めよ．

5. $z = f(ax+by)g(ax-by)$ ならば次式が成立することを示せ．
$$z\left(a^2\frac{\partial^2 z}{\partial y^2} - b^2\frac{\partial^2 z}{\partial x^2}\right) = a^2\left(\frac{\partial z}{\partial y}\right)^2 - b^2\left(\frac{\partial z}{\partial x}\right)^2$$

6. 次の式で与えられる x の関数 y の極値を求めよ．
$$f(x,y) = 2x^5 + 3ay^4 - x^2y^3 = 0 \quad (a > 0, f_y(x,y) \neq 0)$$

7. 次の関数の極値を吟味せよ．
$$f(x,y) = ax^2 + 2hxy + by^2 \quad (ab \neq 0)$$

8. 3点 $A(-1,3)$, $B(-1,-1)$, $C(1,-1)$ に対し，三角形 ABC の定める有界閉領域を X とする．関数 $f(x,y) = 2x^2 + xy$ の X における最大値，および最小値を求めよ．

9. 平面上に n 個の点 $A_1(a_1,b_1), A_2(a_2,b_2), \cdots, A_n(a_n,b_n)$ がある．これらの点からの距離の平方の和を最小にする点 $G(x,y)$ を求めよ．

10. 曲線群 $(y-\alpha)^2 = x(x-1)^2$ の包絡線を求めよ．

11. 放物線 $y^2 = 4ax$ 上の点と頂点を結ぶ線分を直径とする円群の包絡線を求めよ．

演習問題 *4-B*

1 次の各関数の連続性を吟味せよ．

(1) $f(x, y) = \begin{cases} \dfrac{\sin xy}{xy} & (xy \neq 0) \\ 1 & (xy = 0) \end{cases}$

(2) $f(x, y) = \begin{cases} \dfrac{xy^2}{x^2 + y^4} & (x, y) \neq (0, 0) \\ 0 & (x, y) = (0, 0) \end{cases}$

2 $f(x, y) = \begin{cases} \dfrac{x^3 + y^3}{x - y} & (x \neq y) \\ 0 & (x = y) \end{cases}$ は $f_x(0, 0) = f_y(0, 0) = 0$ であるが $(0, 0)$ で連続ではないことを示せ．

3 $f(x, y) = \begin{cases} xy \sin \dfrac{1}{\sqrt{x^2 + y^2}} & (x, y) \neq (0, 0) \\ 0 & (x, y) = (0, 0) \end{cases}$ で定義される関数について，次の問に答えよ．

(1) $f_x(0, 0), f_y(0, 0)$ を求めよ．

(2) $f(x, y)$ は $(0, 0)$ で全微分可能であることを定義により示せ．

(3) $f_x(x, y) ((x, y) \neq (0, 0))$ を求め，$f_x(x, y)$ は $(0, 0)$ で不連続であることを示せ．

4 楕円体
$$\frac{x^2}{a^2} + \frac{y^2}{b^2} + \frac{z^2}{c^2} = 1$$
に内接する直方体で体積が最大となるものを求めよ．

5 $f(x, y)$ が全微分可能のとき，$f(x, y)$ が n 次同次関数（⇨ p.124 の **3**）であるための必要十分条件は
$$x \frac{\partial f}{\partial x} + y \frac{\partial f}{\partial y} = nf$$
であることを示せ．

研究I　3次元空間における直線，平面，曲面

第 4 章（偏微分），第 5 章（重積分）においては，

$$z = f(x, y)$$

の形の 2 変数関数の微分や積分を考える．そのためには 3 次元空間の知識がどうしても必要となる．

- **3 次元空間**　次の図 4.19 のように，3 次元空間に動点 $P(x, y, z)$ が与えられ「P の x, y, z 座標に何の制約がなければ，P はこの 3 次元空間を自由に動きまわる」ことになる．
- **方程式 $z = 1$**　この方程式が与えられると，点 P の z 座標は 1 の制約を受けるが，他の x, y は自由なので，図 4.20 のように **xy 平面に平行な平面**を表す．

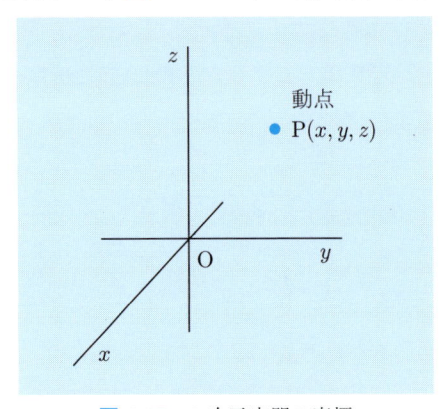

図 4.19　3 次元空間の座標　　　　　図 4.20　平面 $z = 1$

- **方程式 $x^2 + y^2 = 1$**　この方程式が与えられると，点 P は z 軸方向には自由に動けるので，次の図 4.21 のような**円柱面**を表す．

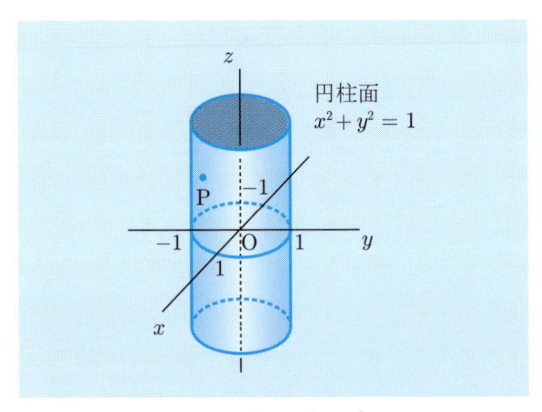

図 4.21　円柱面 $x^2 + y^2 = 1$

研究 I

- 連立方程式 $\begin{cases} x^2 + y^2 = 1 \\ z = 1 \end{cases}$　これは図 4.22 のような平面 $z = 1$ 上の半径 1 の円を表す.

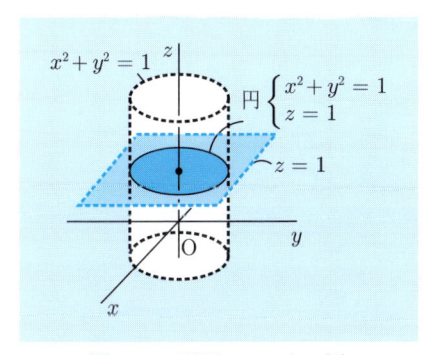

図 4.22　平面 $z = 1$ 上の円

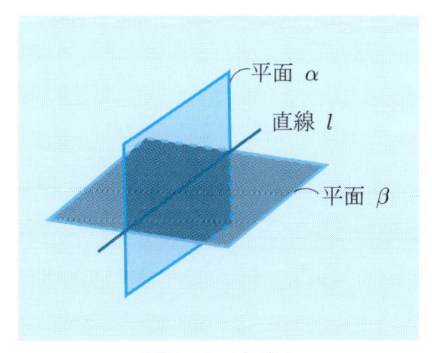

図 4.23　直線 l

- 平面 α と平面 β との連立　これによって，図 4.23 のように 3 次元空間の直線 l を表すことができる（3 次元空間における直線の一般論については p.128 をみよ）．
- $z = x^2 + y^2$　これは図 4.24 のような放物面を表す．これを

$$x^2 + y^2 = z \quad (= r^2,\ r \text{ は定数})$$

のように考えると，その半径 r が z 座標により変化する円の集合体と考えることができる．一方，$r = \sqrt{z}$ より図 4.25 のように yz 平面 $(x = 0)$ 上の放物線

$$z = y^2$$

を，3 次元空間内で z 軸のまわりに回転させた曲面とみることもできる．

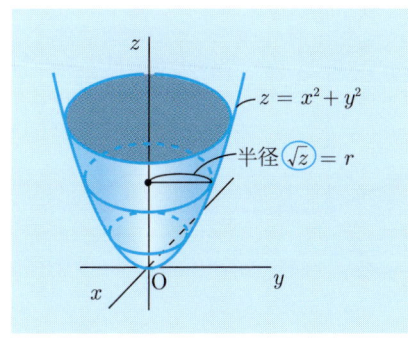

図 4.24　円放物面　$z = x^2 + y^2$

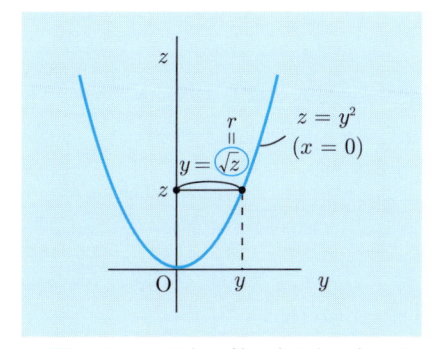

図 4.25　上図を z 軸のまわり回転したものが円放物面 $z = x^2 + y^2$ になる．

p.131 の代表的な 2 次曲面（楕円面，一葉双曲面，楕円柱面，楕円放物面，双曲放物面，双曲柱面）の図を参考にすること．

4 偏微分法

研究II　3次元空間における直線や円の方程式

● **直線の方向比**　点 $P_0(x_0, y_0, z_0)$ から図 4.26 のように，ベクトル

$$t = ue_x + ve_y + we_z \quad (1)$$

(e_x, e_y, e_z は互いに直交する単位ベクトルとする) を引き，この直線上の任意の点 $P(x, y, z)$ に対して適当な k をとれば，

$$\overrightarrow{OP} = \overrightarrow{OP_0} + kt \quad (2)$$

が成立する．

(2) に

$$\overrightarrow{OP} = xe_x + ye_y + ze_z,$$
$$\overrightarrow{OP_0} = x_0e_x + y_0e_y + z_0e_z$$

を代入して，

$$x - x_0 = ku, \quad y - y_0 = kv, \quad z - z_0 = kw \quad (3)$$

を得る．よって，

$$(x - x_0) : (y - y_0) : (z - z_0) = u : v : w \quad (4)$$

は点 P の位置にかかわらず一定である．これを **直線の方向比** という．

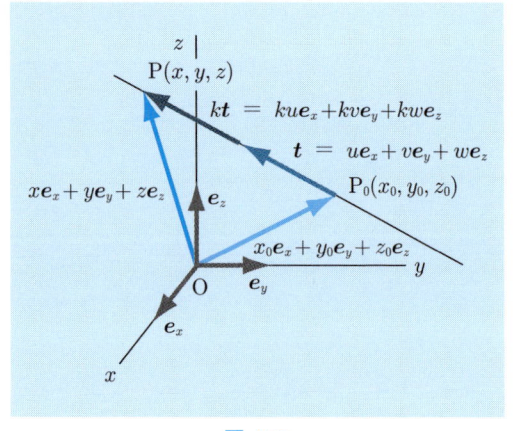

図 4.26

● **直線の方向余弦**　前の議論で，ベクトル t として単位ベクトルをとり，

$$t = \lambda e_x + \mu e_y + \nu e_z$$

とおく．この場合 t が x 軸，y 軸，z 軸の正の向きとなす角をそれぞれ，α, β, γ とすると，

$$\lambda = \cos\alpha, \quad \mu = \cos\beta, \quad \nu = \cos\gamma$$

である．この λ, μ, ν を **直線の方向余弦** という．上記 (1), (2), (3) で t を単位ベクトルとすれば，k は P_0 から P までの距離という意味をもっているから，k の代わりに r と書き，u, v, w の代わりにそれぞれ λ, μ, ν と書けば

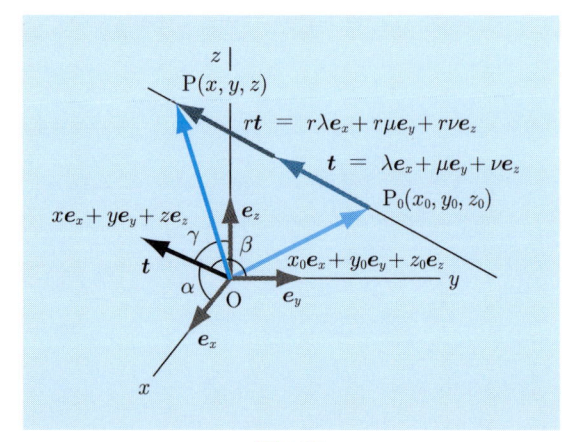

図 4.27

$$x - x_0 = r\lambda, \quad y - y_0 = r\mu, \quad z - z_0 = r\nu$$

すなわち，直線の方向比は方向余弦の比に等しいことがわかる．

よって，点 $P_0(x_0, y_0, z_0)$ を通って，方向余弦が (λ, μ, ν) である**直線の方程式**は次式で与えられる．

直線の方程式
$$\frac{x - x_0}{\lambda} = \frac{y - y_0}{\mu} = \frac{z - z_0}{\nu} \tag{5}$$

- **方向比と方向余弦** 直線の方向比を u, v, w，方向余弦を λ, μ, ν とすると，$u = r\lambda, v = r\mu, w = r\nu \, (r > 0)$ となる r がある．よって

$$u^2 + v^2 + w^2 = r^2(\lambda^2 + \mu^2 + \nu^2) = r^2 \quad \therefore \quad r = \sqrt{u^2 + v^2 + w^2}$$
$$\therefore \quad \lambda = \frac{u}{\sqrt{u^2 + v^2 + w^2}}, \quad \mu = \frac{v}{\sqrt{u^2 + v^2 + w^2}}, \quad \nu = \frac{w}{\sqrt{u^2 + v^2 + w^2}} \tag{6}$$

- **2直線間の角，平行条件，直交条件** 2直線 g_1, g_2 の方向余弦をそれぞれ，$(\lambda_1, \mu_1, \nu_1), (\lambda_2, \mu_2, \nu_2)$ とする．図 4.28 のように g_1, g_2 と同じ向きに平行な単位ベクトルを $\boldsymbol{t}_1, \boldsymbol{t}_2$ とし，g_1, g_2 のなす角を θ とする．

$$\boldsymbol{t}_1 = \lambda_1 \boldsymbol{e}_x + \mu_1 \boldsymbol{e}_y + \nu_1 \boldsymbol{e}_z,$$
$$\boldsymbol{t}_2 = \lambda_2 \boldsymbol{e}_x + \mu_2 \boldsymbol{e}_y + \nu_2 \boldsymbol{e}_z$$

であって，しかも $\boldsymbol{t}_1$ と $\boldsymbol{t}_2$ の内積 $(\boldsymbol{t}_1, \boldsymbol{t}_2) = \cos\theta$ であるので，

$$\cos\theta = \lambda_1\lambda_2 + \mu_1\mu_2 + \nu_1\nu_2 \tag{7}$$

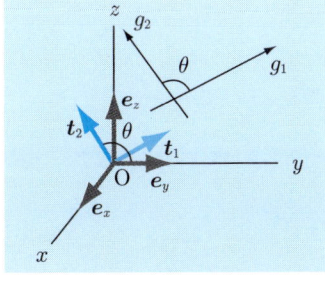

図 4.28

よって空間内の2直線 g_1, g_2 の平行条件（または一致する条件），直交条件は次の通りである．

2直線の平行条件 $\quad \dfrac{\lambda_1}{\lambda_2} = \dfrac{\mu_1}{\mu_2} = \dfrac{\nu_1}{\nu_2} \tag{8}$

2直線の直交条件 $\quad \lambda_1\lambda_2 + \mu_1\mu_2 + \nu_1\nu_2 = 0 \tag{9}$

- **平面の方程式** 図 4.29 のように空間に1つの平面が与えられた場合，原点からこの平面へ垂線 OH をおろして，OH に沿う単位ベクトルを $\boldsymbol{t}$，その方向余弦を (λ, μ, ν) とし OH $= p$ とすると，

$$\boldsymbol{t} = \lambda\boldsymbol{e}_x + \mu\boldsymbol{e}_y + \nu\boldsymbol{e}_z$$

他方，この平面上の点を $P(x, y, z)$ とすれば，$\overrightarrow{OP} = x\boldsymbol{e}_x + y\boldsymbol{e}_y + z\boldsymbol{e}_z$ となる．$\overrightarrow{OP}$ と $\boldsymbol{t}$ の内積は $(\overrightarrow{OP}, \boldsymbol{t}) = p$ であるので，次のような平面の方程式を得る．

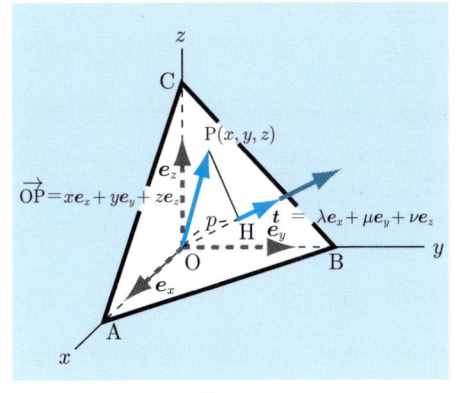

図 4.29

| 平面の方程式（標準形） | $\lambda x + \mu y + \nu z = p$ | (10) |

一般に，1次方程式は $Ax + By + Cz + D = 0$ は平面を表すが，これを標準形に直すには D を右辺に移項した式の両辺を右辺が正または 0 になるように $\pm\sqrt{A^2 + B^2 + C^2}$ で割って

$$\pm \frac{A}{\sqrt{A^2 + B^2 + C^2}} x \pm \frac{B}{\sqrt{A^2 + B^2 + C^2}} y \pm \frac{C}{\sqrt{A^2 + B^2 + C^2}} z$$
$$= \mp \frac{D}{\sqrt{A^2 + B^2 + C^2}} \tag{11}$$

とすればよい．よって，x, y, z の係数が平面の方向余弦を与える．

● **直線と平面のなす角**　直線

$$g : \frac{x - x_0}{u} = \frac{y - y_0}{v} = \frac{z - z_0}{w}$$

と平面

$$\pi : Ax + By + Cz + D = 0$$

のなす角 θ は g と π への垂線 h とのなす角の余角で与えられる．ところが直線 g の方向余弦は前頁の (6) で与えられ，平面 π の方向余弦は (11) で与えられるから，θ は (7) より，

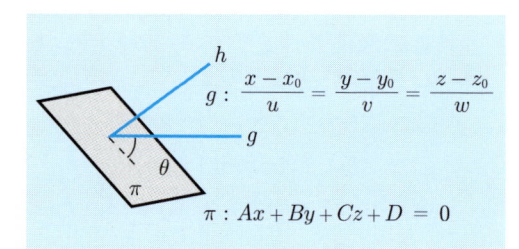

図 4.30

$$\cos\left(\frac{\pi}{2} - \theta\right) = \sin\theta = \pm \frac{uA + vB + wC}{\sqrt{u^2 + v^2 + w^2}\sqrt{A^2 + B^2 + C^2}} \tag{12}$$

となる．よって g と π が**平行条件**（g が π に含まれる条件），**直交条件**は次の通りである．

| 直線と平面の平行条件 | $uA + vB + wC = 0$ | (13) |
| 直線と平面の直交条件 | $\dfrac{u}{A} = \dfrac{v}{B} = \dfrac{w}{C}$ | (14) |

空間内の 2 平面 $A_1 x + B_1 y + C_1 z + D_1 = 0$, $A_2 x + B_2 y + C_2 z + D_2 = 0$ の平行条件（または一致する条件），直交条件は次の通りである．

| 2 平面の平行条件 | $\dfrac{A_1}{A_2} = \dfrac{B_1}{B_2} = \dfrac{C_1}{C_2}$ | (15) |
| 2 平面の直交条件 | $A_1 A_2 + B_1 B_2 + C_1 C_2 = 0$ | (16) |

- 3次元空間における2次曲面の図 $(a>0,\ b>0,\ c>0)$

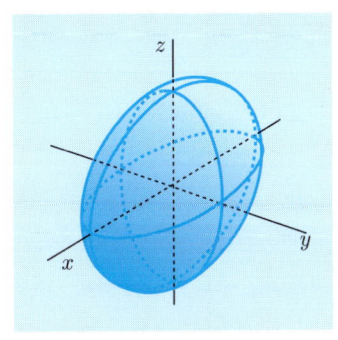

図 4.31 楕円面
$$\frac{x^2}{a^2}+\frac{y^2}{b^2}+\frac{z^2}{c^2}=1$$

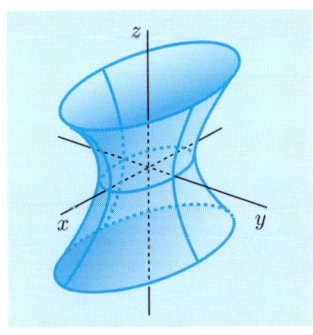

図 4.32 一葉双曲面
$$\frac{x^2}{a^2}+\frac{y^2}{b^2}-\frac{z^2}{c^2}=1$$

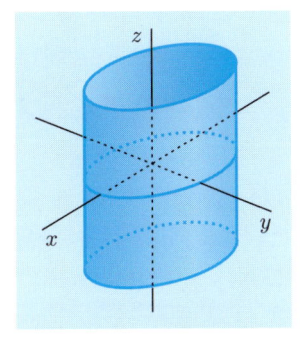

図 4.33 楕円柱面
$$\frac{x^2}{a^2}+\frac{y^2}{b^2}=1$$

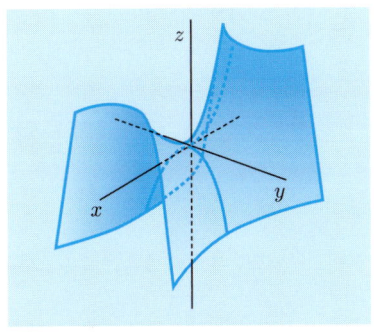

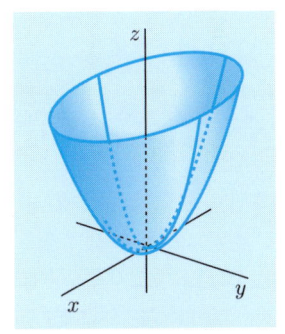

図 4.34 楕円放物面
$$\frac{x^2}{a^2}+\frac{y^2}{b^2}=4z$$

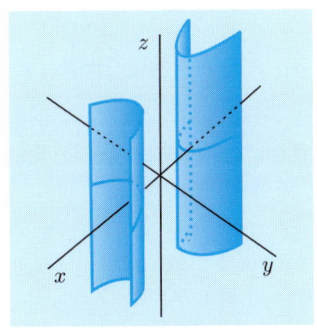

図 4.35 双曲放物面
$$\frac{x^2}{a^2}-\frac{y^2}{b^2}=4z$$

図 4.36 双曲柱面
$$\frac{x^2}{a^2}-\frac{y^2}{b^2}=1$$

5 重積分

5.1 2重積分

◆ **2重積分の定義** $f(x,y)$ は xy 平面の有界閉領域 D (⇨p.100) で定義された連続関数とする. D をいくつかの曲線により n 個の小閉領域 $S_1, S_2, \cdots, S_n$ に分割し (⇨図 5.1) その小閉領域の面積を $\Delta S_i\,(i=1,2,\cdots,n)$ とする. 1つの小閉領域 S_i においてその中の任意の2点の最大値を d_i とし (d_i をこの小閉領域の直径という) 各小閉領域内に1つずつ任意に点 (x_i, y_i) をとり

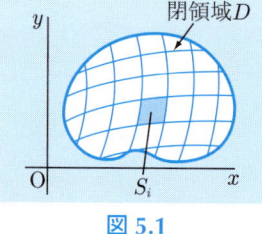

(1) $\displaystyle\sum_{i=1}^{n} f(x_i, y_i) \Delta S_i$

を考える (⇨ 図 5.1, 図 5.2). この (1) を**リーマン和**という.

いま, $d = \max d_i \to 0$ となるように分割を細かにしてゆくと, (1) は分割を細かにする仕方や, (x_i, y_i) のとり方に関係のない一定値に近づく. この極限値のことを

$$\iint_D f(x,y)dxdy, \quad \iint_D f(x,y)dS$$

などで表し, $f(x,y)$ の**定積分**または **2重積分**と呼ぶ. すなわち,

(2) $\displaystyle\iint_D f(x,y)dxdy = \lim_{d \to 0} \sum_{i=1}^{n} f(x_i, y_i) \Delta S_i$

であり, $f(x,y)$ を**被積分関数**, D を**積分領域**という.

> **注意 5.1** この定義によると, $f(x,y) \geqq 0$ のときは有界閉領域 D において曲面 $z = f(x,y)$ と xy 平面で挟まれた立体の体積 V が2重積分
>
> $$\iint_D f(x,y)dxdy$$
>
> で求められることになる. しかし, $f(x,y) < 0$ の場合でもこの定義のように考え, このときは負の体積が求められていると考える.
>
> 次にこの2重積分が存在するためには $f(x,y)$ が有界閉領域 D で連続でなくてはならない. もしそうでない場合, つまり, 連続でない関数や無限領域での積分は1変数の積分と同じように広義の2重積分を考える (⇨p.138).

5.1 2重積分

◆ **2重積分の性質** 定積分の定義から直ちに次の諸定理が成り立つ.

定理 5.1 （**2重積分の性質**） $f(x,y), g(x,y)$ を有界閉領域 D で連続関数とすると，定数 α, β に対して，

(3) $\displaystyle\iint_D \{\alpha f(x,y) + \beta g(x,y)\} dxdy = \alpha \iint_D f(x,y)dxdy + \beta \iint_D g(x,y)dxdy.$

（線形性）

(4) $f(x,y) \leqq g(x,y)$ ならば，$\displaystyle\iint_D f(x,y)dxdy \leqq \iint_D g(x,y)dxdy$ （単調性）

定理 5.2 （**2重積分の性質**） $f(x,y)$ が有界閉領域 D で連続ならば

(5) $\left|\displaystyle\iint_D f(x,y)dxdy\right| \leqq \iint_D |f(x,y)|dxdy$

(6) D を 2 つの有界閉領域 D_1, D_2 に分けるとき，

$$\iint_D f(x,y)dxdy = \iint_{D_1} f(x,y)dxdy + \iint_{D_2} f(x,y)dxdy \quad （加法性）$$

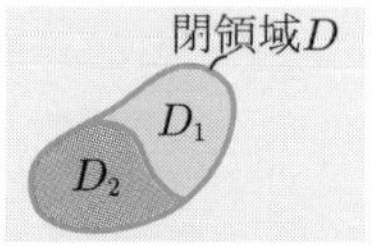

図 5.3

◆ **累次積分** 2重積分は 1 変数関数の繰返しの積分（**累次積分**）によって求める．

定理 5.3 （**x に関して単純な領域における累次積分**） $g_1(x), g_2(x)$ は $[a,b]$ で連続とする．いま，$D : a \leqq x \leqq b, g_1(x) \leqq y \leqq g_2(x)$ とし，この閉領域 D を **x に関して単純な領域**という．さらに，$f(x,y)$ が D で連続ならば次の等式が成り立つ．

(7) $\displaystyle\iint_D f(x,y)dxdy = \int_a^b \left\{\int_{g_1(x)}^{g_2(x)} f(x,y)dy\right\} dx$

断面積 $S(x)$

x を固定して y で積分する

x で積分する

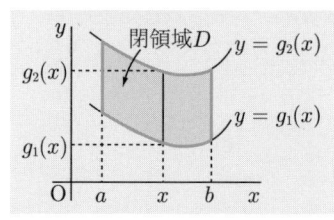

図 5.4 x に関して単純な領域 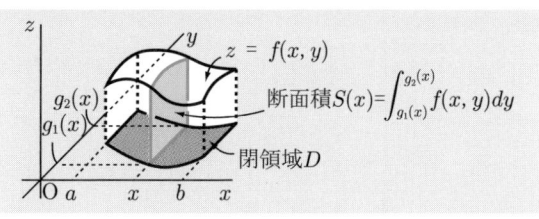　　図 5.5 x に関して単純な領域における累次積分

定理 5.4（y に関して単純な領域における累次積分）　$h_1(y), h_2(y)$ は $[c, d]$ で連続とする．いま，$D : c \leqq y \leqq d, h_1(y) \leqq x \leqq h_2(y)$ とし，この閉領域 D を y に関して**単純な領域**という．さらに，$f(x, y)$ が D で連続ならば次の等式が成り立つ．

$$(8) \quad \iint_D f(x,y) dx dy = \int_c^d \left\{ \int_{h_1(y)}^{h_2(y)} f(x,y) dx \right\} dy$$

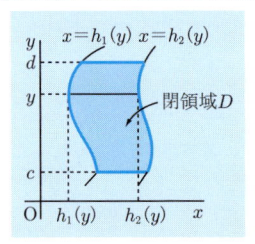

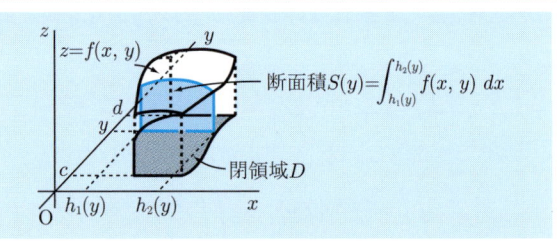

断面積 $S(y)$

y を固定して x で積分する
y で積分する

図 5.6　y に関して単純な領域　　図 5.7　y に関して単純な領域における累次積分

注意 5.2　(7), (8) の累次積分は次のようにも表す．

$$(7) = \int_a^b dx \int_{g_1(x)}^{g_2(x)} f(x,y) dy, \quad (8) = \int_c^d dy \int_{h_1(y)}^{h_2(y)} f(x,y) dx$$

特に $D : a \leqq x \leqq b, c \leqq y \leqq d$ のときは，

$$(9) \quad \int_a^b \left\{ \int_c^d f(x,y) dy \right\} dx = \int_c^d \left\{ \int_a^b f(x,y) dx \right\} dy$$

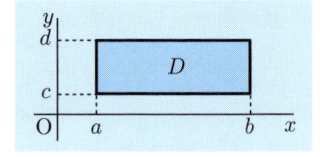

図 5.8

◆ **積分の順序交換**　閉領域 $D : a \leqq x \leqq b, g_1(x) \leqq y \leqq g_2(x)$ は x に関して単純な領域でありこれを $D : c \leqq y \leqq d, h_1(y) \leqq x \leqq h_2(y)$ と y に関しての単純な領域とみることもできるので（⇨ 図 5.9）累次積分は次のように表せる．

$$(10) \quad \int_a^b \left\{ \int_{g_1(x)}^{g_2(x)} f(x,y) dy \right\} dx = \int_c^d \left\{ \int_{h_1(y)}^{h_2(y)} f(x,y) dx \right\} dy$$

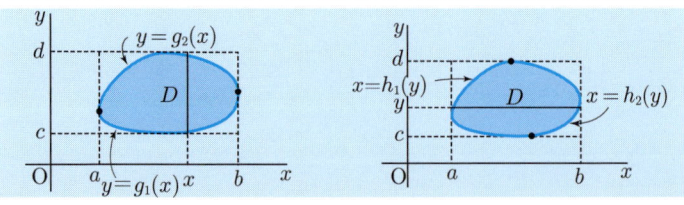

図 5.9　（左）x に関して単純な領域とみる場合，（右）y に関して単純な領域とみる場合

5.1 2 重 積 分

例題 1 ──────────────────────────── 2重積分 (1) ──

(1) $f(x,y) = 1$ のとき, $\iint_D f(x,y)dxdy$ は D の面積に等しいことを示せ.
(2) 次の2重積分を求めよ.
$$\iint_D \frac{x}{x^2+y^2}dxdy \quad D : y - \frac{1}{4}x^2 \geqq 0,\ y - x \leqq 0,\ x \geqq 2.$$

---

route (1) 2重積分の定義 (⇨ p.132 の (2)) を用いる. (2) 積分する閉領域 D を確定し, 累次積分 (⇨ p.133 の定理 5.3 (7)) により求める.

navi 定義はすべての出発点　累次積分は1変数関数の積分の操返しである. まず積分する範囲の図を描く. 次に $f(x,y)$ を y で積分 (x は固定) する. その結果は x の関数となるので, x で積分する.

解答 (1) p.132 の2重積分の定義 (2) を用いる. いま $f(x_i, y_i) = 1$ である.

$$\therefore \iint_D f(x,y)dxdy = \lim_{d \to 0} \sum_{i=1}^n f(x_i, y_i) \Delta S_i = \lim_{d \to 0} \sum_{i=1}^n \Delta S_i = D\text{ の面積}.$$

(2) 放物線 $y = \frac{1}{4}x^2$ と直線 $y = x$ との交点の座標は $(0,0)$ と $(4,4)$ である.

$$\therefore \iint_D \frac{x}{x^2+y^2}dxdy = \int_2^4 dx \int_{x^2/4}^x \frac{x}{x^2+y^2}dy$$

$$= \int_2^4 \left[x \frac{1}{x} \tan^{-1} \frac{y}{x} \right]_{x^2/4}^x dx$$

$$= \int_2^4 \left(\tan^{-1} 1 - \tan^{-1} \frac{x}{4} \right) dx$$

$$= \left[\frac{\pi}{4} x \right]_2^4 - \left[x \tan^{-1} \frac{x}{4} \right]_2^4 + \int_2^4 x \frac{1}{1 + (x/4)^2} \cdot \frac{1}{4} dx$$

$$= \frac{\pi}{2} - 4\tan^{-1} 1 + 2\tan^{-1} \frac{1}{2} + \left[2\log(16 + x^2) \right]_2^4 = 2\tan^{-1} \frac{1}{2} - \frac{\pi}{2} + 2\log \frac{8}{5}.$$

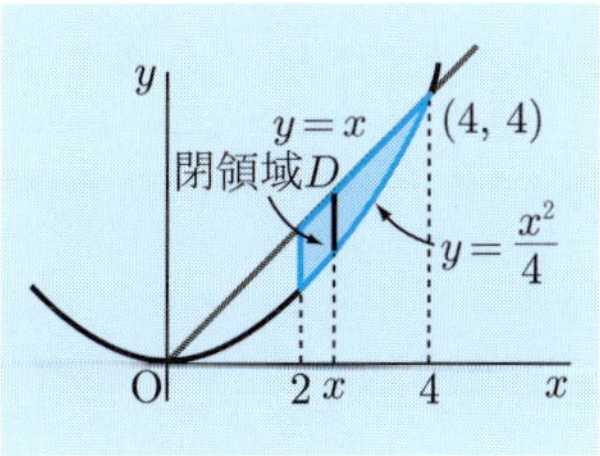

図 5.10

～～～ 問 題 ～～～～～～～～～～～～～～～～～～～～～～～～～

1.1 次の2重積分を求めよ $(a > 0,\ b > 0)$.

(1) $\displaystyle\int_0^a \left\{ \int_0^b xy(x-y)dy \right\} dx$ 　　(2) $\displaystyle\int_0^a \int_0^a e^{px+qy}dxdy \quad (pq \neq 0)$

(3) $\displaystyle\iint_D xy\,dxdy \quad D : 0 \leqq x,\ 0 \leqq y,\ x^2 + 4y^2 \leqq a^2$

例題 2 ── 2 重積分 (2)

次の 2 重積分を求めよ． $\displaystyle\iint_D \sqrt{x}\,dxdy, \quad D : x^2+y^2 \leqq x$

route 累次積分によって求める．はじめに y について積分する方（p.133 の定理 5.3）が計算が簡単である．

navi **累次積分** まず積分する範囲の図を描く．次に $f(x,y)$ を y で積分（x を固定）する．その結果は x の関数となるので，x で積分する．積分の順序はどちらでもよいから，計算の簡単な方を選ぶ．

解答 $x^2+y^2=x$ は $(x-1/2)^2+y^2=(1/2)^2$ と変形することによって，中心が $(1/2,0)$ で半径が $1/2$ である円となる．D はこの円の周および内部である．

$$\therefore \iint_D \sqrt{x}\,dxdy = \int_0^1 dx \int_{-\sqrt{x-x^2}}^{\sqrt{x-x^2}} \sqrt{x}\,dy$$

$$= \int_0^1 \left[\sqrt{x}\,y\right]_{-\sqrt{x-x^2}}^{\sqrt{x-x^2}} dx = 2\int_0^1 \sqrt{x}\sqrt{x-x^2}\,dx.$$

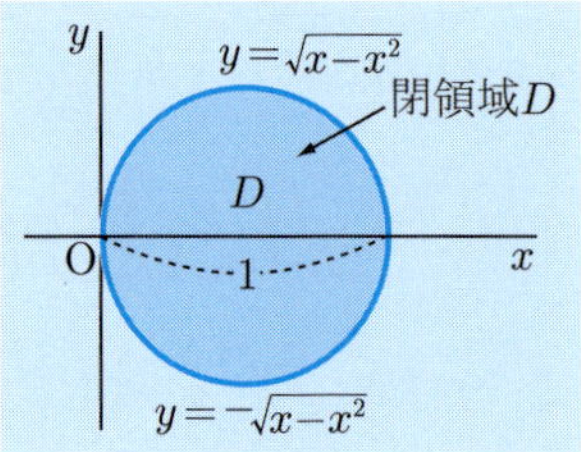

そこで，$\sqrt{x}\sqrt{x-x^2} = x\sqrt{1-x}$ であるので，$\sqrt{1-x}=t$ とおくと，$x = 1-t^2,\ dx = -2tdt$．

図 5.11

$$\therefore\ 2\int_0^1 \sqrt{x}\sqrt{x-x^2}\,dx = 2\int_1^0 (1-t^2)t(-2t)dt = 4\int_0^1 (t^2-t^4)dt = 4\left[\frac{t^3}{3}-\frac{t^5}{5}\right]_0^1$$

$$= 4(1/3 - 1/5) = 8/15.$$

問題

2.1[†] 次の 2 重積分を求めよ $(a>0,\ b>0)$．

(1) $\displaystyle\int_0^b \int_y^{10y} \sqrt{xy-y^2}\,dxdy$

(2) $\displaystyle\int_0^\pi \int_0^{a(1+\cos\theta)} r^2 \sin\theta\,drd\theta$ （⇨ p.33 の図 2.12）

(3) $\displaystyle\int_0^1 \int_{\sqrt{y}}^{2-y} (x^2+y^2)dxdy$

(4) $\displaystyle\iint_D y\,dxdy \quad D:\sqrt{x}+\sqrt{y}\leqq 1$ （⇨ p.33 の図 2.10）

(5) $\displaystyle\iint_D xy\,dxdy \quad D: x^2+y^2 \geqq 1,\ x-y+2 \geqq 0,\ 0 \leqq x \leqq 1$．

[†] (1) ははじめ x で積分する．(2) ははじめ r で積分する．(3) ははじめ x で積分する．

5.1 2重積分

── 例題 3 ────────────────────────────── 積分の順序交換 ──

$\int_0^a dx \int_{\sqrt{a^2-x^2}}^{x+2a} f(x,y)dy$ の積分の順序を交換せよ $(a>0)$.

route p.134 の (10) により積分の順序を交換する.

navi 積分する範囲 D の図を描く．ここでは積分する順序を変換するのであるからまず x で積分して (y は固定) 次に y で積分する．そのときは，閉領域 D を囲む曲線の方程式が異なるところで，積分する範囲 D を分割して考える．

解答 積分する範囲は 3 つの直線 $x=0$ (y 軸), $x=a$ (y 軸に平行な直線), $y=x+2a$ および半円の $y=\sqrt{a^2-x^2}$ で囲まれた平面の部分 D である．この積分の順序を変更するためには図のように，D の周りの曲線の方程式が異なるところで D を 3 つの部分 A_1, A_2, A_3 に分けて考えると (⇨ 図 5.12)，

$$\int_0^a dx \int_{\sqrt{a^2-x^2}}^{x+2a} f(x,y)dy$$
$$= \iint_{A_1} f(x,y)dxdy + \iint_{A_2} f(x,y)dxdy$$
$$+ \iint_{A_3} f(x,y)dxdy$$
$$= \int_0^a dy \int_{\sqrt{a^2-y^2}}^a f(x,y)dx + \int_a^{2a} dy \int_0^a f(x,y)dx + \int_{2a}^{3a} dy \int_{y-2a}^a f(x,y)dx.$$

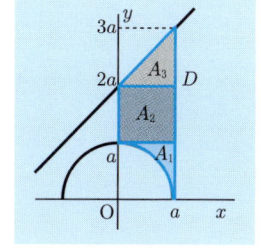

図 5.12

～～ 問 題 ～～～～～～～～～～～～～～～～～～～～

3.1 次の積分の順序を交換せよ $(a>0, b>0)$.

(1)† $\int_a^b dx \int_a^x f(x,y)dy$ (2) $\int_0^a dx \int_0^{x^2} f(x,y)dy$

(3) $\int_0^2 dx \int_{x/2}^{3x} f(x,y)dy$ (4) $\int_0^{2a} dx \int_{x^2/4a}^{3a-x} f(x,y)dy$

3.2 次の 2 重積分を求めよ.

(1) $\iint_D \sqrt{4x^2-y^2}\,dxdy \quad D: 0 \leqq y \leqq x \leqq 1$

(2) $\iint_D \log\dfrac{x}{y^2}dxdy \quad D: 1 \leqq y \leqq x \leqq 2$

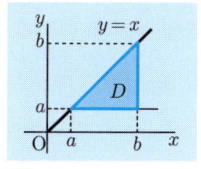

図 5.13 ディリクレの変換

───────────────
† この積分の順序変更をディリクレの変換という (⇨ 図 5.13).

5.2 2重積分における変数変換と定義の拡張

◆ 変数の変換

定理5.5（**2重積分の変数変換公式**） $x = \varphi(u,v), y = \psi(u,v)$ により uv 平面の有界閉領域 D' から xy 平面の有界閉領域 D への変換が与えられており，この対応は1対1で，φ, ψ は u, v に関して連続な偏導関数をもち，**ヤコビアン**（またはヤコビ行列式）

$$J = \begin{vmatrix} \dfrac{\partial x}{\partial u} & \dfrac{\partial x}{\partial v} \\ \dfrac{\partial y}{\partial u} & \dfrac{\partial y}{\partial v} \end{vmatrix}$$

が 0 にならないとする．

さらに $f(x,y)$ が D で連続ならば，

(1) $$\iint_D f(x,y)dxdy = \iint_{D'} f\{\varphi(u,v), \psi(u,v)\}|J|dudv.$$

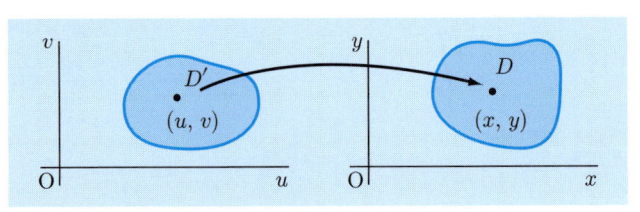

図 5.14

◆ 2重積分の定義の拡張（広義の2重積分）

不連続点がある場合 関数 $f(x,y)$ は有界閉領域 D で定義され D の周上または内部の有限個の点以外では連続とする．この不連続点の集合を E とする．

さて，D に含まれる有界閉領域の列 $\{D_n\}$ が次の条件を満たすとき，E を除外する**近似増加列**という．

(i) D_{n+1} は D_n を含む $(n = 1, 2, \cdots)$.

(ii) D_n は E の点を含まない．

(iii) D に含まれる任意の有界閉領域は適当な番号から先の D_n に含まれてしまう．

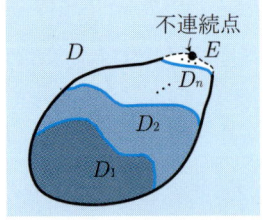

図 5.15 E を除外する近似増加列

5.2 2重積分における変数変換と定義の拡張

いま，E を除外するどんな近似増加列 $\{D_n\}$ をとった場合でも，その選び方に無関係に

(2) $\displaystyle \lim_{n \to \infty} \iint_{D_n} f(x,y)dxdy$

が存在するとき，その値を

(3) $\displaystyle \iint_D f(x,y)dxdy$

で表し，**有界閉領域における広義の 2 重積分**という．

無限領域の場合　曲線が次々に連なって，自分自身に交わっていないものとすると，この曲線によって分けられた平面の一部を無限領域という．例えば $y \geqq x^2$ で定義される部分や第 1 象限などである（⇨図 5.16，図 5.17）．

D を無限領域とし p.138 の(i), (ii), (iii)を満たすような有界閉領域の近似増加列 $\{D_n\}$ を考えるとき，これを**無限領域 D の近似増加列**という（⇨図 5.16，図 5.17）．

関数 $f(x,y)$ がどんな無限領域 D の近似増加列 $\{D_n\}$ に対しても，その選び方に無関係に上記 (2) が存在するとき，これを (3) で表し，**無限領域における広義の 2 重積分**という．

ところで実際に，有限領域，無限領域いずれの場合でも上記 (2) の収束を考えるとき，特定の $\{D_n\}$ に対して収束がいえただけでは不十分で，その値が $\{D_n\}$ のとり方に無関係であることが確かめられなくてはならない．そこで次の定理が役立つ．

> **定理 5.6　（広義の 2 重積分の収束）**　閉領域 D 上で $f(x,y) \geqq 0$ とする．点 A を除外する領域 D 内の 1 つの近似増加列 $\{D_i\}$ に関して
>
> (4) $\displaystyle \iint_{D_i} f(x,y)dxdy \to I \quad (i \to \infty)$
>
> ならば，他のどんな近似増加列 $\{D_n'\}$ についても I に収束する．

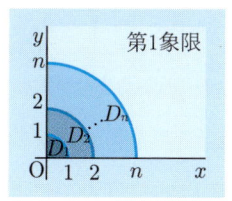

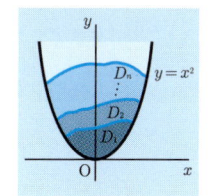

図 5.16　第 1 象限の近似増加列　　図 5.17　無限領域の近似増加列

注意 5.3　定理 5.6 で点 A の代わりに弧 C に対しても同様である．また D を無限領域と考えた場合も同様の定理が成立することが証明される．

例題 4 　　　　　　　　　　　　　　　　　　　　　　　　　　　　変数変換

次の 2 重積分を求めよ $(a>0, b>0)$. $I = \iint_D (x^2+y^2)dxdy$, $D : \dfrac{x^2}{a^2}+\dfrac{y^2}{b^2} \leqq 1$

route 計算を簡単にするために $x=au, y=bv$ と変数変換する（⇨ p.138 の定理 5.5）．どのように変換するかについての "一般的なきまり" がないのが欠点であるが，この変換 $x=au, y=bv$ はよく使うので覚えておこう．

navi 変数変換　積分する範囲 D' とその写像 D の図を描く．ヤコビアン．

解答 まず $x=au, y=bv$ とおくと，この対応は 1 対 1 である．また，

$$J = \begin{vmatrix} \dfrac{\partial x}{\partial u} & \dfrac{\partial x}{\partial v} \\ \dfrac{\partial y}{\partial u} & \dfrac{\partial y}{\partial v} \end{vmatrix} = \begin{vmatrix} a & 0 \\ 0 & b \end{vmatrix} = ab \neq 0$$

であるから，p.138 の定理 5.5 により，

$$I = \iint_{D'} (a^2u^2+b^2v^2)ab\,dudv \qquad D' : u^2+v^2 \leqq 1$$

$$\therefore \quad I = 4ab \int_0^1 du \int_0^{\sqrt{1-u^2}} (a^2u^2+b^2v^2)dv$$

$$= 4ab \int_0^1 \left[a^2u^2v + \dfrac{b^2}{3}v^3 \right]_0^{\sqrt{1-u^2}} du$$

$$= 4ab \int_0^1 \left\{ a^2u^2\sqrt{1-u^2} + \dfrac{b^2}{3}(1-u^2)^{3/2} \right\} du$$

ここで $u=\sin\theta$ とおくと，$du = \cos\theta\,d\theta$

$$= 4ab \int_0^{\pi/2} \left\{ a^2\sin^2\theta\cos\theta + \dfrac{b^2}{3}\cos^3\theta \right\} \cos\theta\,d\theta$$

図 5.18

$$= 4ab \int_0^{\pi/2} \left\{ a^2\cos^2\theta + \left(-a^2+\dfrac{b^2}{3}\right)\cos^4\theta \right\} d\theta = \dfrac{ab}{4}(a^2+b^2)\pi \quad \begin{pmatrix} ⇨ \text{p.82 第 3 章} \\ \text{例題 25} \end{pmatrix}$$

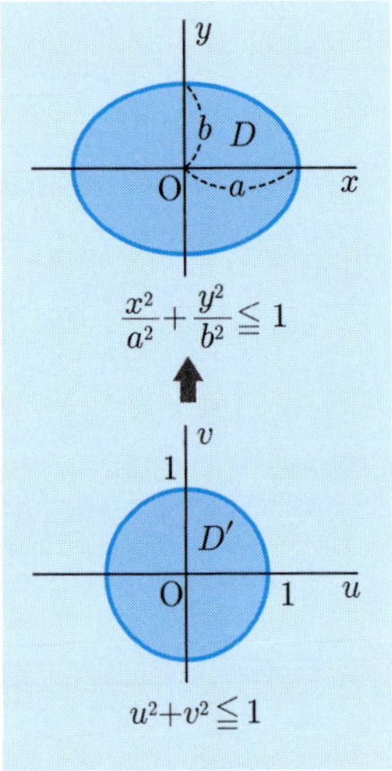

問　題

4.1 例題 4 において，$x=ar\cos\theta, y=br\sin\theta$ という変数変換を利用してこの 2 重積分を計算せよ．

4.2 4 つの放物線 $x^2=ay, x^2=2ay, y^2=bx, y^2=2bx\,(a,b>0)$ の囲む部分を D とするとき，次の積分を変数変換 $x^2=uy, y^2=vx\,(u,v>0)$ を行って求めよ．

$$\iint_D xy\,dxdy.$$

5.2 2重積分における変数変換と定義の拡張

例題 5 ─────────────────── 変数変換（極座標）

次の2重積分を $x = r\cos\theta, y = r\sin\theta$ と変数変換して求めよ．
$$\iint_D (x^2 + y^2)dxdy \quad D: x^2 + y^2 \leqq a^2 \quad (a > 0)$$

route 積分する範囲が円であるので，計算を簡単にするために極座標 $x = r\cos\theta, y = r\sin\theta$ に変数変換する（⇨ p.138 の定理 5.5）．

navi 変数変換　積分する範囲 D' とその写像 D の図を描く．極座標での変換は特に重要であるので覚えておこう．$x^2 + y^2$ のときは極座標に変換，ヤコビアン．

解答 p.138 の定理 5.5 を用いる．

変数を極座標 $x = r\cos\theta, y = r\sin\theta$ に変換する．$r\theta$ 平面の領域 D' を
$$D': 0 \leqq r \leqq a, 0 \leqq \theta \leqq 2\pi$$
とおくと，D' は $x = r\cos\theta, y = r\sin\theta$ によって D に写像される．このとき

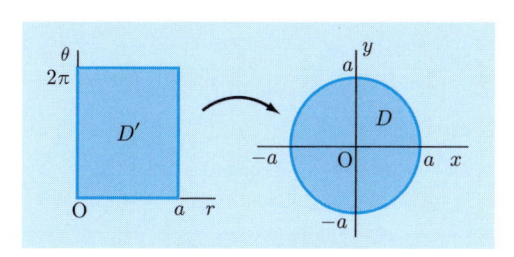

図 5.19 変数変換

(i) 線分 $r = 0$ は原点に写像され，線分 $\theta = 0$ 上の点と線分 $\theta = 2\pi$ 上の点も同じ点に写像される．それ以外では D' の点と D の点は1対1の写像である．

(ii) ヤコビアン $J = \begin{vmatrix} \cos\theta & -r\sin\theta \\ \sin\theta & r\cos\theta \end{vmatrix} = r$ は $r = 0$ 以外では正である．このような例外の点では面積が 0 になっているため，積分値には関係しないので p.138 の定理 5.5 を用いることができる．よって，

$$\iint_D (x^2 + y^2)dxdy = \iint_{D'} r^2 \cdot r dr d\theta = \left(\int_0^{2\pi} d\theta\right)\left(\int_0^a r^3 dr\right) = \frac{\pi a^4}{2}$$

問題

5.1 次の2重積分を計算せよ（$x = r\cos\theta, y = r\sin\theta$ と変換せよ）．

$$\iint_D \tan^{-1}\frac{y}{x}dxdy \quad D: x^2 + y^2 \leqq a^2, x > 0, y > 0$$

例題 6 ───── 広義の 2 重積分（不連続点がある場合）

次の広義の 2 重積分を求めよ． $\iint_D \dfrac{dxdy}{(x+y)^{3/2}}$, $D : 0 \leqq x \leqq 1, 0 \leqq y \leqq 1$

route まず積分領域 D の図を描く．原点で不連続であるので，これをさけるような D の近似増加列 D_n を考えよう（⇨ p.138）．D_n は D から Δ_n を除いた領域である．

$$D : \begin{cases} 0 \leqq x \leqq 1 \\ 0 \leqq y \leqq 1 \end{cases}, \quad \Delta_n : \begin{cases} 0 \leqq x \leqq 1/n \\ 0 \leqq y \leqq 1/n \end{cases}$$

navi 広義の 2 重積分（不連続点がある場合）上記の D の近似増加列 $\{D_n\}$ により $\displaystyle\lim_{n\to\infty} \iint_{D_n} \dfrac{dxdy}{(x+y)^{3/2}}$ を求める．

解答 被積分関数は D で常に正で，原点で不連続であるので，この点を除けば連続となる．よって D の近似増加列 $\{D_n\}$ として図 5.20 のように D から $\Delta_n : 0 \leqq x \leqq 1/n,\ 0 \leqq y \leqq 1/n$ を除いたものを考える．

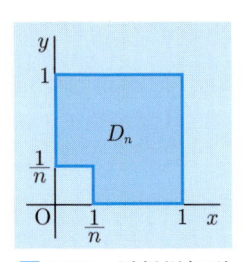

図 5.20　近似増加列

$$\iint_{D_n} \dfrac{dxdy}{(x+y)^{3/2}} = \int_0^{1/n} dx \int_{1/n}^1 \dfrac{dy}{(x+y)^{3/2}} + \int_{1/n}^1 dx \int_0^1 \dfrac{dy}{(x+y)^{3/2}}$$

$$= \int_0^{1/n} \Big[-2(x+y)^{-1/2}\Big]_{1/n}^1 dx + \int_{1/n}^1 \Big[-2(x+y)^{-1/2}\Big]_0^1 dx$$

$$= -2\int_0^{1/n} (x+1)^{-1/2} dx + 2\int_0^{1/n} \left(x+\dfrac{1}{n}\right)^{-1/2} dx - 2\int_{1/n}^1 (x+1)^{-1/2} dx + 2\int_{1/n}^1 x^{-1/2} dx$$

$$= -2\int_0^1 (x+1)^{-1/2} dx + 2\int_0^{1/n} \left(x+\dfrac{1}{n}\right)^{-1/2} dx + 2\int_{1/n}^1 x^{-1/2} dx$$

$$= -4\Big[(x+1)^{1/2}\Big]_0^1 + 4\left[\left(x+\dfrac{1}{n}\right)^{1/2}\right]_0^{1/n} + 4\Big[x^{1/2}\Big]_{1/n}^1$$

$$= -4(\sqrt{2}-1) + 4\left(\sqrt{\dfrac{2}{n}} - \sqrt{\dfrac{1}{n}}\right) + 4\left(1 - \sqrt{\dfrac{1}{n}}\right)$$

$$\to -4(\sqrt{2}-1) + 4 \quad (n\to\infty) \quad \therefore \quad \iint_D \dfrac{dxdy}{(x+y)^{3/2}} = 8 - 4\sqrt{2}$$

～～～ 問　題 ～～～

6.1[†] 2 重積分 $\iint_D \dfrac{dxdy}{\sqrt{x^2+y^2}}$　$D : 0 \leqq x \leqq y \leqq 1$　を求めよ．

[†] D の近似増加列 $\{D_n\}$ を次のようにとれ．$D_n : 0 \leqq x \leqq y,\ 1/n \leqq y \leqq 1$.

5.2　2重積分における変数変換と定義の拡張

―― 例題 7 ――――――――――――――――――― 広義の 2 重積分（無限領域の場合）――

D を無限領域 $x \geqq 0$, $y \geqq 0$ とするとき，$\displaystyle\iint_D e^{-x^2-y^2}dxdy$ を求めよ．

route　まず積分領域 D の図を描く．D は無限領域（第 1 象限）である．これと原点を中心とした円との共通部分を D_n とすれば $\{D_n\}$ は D の近似増加列である．

navi　広義の 2 重積分（無限領域の場合）　　上記の D の近似増加列 $\{D_n\}$ をとり $\displaystyle\lim_{n\to\infty}\iint_{D_n} e^{-x^2-y^2}dxdy$ を求める．x^2+y^2 は極座標に変換，ヤコビアン．

解答　D_n を原点を中心として半径 n の円と D との共通部分とすれば $\{D_n\}$ は D の近似増加列である．一方 $e^{-x^2-y^2} > 0$ であるから p.139 の定理 5.6 により 1 つの近似増加列について極限を調べればよい．極座標 $x = r\cos\theta$, $y = r\sin\theta$ を用いて，

$$\iint_{D_n} e^{-x^2-y^2}dxdy = \int_0^{\pi/2} d\theta \int_0^n e^{-r^2} r\, dr$$

$$= \left[\theta\right]_0^{\pi/2} \cdot \left[-\frac{1}{2}e^{-r^2}\right]_0^n = \frac{\pi}{4}(1-e^{-n^2})$$

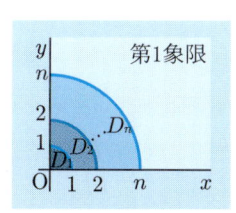

図 5.21

そこで $n \to \infty$ とすると，$\displaystyle\iint_D e^{-x^2-y^2}dxdy = \frac{\pi}{4}$

追記 5.1　$D'_n : 0 \leqq x \leqq n$, $0 \leqq y \leqq n$ によって定義される $\{D'_n\}$ も D の近似増加列である．しかも

$$\iint_{D'_n} e^{-x^2-y^2}dxdy = \left(\int_0^n e^{-x^2}dx\right)\left(\int_0^n e^{-y^2}dy\right)$$

ここで p.139 の定理 5.6 により，$n \to \infty$ の極限値は $\dfrac{\pi}{4}$ となるから，　　$\displaystyle\int_0^\infty e^{-x^2}dx = \frac{\sqrt{\pi}}{2}$

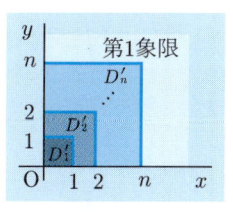

図 5.22

さらに変換 $\sqrt{2}x = t$ を行うと次の結果が得られる．

正規密度関数の積分　　$\displaystyle\int_{-\infty}^\infty \frac{1}{\sqrt{2\pi}} e^{-t^2/2} dt = 1$

問題

7.1　次の 2 重積分を求めよ（追記 5.1 と同じ近似増加列（⇨図 **5.22**）とせよ）．

$$\iint_D \frac{dxdy}{(x+y+1)^\alpha} \quad (\alpha > 2) \qquad D : x \geqq 0,\ y \geqq 0.$$

例題 8 ─────────────────────────── ガンマ関数とベータ関数の関係 ─

$$\iint_D e^{-x-y} x^{p-1} y^{q-1} dx dy \quad (p>0, q>0) \qquad D: x \geqq 0, y \geqq 0$$

を計算することにより，次のガンマ関数とベータ関数との関係を示せ．

$$\frac{\Gamma(p)\Gamma(q)}{\Gamma(p+q)} = B(p, q) \quad (p>0, q>0)$$

route p.87 の例題 28 や p.89 の例題 30 において，

$$\text{ベータ関数} \quad B(p,q) = \int_0^1 x^{p-1}(1-x)^{q-1} dx \quad (p>0, q>0)$$

$$\text{ガンマ関数} \quad \Gamma(p) = \int_0^\infty e^{-x} x^{p-1} dx \quad (p>0)$$

それぞれの収束性や諸性質について述べた．ここでは広義の 2 重積分

$$\iint_D e^{-x-y} x^{p-1} y^{q-1} dx dy \quad (p>0, q>0) \qquad D: x \geqq 0, y \geqq 0$$

を計算することにより，**ガンマ関数とベータ関数の関係**を示す．

解答 被積分関数は x 軸上の点（直線 $y=0$）と y 軸上の点（直線 $x=0$）において不連続であり，かつ無限領域で与えられているので，不連続点がある場合の広義の 2 重積分（⇨ p.138）および無限領域の場合の広義の 2 重積分（⇨ p.139）を用いるために図 5.23 のような近似増加列を考える．

$$I_n = \iint_{D_n} e^{-x-y} x^{p-1} y^{q-1} dx dy$$

$$= \int_{1/n}^n e^{-x} x^{p-1} dx \int_0^{1/n} e^{-y} y^{q-1} dy \quad \cdots ①$$

$$+ \int_0^{1/n} e^{-x} x^{p-1} dx \int_{1/n}^n e^{-y} y^{q-1} dy \quad \cdots ②$$

$$+ \int_{1/n}^n e^{-x} x^{p-1} dx \int_{1/n}^n e^{-y} y^{q-1} dy \quad \cdots ③$$

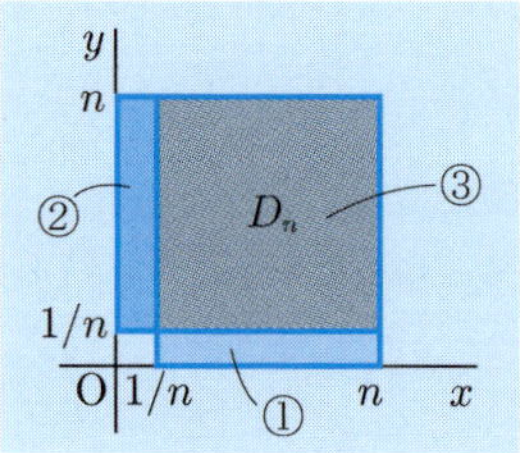

図 5.23

ここで $n \to \infty$ とすると，$\int_{1/n}^n e^{-x} x^{p-1} dx \to \Gamma(p)$, $\int_0^{1/n} e^{-y} y^{q-1} dy \to 0$ となり，第 1 項は 0 に収束する．

同様にして第 2 項も 0 に収束し，第 3 項は $\Gamma(p)\Gamma(q)$ に収束する．ゆえに，次式となる．

$$(1) \quad \iint_D e^{-x-y} x^{p-1} y^{q-1} dx dy = \Gamma(p)\Gamma(q)$$

5.2　2重積分における変数変換と定義の拡張

一方，図 5.24 のように，有界閉領域

$$D'_m : 1/m \leqq x+y \leqq m, \quad x \geqq 0, \quad y \geqq 0$$

をとると，$\{D'_m\}$ は D の近似増加列となる．$\{D_n\}$ とは別の近似増加列 $\{D'_m\}$ をとっても，$f(x,y) = e^{-x-y}x^{p-1}y^{q-1}$ $(p>0, q>0)$ は D で正であるので，上記 (1) の結果と，p.139 の定理 5.6 により次のことがわかる．

(2) $\displaystyle\lim_{m\to\infty} \iint_{D'_m} e^{-x-y}x^{p-1}y^{q-1}dxdy = \Gamma(p)\Gamma(q)$.

さらに上記積分に次の変数変換を行う．

$$\begin{cases} x = uv \\ y = u - uv \end{cases}$$

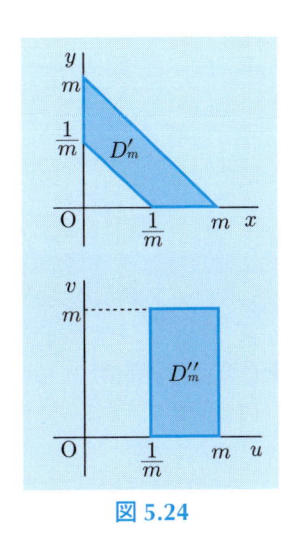

$x+y = u$ より $\dfrac{1}{m} \leqq u \leqq m$ となる．また，$x \geqq 0$ より $x = uv \geqq 0$ となり u は $\dfrac{1}{m} \leqq u \leqq m$ であるので正．よって $v \geqq 0$ となる．また $y \geqq 0$ であるので $y = u(1-v) \geqq 0$ となり $u > 0$ より $v \leqq 1$ となる．ゆえに uv 平面の有界閉領域は $D''_m : \dfrac{1}{m} \leqq u \leqq m, 0 \leqq v \leqq 1$ となる．また，ヤコビアンは

$$J = \begin{vmatrix} x_u & x_v \\ y_u & y_v \end{vmatrix} = \begin{vmatrix} v & u \\ 1-v & -u \end{vmatrix} = -u$$

図 5.24

であるので，

$$\iint_{D'_m} e^{-x-y}x^{p-1}y^{q-1}dxdy = \int_{1/m}^{m} u^{p+q-1}e^{-u}du \int_0^1 v^{p-1}(1-v)^{q-1}dv$$

$$= B(p,q) \int_{1/m}^{m} u^{p+q-1}e^{-u}du.$$

ここで，$m \to \infty$ とすると，これは $B(p,q)\Gamma(p+q)$ に収束する．

$$\therefore \quad \Gamma(p)\Gamma(q) = B(p,q)\Gamma(p+q) \quad (p>0, q>0).$$

問題

8.1† 次の2重積分を求めよ．$\displaystyle\iint_D \dfrac{dxdy}{(y-x)^\alpha}$ $(0 < \alpha < 1)$, $D : 0 \leqq x \leqq y \leqq 1$

---

† D の近似増加列 $\{D_n\}$ を次のようにとれ．
$$D_n : 1/n \leqq y \leqq 1, y \geqq x + 1/n$$

5.3 面積，体積，曲面積および 3 重積分

◆ **面積** 有界閉領域 D の面積 S は $S = \iint_D dxdy$ で与えられる．

◆ **体積** 2 重積分のモデルは**体積**である．曲面 $z = f(x,y)$ は D 内で，xy 平面の上方にある場合（すなわち $f(x,y) \geqq 0$ とする），曲面 $z = f(x,y)$ が D 上につくる体積 V は次式で与えられる（⇨ p.132 の注意 5.1）．

(1) **体積** $\quad V = \iint_D f(x,y) dxdy.$

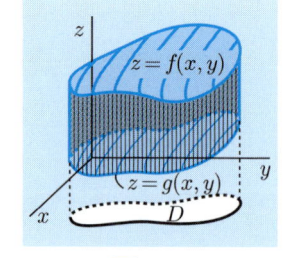

図 5.25

一般に 2 つの曲面 $z = f(x,y)$, $z = g(x,y)$ が D で定義されていて，$f(x,y) \geqq g(x,y)$ が成り立っているとする（xy 平面の下方にあってもよろしい）．このとき 2 曲面と D 上の柱面で囲まれる部分の体積 V は次式で与えられる．

(2) **2 曲面のはさむ体積** $\quad V = \iint_D \{f(x,y) - g(x,y)\} dxdy.$

◆ **曲面積（表面積）** 曲面 $z = f(x,y)$ が D 上で定義されていて，$f(x,y)$ が連続な偏導関数をもつとする．このとき $z = f(x,y)$ の D 上の曲面積 S は次式で与えられる．

(3) **曲面積** $\quad S = \iint_D \sqrt{1 + f_x^2 + f_y^2} \, dxdy.$

次に，$x = r\cos\theta, y = r\sin\theta$ と変数変換することにより極座標の場合の曲面積を求める公式が得られる．すなわち，

(4) **極座標のときの曲面積** $\quad S = \iint_D \sqrt{r^2 + \left(r\dfrac{\partial z}{\partial r}\right)^2 + \left(\dfrac{\partial z}{\partial \theta}\right)^2} \, drd\theta.$

◆ **3 重積分** 2 変数の場合と同様に 3 変数の関数についても積分を考えることができる．すなわち "曲線に囲まれた平面の領域 D" の代わりに "曲面に囲まれた空間の領域 K" を考えればよい．いま K 上の 3 変数の関数を $f(x,y,z)$ とすると，リーマン和の極限を次式で書き，領域 K における $f(x,y,z)$ の **3 重積分**という（⇨ p.150 の追記 5.3）．

(5) **3 重積分** $\quad \iiint_K f(x,y,z) dxdydz$

5.3 面積, 体積, 曲面積および3重積分

---── 例題 9 ────────────────────── 体積 ──

半径 a の2つの直円柱の軸が直交しているとき, その共通部分の体積を求めよ $(a>0)$.

route 体積は与えられた立体の曲面と xy 平面上の積分する範囲を図に描き2重積分 (⇨ p.146(1)) により求める.

navi 体積は2重積分 積分の順序は計算が簡単な方を選ぶ.

解答 直円柱の軸を x 軸, y 軸にとり, $x^2+z^2=a^2$ ⋯① , $y^2+z^2=a^2$ ⋯② とする. $x\geqq 0, y\geqq 0, z\geqq 0$ で考え, さらに平面 $x=y$ によって2等分されるので, 全体の体積はここで考えたものの16倍となる. したがって求める体積 V は,

$$V = 16\int_0^a dx \int_0^x \sqrt{a^2-x^2}\, dy = 16\int_0^a x\sqrt{a^2-x^2}\, dx$$
$$= 16\left[-\frac{1}{3}(a^2-x^2)^{3/2}\right]_0^a = \frac{16}{3}a^3$$

追記 5.2 z 軸に垂直な平面による切り口の面積 $S(z)$ がわかる場合は立体の体積 V は次のように1重積分で求めることができる.

$$V = \int_a^b S(z)\,dz$$

これを用いると例題9は次のように簡単に求めることができる. z 軸に垂直な平面による切り口は正方形で, その1辺は $x=\sqrt{a^2-z^2}$ の2倍で, 面積は $4(a^2-z^2)$ となるから, 求める体積 V は

$$V = 2\int_0^a 4(a^2-z^2)\,dz = 8\left[a^2 z - \frac{z^3}{3}\right]_0^a = \frac{16}{3}a^3.$$

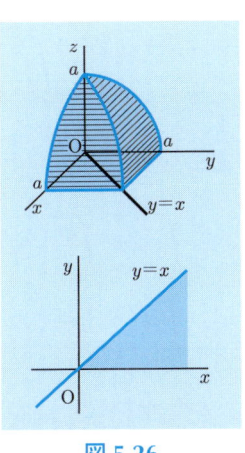

図 5.26

問題

9.1 次の体積を求めよ.

(1) 円柱 $x^2+y^2=a^2\ (a>0)$ の xy 平面の上方, 平面 $z=x$ の下方にある部分.

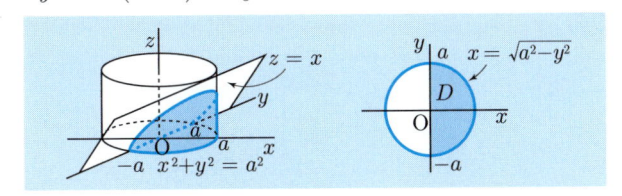

図 5.27

(2) 2つの放物柱面 $z=1-x^2$, $x=1-y^2$ によって囲まれる立体を xy 平面で切った部分.

例題 10 — 体積

球 $x^2+y^2+z^2=a^2$ $(a>0)$ で囲まれた，円柱面 $x^2+y^2=ax$ の内部の体積を求めよ．

route 与えられた立体の曲面と xy 平面上の積分する範囲を図に描く．そして2重積分（⇨ p.146(1)）を用いる．つまり $z=\sqrt{a^2-x^2-y^2}$ を $D:x^2+y^2\leqq ax$ で積分する．

navi 体積は2重積分　x^2+y^2 は極座標に変換，ヤコビアン．

解答 求める体積は，
$$D:x^2+y^2\leqq ax$$
の上の曲面 $z=\sqrt{a^2-x^2-y^2}$ と D の下の曲面 $z=-\sqrt{a^2-x^2-y^2}$ とで囲まれた部分の体積 V である．xy 平面の上の部分の体積と下の部分の体積は等しいので，
$$\frac{V}{2}=\iint_D \sqrt{a^2-x^2-y^2}\,dxdy.$$
いま，$x=r\cos\theta$, $y=r\sin\theta$ とおけば，D は $0\leqq r\leqq a\cos\theta$, $-\pi/2\leqq\theta\leqq\pi/2$ で与えられる．したがって

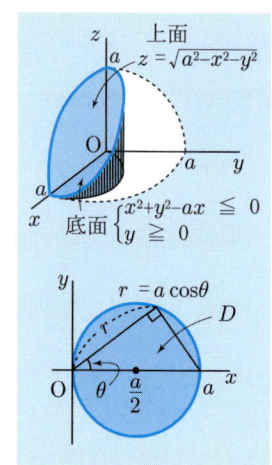

$$\frac{V}{2}=\int_{-\pi/2}^{\pi/2}d\theta\int_0^{a\cos\theta}\sqrt{a^2-r^2}\,rdr$$
$$=\int_{-\pi/2}^{\pi/2}\left[-\frac{1}{3}(a^2-r^2)^{3/2}\right]_0^{a\cos\theta}d\theta=\frac{1}{3}a^3\int_{-\pi/2}^{\pi/2}\{1-(1-\cos^2\theta)^{3/2}\}d\theta$$
$$=\frac{2}{3}a^3\int_0^{\pi/2}(1-\sin^3\theta)d\theta=\frac{2}{3}a^3\left(\frac{\pi}{2}-\frac{2}{3}\right) \quad \left(\int_0^{\pi/2}\sin^3\theta\,d\theta \text{ は p.82 例題 25 参照}\right)$$
$$\therefore\quad V=\frac{4}{3}\left(\frac{\pi}{2}-\frac{2}{3}\right)a^3.$$

図 5.28

問題

10.1 放物面 $x^2+y^2=4z$, 柱面 $x^2+y^2=2x$ および平面 $z=0$ で囲まれた部分の体積を求めよ．

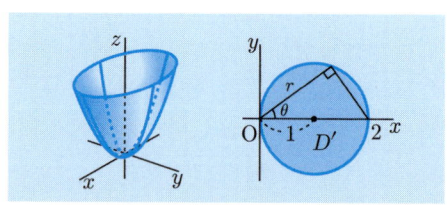

図 5.29

5.3 面積，体積，曲面積および3重積分

――― 例題 11 ――― 曲面積 ―――

半径 a の2つの直円柱の軸が直交しているとき，その共通部分の曲面積を求めよ $(a > 0)$.

route 与えられた立体の曲面と xy 平面上の積分する範囲を図に描く．そして，曲面積を求める公式（⇨p.146 の (3)）を用いる．

navi 立体の曲面 $z = f(x, y)$ と積分する範囲 D を確かめる．$S = \iint_D \sqrt{1 + f_x^2 + f_y^2}\, dxdy$ （⇨ p.146 の (3)）

[解答] この円柱の方程式を $x^2 + y^2 = a^2$, $y^2 + z^2 = a^2$ とする．$x \geqq 0, y \geqq 0, z \geqq 0$ の部分を求めて8倍する．底面 D は xy 平面の $x^2 + y^2 \leqq a^2$ の第一象限の部分で，上面は円柱面 $y^2 + z^2 = a^2$ である．

$$z = \sqrt{a^2 - y^2}.$$

$$\therefore \quad \frac{\partial z}{\partial y} = -\frac{y}{\sqrt{a^2 - y^2}}, \quad \frac{\partial z}{\partial x} = 0.$$

よって，求める曲面積 S は

$$S = 8 \iint_D \sqrt{1 + \frac{y^2}{a^2 - y^2}}\, dxdy$$

$$= 8 \int_0^a dy \int_0^{\sqrt{a^2-y^2}} \frac{a}{\sqrt{a^2 - y^2}}\, dx$$

$$= 8a \int_0^a \frac{1}{\sqrt{a^2 - y^2}} \Big[x\Big]_0^{\sqrt{a^2-y^2}}\, dy = 8a \int_0^a dy = 8a \Big[y\Big]_0^a = 8a^2.$$

図 5.30

問題

11.1 次の曲面積を求めよ．

(1) $a > 0$ とするとき，円柱面 $x^2 + y^2 = ax$ によって切りとられる球面

$$x^2 + y^2 + z^2 = a^2$$

の部分の曲面積（図 5.31 上）．

(2) $a > 0$ とするとき，球面

$$x^2 + y^2 + z^2 = a^2$$

によって切りとられる円柱面 $x^2 + y^2 = ax$ の側面の部分の曲面積（図 5.31 下）．

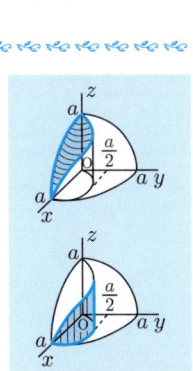

図 5.31

例題 12 ─────────────────── 3 重積分 ─

次の 3 重積分を求めよ． $I = \iiint_K dxdydz, \quad K : x^2 + y^2 + z^2 \leqq a^2 \quad (a > 0)$

---

route 1 変数の**定積分**から 2 変数の **2 重積分**へ**拡張した同じ考え方**で 3 変数の **3 重積分**を考える．この例題は半径 a の**球の体積**を与える．

解答
$$(*) \begin{cases} x = r\sin\theta\cos\varphi \\ y = r\sin\theta\sin\varphi \\ z = r\cos\theta \end{cases} \begin{pmatrix} r \geqq 0 \\ 0 \leqq \theta \leqq \pi \\ 0 \leqq \varphi \leqq 2\pi \end{pmatrix}$$

と極座標に変換すると $r\theta\varphi$ 空間 K' を xyz 空間 K に写像する．ヤコビアンは下の ③ により計算すると，$J = r^2\sin\theta$ であるので，

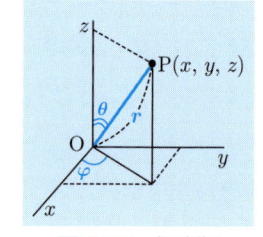

図 5.32　極座標

$$\iiint_K dxdydz = \iiint_{K'} r^2\sin\theta dr d\theta d\varphi = \int_0^a r^2 dr \int_0^\pi \sin\theta d\theta \int_0^{2\pi} d\varphi = \frac{4}{3}\pi a^3$$

追記 5.3　3 重積分　1 変数の定積分から 2 変数の 2 重積分へと調べてきた事情を考えれば，3 重積分の定義の仕方も類推できよう．

3 重積分　閉領域 K（閉曲面で囲まれた空間の一部分）上に関数 $f(x, y, z)$ が与えられるとき，K を n 個の小領域 $K_1, K_2, \cdots, K_n$ に分割し，小領域 K_i に任意の 1 点 (x_i, y_i, z_i) をとり，リーマン和 $\sum_{i=1}^n f(x_i, y_i, z_i) \Delta K_i$（$\Delta K_i$ は K_i の体積）を考える．n を限りなく大きくしたときの極限値を 3 重積分と呼び $\iiint_K f(x, y, z) dxdydz$ と書く．

累次積分　領域 K 上の関数 $f(x, y, z)$ に適当な条件があれば，次の式が成立する．

$$\iiint_K f(x,y,z)dxdydz = \int_a^b dx \int_{\varphi_1(x)}^{\varphi_2(x)} dy \int_{\psi_1(x,y)}^{\psi_2(x,y)} f(x,y,z) dz \qquad \cdots ①$$

変数変換　変換 $x = \varphi(u, v, w), \ y = \psi(u, v, w), \ z = \chi(u, v, w)$ にも適当な条件があって，uvw 空間の領域 K' を xyz 空間の領域 K に写す写像が 1 対 1 であれば，次のようになる．

$$\iiint_K f(x,y,z)dxdydz = \iiint_{K'} f(\varphi, \psi, \chi)|J| dudvdw \qquad \cdots ②$$

ただしヤコビアンは

$$J = \begin{vmatrix} x_u & x_v & x_w \\ y_u & y_v & y_w \\ z_u & z_v & z_w \end{vmatrix} \qquad \cdots ③$$

特に例題 12 の $(*)$ のような極座標への変換に対しては，$J = r^2\sin\theta \,(\geqq 0)$ となる（この計算は ③ により各自試みよ）．

演習問題 5-A

1 次の 2 重積分を求めよ．

(1) $\iint_D (x+y)^2 e^{x-y} dxdy \qquad D : |x+y| \leqq 1, |x-y| \leqq 1$
$(x+y=u, x-y=v \text{ と変数変換})$

(2) $\iint_D e^{(y-x)/(y+x)} dxdy \qquad D : x \geqq 0, y \geqq 0, \dfrac{1}{2} \leqq x+y \leqq 1$
$(x+y=u, y=uv \text{ と変数変換})$

(3) $\iint_D x^2 dxdy \qquad D : x^2+y^2 \leqq x$
$(x=r\cos\theta, y=r\sin\theta \text{ と変数変換})$

(4) $\iint_D \dfrac{1}{(1+x^2+y^2)^2} dxdy$
$D : (x^2+y^2)^2 \leqq x^2-y^2, x \geqq 0 \qquad (\Rightarrow 図 5.33)$
$(x=r\cos\theta, y=r\sin\theta \text{ と変数変換})$

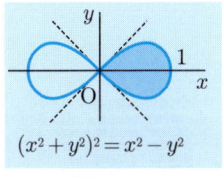

図 5.33

2 次の累次積分の順序を交換せよ．

(1) $\displaystyle\int_0^1 dy \int_{y-1}^{-y+1} f(x,y) dx$

(2) $\displaystyle\int_{-1}^2 dy \int_{y^2}^{y+2} f(x,y) dx$

3 次の広義の 2 重積分を求めよ．

(1) $\iint_D x^2 e^{-(x^2+y^2)} dxdy \qquad D : x \geqq 0, y \geqq 0$

(2) $\iint_D \dfrac{x}{\sqrt{x^2+y^2}} dxdy \qquad D : 0 \leqq x \leqq y \leqq 1$

4 次の体積を 2 重積分を用いて求めよ．

(1) 楕円面 $\dfrac{x^2}{a^2} + \dfrac{y^2}{b^2} + \dfrac{z^2}{c^2} = 1 \ (a,b,c>0)$ で囲まれた立体の体積．

(2) 底面の半径 a の直円柱から，その底面の直径を通り，底面と $\alpha \ (0<\alpha<\pi/2)$ の角をなす平面で切りとった部分の体積．

5 次の曲面積を求めよ．

(1) 平面 $\dfrac{x}{a} + \dfrac{y}{b} + \dfrac{z}{c} = 1 \ (a,b,c>0)$ が座標面によって切りとられる部分の曲面積．

(2) 曲面 $z = x^2+y^2$ の 2 平面 $z=0, z=a \ (a>0)$ の間にある部分の曲面積．

演習問題 5-B

1 次の2重積分を計算せよ．
$$\iint_D \sqrt{\frac{1-x^2-y^2}{1+x^2+y^2}}\,dxdy \qquad D : x^2+y^2 \leq 1,\, x \geq 0,\, y \geq 0$$

2 柱面 $x^2+y^2=a^2$ と3つの平面 $z=b,\, z=\dfrac{b}{a}y,\, z=-\dfrac{b}{a}y\,(a>0, b>0)$ によって囲まれた部分の体積を求めよ．

3 $D : a \leq x \leq b,\, c \leq y \leq d$ において，$f(x,y),\, f_y(x,y)$ が連続とすると，次の等式が成り立つことを示せ．
$$\frac{d}{dy}\int_a^b f(x,y)dx = \int_a^b \frac{\partial}{\partial y}f(x,y)dx$$

4 次の2重積分を求めよ．
$$\iint_D \frac{dxdy}{(x^2+y^2)^{\alpha/2}} \quad (\alpha>0) \qquad D : x^2+y^2 \leq 1$$

5 次の事柄を証明せよ．
　無限領域 D で $f(x,y) \geq 0$ とする．D の1つの近似増加列 $\{D_i\}$ に対して，
$$\iint_{D_i} f(x,y)dxdy \to I \quad (i \to \infty)$$
ならば，$\iint_D f(x,y)dxdy = I$ であることを示せ．

6 次の3重積分を求めよ．

(1) $\displaystyle\iiint_K dxdydz \qquad K : x^2+y^2 \leq 2ax,\, cx \leq z \leq bx \quad (a>0, b>c>0)$

(2)† $\displaystyle\iiint_K zdxdydz \qquad K : x^2+y^2+z^2 \leq a^2,\, x^2+y^2 \leq ax,\, z \geq 0\,(a>0)$ （円柱座標を用いよ）

---

† **円柱座標** 空間の円柱座標 (r,θ,z) の同一点の直角座標 (x,y,z) は次のように与えられる（⇨ 図 5.34）．
$$x = r\cos\theta,\quad y = r\sin\theta,\quad z = z \quad (r \geq 0,\, 0 \leq \theta \leq 2\pi)$$
ヤコビアンは p.150 の ③ によって
$$J = \begin{vmatrix} x_r & x_\theta & x_z \\ y_r & y_\theta & y_z \\ z_r & z_\theta & z_z \end{vmatrix} = \begin{vmatrix} \cos\theta & -r\sin\theta & 0 \\ \sin\theta & r\cos\theta & 0 \\ 0 & 0 & 1 \end{vmatrix} = r$$

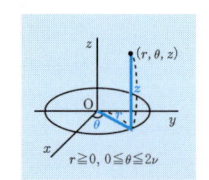

図 5.34　円柱座標

6 微分方程式の解法

6.1 微分方程式とその解

◆ **微分方程式**　独立変数 x と，その関数 $y = y(x)$ およびその導関数の間の関係式を**微分方程式**といい，独立変数がただ 1 つの場合を**常微分方程式**，2 つ以上の場合を**偏微分方程式**という．微分方程式の中にあらわれる導関数の最高次数をその微分方程式の**階数**という．また関数およびその導関数について 1 次式であるものを**線形微分方程式**という．n 階線形常微分方程式の一般の形は

$$y^{(n)} + p_1(x)y^{(n-1)} + \cdots + p_n(x)y = q(x)$$

の形で表される．ここで $p_1(x), \cdots, p_n(x), q(x)$ は x だけの関数である．特に $q(x) = 0$ のとき，すなわち

$$y^{(n)} + p_1(x)y^{(n-1)} + \cdots + p_n(x)y = 0$$

の形のものを**同次**（または**斉次**）の線形微分方程式という（⇨ p.154 の注意 6.1）．

◆ **解の種類**　与えられた微分方程式を満足する関数をその微分方程式の**解**といい，そのグラフを**解曲線**または**積分曲線**という．解を求めることを**微分方程式を解く**という．解曲線が点 (x_0, y_0) を通るという条件を満たす解，すなわち $x = x_0$ のとき $y = y_0$ となる解を求めることを**初期条件** $x = x_0, y = y_0$ のもとで微分方程式を解くという．n 階の常微分方程式 $f(x, y, y', \cdots, y^{(n)}) = 0$ の解で n 個の任意定数を含む解を**一般解**，また任意の定数に特殊な値を代入して得られる解を**特殊解**という．一般解でも特殊解でもない解が存在することがあるがその解を**特異解**という．例えば直線群 $y = cx + c^2 \cdots$ ① は $(y')^2 + xy' - y = 0 \cdots$ ② の一般解であるが（② に ① を代入）$y = -x^2/4 \cdots$ ③ も同じ微分方程式の解で（② に ③ を代入）一般解の c にどんな値を代入しても得られない（⇨ 図 6.1）．

◆ **常微分方程式の作成**　独立変数 x とその関数 y および任意定数 $c_1, c_2, \cdots, c_n$ が含まれている関係式があるとき，これを x で n 回微分して得られる $n+1$ 個の等式から $c_1, c_2, \cdots, c_n$ を消去すると n 階常微分方程式が得られる．

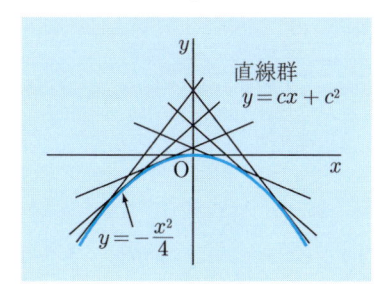

図 6.1

例題 1 ── 1 階常微分方程式の一般解・特殊解（直接積分形）

常微分方程式 $\dfrac{dy}{dx} = \dfrac{x}{1+x^2}$ の一般解を求めよ．また，初期条件 $y(0) = 1$ を満たす特殊解を求めよ．

route 1 階常微分方程式の両辺をそのまま積分する**直接積分形**である．そのとき**任意定数**を忘れないこと．

navi **1 階常微分方程式**だから**一般解**は **1 つの任意定数**をもつ．この一般解に**初期条件**を与えれば，任意定数がある値に定まって**特殊解**が求められる．

解答 $\dfrac{dy}{dx} = \dfrac{x}{1+x^2}$ より

$$y = \int \frac{x}{1+x^2} dx = \frac{1}{2} \int \frac{2x}{1+x^2} dx$$

ゆえに求める一般解は

$$y = \frac{1}{2} \log(1+x^2) + C \quad \cdots \text{①}$$

（C は任意定数）

① において初期条件 $y(0) = 1$ を満たすものは，
① に $x = 0$ を代入して

$$y = \frac{1}{2} \log 1 + C = 1 \quad \text{より} \quad C = 1.$$

よって求める特殊解は $y = \dfrac{1}{2} \log(1+x^2) + 1$．

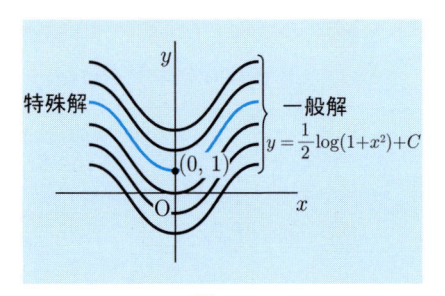

図 6.2

一般解は無数の**曲線群**を表す．これを**解曲線**という．このこのうち**初期条件** $y(0) = 1$ を通る **1 つの曲線**が**特殊解**になる．

注意 6.1 常微分方程式，偏微分方程式，階数等の例

(i) $y' = x + y + 1$ 1 階常微分方程式 （線形）
(ii) $x^2 y'' + xy' - 2y = 0$ 2 階常微分方程式 （線形）
(iii) $(y'')^2 + y' + x = 0$ 2 階常微分方程式 （非線形）
(iv) $\left(\dfrac{\partial u}{\partial x}\right)^2 + \left(\dfrac{\partial u}{\partial y}\right)^2 = 1$ 1 階偏微分方程式 （非線形）
(v) $\dfrac{\partial^2 u}{\partial x^2} + \dfrac{\partial^2 u}{\partial y^2} + \dfrac{\partial^2 u}{\partial^2 z} = 0$ 2 階偏微分方程式 （線形）

問題

1.1 $\dfrac{dy}{dx} = \dfrac{x^2}{x^2+4}$ を解け．また初期条件 $y(2) = 1 - \dfrac{\pi}{2}$ を満たす特殊解を求めよ．

1.2 $\dfrac{dy}{dx} = \dfrac{\sqrt{x^2+1} - 1}{\sqrt{x^2+1}}$ の一般解を求めよ．

6.1 微分方程式とその解

例題 2 ──────────────── 2 階常微分方程式の一般解・特殊解 ──

(1) $$\frac{d^2y}{dx^2} - 2\frac{dy}{dx} - 3y = 0 \qquad \cdots ①$$
の一般解は $y = C_1 e^{-x} + C_2 e^{3x}$ であることを示せ.
(2) 初期条件 $x = 0$ のとき $y = 1$, $y' = 3$ の下でこの微分方程式を解け.

---

route 2 階常微分方程式の**一般解は 2 つの任意定数**をもつ.一般解に**初期条件**を与えれば,**任意定数** C_1, C_2 **が定まり特殊解**が求められる.

navi n 階常微分方程式には n 個の任意定数をもつ解(一般解)がある.この一般解に**初期条件**を与えれば**特殊解**が求められる.

解答 (1) $y = C_1 e^{-x} + C_2 e^{3x}$ の両辺を x で微分すると $\dfrac{dy}{dx} = -C_1 e^{-x} + 3C_2 e^{3x}$.

さらにこの両辺を x で微分すると $\dfrac{d^2 y}{dx^2} = C_1 e^{-x} + 9 C_2 e^{3x}$

となる.したがってこれらを①の左辺に代入すると

$$(C_1 e^{-x} + 9 C_2 e^{3x}) - 2(-C_1 e^{-x} + 3 C_2 e^{3x}) - 3(C_1 e^{-x} + C_2 e^{3x}) = 0$$

となって,$y = C_1 e^{-x} + C_2 e^{3x}$ が①を満たし,任意定数が 2 つあるので一般解であることがわかる.

(2) 一般解において $\qquad y' = -C_1 e^{-x} + 3 C_2 e^{3x} \qquad \cdots ②$
となるので,これと①の一般解に初期条件を代入すると

$$C_1 + C_2 = 1, \quad -C_1 + 3C_2 = 3$$

よって $C_1 = 0$, $C_2 = 1$ を得る.したがって $y = e^{3x}$ が求める特殊解である.

追記 6.1 **境界条件** 2 階微分方程式の一般解が $F(x, y, C_1, C_2) = 0$ と得られているとき

$$x = x_0 \text{のとき } y = y_0, \quad x = x_1 \text{のとき } y = y_1 \qquad \cdots ③$$

となるように,任意定数 C_1, C_2 が決められるとき,この特殊解を**境界条件**③**に対する特殊解**という.

問 題

2.1 微分方程式 $2xy' - y = 0$ の一般解は $y^2 = Cx$ (C は任意定数) であることを確かめよ.そしてこの微分方程式を初期条件「$x = 1$ のとき $y = 4$」の下で解け.

2.2 微分方程式 $y'' + y' = 0$ の一般解は $y = C_1 + C_2 e^{-x}$ であることを確かめよ.そしてこの微分方程式を境界条件「$x = 0$ のとき $y = 2$;$x = -1$ のとき $y = 1 + e$」の下で解け.

例題 3 ─ 微分方程式の作成

(1) 曲線群 $x^2 + y^2 = cx\,(c \neq 0)$ … ① を図示せよ．そしてこの方程式①と，この方程式の両辺を x で微分した式から c を消去した式を求めよ．

(2) ある曲線上の各点 (x, y) で接線の傾きがその点の両座標の和に等しいという条件を微分方程式で表せ．

route 一般に1つの任意定数を含む方程式 $F(x, y, c) = 0$ … ② は曲線群を表す．この両辺を x で微分して得られる方程式と②から c を消去して $f(x, y, y') = 0$ … ③ が得られたとする．この③は曲線群②に属するおのおのの曲線に共通する性質を表し，**曲線群 $F(x, y, c) = 0$ の微分方程式**と呼ばれる．解答の④は**曲線群①の微分方程式**である．この考え方は n 個の任意定数を含む方程式の場合にも拡張される．

[解答] (1) $x^2 + y^2 - cx = 0$ を変形すると $\left(x - \dfrac{c}{2}\right)^2 + y^2 = \left(\dfrac{c}{2}\right)^2$ となるので，この曲線群は x 軸上に中心 $\left(\dfrac{c}{2}, 0\right)$，半径が $\dfrac{c}{2}$，すなわち y 軸と接する円全体であることがわかる（⇨ 図 6.3）．

①の両辺を x で微分すると

$$2x + 2y\frac{dy}{dx} - c = 0 \qquad \cdots ④$$

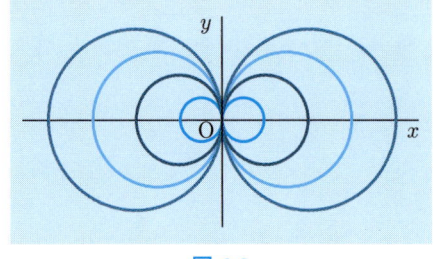

図 6.3

を得る．この曲線群は①と②を両方満たすのでこれらから任意定数 c を消去して得られる

$$x^2 + 2xy\frac{dy}{dx} - y^2 = 0$$

が求める微分方程式である．

(2) 接線の傾きは y' であるから，題意により，

$$y' = x + y$$

が求める微分方程式である．

問題

3.1 次の曲線群から導かれる微分方程式を求めよ．ただし c は任意定数とする．

(1) $y^2 = 4cx$ (2) $x^2 + y^2 = c \ (c \geq 0)$ (3) $y = xe^{cx}$

3.2 次の式から導かれる微分方程式をつくれ．ただし c_1, c_2 は任意定数とする．

(1) $y^2 = 4c_1 x + c_2$ (2) $y = c_1 x + \dfrac{c_2}{x}$ (3) $y = c_1 \sin(x + c_2)$

3.3 法線の長さが一定値 a に等しい曲線群の満たす微分方程式をつくれ．

3.4 接線の x 切片と y 切片の和が 3 である曲線群の満たす微分方程式をつくれ．

6.2 1階常微分方程式

◆ **変数分離形** 次の形のものを**変数分離形**という．

$$\frac{dy}{dx} = f(x)g(y)$$

解法：$g(y) \neq 0$ のとき
$$\frac{1}{g(y)}\frac{dy}{dx} = f(x) \Longrightarrow \int \frac{dy}{g(y)} = \int f(x)dx + C \quad (C \text{ は任意定数}) \quad \cdots \text{①}$$

$g(y) = 0$ となる y_0 があれば，$y = y_0$ は与えられた微分方程式の解である．このとき $y = y_0$ は一般解に含まれる場合もあるし，特異解である場合もある（⇨ p.160 の例題 4）．

注意 6.2 $\dfrac{dy}{dx} = f(ax + by + c)$ の形の微分方程式は $u = ax + by + c$ とおけば，$\dfrac{du}{dx} = a + bf(u)$ となって変数分離形に帰着される．

◆ **同次形** 次の形のものを**同次形**という．

$$\frac{dy}{dx} = f\left(\frac{y}{x}\right)$$

解法：$y = xu$ とおくと $\dfrac{dy}{dx} = u + x\dfrac{du}{dx}$．これをもとの方程式に代入して整理すると，$\dfrac{du}{dx} = \dfrac{f(u) - u}{x}$ となる．これは変数分離形であるから，一般解は
$$x = C\exp\left(\int \frac{du}{f(u) - u}\right), \quad y = xu \quad (C \text{ は任意定数}) \quad \cdots \text{②}$$

$\dfrac{dy}{dx} = f\left(\dfrac{ax + by + c}{px + qy + r}\right)$ の形の微分方程式

解法：$\boldsymbol{aq - bp = 0}$ の場合 $\dfrac{a}{p} = \dfrac{b}{q} = k$ とおくと $\dfrac{dy}{dx} = f\left(\dfrac{k(px + qy) + c}{px + qy + r}\right)$．
いま，$\quad px + qy = u \quad$ とおけば $\quad \dfrac{du}{dx} = p + qf\left(\dfrac{ku + c}{u + r}\right) \quad \cdots \text{③}$
と変形できる．これは変数分離形である．

解法：$\boldsymbol{aq - bp \neq 0}$ の場合 連立方程式 $\begin{cases} ax + by + c = 0 \\ px + qy + r = 0 \end{cases}$ の解を α, β として
$$\begin{cases} x = u + \alpha \\ y = v + \beta \end{cases} \text{とおけば} \quad \frac{dv}{du} = f\left(\frac{au + bv}{pu + qv}\right) \quad \cdots \text{④}$$
と変形できる．これは同次形である．

◆ **1 階線形微分方程式**　$p(x), q(x)$ を x だけの関数とするとき，

$$\frac{dy}{dx} + p(x)y = q(x)$$

の形のものを **1 階線形微分方程式**という．

> **解法**：$q(x) = 0$（すなわち**同次**）のときは変数分離形となるから，一般解は
> $$y = C \exp\left(-\int p(x)dx\right) \quad (C \text{ は任意定数}) \qquad \cdots ⑤$$
> **解法**：$q(x) \not\equiv 0$（すなわち**非同次**）のときの一般解は
> $$y = \exp\left(-\int p(x)dx\right)\left\{\int q(x)\exp\left(\int p(x)dx\right)dx + C\right\} \quad (C \text{ は任意定数})$$
> $$\cdots ⑥$$

◆ **ベルヌーイの微分方程式**　$\dfrac{dy}{dx} + p(x)y = q(x)y^n \quad (n \not= 0, 1)$

の形の微分方程式を**ベルヌーイの微分方程式**という．

> **解法**：$z = y^{1-n}$ とおくと，$\dfrac{dz}{dx} = (1-n)y^{-n}\dfrac{dy}{dx}$ であるからこれをもとの方程式に代入して整理すれば，1 階線形微分方程式
> $$\frac{dz}{dx} - (n-1)p(x)z = (1-n)q(x) \qquad \cdots ⑦$$
> に帰着される．

◆ **クレローの微分方程式**　$y = x\dfrac{dy}{dx} + f\left(\dfrac{dy}{dx}\right)$

の形のものを**クレローの微分方程式**という．一般解，特異解は次のように与えられる．

> **一般解**：$y = Cx + f(C)$　（C は任意定数）．
> **特異解**：連立方程式 $\begin{cases} y = Cx + f(C) \\ x + f'(C) = 0 \end{cases}$ から C を消去して x, y の関係式を求める．
> $$\cdots ⑧$$

注意 6.3　特異解を $y = \psi(x)$ とすると解曲線 $y = \psi(x)$ は一般解 $y = Cx + f(C)$ の直線群の包絡線（⇨ p.116）になっている．すなわち $y = Cx + f(C)$ のおのおのに接して，その接点の軌跡である．

6.2　1階常微分方程式

◆ **完全微分形**　微分方程式

$$p(x,y)dx + q(x,y)dy = 0 \quad \text{において,} \quad \frac{\partial p}{\partial y} = \frac{\partial q}{\partial x} \quad \text{を満たすとき,}$$

完全微分形であるという．

> **解法**：$v(x,y) = \displaystyle\int p(x,y)dx$　（y を定数として積分）として
> $$u(x,y) = v(x,y) + \int \left(q(x,y) - \frac{\partial v}{\partial y}\right) dy$$
> $$= \int p(x,y)dx + \int \left\{q(x,y) - \frac{\partial}{\partial y}\int p(x,y)dx\right\} dy$$
> とおけば，次が一般解である．
> $$u(x,y) = C \quad (C \text{ は任意定数}) \quad \cdots \text{⑨}$$

◆ **積分因子**　$p(x,y)dx + q(x,y)dy = 0$ は完全微分形でないが，適当な関数 $\mu(x,y)$ をかけて

$$\mu(x,y)p(x,y)dx + \mu(x,y)q(x,y)dy = 0$$

が完全微分形となるとき，$\mu(x,y)$ を**積分因子**という．$\mu(x,y)$ が積分因子となるための必要十分条件は

$$p\frac{\partial \mu}{\partial y} - q\frac{\partial \mu}{\partial x} + \mu\left(\frac{\partial p}{\partial y} - \frac{\partial q}{\partial x}\right) = 0$$

である．これは μ についての偏微分方程式で，これを満たす μ を一般に求めることはもとの微分方程式を解くより困難なことが多い．しかし μ が x だけの関数，あるいは y だけの関数のときは次のようにして積分因子を求めることができる：

> (i)　$\dfrac{1}{q}\left(\dfrac{\partial p}{\partial y} - \dfrac{\partial q}{\partial x}\right)$ が x だけの関数の場合は次が積分因子である．
> $$\exp\left\{\int \frac{1}{q}\left(\frac{\partial p}{\partial y} - \frac{\partial q}{\partial x}\right) dx\right\} \quad \cdots \text{⑩}$$
>
> (ii)　$\dfrac{1}{p}\left(\dfrac{\partial p}{\partial y} - \dfrac{\partial q}{\partial x}\right)$ が y だけの関数の場合は次が積分因子である．
> $$\exp\left\{-\int \frac{1}{p}\left(\frac{\partial p}{\partial y} - \frac{\partial q}{\partial x}\right) dy\right\} \quad \cdots \text{⑪}$$

---例題 4---変数分離形---

次の微分方程式を解け.

(1) $\dfrac{dy}{dx} = \dfrac{y-1}{x}$　　　(2) $\dfrac{dy}{dx} = y^2 - 1$

route　(1) では $y \neq 1$ のとき $\dfrac{1}{y-1}\dfrac{dy}{dx} = \dfrac{1}{x}$　(2) では $y^2 \neq 1$ のとき $\dfrac{1}{y^2-1}\dfrac{dy}{dx} = 1$
と変形できるので変数分離形である. p.157 ① の解法に従う. また (1) $y=1$, (2) $y^2=1$
のときは**一般解**か**特異解**かを確かめる.

navi　**変数分離形**である. **まず x と y を分離する**. 次にある関数で両辺を**割るときはその関数が 0 でないことを確かめる**. **特異解に注意**.

解答 (1) $y \neq 1$ のとき, 両辺を $y-1$ で割ると $\dfrac{1}{y-1}\dfrac{dy}{dx} = \dfrac{1}{x}$ となる. これは変数分離形であるので, p.157 ① より
$$\int \dfrac{dy}{y-1} = \int \dfrac{1}{x} dx + c$$

これより, $\log|y-1| = \log|x| + c$ （c は任意定数）となるから, $C = \pm e^c$ とおくと $y = Cx + 1$ （$C \neq 0$）となる. $y=1$ も解であるが, これは $C=0$ として得られるから特異解ではない. よって, 求める解は $y = Cx + 1$ （C は任意定数）である.

(2) $y^2 \neq 1$ のとき, 両辺を y^2-1 で割ると, $\dfrac{1}{y^2-1}\dfrac{dy}{dx} = 1$. これは変数分離形であるから, p.157 ① より,
$$\int \dfrac{dy}{y^2-1} = \int dx + c \quad \therefore \quad \dfrac{1}{2}\log\left|\dfrac{y-1}{y+1}\right| = x + c$$

これを y について解いて $C = \pm e^{2c}$ とおくと, $y = (1+Ce^{2x})/(1-Ce^{2x})$ （$C \neq 0$）となる. また, $y = \pm 1$ も解であるから, これらをまとめると求める解は
$$y = \dfrac{1+Ce^{2x}}{1-Ce^{2x}} \quad (C \text{ は任意定数}), \quad y = -1 \quad (\text{特異解})$$

注意 6.4 (1) の一般解において $C=0$ とすると $y=1$ が得られるので, $y=1$ は特異解ではない. また, (2) の一般解において $C=0$ とすると $y=1$ が得られるので, $y=1$ は特異解ではないが, $y=-1$ は任意定数 C にどのような値を代入しても得られないので, $y=-1$ は特異解である.

～～　**問　題**　～～～～～～～～～～～～～～～～～～～～～～～

4.1　次の微分方程式を解け.

(1) $\dfrac{dy}{dx} = y^2 + y$　　　(2) $\left(y + \dfrac{dy}{dx}\right)\sin x = y \cos x$

例題 5 ──────────────────── 変数分離形,同次形 ──

次の微分方程式を解け.
(1) $\dfrac{dy}{dx} = \dfrac{1}{(x+y)^2}$ (2) $x\dfrac{dy}{dx} = y + \sqrt{x^2+y^2}$

route (1) x と y を分離できないので $u = x+y$ とおき換えて x と u を分離して**変数分離形**にする. (2) **同次形**である.$y = xu$ とおき換えて**変数分離形にもち込む**.

navi $x+y=u, y=xu$ などと**おき換えて変数分離形にもち込む**.

解答 (1) このままでは x と y は分離できないので $u = x+y$ とおくと,

$$\frac{du}{dx} = 1 + \frac{dy}{dx} = 1 + \frac{1}{u^2} \quad \left(\text{与えられた問題より } \frac{dy}{dx} = \frac{1}{u^2} \text{ と書ける}\right)$$

となり,変数分離形となる.p.157 ① より

$$\frac{u^2}{u^2+1}\frac{du}{dx} = 1 \quad \therefore \quad \int \frac{u^2}{1+u^2}du = \int dx + C$$

これを計算すると,$u - \tan^{-1} u = x + C$.これに,$u = x+y$ を代入すると,求める解は

$$y - \tan^{-1}(x+y) = C \quad (C \text{ は任意定数}).$$

(2) 与えられた微分方程式の両辺を x で割ると,$\dfrac{dy}{dx} = \dfrac{y}{x} + \sqrt{1+\left(\dfrac{y}{x}\right)^2}$ となる.よって同次形である.p.157 ② の解法に従って $y = xu$ とおくと $\dfrac{du}{dx} = \dfrac{\sqrt{1+u^2}}{x}$ これは変数分離形であるから,$\displaystyle\int \dfrac{1}{\sqrt{1+u^2}}du = \int \dfrac{1}{x}dx + c$.これを計算して

$$\log(u + \sqrt{1+u^2}) = \log|x| + c \quad \therefore \quad u + \sqrt{1+u^2} = Cx \quad (e^c = C \text{ とおく})$$

これに $u = \dfrac{y}{x}$ を代入すると,$\dfrac{y}{x} + \sqrt{1 + \dfrac{y^2}{x^2}} = Cx$

$$\therefore \quad y + \sqrt{x^2+y^2} = Cx^2 \quad (C \text{ は任意定数}).$$

問題

5.1 次の微分方程式を解け.
(1) $y' = (x+y)^2$ ($x+y = u$ とおく)
(2) $\dfrac{dy}{dx} = \dfrac{2xy}{x^2-y^2}$ (3) $y^2 + x^2\dfrac{dy}{dx} = xy\dfrac{dy}{dx}$

例題 6 $\dfrac{dy}{dx} = f\left(\dfrac{ax+by+c}{px+qy+r}\right)$

次の微分方程式を解け．
(1)　$(x+y+1)+(2x+2y-1)y' = 0$　　(2)　$(2x-y+1)-(x-2y+1)y' = 0$

---

route　$\dfrac{dy}{dx} = f\left(\dfrac{ax+by+c}{px+qy+r}\right)$ の形の微分方程式である．

(1)　$aq - bp = 0$ の場合：$\dfrac{a}{p} = \dfrac{b}{q} = k$ と考え，$u = px + qy$ とおき換えて，変数分離形にもち込む．

(2)　$aq - bp \neq 0$ の場合：$\begin{cases} ax+by+c = 0 \\ px+qy+r = 0 \end{cases}$ の解を α, β とし $\begin{cases} x = u + \alpha \\ y = v + \beta \end{cases}$ とおき換えて同次形にもち込む．

navi　変数をおき換えて解法がわかっている形（変数分離形，同次形）にもち込む．

[解答] (1) これは p.157 ③の $aq - bp = 0$ の場合に相当する．そこで，$x + y = u$ とおくと $1 + \dfrac{dy}{dx} = \dfrac{du}{dx}$ であるから，これを代入することによって，微分方程式 $(2u-1)\dfrac{du}{dx} - (u-2) = 0$ を得る．これは変数分離形になるのでこれを解くと

$$\int \dfrac{2u-1}{u-2} du - \int dx = 2u + 3\log|u-2| - x = C_0 \quad (C_0 \text{ は積分定数})$$

となる．$u = x + y$ を代入して $x + y - 2 = C\exp\left(-\dfrac{x+2y}{3}\right)$ （C は任意定数）と解を得る．

(2) これは p.157 ④の $aq - bp \neq 0$ の場合に相当する．$\begin{cases} 2x - y + 1 = 0 \\ -x + 2y - 1 = 0 \end{cases}$ より $\alpha = -\dfrac{1}{3}$, $\beta = \dfrac{1}{3}$ となるので $x = u - \dfrac{1}{3}$, $y = v + \dfrac{1}{3}$ とおくことによって同次形の微分方程式

$\dfrac{dv}{du} = \dfrac{2u - v}{u - 2v} = \dfrac{2 - v/u}{1 - 2v/u}$ を得る．$v = tu$ とおいて変形すると $\dfrac{2}{u} + \dfrac{2t-1}{t^2 - t + 1}\dfrac{dt}{du} = 0$

$$\therefore \int \dfrac{2t-1}{t^2-t+1} dt = -2\int \dfrac{1}{u} du + \log C_0 \quad (C_0 \text{ は積分定数})$$

変数を元に戻せば $x^2 - xy + y^2 + x - y + 1/3 = C_0$

$$\therefore \quad x^2 - xy + y^2 + x - y = C \quad (C \text{ は任意定数})$$

問題

6.1　次の微分方程式を解け．

(1)　$\dfrac{dy}{dx} = \dfrac{x+y+2}{2x+y-1}$　　(2)　$\dfrac{dy}{dx} = \dfrac{x+2y-1}{x+2y+1}$

6.2 1階常微分方程式

例題 7 ――――――――――― 1階線形微分方程式・ベルヌーイの微分方程式 ――

次の微分方程式を解け．
(1) $y' + y = x^2$ (2) $y' + y/x = x^2 y^3$

route (1) $p(x)=1, q(x)=x^2$ とする1階線形微分方程式である．p.158の解法⑥を用いる． (2) $p(x)=1/x, q(x)=x^2, n=3$ とするベルヌーイの微分方程式である．p.158の解法⑦を用いる．

navi (1) 1階線形微分方程式 (2) ベルヌーイの微分方程式 $z=y^{-2}$ $(y \neq 0)$ とおき換えて，線形微分方程式にもち込む．

解答 (1) $p(x)=1, q(x)=x^2$ として1階線形微分方程式の解法を用いると

$$y = \exp\left(-\int dx\right)\left\{\int x^2 \exp\left(\int dx\right) dx + C\right\} = e^{-x}\left(\int x^2 e^x dx + C\right).$$

部分積分法を2回行うと

$$\int x^2 e^x dx = x^2 e^x - 2\int x e^x dx = x^2 e^x - 2\left(x e^x - \int e^x dx\right) = (x^2 - 2x + 2)e^x$$

ゆえに，一般解は $y = x^2 - 2x + 2 + Ce^{-x}$ (C は任意定数)．

(2) ベルヌーイの微分方程式であるから，$z = y^{-2}$ とおくと，

$$\frac{dz}{dx} = -2y^{-3}\frac{dy}{dx}, \qquad \frac{dy}{dx} = -\frac{y^3}{2}\frac{dz}{dx}.$$

これを与式に代入して整頓すると $\dfrac{dz}{dx} - \dfrac{2}{x}z = -2x^2$ となって線形微分方程式になる．

$$\therefore\ z = \exp\left(\int \frac{2}{x}dx\right)\left\{\int(-2x^2)\exp\left(-\int\frac{2}{x}dx\right)dx + C\right\}$$
$$= e^{\log x^2}\left\{\int(-2x^2)e^{-\log x^2}dx + C\right\} = x^2\left\{\int(-2x^2)\frac{1}{x^2}dx + C\right\} = x^2(-2x + C)$$

したがって，$-2x^3 y^2 + Cx^2 y^2 = 1$ (C は任意定数)．

問題

7.1 次の微分方程式を解け．
(1) $xy' - (x+1)y = x^2$ (2) $y' + y = \sin x$
(3) $y' - y = xy^2$ (4) $3y^2 y' = y^3 + 2\sin x$

7.2 1階線形微分方程式 $dy/dx + P(x)y = Q(x)$ の一般解を定数変化法を用いて求めよ．

―― 例題 8 ――――――――――――――――――――――――― クレローの微分方程式 ――

次のクレローの微分方程式を解いて，一般解と特異解を求めよ．次にそれらを図示せよ．
$$y = x\frac{dy}{dx} + \left(\frac{dy}{dx}\right)^2 - 1$$

route クレローの微分方程式（⇨ p.158）の解法に従って解く．

navi $\dfrac{dy}{dx} = p$ とおいて，p をあたかも媒介変数のように扱う．特異解が存在して，それは一般解（直線群）の包絡線（⇨ p.116）になっている．

解答 $\dfrac{dy}{dx} = p$ とおくと，
$$y = px + p^2 - 1 \qquad \cdots ①$$
となり，クレローの微分方程式である．

① の両辺を x で微分すると，
$$\frac{dy}{dx} = p'x + p + 2pp'$$
$$p = p'x + p + 2pp' \qquad \therefore \quad p'(x + 2p) = 0$$

よって(i) $p' = 0$ または(ii) $x + 2p = 0$．

(i) $p' = \dfrac{dp}{dx} = 0$ より，$p = C$（C は任意定数）$\cdots ②$

② を ① に代入すると一般解は
$$y = Cx + C^2 - 1 \quad (C \text{ は任意定数}). \qquad \cdots ③$$

(ii) $x + 2p = 0$ より $p = -\dfrac{x}{2}$．これを ① に代入すると，
$$y = -\frac{x}{2} \cdot x + \left(-\frac{x}{2}\right)^2 - 1 \qquad \therefore \quad y = -\frac{x^2}{4} - 1 \qquad \cdots ④$$
となって特異解（包絡線）が求まる．

③ とその包絡線を表す特異解 ④ を図 6.4 に示す．

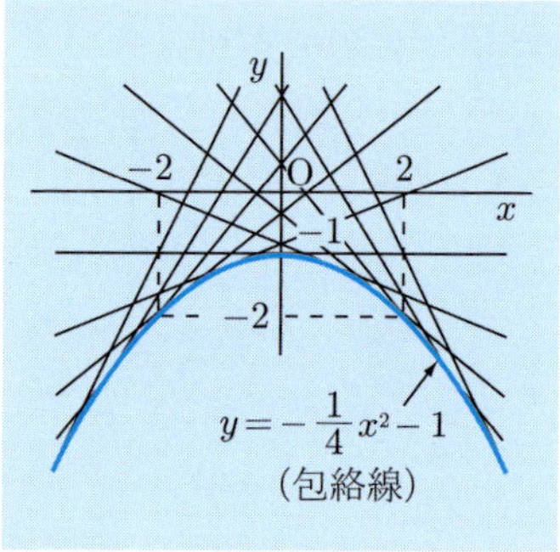

図 6.4

注意 6.5 ③ の両辺を C で微分して $\quad 0 = x + 2C \quad \therefore \quad C = -x/2 \qquad \cdots ⑤$
⑤ を ③ に代入すると，$y = -\dfrac{1}{4}x^2 - 1$ となって ④ が導かれる．

―― 問 題 ――

8.1 次の微分方程式を解け．

(1) $y = xy' + \sqrt{(y')^2 - 1}$ (2) $y = xy' + \dfrac{1}{y'}$ (3) $y = xy' - \dfrac{(y')^2}{2}$

例題 9 ──────────────────────────── 完全微分形，積分因子

次の微分方程式を解け．
(1) $(x^3 - 2xy - y)dx + (y^3 - x^2 - x)dy = 0$
(2) $(1 - 2x^2y)dx + x(2y - x^2)dy = 0$

route (1) は<u>完全微分形</u>であることを確かめ，p.159 の ⑨ を用いる．
(2)は直ちに完全微分形とはいえないが，もとの方程式に<u>積分因子</u>（⇨ p.159 の⑩, ⑪）をかけて<u>完全微分形</u>にもち込む．

navi <u>完全微分形</u>は 1 階常微分方程式のうち <u>2 変数関数</u> $z = f(x,y)$ の<u>全微分</u> $dz = f_x dx + f_y dy = 0$（⇨ p.107）<u>の形にもち込める微分方程式</u>のことである．

解答 (1) $\dfrac{\partial}{\partial y}(x^3 - 2xy - y) = -2x - 1$, $\dfrac{\partial}{\partial x}(y^3 - x^2 - x) = -2x - 1$ であるから与えられた微分方程式は完全微分形である．したがってその一般解は

$$\int (x^3 - 2xy - y)dx + \int \left\{ (y^3 - x^2 - x) - \frac{\partial}{\partial y}\int (x^3 - 2xy - y)dx \right\} dy = C_1$$

(C_1 は任意定数)

$$\therefore \ 左辺 = \frac{x^4}{4} - x^2 y - yx + \int \left\{ (y^3 - x^2 - x) - \frac{\partial}{\partial y}\left(\frac{x^4}{4} - x^2 y - yx \right) \right\} dy$$

$$= \frac{x^4}{4} - x^2 y - yx + \int y^3 dy = \frac{x^4}{4} - x^2 y - yx + \frac{y^4}{4}.$$

ゆえに一般解は $\quad x^4 + y^4 - 4xy(x+1) = C$ ($4C_1 = C$ とおく．C は任意定数)．

(2) $p(x,y) = 1 - 2x^2 y$, $q(x,y) = x(2y - x^2)$ とおくと

$$\partial p/\partial y = -2x^2, \quad \partial q/\partial x = 2y - 3x^2$$

で完全微分形ではないが，$\dfrac{1}{q}\left(\dfrac{\partial p}{\partial y} - \dfrac{\partial q}{\partial x} \right) = -\dfrac{1}{x}$ であるから積分因子は p.159 の ⑩ により，

$$\exp\left(-\int \frac{1}{x}dx \right) = \exp(-\log x) = \frac{1}{x}.$$

もとの方程式に $1/x$ をかけて完全微分方程式 $\left(\dfrac{1}{x} - 2xy\right)dx + (2y - x^2)dy = 0$ を得る．(1) と同じ計算で，一般解 $\log|x| - x^2 y + y^2 = C$ (C は任意定数) が得られる．

~~~ 問題 ~~~

9.1 次の微分方程式を解け．
　(1) $2x + y + (x + 2y)y' = 0$　　(2) $(2xy - \cos x)dx + (x^2 - 1)dy = 0$

9.2 次の微分方程式の積分因子を求めてそれを解け．
　(1) $2xy - (x^2 - y^2)y' = 0$　　(2) $(1 - x^2 y) + x^2(y - x)y' = 0$

例題 10 ─────────────────────── 直交曲線群

(1) $f(x, y, y') = 0$ の定める曲線群の各曲線に直交する曲線の微分方程式を求めよ．これを解いたものを**直交曲線群**という．
(2) 曲線群 $y^2 = cx$ の直交曲線群を求めよ．

navi 微分方程式の図形への利用　任意定数を含む曲線群に対して，微分方程式を利用してそれと**直交する曲線群**を求める．

[解答] (1) 求める曲線を $y = g(x)$ とする．この曲線上の点 (x, y) における接線の傾きを λ，曲線群の曲線上の点 (x, y) における接線の傾きを μ とする．直交条件から $\lambda\mu = -1$ である．

$$f(x, y, \mu) = 0$$

より

$$f\left(x, y, -\frac{1}{\lambda}\right) = 0.$$

一方，$\lambda = g'(x) = y'$ であるから

$$f\left(x, y, -\frac{1}{y'}\right) = 0.$$

(2) $y^2 = cx$ の両辺を x で微分すると，$2yy' = c$．これを与えられた微分方程式に代入して c を消去すると

$$y' = y/(2x).$$

ゆえに，求める直交曲線の微分方程式は

$$-\frac{1}{y'} = \frac{y}{2x}, \quad \text{つまり} \quad y' = -\frac{2x}{y}.$$

これは変数分離形である．これを解いて

$$\int y\,dy = -\int 2x\,dx + C_1 \quad (C_1 \text{ は任意定数}) \quad \therefore \quad \frac{y^2}{2} = -x^2 + C_1$$

よって求める直交曲線群は次の楕円群である．

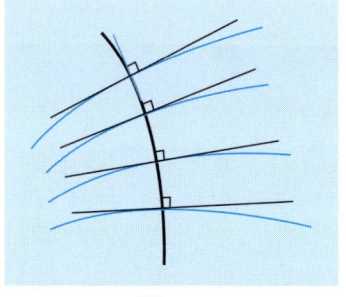

$$2x^2 + y^2 = C \quad (2C_1 = C \text{ とおく}).$$

図 6.5

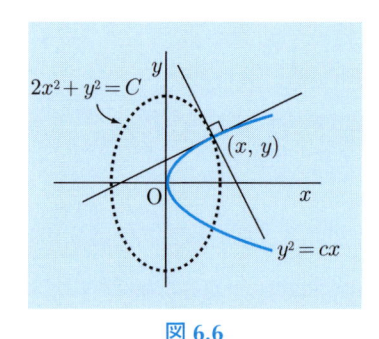

図 6.6

問題

10.1 曲線群 $x^2 + y^2 = cx\,(c \neq 0)$ が満たす微分方程式は $x^2 + 2xyy' - y^2 = 0$ であった（⇨ p.156 の例題 3 (1)）．これの直交曲線群を求めよ．

10.2 曲線群 $x^2 - y^2 = c$（$c > 0$，定数）の直交曲線群を求めよ．

6.3 2階線形微分方程式

◆ **定数係数の同次線形微分方程式** 次の

(1) $\qquad y'' + ay' + by = 0 \quad (a, b \text{ は定数})$

を定数係数の **2階同次微分方程式** という．これに対して，2次方程式 $\lambda^2 + a\lambda + b = 0$ を (1) の **特性（または固有）方程式**，その解を (1) の **特性（または固有）解** という．

> **解法**：(1) の特性解を α, β とするとき (1) の一般解は次のように与えられる（C_1, C_2 は任意定数とする）．
> (i) α, β が相異なる 2 実数解のとき， $\qquad y = C_1 e^{\alpha x} + C_2 e^{\beta x}$
> (ii) $\alpha (= \beta)$ が重複解のとき， $\qquad y = e^{\alpha x}(C_1 + C_2 x)$
> (iii) $\alpha = \lambda + i\mu, \beta = \lambda - i\mu$ が虚数解のとき， $y = e^{\lambda x}(C_1 \cos \mu x + C_2 \sin \mu x)$

◆ **定数係数の非同次線形微分方程式** 次の

(2) $\qquad y'' + ay' + by = f(x) \quad (f(x) \not\equiv 0, a, b \text{ は定数})$

を非同次線形微分方程式という．これに対し，上記 (1) を (2) の **同伴方程式** という．

> **解法 (I)（未定係数法）**：(2) の一般解は同次方程式 (1) の一般解と (2) の 1 つの解（特殊解）の和として表される．(2) の特殊解を求めるときには，$f(x)$ の形から特殊解の形を予想できることがある（A, B は任意定数とする）．
>
> | | $f(x)$ の形 | 類推される特殊解の形 |
> | --- | --- | --- |
> | (i) | $a + be^{\alpha x}$ | $A + Be^{\alpha x}$ |
> | (ii) | $a \cos \alpha x + b \sin \alpha x$ | $A \cos \alpha x + B \sin \alpha x$ |
> | (iii) | $ae^{\alpha x} \sin \beta x$，または $ae^{\alpha x} \cos \beta x$ | $e^{\alpha x}(A \cos \beta x + B \sin \beta x)$ |
> | (iv) | 多項式 | 多項式 |
>
> これら類推した形の関数を (2) の左辺に代入して計算し，$f(x)$ とその係数を比較して特殊解を求める．また $f(x) = p(x) + q(x)$ の形のときは，$y'' + ay' + by = p(x)$ と $y'' + ay' + by = q(x)$ のそれぞれの特殊解の和が (2) の解となる．

> **解法 (II)（定数変化法）**：(2) の特殊解を直観的に予想することは困難なときは，次の方法で特殊解を求めることができる．
> (1) の特性解を y_1, y_2 とし，(2) の特殊解を Y_0 とする．いま，$y_1 y_2' - y_1' y_2 \neq 0$ のとき，
> $$u_1(x) = \int \frac{-y_2 f(x)}{y_1 y_2' - y_1' y_2} dx, \quad u_2(x) = \int \frac{y_1 f(x)}{y_1 y_2' - y_1' y_2} dx$$

とおいて
$$Y_0 = u_1(x)y_1(x) + u_2(x)y_2(x)$$
をつくれば Y_0 は (2) の特殊解である（**定数変化法**）．このとき (2) の一般解は
$$y = C_1 y_1 + C_2 y_2 + Y_0 \quad (C_1, C_2 \text{ は任意定数})$$

注意 6.6 解法 (II)（前頁）の被積分関数の分母にあらわれた行列式
$$y_1 y_2' - y_1' y_2 = \begin{vmatrix} y_1 & y_2 \\ y_1' & y_2' \end{vmatrix}$$
を**ロンスキー行列式**あるいは**ロンスキアン**という．

◆ **定数係数でない線形微分方程式**　$p(x), q(x)$ を x の関数とする．
(3) $\qquad L(y) = y'' + p(x)y' + q(x)y = f(x)$

の形の微分方程式について考える．

解法 (III)　($L(y) = 0$ の 1 つの特殊解 $v \neq 0$ がわかったとき)　$y = uv$ とおくと
$$y' = u'v + uv', \quad y'' = u''v + 2u'v' + uv''$$
これを (3) に代入して $v'' + p(x)v' + q(x)v = 0$ を使って整頓すると
$$u''v + 2u'v' + p(x)u'v = f(x)$$
が得られる．すなわち，
$$\frac{d^2 u}{dx^2} + \left(\frac{2}{v}v' + p\right)\frac{du}{dx} = \frac{f}{v}.$$
$\dfrac{du}{dx} = w$ とおけば次の 1 階線形微分方程式に帰着される．
$$\frac{dw}{dx} + \left(\frac{2}{v}v' + p\right)w = \frac{f}{v}$$

解法 (IV)（**定数変化法**）　($L(y) = 0$ の 2 つの特殊解 y_1, y_2 で $y_1 y_2' - y_1' y_2 \neq 0$ を満たすものがわかったとき)　定数係数の場合の定数変化法がそのまま適用できる．すなわち前頁の解法 (II) のようにして，$u_1(x), u_2(x)$ を求めれば (3) の一般解は次のようになる．
$$y = C_1 y_1 + C_2 y_2 + u_1 y_1 + u_2 y_2 \quad (C_1, C_2 \text{ は任意定数})$$

6.3 2階線形微分方程式

例題 11 ──── 定数係数 2 階線形微分方程式 (1)（同次，非同次の場合）

次の微分方程式を解け．
(1) $y'' - 7y' + 12y = 0$ (2) $y'' + 2y' + 2y = 0$
(3) $y'' - 2y' + y = 0$ (4) $y'' + 3y' + 2y = e^x$

route 定数係数 2 階線形微分方程式である．(1), (2), (3) は同次方程式で，(4) は非同次方程式である．それぞれ p.167 の解法を用いる．

navi 定数係数 2 階線形微分方程式 $\quad y'' + ay' + by = 0 \quad (a, b \text{ は定数}) \quad \cdots \text{①}$
の解の構造を押さえよう $\quad\quad\quad y'' + ay' + by = f(x) \quad (f(x) \not\equiv 0) \quad \cdots \text{②}$

とすると，$\boxed{\text{②の一般解}} = \boxed{\text{①の一般解}} + \boxed{\text{②の特殊解}}$

(4) は右辺が e^x なので，(**特殊解**) は Ae^x **の形を予想する**．

解答 (1) 特性方程式は $\lambda^2 - 7\lambda + 12 = 0$ でこの特性解は 3, 4 である．ゆえに一般解は
$$y = C_1 e^{3x} + C_2 e^{4x}.$$

(2) 特性方程式は $\lambda^2 + 2\lambda + 2 = 0$ でこの特性解は $-1 \pm i$ である．ゆえに一般解は
$$y = e^{-x}(C_1 \cos x + C_2 \sin x).$$

(3) 特性方程式は $\lambda^2 - 2\lambda + 1 = 0$ でこの特性解は重複解 1 をもつ．ゆえに一般解は
$$y = e^x(C_1 + C_2 x).$$

(4) $y'' + 3y' + 2y = 0$ の特性方程式 $\lambda^2 + 3\lambda + 2 = 0$ の特性解は $-1, -2$．ゆえにこの同次方程式の一般解は
$$y = C_1 e^{-x} + C_2 e^{-2x}$$
である．与式に $y = Ae^x$ を代入して整理すると，$6Ae^x = e^x$．これから $A = 1/6$．ゆえに $y = e^x/6$ は特殊解，したがって一般解は
$$y = C_1 e^{-x} + C_2 e^{-2x} + e^x/6$$
である．

問題

11.1 次の微分方程式を解け．
(1) $y'' + 3y' + 2y = 0$ (2) $y'' + 6y' + 9y = 0$
(3) $y'' + 2y' + 5y = 0$ (4) $y'' - 3y' - 10y = 0$
(5) $y'' - 4y' + 9y = 0$ (6) $y'' + 6y' + 25y = 0$
(7) $y'' - y = x^2$ (8) $y'' - 3y' + 2y = e^{3x}$
(9) $y'' + 3y' + 2y = \cos x$ (10) $y'' - 2y' + y = e^x \cos x$
(11) $y'' + y' - 2y = 2x^2 - 3x$

例題 12 ── 定数係数 2 階線形微分方程式 (2)（未定係数法，定数変化法）

次の微分方程式を解け．
(1) $y'' + 3y' + 2y = e^x + \cos x$ (2) $y'' + y = \sec x$

route (1) $y'' + ay' + by = 0$ ⋯① , $y'' + ay' + by = p(x) + q(x)$ ⋯②
$y'' + ay' + by = p(x)$ ⋯③ , $y'' + ay' + by = q(x)$ ⋯④

とすると， ②の一般解 = ①の一般解 + ③の特殊解 + ④の特殊解 となる．

(2) 特殊解を直観的に予想することが困難なので p.167 の解法 (II)（定数変化法）を用いる．

navi 定数係数 2 階線形微分方程式の解の構造を押さえよう　特殊解を求めるために未定係数法 (p.167)，定数変化法 (p.167) を用いる．

解答 (1) $y'' + 3y' + 2y = 0$ ⋯⑤ の特性解は $-1, -2$ であるから ⑤の一般解は
$$y = C_1 e^{-x} + C_2 e^{-2x}$$
である．$y'' + 3y' + 2y = e^x$ の特殊解として p.167 の解法 (I)（未定係数法）により $y = Ae^x$ の形の関数を見つけよう．これを方程式に代入して整理すると
$$6Ae^x = e^x; \quad A = 1/6.$$
ゆえに，$y = e^x/6$ はこの方程式の特殊解である．同様に $y'' + 3y' + 2y = \cos x$ に $y = B\sin x + C\cos x$ を代入して整理すると
$$(B - 3C)\sin x + (C + 3B)\cos x = \cos x; \quad B = 3/10, \quad C = 1/10.$$
ゆえに，$y = (3\sin x + \cos x)/10$ はこの方程式の特殊解である．したがって求める一般解は，
$$y = C_1 e^{-x} + C_2 e^{-2x} + \frac{1}{6}e^x + \frac{1}{10}(3\sin x + \cos x).$$

(2) $y'' + y = 0$ の特性解は $\pm i$ であるからこの同次方程式の一般解は
$$y = C_1 \cos x + C_2 \sin x.$$
次に $y'' + y = \sec x$ の特殊解は，p.167 の定数変化法により，
$$u_1(x) = \int \frac{-\sin x \sec x}{\cos^2 x + \sin^2 x} dx = -\int \frac{\sin x}{\cos x} dx = \log(\cos x), \quad u_2(x) = \int \cos x \sec x \, dx = x.$$
ゆえに一般解は，
$$y = C_1 \cos x + C_2 \sin x + \cos x \cdot \log(\cos x) + x \sin x.$$

問題

12.1 次の微分方程式を解け．
(1) $y'' - 3y' + 2y = xe^{2x}$
(2) $y'' + 4y' + 4y = 2x + \sin x$
(3) $y'' + 2y' + 4y = 7e^x - 4x - 6$
(4) $y'' + y' = x\cos 2x$
(5) $y'' + 2y' + y = e^{-x} \log x$
(6) $y'' + 2y' + 10y = e^{-x} \sec 3x$

6.3 2階線形微分方程式

―― 例題 13 ―――――― 一般の 2 階線形微分方程式 (1)（1 つの解がわかった場合）――

微分方程式 $x^2 y'' - xy' + y = x^2$ の一般解を求めよ．この微分方程式の同判方程式 $x^2 y'' - xy' + y = 0$ の 1 つの解が $y = x$ であることを用いよ．

route　2 階非同次線形微分方程式　　$x^2 y'' - xy' + y = x^2$　　⋯①

①の同判方程式　　$x^2 y'' - xy' + y = 0$　　⋯②

②の 1 つの特殊解がわかった場合，①の一般解を求めるため p.168 の解法 (Ⅲ) を用いる．

navi　②の 1 つの特殊解 $y = x$ がわかった場合，$y = ux$ とおき換えて，1 階線形微分方程式にもち込み ①の一般解を求める．

解答 $y = ux$ とおくと $y' = u'x + u$, $y'' = u''x + 2u'$. これを考えている微分方程式に代入して整理すると，
$$x^3 u'' + x^2 u' = x^2, \quad xu'' + u' = 1.$$

$u' = w$ とおけば 1 階線形微分方程式
$$w' + \frac{1}{x}w = \frac{1}{x}$$

が得られる．公式（⇨ p.158 の⑥）により

$$w = \exp\left(-\int \frac{dx}{x}\right)\left\{\int \frac{1}{x}\exp\left(\int \frac{dx}{x}\right)dx + C_1\right\}$$
$$= \exp(-\log x)\left\{\int \frac{1}{x}\exp(\log x)dx + C_1\right\} = \frac{1}{x}\left(\int dx + C_1\right) = 1 + \frac{C_1}{x}.$$

$$\therefore \quad u = \int \left(1 + \frac{C_1}{x}\right)dx + C_2 = x + C_1 \log|x| + C_2, \quad y = x^2 + C_1 x \log|x| + C_2 x.$$

(C_1, C_2 は任意定数)

問題

13.1 次の微分方程式はそれぞれ括弧の中に示した関数を特殊解にもつことを用いて，その微分方程式を解け．

(1)　$(1 + x^2)y'' - 2xy' + 2y = 0$　　　　　　$(y = x)$

(2)　$y'' \cos x + y' \sin x + y \sec x = 0$　　　$(y = \cos x)$

(3)　$(x - 3)y'' - (4x - 9)y' + 3(x - 2)y = 0$　$(y = e^x)$

13.2 $y = x$ が微分方程式 $y'' - \dfrac{3}{x}y' + \dfrac{3}{x^2}y = 0$ の解であることを確かめ，このことを用いて次の微分方程式を解け．
$$y'' - \frac{3}{x}y' + \frac{3}{x^2}y = 2x - 1.$$

例題 14 ——————— 一般の 2 階線形微分方程式 (2)（特殊解の発見法）

微分方程式 $y'' + p(x)y' + q(x)y = 0$ において，$p(x) + xq(x) = 0$ ならば $y = x$ は特殊解であることを示せ．
次にこれを利用して微分方程式 $x^2 y'' - 3xy' + 3y = 2x^3 - x^2$ を解け．

route 2 階線形非同次微分方程式の同判な方程式の特殊解を見つけるには，**特殊解の発見法**（⇨ 下記の追記 6.2）が有効である．この見つかった特殊解を使って，p.168 の解法 (III) により 1 階線形微分方程式にもち込む．

解答 $y = x$ を与式に代入して計算すれば
$$x'' + p(x)x' + q(x)x = p(x) + xq(x) = 0.$$
ゆえに $y = x$ は特殊解である．

次に $x^2 y'' - 3xy' + 3y = 2x^3 - x^2$ を $y'' - 3y'/x + 3y/x^2 = 2x - 1$ と書き直してみれば，この微分方程式の係数が上の性質をもつことは明らかであるから $y = x$ は同次方程式 $y'' - 3y'/x + 3y/x^2 = 0$ の特殊解である．したがって p.168 の解法 (III) を用いる．

$y = ux$ とおくともとの微分方程式は
$$u'' - (1/x)u' = 2 - 1/x, \quad w' - w/x = 2 - 1/x \quad (w = u')$$
となる．ゆえに p.158 ⑥ より
$$w = \exp\left(\int \frac{dx}{x}\right)\left\{\int \left(2 - \frac{1}{x}\right)\exp\left(-\int \frac{dx}{x}\right)dx + C\right\}$$
$$= x\left\{\int \left(2 - \frac{1}{x}\right)\frac{1}{x}dx + C\right\} = x\left(2\log x + \frac{1}{x} + C\right) \quad (C \text{ は任意定数})$$
$$\therefore \quad u = \frac{y}{x} = \int(2x\log x + 1 + Cx)dx = x^2 \log x - \frac{x^2}{2} + x + \frac{C}{2}x^2 + C_2$$
$$= x^2 \log x + x + C_1 x^2 + C_2 \quad \left(C_1, C_2 \text{ は任意定数}, \; C_1 = -\frac{1}{2} + \frac{C}{2} \text{ とおく}\right).$$
これから一般解は
$$y = C_1 x^3 + C_2 x + x^3 \log x + x^2.$$

追記 6.2 **特殊解の発見法** 同次線形微分方程式 $L(y) = y'' + p(x)y' + q(x)y = 0$ の特殊解を見つけるには，次の方法が有効である．

	p, q の条件	$L(y) = 0$ の特殊解
(i)	$p + xq = 0$	$y = x$
(ii)	$m(m-1) + mxp + x^2 q = 0$	$y = x^m$
(iii)	$1 + p + q = 0$	$y = e^x$
(iv)	$1 - p + q = 0$	$y = e^{-x}$
(v)	$m^2 + mp + q = 0$	$y = e^{mx}$

6.3 2階線形微分方程式

---**例題 15**--- 一般の2階線形微分方程式 (3)(2つの特殊解がわかった場合)---

微分方程式 $x^2y''-xy'+y=\dfrac{1}{x}$ を解け.この微分方程式の同伴方程式 $x^2y''-xy'+y=0$ の2つの解が $y_1=x$, $y_2=x\log x$ であることを用いよ.

route 2階線形非同次微分方程式 $L(y)=y''+p(x)y'+q(x)y=f(x)\cdots$① とその同伴方程式 $L(y)=0\cdots$② において,②の2つの特殊解 y_1, y_2 がわかった場合①の特殊解は定数変化法(p.168 の解法(Ⅳ))を用いて求める.

navi ②の特殊解が2つわかった場合 定数変化法(p.168 の解法(Ⅳ))を用いよ.2階線形非同次微分方程式の解の構造を押さえよう.

$$\boxed{\text{①の一般解}} = \boxed{\text{②の一般解}} + \boxed{\text{①の特殊解}}$$

解答 $y_1y_2' - y_1'y_2 = x(\log x + 1) - x\log x = x \neq 0$ であるから p.168 の解法(Ⅳ)の定数変化法が使える.与式を

$$y'' - \frac{1}{x}y' + \frac{1}{x^2}y = \frac{1}{x^3}$$

と書き直して

$$u_1(x) = -\int \frac{x\log x \cdot (1/x^3)}{x} dx = -\int \frac{\log x}{x^3} = -\left\{ \frac{-1}{2}x^{-2}\log x + \int \frac{1}{2}x^{-2} \cdot \frac{1}{x} dx \right\}$$

$$= \frac{\log x}{2x^2} + \frac{1}{4x^2}$$

$$u_2(x) = \int \frac{x \cdot (1/x^3)}{x} dx = \int \frac{1}{x^3} dx = -\frac{1}{2x^2}$$

$$\therefore\quad u_1(x)y_1 + u_2(x)y_2 = \frac{\log x}{2x} + \frac{1}{4x} - \frac{\log x}{2x} = \frac{1}{4x}$$

したがって一般解は,次のようになる.

$$y = C_1 x + C_2 x \log x + \frac{1}{4x}$$

問 題

15.1 特殊解の発見法(⇨ p.172 追記 6.2)によって与えられた微分方程式の同判方程式の2つの特殊解を見つけ,次の微分方程式を解け.

(1) $y'' - \dfrac{x}{x-1}y' + \dfrac{1}{x-1}y = x - 1$ (2) $y'' - \dfrac{2}{x^2}y = 2$

15.2 特殊解の発見法(⇨ p.172 追記 6.2)によって,与えられた微分方程式の同伴方程式の特殊解を見つけ,次の微分方程式を解け.

(1) $y'' - \dfrac{x+2}{x}y' + \dfrac{x+2}{x^2}y = x^2 e^x$
(2) $xy'' - (2x+1)y' + (x+1)y = (x^2 + x - 1)e^{2x}$

---例題 16--- 一般の 2 階線形微分方程式 (4)(標準形に変換)---

微分方程式 $y'' + p(x)y' + q(x)y = f(x)$ に対して

$$v(x) = \exp\left(-\frac{1}{2}\int p(x)dx\right) \quad \cdots ①, \qquad y = uv \quad \cdots ②$$

とおけばこの微分方程式は $u'' + P(x)u = R(x)$ の形になることを示せ(これをもとの微分方程式の**標準形**という).
また微分方程式 $y'' + 2xy' + x^2y = 0$ をこの標準形に変換して解け.

route $y'' + p(x)y' + q(x)y = f(x)$ に対して $v(x) = \exp\left(-\frac{1}{2}\int p(x)dx\right)$, $y = uv$ とおき**標準形** $u'' + P(x)u = R(x)$ の形に変換する.
ただし, $P(x) = q(x) - \frac{1}{2}P'(x) - \frac{1}{4}P^2(x), R(x) = \frac{f(x)}{v(x)}$.

解答 ② より $y' = u'v + uv'$, $y'' = u''v + 2u'v' + uv''$ となるので, これらを上式に代入すると

$$u''v + (2v' + p(x)v)u' + (v'' + p(x)v' + q(x)v)u = f(x)$$

① より, $2v' + pv = 0$ となるので $v'' + pv' + qv = \left(q - \frac{1}{2}p' - \frac{1}{4}p^2\right)v.$

$$u''v + \left(q - \frac{1}{2}p' - \frac{1}{4}p^2\right)uv = f \qquad \therefore \quad u'' + \left(q - \frac{1}{2}p' - \frac{1}{4}p^2\right)u = \frac{f}{v}$$

$P(x) = q(x) - \frac{1}{2}p'(x) - \frac{1}{4}p^2(x), R(x) = \frac{f(x)}{v(x)}$ とおけば次の標準形を得る.

$$u'' + P(x)u = R(x)$$

次に $y'' + 2xy' + x^2y = 0 \cdots ③$ の標準形を求めよう. $v = \exp\left(-\frac{1}{2}\int 2xdx\right) = e^{-x^2/2}$
とおき, $y = uv$ とすると $P(x) = q - \frac{1}{2}p' - \frac{1}{4}p^2 = x^2 - 1 - \frac{(2x)^2}{4} = -1, R(x) = \frac{f(x)}{v(x)} = 0$
より標準形

$$u'' - u = 0$$

が得られる.これは定数係数 2 階線形であるからこれを解いて $u = C_1e^x + C_2e^{-x}$ を得る.
この u と v の積 $y = uv = \exp\left(-\frac{x^2}{2}\right)(C_1e^x + C_2e^{-x})$ が③の一般解である.

～～ 問 題 ～～～～～～～～～～～～～～～～～～～～～

16.1 標準形に変換することにより次の微分方程式を解け.

(1) $y'' - \dfrac{4x}{1-x^2}y' - \dfrac{1+x^2}{1-x^2}y = 0$ (2) $y'' - \dfrac{2}{x}y' + \left(9 + \dfrac{2}{x^2}\right)y = 0$

(3) $y'' - 8xy' + 16x^2y = 0$

演習問題 6-A

1 次の微分方程式を解け．
  (1) $\sqrt{1+y^2} - xy' = 0$
  (2) $y' = 2x(y^2+y)$
  (3) $y' = \sqrt{ax+by+c}$
  (4) $xy' + x + y = 0$
  (5) $(x^2y+x)y' + xy^2 - y = 0$

2 次の微分方程式を解け．
  (1) $y' = \dfrac{4x-y-6}{2x+y}$
  (2) $(x^2+y^2)y' = xy$
  (3) $y' - 2y = x^2 e^x$
  (4) $y' + 2y\tan x = \sin x$
  (5) $x^2 y' = xy + y^3$
  (6) $y' + y = \dfrac{x}{y}$

3 $y'' - y = e^x$ を $y' + y = u$ とおいて u についての微分方程式に変換して解け．

4 次の微分方程式を解け．
  (1) $\dfrac{2x-y}{x^2+y^2}dx + \dfrac{2y+x}{x^2+y^2}dy = 0$
  (2) $(y^2 + e^x \sin y) + (2xy + e^x \cos y)y' = 0$
  (3) $(e^y + xe^y)dx + xe^y dy = 0$
  (4) $(\sqrt{x} + y)dx + 2x\,dy = 0$

5 定数変化法（⇨p.167 の解法 (II)）を用いて次の微分方程式を解け．
  (1) $y'' - 4y' + 5y = xe^{2x}\cos x$
  (2) $y'' + n^2 y = \sec nx \quad (n > 0)$

6 $y = e^{2x}$ が微分方程式 $(x+1)y'' - (2x+3)y' + 2y = 0$ の解であることを用いて次の微分方程式を解け．
$$(x+1)y'' - (2x+3)y' + 2y = xe^x$$

7 特殊解の発見法（⇨p.172 の追記 6.2）によって，与えられた微分方程式の同伴方程式の特殊解を 1 つまたは 2 つ見つけ，次の微分方程式を解け．
  (1) $y'' + \dfrac{1}{x}y' - \dfrac{4}{x^2}y = x$
  (2) $4x^2 y'' + 4xy' - y = 0$
  (3) $y'' - \dfrac{x+3}{x}y' + \dfrac{3}{x}y = x^3 e^x$

8 $y'' + y'\tan x + y\sec^2 x = 0$ において，$t = \sin x$ と変数変換すればこの微分方程式が $\dfrac{d^2 y}{dt^2} + y = 0$ となることを示し，この微分方程式を解け．

演習問題 6-B

1 原点からの距離が 1 である直線群の満たす微分方程式をつくれ.

> **注意 6.7** 原点からの距離が 1 の直線の方程式は $\dfrac{x}{a} + \dfrac{y}{b} = 1$ で表される. $\dfrac{1}{a} = \cos\theta, \dfrac{1}{b} = \sin\theta$ より $x\cos\theta + y\sin\theta = 1$ (θ は任意定数) となる. これを用いよ.

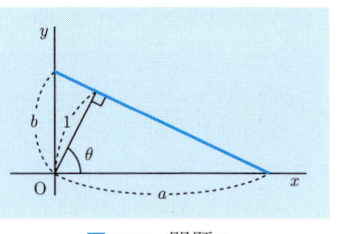

図 6.7 問題 1

2 1 階線形微分方程式
$$y' + p(x)y = q(x)$$
と同値な微分方程式
$$\{p(x)y - q(x)\}dx + dy = 0$$
の積分因子を求め，それを用いて 1 階線形微分方程式の解の公式をつくれ.

3 2 階線形微分方程式 $y'' - 4xy' + (4x^2 - 18)y = xe^{x^2}$ を標準形に変換することにより，この一般解を求めよ.

4 微分方程式
$$x^2 y'' + axy' + by = 0 \quad (a, b \text{ は定数})$$
を $x = e^t$ と変数変換して，線形微分方程式に帰着させて解け（これを**オイラーの微分方程式**という）.

5 関係式 $32x^3 + 27y^4 = 0$ は，微分方程式
$$y = 2x\frac{dy}{dx} + y^2 \left(\frac{dy}{dx}\right)^3$$
の解であることを示せ.

問 題 解 答

1章の解答

1.1 (1) 分母, 分子をそれぞれ $\sqrt{n}$ で割り $n \to \infty$ とすると $-\infty$ に発散する. 極限値なし.

(2) $\left|\dfrac{\sin n}{n}\right| \leqq \dfrac{1}{n}$ であるので $n \to \infty$ とすると 0 に収束する. 極限値 0.

(3) $\sqrt{n+1} - \sqrt{n} = \dfrac{1}{\sqrt{n+1}+\sqrt{n}} \to 0 \quad (n \to \infty)$. 極限値 0.

(4) $\dfrac{1+2+\cdots+n}{n^2} = \dfrac{1}{n^2}\dfrac{n(n+1)}{2} = \dfrac{1}{2}\left(1+\dfrac{1}{n}\right) \to \dfrac{1}{2} \quad (n \to \infty)$. 極限値 $\dfrac{1}{2}$.

2.1 (i) $a > 1$ のとき $a_n = a^{1/n} - 1$ とおけば $a_n > 0$ である. また二項定理から次の不等式が得られる.
$$1 + na_n \leqq (1+a_n)^n.$$
ところが $a_n = a^{1/n} - 1$ とおいたので $a_n + 1 = a^{1/n}$. 両辺を n 乗して, $(a_n+1)^n = a$. このことと上記不等式によって $1 + na_n \leqq a$. すなわち $0 < a_n \leqq \dfrac{a-1}{n}$. ゆえに, $a_n \to 0 \; (n \to \infty)$, したがって $a^{1/n} \to 1 \; (n \to \infty)$.

(ii) $a = 1$ ならば明らかである.

(iii) $0 < a < 1$ のときは $b = \dfrac{1}{a}$ とおくと $b > 1$ だから上のことから $b^{1/n} \to 1 \; (n \to \infty)$. ゆえに $a^{1/n} \to \dfrac{1}{b^{1/n}} \to 1 \; (n \to \infty)$ となる.

3.1 (1) 正しくない. 反例: $a_n = \dfrac{1}{n}, b_n = \dfrac{1}{n^2}$ のとき, $\dfrac{a_n}{b_n} = n \to \infty \quad (n \to \infty)$

(2) 正しくない. 反例: $a_n = n+1, b_n = n$ のとき, $a_n - b_n = 1 \to 1 \quad (n \to \infty)$

(3) 正しい.

証明: 仮定から $\lim_{n\to\infty} b_n = \lim_{n\to\infty}\{a_n - (a_n - b_n)\} = \lim_{n\to\infty} a_n - \lim_{n\to\infty}(a_n - b_n) = \alpha - 0 = \alpha$

4.1 まず $0 < a_n < 4$ と仮定する. $a_{n+1} = a_n\dfrac{2}{\sqrt{a_n}}$ と書きなおすと, $\dfrac{1}{\sqrt{a_n}} > \dfrac{1}{2}$ であるので $a_{n+1} > a_n$ となる. よって, $a_{n+1} = \dfrac{2}{\sqrt{a_n}}a_n < \dfrac{2}{\sqrt{a_n}}a_{n+1} = 4 \quad \left(\because \dfrac{a_{n+1}}{\sqrt{a_n}} = 2\right)$. ゆえに, $0 < a_{n+1} < 4$. $0 < a_1 < 4$ であるから数学的帰納法により $\{a_n\}$ は単調増加で常に 4 より小さい. ゆえに極限値 $\alpha\,(>0)$ をもつ. $a_{n+1} = 2\sqrt{a_n}$ において, $n \to \infty$ とすると, $\alpha = 2\sqrt{\alpha}$ である. ゆえに $\alpha = 4$.

4.2 (1) $a_n = \sqrt{n}$ (2) $a_n = (-1)^n, b_n = (-1)^{n-1}$; $a_n = n, b_n = -n$

(3) $a_n = \dfrac{n-1}{n}, b_n = \dfrac{1}{n}$ (4) $a_n = (-1)^n$

5.1 (1) $S_n = 1 + \dfrac{1}{1!} + \dfrac{1}{2!} + \cdots + \dfrac{1}{n!} \leqq 1 + 1 + \dfrac{1}{2} + \dfrac{1}{2\cdot 2} + \cdots + \dfrac{1}{2^{n-1}} = 1 + \dfrac{1-1/2^n}{1-1/2} < 3$
ゆえに $a_n > 0$ で S_n は上に有界であるから p.1 の定理 1.1 (有界単調数列の収束性) により収束する.

(2) $a_n = \dfrac{1}{(3n-2)(3n+1)} = \dfrac{1}{3}\left(\dfrac{1}{3n-2} - \dfrac{1}{3n+1}\right)$

$S_n = \dfrac{1}{3}\left(\dfrac{1}{1} - \dfrac{1}{4}\right) + \dfrac{1}{3}\left(\dfrac{1}{4} - \dfrac{1}{7}\right) + \cdots + \dfrac{1}{3}\left(\dfrac{1}{3n-2} - \dfrac{1}{3n+1}\right)$

$= \dfrac{1}{3}\left(1 - \dfrac{1}{3n+1}\right). \quad \therefore \lim_{n\to\infty} S_n = \dfrac{1}{3} \quad \therefore$ 収束する．

(3) $a_n = \dfrac{1}{\sqrt{n}+\sqrt{n+1}} = \dfrac{\sqrt{n+1}-\sqrt{n}}{(n+1)-n} = \sqrt{n+1} - \sqrt{n}$

$S_n = (\sqrt{2}-\sqrt{1}) + (\sqrt{3}-\sqrt{2}) + \cdots + (\sqrt{n+1}-\sqrt{n}) = \sqrt{n+1} - 1$

$\therefore \lim_{n\to\infty} S_n = \infty \quad \therefore$ 発散する．

(4) $a_n = \dfrac{n}{2n-1}$, $\lim_{n\to\infty} a_n = \dfrac{1}{2}$．p.6 の定理 1.4（級数の基本性質）(i) より $a_n \to 0 \ (n\to\infty)$ でないので，発散する．

6.1 (1) $\dfrac{1}{\sqrt{n(n+1)}} > \dfrac{1}{n+1} \geq \dfrac{1}{2n}$ よって，級数 $\sum \dfrac{1}{n}$ は発散するので（p.8 の例題 6 ($p=1$) により）$\sum \dfrac{1}{\sqrt{n(n+1)}}$ は発散する．

(2) $\dfrac{1}{\sqrt{n}} - \dfrac{1}{\sqrt{n+1}} = \dfrac{\sqrt{n+1}-\sqrt{n}}{\sqrt{n}\sqrt{n+1}} = \dfrac{1}{\sqrt{n}\sqrt{n+1}(\sqrt{n+1}+\sqrt{n})} < \dfrac{1}{n^{3/2}}$.

$\sum \dfrac{1}{n^{3/2}}$ は p.8 の例題 6 ($p>1$) により収束するので，$\sum\left(\dfrac{1}{\sqrt{n}} - \dfrac{1}{\sqrt{n+1}}\right)$ は収束する．

(3) $\dfrac{n}{(n+1)^3} < \dfrac{n}{n^3} = \dfrac{1}{n^2}$. ゆえに $\sum \dfrac{1}{n^2}$ は p.8 の例題 6 ($p>1$) より収束するので $\sum \dfrac{n}{(n+1)^3}$ も収束する．

7.1 (1) $\log(1+x) < x \ (x>0)$ であるので $\log\left(1+\dfrac{1}{n}\right) < \dfrac{1}{n}$ が成立する．ゆえに $\dfrac{1}{n}\log\left(1+\dfrac{1}{n}\right) < \dfrac{1}{n^2}$. $\sum \dfrac{1}{n^2}$ は収束するので（p.8 の例題 6, $p>1$），与えられた級数は収束する．

(2) $a_n = \dfrac{1}{(2n-1)^2} < \dfrac{1}{(2n-2)^2} = \dfrac{1}{4}\dfrac{1}{(n-1)^2}$ よって，p.8 の例題 6 ($p>1$) より収束する．

(3) $a_n = \dfrac{n!}{10^n}$ とおけば，$\dfrac{a_{n+1}}{a_n} = \dfrac{n+1}{10}$. $n>9$ であるようなすべての n に対して $\dfrac{a_{n+1}}{a_n} > 1$. ゆえに $a_{n+1} > a_n \cdots > a_{10}$. このとき，$a_n \to 0 \ (n\to\infty)$ が成立しない．よって $\sum a_n$ は発散する．

8.1 (1) $a_n = \dfrac{n^n}{n!}$ とおくと，$\dfrac{a_{n+1}}{a_n} = \dfrac{\dfrac{(n+1)^{n+1}}{(n+1)!}}{\dfrac{n^n}{n!}} = \left(1+\dfrac{1}{n}\right)^n \to e > 1 \ (n\to\infty)$. ゆえに，p.6 の定理 1.6 (ii) ダランベールの判定法により発散する．

(2) $\lim_{n\to\infty} \dfrac{a_{n+1}}{a_n} = \lim_{n\to\infty} \dfrac{1\cdot 3\cdot 5\cdots(2n+1)}{1\cdot 4\cdot 7\cdots(3n+1)} \Big/ \dfrac{1\cdot 3\cdot 5\cdots(2n-1)}{1\cdot 4\cdot 7\cdots(3n-2)} = \lim_{n\to\infty} \dfrac{2n+1}{3n+1} = \dfrac{2}{3} < 1$

ゆえに p.6 定理 1.6 (ii)（ダランベールの判定法）により，与えられた級数は収束する．

(3) $\displaystyle\lim_{n\to\infty}\frac{a_{n+1}}{a_n}=\lim_{n\to\infty}\frac{n+1}{3^{n+1}}\Big/\frac{n}{3^n}=\lim_{n\to\infty}\frac{n+1}{n}\cdot\frac{1}{3}=\frac{1}{3}<1$

ゆえに p.6 の定理 1.6 (ii)（ダランベールの判定法）により，与えられた級数は収束する．

(4) $a_n=\left(\dfrac{n}{n+1}\right)^{n^2}$ とおくと，
$$\lim_{n\to\infty}\sqrt[n]{a_n}=\lim_{n\to\infty}\left(\frac{n}{n+1}\right)^n=\lim_{n\to\infty}\left(\frac{1}{1+1/n}\right)^n=\frac{1}{e}<1$$

ゆえに p.6 の定理 1.6 (i)（コーシーの判定法）により収束する．

9.1 (1) 与えられた級数は交項級数である．$\dfrac{1}{\log n}>\dfrac{1}{\log(n+1)}$, $\dfrac{1}{\log n}\to 0\ (n\to\infty)$ であるので p.11 の定理 1.8（交項級数の収束条件）により収束する．$\dfrac{1}{\log n}>\dfrac{1}{n}$ であり，$\sum\dfrac{1}{n}$ は p.8 の例題 6 $(p=1)$ により発散するので，p.6 の定理 1.5（比較判定法）により $\sum\dfrac{1}{\log n}$ は発散する．ゆえに与えられた級数は条件収束する．

(2) $p_n=a^n\sin nx$ とおくと $|p_n|=|a^n\sin nx|\leqq a^n$. $0<a<1$ のとき $\sum a^n$ は収束するから $\sum|a^n\sin nx|$ は収束する．すなわち与えられた級数は絶対収束する．

(3) 与えられた級数は交項級数である．
$\dfrac{1}{(n+a)^s}>\dfrac{1}{(n+1+a)^s}$, $\dfrac{1}{(n+a)^s}\to 0\ (n\to\infty)$ であるから，$\sum(-1)^{n-1}\dfrac{1}{(n+a)^s}$ は p.11 の定理 1.8（交項級数の収束条件）により収束する．一方 $\sum\left|\dfrac{(-1)^{n+1}}{(n+a)^s}\right|=\sum\dfrac{1}{(n+a)^s}$ は p.8 の例題 6 により $s>1$ のとき収束し，$0<s\leqq 1$ のとき発散する．ゆえに与えられた級数は $s>1$ のとき絶対収束で $0<s\leqq 1$ のとき条件収束する．

10.1 (1) $a_n=(-1)^n\dfrac{1}{2n+1}$ とおくと，$\left|\dfrac{a_{n+1}}{a_n}\right|=\dfrac{2n+1}{2n+3}\to 1\ (n\to\infty)$. ゆえに収束半径 $\rho=1$ である．$x=1$ のとき，$\sum(-1)^n\dfrac{1}{2n+1}$ は交項級数で定理 1.8（⇨p.11）の条件を満たすので収束する．$x=-1$ のとき，$\sum(-1)^n\dfrac{(-1)^{2n+1}}{2n+1}=\sum(-1)^{n+1}\dfrac{1}{2n+1}$ はやはり交項級数で定理 1.8（⇨p.11）の条件を満たすので収束する．ゆえに，収束域は $-1\leqq x\leqq 1$.

(2) $a_n=\dfrac{1}{n^2\cdot 2^n}$ とおくと，$\dfrac{a_{n+1}}{a_n}=\dfrac{n^2\cdot 2^n}{(n+1)^2\cdot 2^{n+1}}=\left(1-\dfrac{1}{n+1}\right)^2\cdot\dfrac{1}{2}\to\dfrac{1}{2}\ (n\to\infty)$. ゆえに収束半径 $\rho=2$ である．$x=2$ のとき $\sum_{n=1}^{\infty}\dfrac{1}{n^2}$ は収束する（⇨p.8 の例題 6）．$x=-2$ のとき $\sum_{n=1}^{\infty}(-1)^n\cdot\dfrac{1}{n^2}$ は交項級数で定理 1.8（⇨p.11）の条件を満足しているので収束する．ゆえに収束域は $-2\leqq x\leqq 2$ である．

(3) $x+2=t$ とおき級数 $\sum\dfrac{t^n}{3^n}$ について考える．$a_n=\dfrac{1}{3^n}$ とおくと，$\dfrac{a_{n+1}}{a_n}=\dfrac{3^n}{3^{n+1}}=\dfrac{1}{3}\to\dfrac{1}{3}\ (n\to\infty)$ で収束半径は 3 である．$t=\pm 3$ のとき $\sum\dfrac{t^n}{3^n}=\sum(\pm 1)^n$ で発散．$\sum\dfrac{t^n}{3^n}$ の収束域は $-3<t<3$ である．ゆえに級数の収束域は $-5<x<1$.

(4) $a_n = \sqrt{n+1} - \sqrt{n}$ とおけば $\left|\dfrac{a_{n+1}}{a_n}\right| = \dfrac{\sqrt{n+2} - \sqrt{n+1}}{\sqrt{n+1} - \sqrt{n}}$. ここで

$$a_n = \sqrt{n+1} - \sqrt{n} = \dfrac{1}{\sqrt{n+1} + \sqrt{n}}, \quad a_{n+1} = \sqrt{n+2} - \sqrt{n+1} = \dfrac{1}{\sqrt{n+2} + \sqrt{n+1}}$$

より, $\left|\dfrac{a_{n+1}}{a_n}\right| = \dfrac{\sqrt{n+1} + \sqrt{n}}{\sqrt{n+2} + \sqrt{n+1}} \to 1 \ (n \to \infty)$. ゆえに収束半径 $\rho = 1$ である. $x = 1$ のときは $\sum(\sqrt{n+1} - \sqrt{n})$ となる. $a_n = \sqrt{n+1} - \sqrt{n} = \dfrac{1}{\sqrt{n+1} + \sqrt{n}} > \dfrac{1}{2\sqrt{n+1}}$ で $\dfrac{1}{2}\sum \dfrac{1}{\sqrt{n+1}}$ は例題 6 (⇨ p.8) により発散する. ゆえに定理 1.5 (⇨ p.6) により $\sum(\sqrt{n+1} - \sqrt{n})$ は発散する. 次に $x = -1$ のときは $\sum (-1)^n(\sqrt{n+1} - \sqrt{n}) = \sum (-1)^n \dfrac{1}{\sqrt{n+1} + \sqrt{n}}$ となる. これは交項級数で定理 1.8 (⇨ p.11) の条件を満足するので収束する. ゆえに収束域は $-1 \leqq x < 1$.

10.2 (1) $a_n = \dfrac{1}{n}$ とおく. $\left|\dfrac{a_{n+1}}{a_n}\right| = \dfrac{n}{n+1} \to 1 \ (n \to \infty)$. ゆえに収束半径 $\rho = 1$.

(2) $a_n = \dfrac{(-1)^n}{\log(n+1)}$ とおけば, $\left|\dfrac{a_{n+1}}{a_n}\right| - 1 = \dfrac{\log\{(n+1)/(n+2)\}}{\log(n+2)} \to 0 \ (n \to \infty)$. すなわち
$$\left|\dfrac{a_{n+1}}{a_n}\right| \to 1 \ (n \to \infty) \ \text{である}. \qquad \therefore \ \text{収束半径} \ \rho = 1.$$

(3) $a_n = \dfrac{m(m-1)\cdots(m-n+1)}{n!}$ とおけば $\left|\dfrac{a_{n+1}}{a_n}\right| = \left|\dfrac{m-n}{n+1}\right| \to 1 \ (n \to \infty)$ である. ゆえに収束半径 $\rho = 1$.

(4) $a_n = n(n+1)$ とおく.
$$\left|\dfrac{a_{n+1}}{a_n}\right| = \left|\dfrac{(n+1)(n+2)}{n(n+1)}\right| = \left|1 + \dfrac{2}{n}\right| \to 1 \ (n \to \infty) \qquad \therefore \ \text{収束半径} \ \rho = 1.$$

(5) $a_n = \dfrac{n^n}{(n+1)^{n+1}}$ とおく. p.6 定理 1.6 (i)(コーシーの判定法)を用いる.
$$\sqrt[n]{|a_n|} = \dfrac{n}{n+1} \cdot \dfrac{1}{\sqrt[n]{n+1}} \to 1 \ (n \to \infty)$$
(∵ p.15 の演習問題 1-B **1** (1) により $\sqrt[n]{n+1} \to 1 \ (n \to \infty)$ である).
∴ 収束半径 $\rho = 1$.

◆ 演習問題 *1-A* の解答

1. (1) 正しくない. 反例:$a_n = 1 - \dfrac{1}{n} < 1, \ \lim\limits_{n\to\infty} a_n = 1$

(2) 正しくない. 反例:$a_n = \dfrac{n}{n+1} + (-2)^n, \ b_n = 2^{1/n} + (-2)^n$

(3) 正しくない. 反例:$a_n = \dfrac{n+1}{n}, \ b_n = \dfrac{n+2}{n}$

2. $a > b > 0$ であるので $0 < \dfrac{b}{a} < 1$. $\quad \therefore \ \lim\limits_{n\to\infty} \left(\dfrac{b}{a}\right)^n = 0 \quad$ (⇨ p.2 例題 1 (2)),

$p > 0$ であるので $\lim_{n \to \infty} \sqrt[n]{p} = 1$ （⇨ p.3 問題 2.1）．

$$\therefore \lim_{n \to \infty} \sqrt[n]{pa^n + qb^n} = \lim_{n \to \infty} a \sqrt[n]{p + q\left(\frac{b}{a}\right)^n} = a$$

3. $a_2 = \sqrt{2 + \sqrt{a_1}} > \sqrt{2} = a_1$ である．また漸化式から，

$$a_{n+1} - a_n = \sqrt{2 + \sqrt{a_n}} - \sqrt{2 + \sqrt{a_{n-1}}} = \frac{\sqrt{a_n} - \sqrt{a_{n-1}}}{\sqrt{2 + \sqrt{a_n}} + \sqrt{2 + \sqrt{a_{n-1}}}}$$

ゆえに $a_n > a_{n-1}$ ならば，$a_{n+1} > a_n$ が結論されるから，$a_2 > a_1$ から $\{a_n\}$ は増加列であることがわかる．

また明らかに $a_1 < 2$ である．いま $a_n < 2$ と仮定すれば，

$$a_{n+1} = \sqrt{2 + \sqrt{a_n}} < \sqrt{2 + \sqrt{2}} < 2$$

である．ゆえに帰納法によって，すべての n について $a_n < 2$．すなわち上に有界である．

4. $\sum_{n=1}^{\infty} a_n$ は収束するから，p.6 の定理 1.4（級数の基本性質）(i) より $a_n \to 0 \; (n \to \infty)$ である．したがって $\{a_n\}$ は収束する．ゆえに $n \geqq N$ であるようなすべての n について $0 < a_n < \dfrac{1}{2}$ であるような自然数 N が存在する．ゆえに $a_n^2 < a_n \; (n \geqq N)$ となり，p.6 の定理 1.5（比較判定法）により $\sum_{n=1}^{\infty} a_n^2$ は収束する．

5. (1) $\lim_{n \to \infty} \left| \dfrac{a_{n+1}}{a_n} \right| = \lim_{n \to \infty} \dfrac{(2n-1)!}{(2n+1)!} = \lim_{n \to \infty} \dfrac{1}{2n(2n+1)} = 0$

よって，収束域は $-\infty < x < \infty$．

(2) $\lim_{n \to \infty} \left| \dfrac{a_{n+1}}{a_n} \right| = \lim_{n \to \infty} \dfrac{1}{(2n+1)(2n+2)} = 0$．よって，収束域は $-\infty < x < \infty$．

(3) $\lim_{n \to \infty} \left| \dfrac{a_{n+1}}{a_n} \right| = \lim_{n \to \infty} \dfrac{n}{n+1} = 1$．ゆえに収束半径 $\rho = 1$．

$x = 1$ のとき，$\sum_{n=1}^{\infty} \dfrac{(-1)^{n-1}}{n}$ は交項級数で，$1 > \dfrac{1}{2} > \cdots > \dfrac{1}{n} > \cdots > 0$ で $a_n = \dfrac{1}{n} \to 0 \; (n \to \infty)$ である．ゆえに p.11 の定理 1.8（交項級数の収束条件）により収束する．

$x = -1$ のときは，$\sum_{n=1}^{\infty} (-1)^{n-1} \dfrac{(-1)^n}{n} = \sum_{n=1}^{\infty} \dfrac{(-1)}{n} = -\left(1 + \dfrac{1}{2} + \cdots + \dfrac{1}{n} + \cdots\right)$ は，p.8 の例題 6 の調和級数であるので発散である．ゆえに収束域は $-1 < x \leqq 1$．

◆ 演習問題 1-B の解答

1. (1) $a_n = \sqrt[n]{n+1} - 1$ とおくと，$a_n > 0$ となる．2 項定理

$$(1 + a_n)^n = 1 + na_n + \frac{n(n-1)}{2!}(a_n)^2 + \cdots + \frac{n(n-1)\cdots(n-r+1)}{r!}(a_n)^r + \cdots + (a_n)^n$$

から不等式

$$(1 + a_n)^n > \frac{n(n-1)}{2}(a_n)^2 \qquad \cdots \text{①}$$

を得る．$a_n = \sqrt[n]{n+1} - 1$ とおいたので移項して，$a_n + 1 = \sqrt[n]{n+1}$，この両辺を n 乗して $(1 + a_n)^n = n + 1$ となる．これを上記不等式 ① に代入して，

$$n+1 > \frac{n(n-1)}{2}(a_n)^2.\ \text{いま } n \text{ は十分大きい数を考えているので } n-1>0$$

と考えてよい．これより $\frac{2(n+1)}{n(n-1)} > (a_n)^2.\quad \therefore\ \sqrt{\frac{2(n+1)}{n(n-1)}} > a_n > 0.$

したがって $a_n \to 0\ (n\to\infty)$．ゆえに $\sqrt[n]{n+1} \to 1\ (n\to\infty)$ となる．

(2) $a_n = \frac{e^n}{n+1}$ とおけば，$\sqrt[n]{a_n} = \frac{e}{\sqrt[n]{n+1}}$．上記 (1) より，$\sqrt[n]{n+1} \to 1\ (n\to\infty)$．
ゆえに $n\to\infty$ のとき，$\sqrt[n]{a_n} \to e > 1$ となる．よって p.6 の定理 1.6(ⅰ)（コーシーの判定法）により発散する．

(3) $a_n = (-1)^n \frac{1}{n\log n}$ とすると，$|a_n| = \frac{1}{n\log n} > \frac{1}{(n+1)\log(n+1)}$

$\frac{1}{n\log n} \to 0\ (n\to\infty)$ であるので p.11 の定理 1.8 により与えられた交項級数は収束する．

次に $\sum |a_n| = \sum_{n=2}^{\infty}\frac{1}{n\log n}$ について考える．

$|a_1| \geqq |a_2| \geqq \cdots \geqq |a_n| \geqq \cdots > 0$ であり，$f(x) = \frac{1}{x\log x}$ とおくと，$f(x)$ は $x \geqq 2$ で定義された単調減少する連続関数であるので p.6 の定理 1.7（積分判定法）を用いる．

$$\int_2^n \frac{dx}{x\log x} = \int_{\log 2}^{\log n}\frac{1}{t}dt = \Big[\log t\Big]_{\log 2}^{\log n} = \log(\log n) - \log(\log 2)\quad (\log x = t \text{ とおいた})$$

$\lim_{n\to\infty}\int_2^n \frac{dx}{x\log x}$ は発散であるので $\sum|a_n|$ は発散である．
ゆえに与えられた級数は条件収束である．

2. 不等式 $\sqrt{pq} \leqq \frac{1}{2}(p+q),\ p\geqq 0,\ q\geqq 0$ を用いる．いま，$p = |a_n|,\ q=\frac{1}{n}$ とおくと，上記不等式より，$\left|\frac{a_n}{n}\right| = \sqrt{\frac{a_n^2}{n^2}} \leqq \frac{1}{2}\left(a_n^2 + \frac{1}{n^2}\right)$．仮定から $\sum_{n=1}^{\infty}a_n^2$ は収束し，p.8 の例題 6 より $\sum_{n=1}^{\infty}\frac{1}{n^2}$ も収束する．ゆえに $\sum_{n=1}^{\infty}\frac{1}{2}\left(a_n^2+\frac{1}{n^2}\right)$ は収束する．したがって p.6 の定理 1.5 により $\sum\left|\frac{a_n}{n}\right|$ は収束する．よって与えられた級数は絶対収束する．

3. p.8 の例題 6（$p=1$ の場合）により $S_n \to \infty\ (n\to\infty)$ である．いま $a_n = \frac{1}{nS_n}$ とおけば，
$$\left|\frac{a_n}{a_{n+1}}\right| = \frac{(n+1)S_{n+1}}{nS_n} = \frac{(n+1)\{S_n + 1/(n+1)\}}{nS_n}$$
$$= \left(1+\frac{1}{n}\right)\left(1+\frac{1}{(n+1)S_n}\right) \to 1\quad (n\to\infty)$$

ゆえに $\sum_{n=1}^{\infty}\frac{x^n}{nS_n}$ の収束半径は 1 である．

4. p.6 の定理 1.7（積分判定法）を用いる．
$a_n = \frac{\log n}{n^2}$ は $a_2 > a_3 > \cdots > a_n > \cdots > 0$ である．また $f(x) = \frac{\log x}{x^2}$ は $x\geqq 2$ で定義された関数とすると，単調減少する連続関数である．

$$\int_2^n \frac{\log x}{x^2} dx = \left[-\frac{1}{x}\log x\right]_2^n + \int_2^n \frac{dx}{x^2} = \left[-\frac{\log x}{x}\right]_2^n + \left[-\frac{1}{x}\right]_2^n = -\frac{\log n}{n} + \frac{\log 2}{2} - \frac{1}{n} + \frac{1}{2}$$

ゆえに $\lim_{n\to\infty} \int_2^n \frac{\log x}{x^2} dx = \frac{\log 2}{2} + \frac{1}{2}$. したがって $\sum_{n=2}^{\infty} \frac{\log n}{n^2}$ は収束する.

2章の解答

1.1 (1) $\lim_{x\to 2} \frac{2x^2 - x - 6}{3x^2 - 2x - 8} = \lim_{x\to 2} \frac{(x-2)(2x+3)}{(x-2)(3x+4)} = \lim_{x\to 2} \frac{2x+3}{3x+4} = \frac{7}{10}$.

(2) $\sin^{-1} x = y$ とおけば,$x = \sin y$ で $y \to 0 \ (x \to 0)$ であるから,
$$\lim_{x\to 0} \frac{x}{\sin^{-1} x} = \lim_{y\to 0} \frac{\sin y}{y} = 1.$$

(3) $a^x = 1 + y$ とおけば,$x = \log_a(1+y)$ で $y \to 0 \ (x \to 0)$ であるから,p.19 の例題 1 (2) を用いて,$\lim_{x\to 0} \frac{a^x - 1}{x} = \lim_{y\to 0} \frac{y}{\log_a(1+y)} = \log a$.

1.2 (1) $\left|x \sin \frac{1}{x}\right| \leq |x|$ より,$0 \leq \lim_{x\to 0} \left|x \sin \frac{1}{x}\right| \leq \lim_{x\to 0} |x| = 0$. ゆえに,$\lim_{x\to 0} x \sin \frac{1}{x} = 0$.

(2) $\frac{a}{x} = z$ とおくと,$x \to \infty$ のとき $z \to 0$ となるので $\lim_{x\to\infty} x \sin \frac{a}{x} = \lim_{z\to 0} a \frac{\sin z}{z} = a$.

(3) $\lim_{x\to 0} \frac{\sqrt{a^2+x} - \sqrt{a^2-x}}{x} = \lim_{x\to 0} \frac{a^2+x-(a^2-x)}{x(\sqrt{a^2+x}+\sqrt{a^2-x})} = \lim_{x\to 0} \frac{2}{\sqrt{a^2+x}+\sqrt{a^2-x}} = \frac{1}{|a|}$.

2.1 (1) $x^3 + 3x = x(x^2+3)$,$\frac{x^3+3x}{x} = x^2 + 3 \to 3 \quad (x \to 0)$ で 1 位の無限小.

(2) $\tan^{-1} x = y$ とおけば,$x = \tan y, y \to 0 \ (x \to 0)$ であるから,
$\lim_{x\to 0} \frac{\tan^{-1} x}{x} = \lim_{y\to 0} \frac{y}{\tan y} = \lim_{y\to 0} \frac{y}{\sin y} \cdot \cos y = 1$ となって,1 位の無限小.

(3) $\sqrt{1+x} - \sqrt{1-x} = \frac{2x}{\sqrt{1+x}+\sqrt{1-x}}$ で $\lim_{x\to 0} \frac{\sqrt{1+x}-\sqrt{1-x}}{x} = 1$ となり 1 位の無限小.

2.2 (1) $1 - \cos x = 1 - \left(1 - 2\sin^2 \frac{x}{2}\right) = 2\sin^2 \frac{x}{2}$ であるから,
$\lim_{x\to 0} \frac{1-\cos x}{x^2} = \lim_{x\to 0} \frac{1}{2} \left(\sin \frac{x}{2} \Big/ \frac{x}{2}\right)^2 = \frac{1}{2}$ となり,2 位の無限小.

(2) $\lim_{x\to 0} \frac{\sin \pi(1+x)}{x} = -\pi \lim_{x\to 0} \frac{\sin \pi x}{\pi x} = -\pi$ で 1 位の無限小.

(3) $\lim_{x\to 0} \frac{\sqrt[5]{3x^2 - 4x^3}}{\sqrt[5]{x^2}} = \lim_{x\to 0} \sqrt[5]{3-4x} = \sqrt[5]{3}$ で $\frac{2}{5}$ 位の無限小.

2.3 題意から $\lim_{x\to 0} \frac{f(x)}{x^m} = A$, $\lim_{x\to 0} \frac{g(x)}{x^n} = B$, $A, B \neq 0$ であるから,$\lim_{x\to 0} \frac{f(x)+g(x)}{x^n}$
$= \lim_{x\to 0} \frac{f(x)}{x^m} \cdot x^{m-n} + \lim_{x\to 0} \frac{g(x)}{x^n} = B$, $\lim_{x\to 0} \frac{f(x)}{g(x)} \Big/ x^{m-n} = \lim_{x\to 0} \frac{f(x)}{x^m} \Big/ \frac{g(x)}{x^n} = \frac{A}{B} \neq 0$ で,
$f(x) + g(x)$ は n 位の無限小,$\frac{f(x)}{g(x)}$ は $m-n$ 位の無限小である.

3.1 (1) $x \neq -1$ のときは $f(x) = \dfrac{x}{x-1}$ であるから $f(x)$ は連続で $\lim_{x \to -1} f(x) = \dfrac{1}{2}$ である．一方 $f(-1) = 1/2$ であるから $f(x)$ は $x = -1$ でも連続である．他方 $x = 1$ では $f(x)$ は定義されていないから，$f(x)$ は $x \neq 1$ で連続，$x = 1$ では不連続である．

(2) $x \neq 0$ のとき $1/x$, $\sin x$ はともに連続であるから $f(x)$ は $x \neq 0$ で連続である．また，$\lim_{x \to 0}(1/x)\sin x = 1 = f(0)$ であるから $f(x)$ は $x = 0$ でも連続で，結局すべての x で連続である．

4.1 (1) $f^{-1}(x) = \dfrac{x+3}{2}$, 定義域は $-5 \leqq x \leqq -1$.

(2) $f^{-1}(x) = \sqrt{x}$, 定義域は $0 \leqq x \leqq 4$.

(3) $f^{-1}(x) = \dfrac{1-x}{x}$, 定義域は $x > 0$. (4) $f^{-1}(x) = \dfrac{1}{x^2}$, 定義域は $x > 0$.

4.2 $\sin^{-1} x = y$ とおくと，$x = \sin y$, $-\dfrac{\pi}{2} \leqq y \leqq \dfrac{\pi}{2}$. $z = \dfrac{\pi}{2} - y$ とおけば，$0 \leqq z \leqq \pi$ で $\cos z = \sin y = x$. ゆえに $\cos^{-1} x = z$. したがって，
$$\sin^{-1} x + \cos^{-1} x = y + z = \pi/2.$$

4.3 (1) $\cos^{-1}\left(-\dfrac{1}{2}\right) = \dfrac{2}{3}\pi$, $\tan^{-1}(-\sqrt{3}) = -\dfrac{\pi}{3}$, $\sin^{-1}\left(-\dfrac{1}{\sqrt{2}}\right) = -\dfrac{\pi}{4}$
$$\therefore \text{与式} = \dfrac{2}{3}\pi - \dfrac{\pi}{3} - \dfrac{\pi}{4} = \dfrac{\pi}{12}$$

(2) $\sin^{-1} 1 = \dfrac{\pi}{2}$, $\cos^{-1}\left(-\dfrac{1}{\sqrt{2}}\right) = \dfrac{3}{4}\pi$, $\tan^{-1}(-1) = -\dfrac{\pi}{4}$, $\tan^{-1} 0 = 0$
$$\therefore \text{与式} = 2 \times \dfrac{\pi}{2} - \dfrac{3}{4}\pi - \dfrac{\pi}{4} + 0 = 0$$

5.1 (1) $f(x) = x - \cos x$ とおくと $f(0) = -1 < 0$, $f(\pi/2) = \pi/2 > 0$ であるから中間値の定理（⇨ p.18）により $x - \cos x = 0$ は，$0 < x < \pi/2$ に少なくとも 1 つの実数解をもつ．

(2) $f(x) = x - 2\sin x - 3$ とおくと，$f(0) = -3 < 0$, $f(\pi) = \pi - 3 > 0$ であるから中間値の定理により，$x - 2\sin x - 3 = 0$ は $0 < x < \pi$ に少なくとも 1 つの実数解をもつ．

5.2 $f(x) = e^x - 3x$ とおく．$f(0) = 1$, $f(1) = e - 3 < 0$ で $f(x)$ は連続関数であるから，中間値の定理（⇨ p.18）によって $f(x) = 0$ は 0 と 1 の間に実数解をもつ．また，$f(2) = e^2 - 6 > (5/2)^2 - 6 > 0$ であるから，$f(x) = 0$ は 1 と 2 の間にも実数解をもつ $\left(e = 2.718\cdots, \dfrac{5}{2} < e < 3\right)$.

6.1 (1) 連続性：$f(x) = \sqrt[3]{x}$, $f(0) = 0$, $\lim_{x \to 0}\sqrt[3]{x} = 0$ $\therefore$ $x = 0$ で連続である．

微分可能性：定義より
$$\lim_{h \to 0}\dfrac{f(0+h) - f(0)}{h} = \lim_{h \to 0}\dfrac{\sqrt[3]{h} - \sqrt[3]{0}}{h} = \lim_{h \to 0}\dfrac{\sqrt[3]{h}}{h} = \lim_{h \to 0}\dfrac{1}{h^{2/3}} = \infty.$$
となるので $x = 0$ で連続であるが微分可能でない．

(2) 連続性：$\lim_{x \to 0} f(x) = \lim_{x \to 0} |x| = 0$, $f(0) = 0$ であるので，$\lim_{x \to 0} f(x) = f(0)$．ゆえに，$f(x)$ は $x = 0$ で連続である．

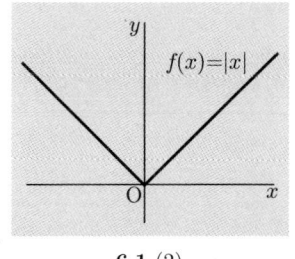

微分可能性：定義より

$$\lim_{h \to +0} \frac{f(h) - f(0)}{h} = \lim_{h \to +0} \frac{|h|}{h} = \lim_{h \to +0} \frac{h}{h} = \lim_{h \to +0} 1 = 1$$

$$\lim_{h \to -0} \frac{f(h) - f(0)}{h} = \lim_{h \to -0} \frac{|h|}{h} = \lim_{h \to -0} \frac{-h}{h} = \lim_{h \to -0} (-1) = -1.$$

6.1 (2)

ゆえに $f'_+(0) \neq f'_-(0)$ であるので，$f(x)$ は $x = 0$ で微分可能でない．

(3) 連続性：$\lim_{x \to 0} f(x) = \lim_{x \to 0} \dfrac{1}{|x|+1} = 1$, $f(0) = 1$．よって，

$$\lim_{x \to 0} f(x) = f(0)$$

が成立するので $f(x)$ は $x = 0$ において連続である．

微分可能性：定義より

$$\lim_{h \to +0} \frac{f(h) - f(0)}{h} = \lim_{h \to +0} \frac{\dfrac{1}{|h|+1} - 1}{h} = \lim_{h \to +0} \frac{-|h|}{h(|h|+1)} = \lim_{h \to +0} \frac{-h}{h(h+1)} = -1$$

$$\lim_{h \to -0} \frac{f(h) - f(0)}{h} = \lim_{h \to -0} \frac{\dfrac{1}{|h|+1} - 1}{h} = \lim_{h \to -0} \frac{h}{h(-h+1)} = 1$$

となって，$f'_+(0) \neq f'_-(0)$．ゆえに $f(x)$ は $x = 0$ で微分可能でない．

6.2 $0 \leq x \leq 2$ のときは $f(x) = 2x - x^2$ であるから，$h < 0$ とすると，

$$f(2+h) - f(2) = 2(2+h) - (2+h)^2 - (2 \times 2 - 2^2) = -2h - h^2$$

$$\therefore \lim_{h \to -0} \frac{f(2+h) - f(2)}{h} = \lim_{h \to -0} \frac{h(-2-h)}{h} = -2$$

$x \geq 2$ のときは $f(x) = x^2 - 2x$ であるから，$h > 0$ とすると，
$f(2+h) - f(2) = (2+h)^2 - 2(2+h) - (2^2 - 2 \times 2) = 2h + h^2$

$$\therefore \lim_{h \to +0} \frac{f(2+h) - f(2)}{h} = \lim_{h \to +0} \frac{h(2+h)}{h} = 2$$

$$\therefore \lim_{h \to -0} \frac{f(2+h) - f(2)}{h} \neq \lim_{h \to +0} \frac{f(2+h) - f(2)}{h}$$

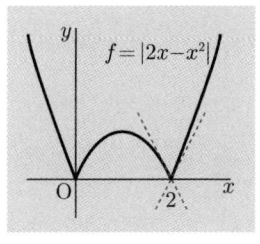

6.2

したがって $f'_+(2) \neq f'_-(2)$ であるので $f(x)$ は $x = 2$ において微分可能でない．

7.1 $x \neq 0$ のときは，x, $1 + e^{1/x}$ はともに微分可能であるので，$f(x)$ は微分可能である．他方，

$$f'_+(0) = \lim_{h \to +0} \frac{f(h) - f(0)}{h} = \lim_{h \to +0} \frac{1}{1 + e^{1/h}} = 0, \quad f'_-(0) = \lim_{h \to -0} \frac{1}{1 + e^{1/h}} = 1$$

となることは，$\lim_{h \to +0} e^{1/h} = +\infty$, $\lim_{h \to -0} e^{1/h} = 0$ からわかるから，$x = 0$ では微分可能でない．

7.2 $x>1$ のとき，$x^{2n} \to \infty$ $(n \to \infty)$ であるから，
$y = \lim_{n\to\infty} \dfrac{x^{2n}}{x^{2n}+1} = \lim_{n\to\infty}\left(1 - \dfrac{1}{x^{2n}+1}\right) = 1$．$x = \pm 1$ のとき，$y = 1/2$ は明らかである．$-1 < x < 1$ のときは $x^{2n} \to 0$ $(n \to \infty)$ であるから，$y = 0$．$x < -1$ のときは $x^{2n} \to \infty$ $(n \to \infty)$ となるから，$x > 1$ のときと同様に $y = 1$ となる．ゆえに $f(x)$ は $x = \pm 1$ では不連続で微分できない．他の点では微分可能である．

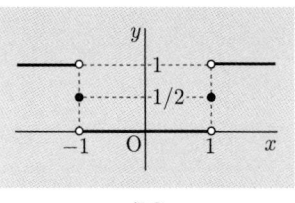

7.2

7.3 $y = \left\{\dfrac{f(a+h)}{f(a)}\right\}^{1/h}$ とおくと，$\log y = \dfrac{\log f(a+h) - \log f(a)}{h}$ となるから，対数関数の微分の公式から $\lim_{h\to 0}\log y = \dfrac{f'(a)}{f(a)}$．ゆえに $\lim_{h\to 0} y = e^{f'(a)/f(a)}$．

7.4 (1) $f'_+(0) = \lim_{h\to +0}\dfrac{f(h)-(0)}{h} = \lim_{h\to +0}\tan^{-1}\dfrac{1}{h} = \dfrac{\pi}{2}$．同様に $f'_-(0) = -\dfrac{\pi}{2}$．ゆえに $f'(0)$ は存在しない．

(2) $f'_+(0) = \lim_{h\to +0}\dfrac{e^{1/h}-1}{e^{1/h}+1} = 1$，$f'_-(0) = -1$ で $f'(0)$ は存在しない．

8.1 (1) $4\left(x+\dfrac{1}{x}\right)^3\left(1 - \dfrac{1}{x^2}\right)$ (2) $\dfrac{8x}{(3x^2+1)^2}$ (3) $\dfrac{-x}{|x|\sqrt{1-x^2}}$

(4) $\dfrac{\sec x(\tan x + \sec x)}{1+(\sec x + \tan x)^2} = \dfrac{1}{2}$ (5) （対数微分法を用いて）$e^{x^x}\cdot x^x(\log x + 1)$．

(6) $(\tan x)^{\sin x}(\cos x \log(\tan x) + \sec x)$ (7) $\dfrac{1}{\sqrt{1+x^2}}$

(8) $\dfrac{-a^2}{(x-\sqrt{x^2+a^2})^2\sqrt{x^2+a^2}}$

8.2 $(\cosh x)' = \sinh x$, $(\sinh x)' = \cosh x$, $(\tanh x)' = \dfrac{1}{(\cosh x)^2}$．

9.1 (1) $\dfrac{dx}{dt} = 2at$, $\dfrac{dy}{dt} = 2a$ より $\dfrac{dy}{dx} = \dfrac{2a}{2at} = \dfrac{1}{t}\left(=\dfrac{2a}{y}\right)$

(2) $\dfrac{dx}{dt} = a(1-\cos t)$, $\dfrac{dy}{dt} = a\sin t$ より $\dfrac{dy}{dx} = \dfrac{a\sin t}{a(1-\cos t)} = \cot\dfrac{t}{2}$

(3) $\dfrac{dx}{dt} = \dfrac{3(1-2t^3)}{(1+t^3)^2}$, $\dfrac{dy}{dt} = \dfrac{3t(2-t^3)}{(1+t^3)^2}$, ゆえに $\dfrac{dy}{dx} = \dfrac{3t(2-t^3)}{3(1-2t^3)} = \dfrac{t(2-t^3)}{1-2t^3}$．

9.2 $\dfrac{dy}{dx} = \dfrac{dy}{dt}\Big/\dfrac{dx}{dt} = \dfrac{\psi'(t)}{\varphi'(t)}$, $\dfrac{d^2y}{dx^2} = \dfrac{d}{dx}\left(\dfrac{dy}{dx}\right) = \dfrac{d}{dt}\left(\dfrac{dy}{dx}\right)\Big/\dfrac{dx}{dt}$ より，

$\dfrac{d^2y}{dx^2} = \dfrac{d}{dt}\left\{\dfrac{\psi'(t)}{\varphi'(t)}\right\}\cdot\dfrac{1}{\varphi'(t)} = \dfrac{\psi''(t)\varphi'(t) - \psi'(t)\varphi''(t)}{\{\varphi'(t)\}^3}$．

9.3 (1) $\dfrac{dx}{dt} = at\cos t$, $\dfrac{dy}{dt} = at\sin t$ より $\dfrac{dy}{dx} = \dfrac{at\sin t}{at\cos t} = \tan t$．ゆえに，

$\dfrac{d^2y}{dx^2} = \dfrac{d}{dx}(\tan t) = \left(\dfrac{d}{dt}\tan t\right)\Big/\dfrac{dx}{dt} = \dfrac{\sec^2 t}{at\cos t} = \dfrac{1}{at\cos^3 t}$．

(2) $\dfrac{dx}{dt} = -2t,\ \dfrac{dy}{dt} = 3t^2$ より $\dfrac{dy}{dx} = -\dfrac{3}{2}t,\ \dfrac{d^2y}{dx^2} = \dfrac{d}{dt}\left(-\dfrac{3}{2}t\right)\Big/\dfrac{dx}{dt} = \dfrac{3}{4t}.$

10.1 いずれもライプニッツの公式を用いる．

(1) $y^{(n)} = e^x\{x^3 + 3nx^2 + 3n(n-1)x + n(n-1)(n-2)\}$

(2) $\dfrac{1}{x^2 - 4x + 3} = \dfrac{1}{2}\left(\dfrac{1}{x-3} - \dfrac{1}{x-1}\right)$ として $y^{(n)} = \dfrac{1}{2}\left\{\dfrac{(-1)^n n!}{(x-3)^{n+1}} - \dfrac{(-1)^n n!}{(x-1)^{n+1}}\right\}$

(3) $y^{(n)} = (-1)^{n-1}(n-1)!\,x^{3-n} + (-1)^{n-2}\cdot 3n(n-2)!\,x^{3-n}$
$\qquad + (-1)^{n-3}3n(n-1)(n-3)!\,x^{3-n} + (-1)^{n-4}n(n-1)(n-2)(n-4)!\,x^{3-n}$

(4) $\dfrac{x}{x^2-1} = \dfrac{1}{2}\left(\dfrac{1}{x-1} + \dfrac{1}{x+1}\right)$ として $y^{(n)} = \dfrac{1}{2}\left\{\dfrac{(-1)^n n!}{(x-1)^{n+1}} + \dfrac{(-1)^n n!}{(x+1)^{n+1}}\right\}$

10.2 数学的帰納法で証明する．$y = e^x \cos x$ のとき $y' = e^x(\cos x - \sin x) = 2^{1/2} e^x \cos\left(x + \dfrac{\pi}{4}\right)$．いま n まで正しいとすると

$$y^{(n+1)} = 2^{n/2}\dfrac{d}{dx}\left\{e^x \cos\left(x + \dfrac{n\pi}{4}\right)\right\} = 2^{n/2}\left\{e^x \cos\left(x + \dfrac{n\pi}{4}\right) - e^x \sin\left(x + \dfrac{n\pi}{4}\right)\right\}$$
$$= 2^{n/2} e^x\left\{\cos\left(x + \dfrac{n\pi}{4}\right) - \sin\left(x + \dfrac{n\pi}{4}\right)\right\} = 2^{(n+1)/2} e^x \cos\left(x + \dfrac{n+1}{4}\pi\right)$$

次に $y = e^x \sin x$ のとき，$y' = e^x(\cos x + \sin x) = 2^{1/2} e^x \sin(x + \pi/4)$．いま n まで正しいとすると

$$y^{(n+1)} = 2^{n/2} e^x\left\{\cos\left(x + \dfrac{n\pi}{4}\right) + \sin\left(x + \dfrac{n\pi}{4}\right)\right\}$$
$$= 2^{(n+1)/2} e^x \sin\left(x + \dfrac{n+1}{4}\pi\right)$$

11.1 (1) $y' = \cos(n\sin^{-1} x)\cdot\dfrac{n}{\sqrt{1-x^2}}$，ゆえに $\sqrt{1-x^2}\,y' = n\cos(n\sin^{-1} x)$．$x$ で微分して

$$\sqrt{1-x^2}\,y'' - \dfrac{x}{\sqrt{1-x^2}}y' = -n\sin(n\sin^{-1} x)\dfrac{n}{\sqrt{1-x^2}} = \dfrac{-n^2 y}{\sqrt{1-x^2}}.$$

分母を払って $(1-x^2)y'' - xy' + n^2 y = 0$．

(2) $(x^2-1)^n = t$ とおけば $t' = n(x^2-1)^{n-1}\cdot 2x$．両辺に x^2-1 を掛けて

$$(x^2-1)t' = 2n(x^2-1)^n x = 2nxt.$$

ライプニッツの公式を用いて $(n+1)$ 回微分すると，

$$(x^2-1)t^{(n+2)} + 2(n+1)xt^{(n+1)} + n(n+1)t^{(n)} = 2nxt^{(n+1)} + 2n(n+1)t^{(n)}.$$

ゆえに，$(x^2-1)t^{(n+2)} + 2xt^{(n+1)} - n(n+1)t^{(n)} = 0$．両辺を $2^n n!$ で割れば，

$$(x^2-1)y'' + 2xy' - n(n+1)y = 0 \quad \left(y = \dfrac{t^{(n)}}{2^n n!}\text{ である}\right)$$

(3) $y' = -e^{-x}\cos x - e^{-x}\sin x,\ y'' = 2e^{-x}\sin x$ より $y'' + 2y' + 2y = 0$．

(4) $y = \log(\sqrt{x+a} + \sqrt{x-a})^2 = \log 2(x + \sqrt{x^2-a^2}) = \log(x + \sqrt{x^2-a^2}) + \log 2$

であるから，$y' = \dfrac{1 + x/\sqrt{x^2-a^2}}{x + \sqrt{x^2-a^2}} = \dfrac{1}{\sqrt{x^2-a^2}}$．ゆえに，$\sqrt{x^2-a^2}\,y' = 1$．両辺を微分して，

$\sqrt{x^2-a^2}\,y'' + \dfrac{x}{\sqrt{x^2-a^2}}y' = 0,\ y'' + \dfrac{x}{x^2-a^2}y' = 0.\ y' = \dfrac{1}{\sqrt{x^2-a^2}}$ であるから，$y'' + x(y')^3 = 0$．

11.2 $y' = \dfrac{1}{\sqrt{1+x^2}}$ であるから, $y'\sqrt{1+x^2} = 1$. この両辺を x で微分すると,
$$y''\sqrt{1+x^2} + \dfrac{xy'}{\sqrt{1+x^2}} = 0, \quad y''(1+x^2) + xy' = 0.$$
ライプニッツの公式を用いて n 回微分すれば
$$(1+x^2)y^{(n+2)} + (2n+1)xy^{(n+1)} + n^2 y^{(n)} = 0.$$

12.1 $f(x) = 0$ の相異なる 2 つの実数解を a, b とすると $f(a) = f(b) = 0$ である. ゆえにロルの定理 (⇨ p.34) によって a と b の間の点 c で $f'(c) = 0$ となるものがある. すなわち $f'(x) = 0$ は a と b の間に少なくとも 1 つ実数解をもつ.

12.2 $x, x+1$ の間で平均値の定理 (⇨ p.34) を用いると $\dfrac{f(x+1)-f(x)}{(x+1)-x} = f'(c)$ なる c が x と $x+1$ の間に存在する. このとき $f(x+1) - f(x) = f'(c)$ となるから,
$$\lim_{x\to\infty}\{f(x+1) - f(x)\} = \lim_{x\to\infty} f'(c) = \lim_{c\to\infty} f'(c) = a.$$

13.1 (1) $\displaystyle\lim_{x\to 0} \dfrac{e^x - e^{-x}}{\sin x} \left(\dfrac{0}{0}\right) = \lim_{x\to 0} \dfrac{e^x + e^{-x}}{\cos x} = 2.$

(2) $\displaystyle\lim_{x\to 0} \dfrac{x - \log(1+x)}{x^2} \left(\dfrac{0}{0}\right) = \lim_{x\to 0} \left(1 - \dfrac{1}{1+x}\right)\Big/ 2x \left(\dfrac{0}{0}\right) = \lim_{x\to 0} \dfrac{1}{2(1+x)} = \dfrac{1}{2}.$

あるいは, $\displaystyle\lim_{x\to 0} \dfrac{x - \log(1+x)}{x^2} = \lim_{x\to 0}\left\{x - \left(x - \dfrac{x^2}{2} + \dfrac{x^3}{3}\left(\dfrac{1}{1+\theta x}\right)^3\right)\right\}\Big/ x^2$
$$= \lim_{x\to 0}\left\{\dfrac{1}{2} - \dfrac{x}{3}\left(\dfrac{1}{1+\theta x}\right)^3\right\} = \dfrac{1}{2}.$$

(3) $\displaystyle\lim_{x\to 0} \dfrac{e^{2x} - 1 - 2x}{1 - \cos x} \left(\dfrac{0}{0}\right) = \lim_{x\to 0} \dfrac{2e^{2x} - 2}{\sin x} \left(\dfrac{0}{0}\right) = \lim_{x\to 0} \dfrac{4e^{2x}}{\cos x} = 4.$

(4) $\displaystyle\lim_{x\to \pi/2}(\tan x - \sec x) = \lim_{x\to \pi/2} \dfrac{\sin x - 1}{\cos x}\left(\dfrac{0}{0}\right) = \lim_{x\to \pi/2} \dfrac{\cos x}{-\sin x} = 0.$

(5) $\displaystyle\lim_{x\to 0}\left(\dfrac{1}{x^2} - \dfrac{\cot x}{x}\right) = \lim_{x\to 0} \dfrac{\sin x - x\cos x}{x^2 \sin x}\left(\dfrac{0}{0}\right) = \lim_{x\to 0} \dfrac{x\sin x}{2x\sin x + x^2 \cos x}$
$$= \lim_{x\to 0} \dfrac{\sin x}{2\sin x + x\cos x}\left(\dfrac{0}{0}\right) = \lim_{x\to 0} \dfrac{\cos x}{3\cos x - x\sin x} = \dfrac{1}{3}.$$

(6) $\displaystyle\lim_{x\to 0} \dfrac{\tan x - \sin x}{x^3}\left(\dfrac{0}{0}\right) = \lim_{x\to 0} \dfrac{\sec^2 x - \cos x}{3x^2} = \lim_{x\to 0} \dfrac{1 - \cos^3 x}{3x^2 \cos^2 x}\left(\dfrac{0}{0}\right)$
$$= \lim_{x\to 0} \dfrac{1}{3\cos^2 x} \lim_{x\to 0} \dfrac{1 - \cos^3 x}{x^2} = \dfrac{1}{3}\lim_{x\to 0} \dfrac{1-\cos^3 x}{x^2}\left(\dfrac{0}{0}\right)$$
$$= \dfrac{1}{3}\lim_{x\to 0} \dfrac{3\cos^2 x \sin x}{2x} = \dfrac{1}{2}\lim_{x\to 0}\left(\dfrac{\sin x}{x}\right)\cdot \cos^2 x = \dfrac{1}{2}.$$

13.2 (1) $\displaystyle\lim_{x\to +0} x\log(\sin x) = \lim_{x\to +0} \dfrac{\log(\sin x)}{1/x}\left(\dfrac{\infty}{\infty}\right) = \lim_{x\to +0} \dfrac{\cos x/\sin x}{-1/x^2}$
$$= \lim_{x\to +0} \dfrac{-x^2 \cos x}{\sin x} = \lim_{x\to +0}\left(\dfrac{-x}{\sin x}\right) x\cos x = 0.$$

2章の解答

(2) $y = x^{1/(1-x)}$ とおくと $\log y = \dfrac{1}{1-x} \log x$ であるから,

$$\lim_{x \to 1-0} \log y = \lim_{x \to 1-0} \frac{\log x}{1-x} \ \left(\frac{0}{0}\right) = \lim_{x \to 1-0} \frac{1/x}{-1} = \lim_{x \to 1-0} \frac{-1}{x} = -1.$$

ゆえに $\lim_{x \to 1-0} y = 1/e.$

(3) $y = \left(\dfrac{1}{x}\right)^{\sin x}$ とおくと $\log y = \sin x \cdot \log \dfrac{1}{x} = (-\log x) \cdot \sin x$ であるから,

$$\lim_{x \to +0} \log y = -\lim_{x \to +0} \frac{\log x}{\operatorname{cosec} x} \ \left(\frac{\infty}{\infty}\right) = \lim_{x \to +0} \frac{1/x}{\cos x/\sin^2 x} = \lim_{x \to +0} \frac{\sin x}{\cos x} \frac{\sin x}{x} = 0.$$

ゆえに $\lim_{x \to +0} y = 1.$

(4) $y = \left(\dfrac{\pi}{2} - \tan^{-1} x\right)^{1/x}$ とおくと $\log y = \dfrac{1}{x} \log \left(\dfrac{\pi}{2} - \tan^{-1} x\right)$ であるから,

$$\lim_{x \to +\infty} \log y = \lim_{x \to +\infty} \log \left(\frac{\pi}{2} - \tan^{-1} x\right) \Big/ x \ \left(\frac{\infty}{\infty}\right) = \lim_{x \to +\infty} -\frac{1}{1+x^2} \Big/ \left(\frac{\pi}{2} - \tan^{-1} x\right) \ \left(\frac{0}{0}\right)$$

$$= \lim_{x \to +\infty} \frac{2x}{(1+x^2)^2} \Big/ \frac{-1}{(1+x^2)} = -\lim_{x \to +\infty} \frac{2x}{1+x^2} = 0.$$

ゆえに $\lim_{x \to +\infty} y = 1.$

13.3 (1) $\log\left(1 + \dfrac{1}{x}\right) = \dfrac{1}{x} - \dfrac{1}{2x^2} + \dfrac{1}{3x^3}\left(\dfrac{1}{1+\theta/x}\right)^3 \ (0 < \theta < 1)$ より,

$$\lim_{x \to +\infty}\left\{x - x^2 \log\left(1 + \frac{1}{x}\right)\right\} = \lim_{x \to +\infty}\left\{x - x^2\left(\frac{1}{x} - \frac{1}{2x^2} + \frac{1}{3x^3}\left(\frac{1}{1+\theta/x}\right)^3\right)\right\}$$

$$= \lim_{x \to +\infty}\left\{\frac{1}{2} - \frac{1}{3x}\left(\frac{1}{1+\theta/x}\right)^3\right\} = \frac{1}{2}.$$

【別解】 ロピタルの定理を用いて

$$\lim_{x \to +\infty}\left\{x - x^2 \log\left(1 + \frac{1}{x}\right)\right\} = \lim_{x \to +\infty}\left\{\frac{1}{x} - \log\left(1 + \frac{1}{x}\right)\right\} \Big/ \frac{1}{x^2} \ \left(\frac{0}{0}\right)$$

$$= \lim_{x \to +\infty} -\left\{\frac{-1}{x^2} + \frac{1}{x(x+1)}\right\} \Big/ \frac{2}{x^3}$$

$$= \frac{1}{2}\lim_{x \to +\infty}\left(x - \frac{x^2}{x+1}\right) = \frac{1}{2}\lim_{x \to +\infty} \frac{x}{x+1} = \frac{1}{2}$$

としてもよい.

(2) $\sin x = x - \dfrac{x^3}{3!} + \dfrac{x^5}{5!} \cos \theta x \ (0 < \theta < 1)$ であるから,

$$\lim_{x \to 0} \frac{x - \sin x}{x^3} = \lim_{x \to 0}\left\{x - \left(x - \frac{x^3}{3!} + \frac{x^5}{5!} \cos \theta x\right)\right\} \Big/ x^3 = \lim_{x \to 0}\left(\frac{1}{6} - \frac{x^2}{5!}\cos \theta x\right) = \frac{1}{6}.$$

(3) $\cos x = 1 - \dfrac{x^2}{2!} + \dfrac{x^4}{4!} - \dfrac{x^6}{6!}\cos \theta x \ (0 < \theta < 1)$ より

$$\lim_{x \to 0}\left\{\cos x - \left(1 - \frac{x^2}{2!} + \frac{x^4}{4!}\right)\right\} \Big/ x^6 = \lim_{x \to 0} \frac{-\cos \theta x}{6!} = -\frac{1}{6!}.$$

(4) $\displaystyle\lim_{x\to 0}\frac{1-\cos x}{x^2} = \lim_{x\to 0}\left\{1 - \left(1 - \frac{x^2}{2!} + \frac{x^4}{4!}\cos\theta x\right)\right\}\Big/ x^2 = \lim_{x\to 0}\left(\frac{1}{2} - \frac{x^2}{4!}\cos\theta x\right) = \frac{1}{2}$.

14.1 テイラーの定理により

$$f(a+h) = f(a) + hf'(a) + \frac{h^2}{2!}f''(a+\theta_1 h) \quad (0 < \theta_1 < 1)$$

$$f(a-h) = f(a) - hf'(a) + \frac{h^2}{2!}f''(a-\theta_2 h) \quad (0 < \theta_2 < 1)$$

なる θ_1, θ_2 が存在するから,

$$\frac{1}{h^2}\{f(a+h) + f(a-h) - 2f(a)\} = \frac{1}{2}\{f''(a+\theta_1 h) + f''(a-\theta_2 h)\}.$$

$f''(x)$ の連続性によって $f''(x) \to f''(a)$ $(x \to a)$ であるから

$$\lim_{h\to 0}\frac{1}{h^2}\{f(a+h) + f(a-h) - 2f(a)\} = \frac{1}{2}\lim_{h\to 0}\{f''(a+\theta_1 h) + f''(a-\theta_2 h)\} = f''(a).$$

14.2 $g(x) = e^{-\lambda x}f(x)$ とおくと $g(x)$ は a, b を含む区間で微分可能であり, $g(a) = g(b) = 0$ となる. ゆえにロルの定理から $g'(c) = 0$ となる c が a と b の間に存在する. ここで $g'(c) = -\lambda e^{-\lambda c}f(c) + e^{-\lambda c}f'(c)$, $e^{-\lambda c} \neq 0$ であるから $f'(c) = \lambda f(c)$.

15.1 (1) $\displaystyle\frac{1}{1-3x+2x^2} = \frac{1}{(2x-1)(x-1)} = \frac{2}{1-2x} - \frac{1}{1-x}$ となり,

$$\frac{2}{1-2x} = 2\sum_{n=0}^{\infty}(2x)^n \quad (|2x| < 1), \qquad \frac{1}{1-x} = \sum_{n=0}^{\infty} x^n \quad (|x| < 1)$$

であるから,

$$\frac{1}{1-3x+2x^2} = \sum_{n=0}^{\infty}(2^{n+1} - 1)x^n \quad (|x| < 1/2).$$

(2) $\displaystyle\sqrt{1+x} = (1+x)^{1/2} = \sum_{n=0}^{\infty}\frac{1}{2}\left(\frac{1}{2}-1\right)\cdots\left(\frac{1}{2}-n+1\right)x^n/n! \quad (|x| < 1).$

(3) $\displaystyle\frac{1}{\sqrt{1+x}} = (1+x)^{-1/2} = \sum_{n=0}^{\infty}-\frac{1}{2}\left(-\frac{1}{2}-1\right)\cdots\left(-\frac{1}{2}-n+1\right)x^n/n! \quad (|x| < 1).$

16.1 (1) $f'(x) = 3x^2 - 6x - 45 = 3(x-5)(x+3)$ であるから

x	$\cdots$	-3	$\cdots$	5	$\cdots$
$f'(x)$		$+$	0	$-$	0	$+$
$f(x)$		$\nearrow$	極大	$\searrow$	極小	$\nearrow$

極大値は $f(-3) = 102$, 極小値は $f(5) = -154$.

(2) $f'(x) = \dfrac{5(x-2)}{3\sqrt[3]{x}}$ $(x \neq 0)$ であるから

x	$\cdots$	0	$\cdots$	2	$\cdots$
$f'(x)$		$+$		$-$		$+$
$f(x)$		$\nearrow$	極大	$\searrow$	極小	$\nearrow$

極大値は $f(0) = 0$,
極小値は $f(2) = -3\sqrt[3]{4}$ である.

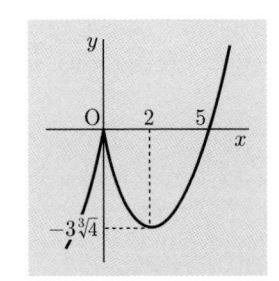

16.1 (2)

(3) $f'(x) = \dfrac{6(x-\sqrt{2})(x+\sqrt{2})}{(x^2+3x+2)^2}$ $(x^2+3x+2 \neq 0)$, $x^2+3x+2 = (x+1)(x+2)$ であるから

x	$\cdots$	-2	$\cdots$	$-\sqrt{2}$	$\cdots$	-1	$\cdots$	$\sqrt{2}$	$\cdots$
$f'(x)$	$+$		$+$	0	$-$		$-$	0	$+$
$f(x)$	↗		↗	極大	↘		↘	極小	↗

極大値は $f(-\sqrt{2}) = -(17 + 12\sqrt{2})$,
極小値は $f(\sqrt{2}) = -17 + 12\sqrt{2}$.

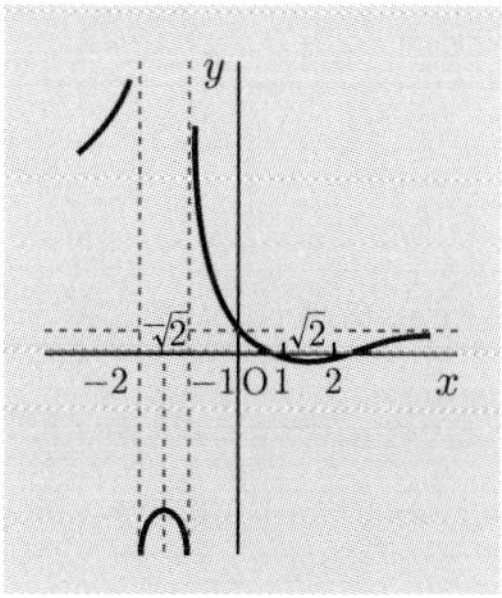

(4) $f'(x) = \dfrac{-2x(x-3/2)}{\sqrt{2x-x^2}}$ であり,

$f'_+(0) = 0$, $f'_-(2) = -\infty$ である.

x	0	$\cdots$	$3/2$	$\cdots$	2
$f'(x)$		$+$	0	$-$	$-\infty$
$f(x)$	0	↗	極大	↘	0

極大値は $f\left(\dfrac{3}{2}\right) = \dfrac{3}{4}\sqrt{3}$.

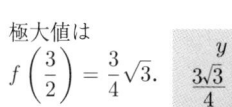

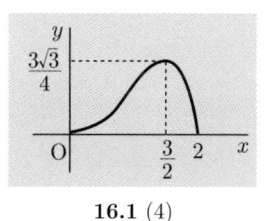

16.2 (1) $x^3 + x^2 - x - 1 = (x+1)^2(x-1)$ であるから

$$f(x) = \begin{cases} x^3 + x^2 - x - 1 & (x \geq 1) \\ -(x^3 + x^2 - x - 1) & (x < 1) \end{cases}$$

したがって

$$f'(x) = \begin{cases} 3x^2 + 2x - 1 \\ -(3x^2 + 2x - 1) \end{cases} = \begin{cases} (3x-1)(x+1) & (x > 1) \\ -(3x-1)(x+1) & (x < 1). \end{cases}$$

増減表をつくると

x	$\cdots$	-1	$\cdots$	$1/3$	$\cdots$	1	$\cdots$
$f'(x)$	$-$	0	$+$	0	$-$		
$f(x)$	↘	0	↗	$32/27$	↘	0	↗

極大値は $f(1/3) = 32/27$, 極小値は $f(-1) = f(1) = 0$.
最大値はなし, 最小値は $f(-1) = f(1) = 0$.

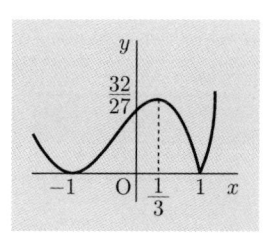

(2) $f(x) = x + \sqrt{4-x^2}$ の定義域は $-2 \leq x \leq 2$ で
$f'(x) = 1 - \dfrac{x}{\sqrt{4-x^2}}$ $(-2 < x < 2)$. $-2 < x < 2$ で
$f'(x) = 0$ となるのは $x = \sqrt{2}$.

x	-2		$\sqrt{2}$		2
$f'(x)$		$\cdots$	$+$	$\cdots$	$-$
$f(x)$	-2	↗	$2\sqrt{2}$	↘	2

極大値は $f(\sqrt{2}) = 2\sqrt{2}$, 極小値はなし.
最大値は $f(\sqrt{2}) = 2\sqrt{2}$, 最小値は $f(-2) = -2$.

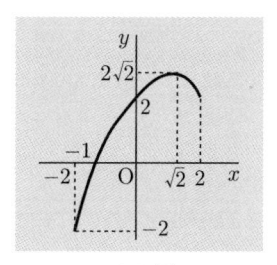

17.1 (1) $f(x) = x - \sin x$ とおくと $f(0) = 0$, $f'(x) = 1 - \cos x$. $0 < x < \pi/2$ において $0 < \cos x < 1$ となるから $f'(x) > 0$ $(0 < x < \pi/2)$, $f(x) > 0$ $(0 < x < \pi/2)$.

(2) $f(x) = x - \dfrac{x^2}{2} + \dfrac{x^3}{3} - \log(1+x)$ とおくと
$$f(0) = 0, \quad f'(x) = 1 - x + x^2 - \frac{1}{1+x} = \frac{x^3}{1+x} > 0 \quad (x > 0)$$
したがって, $f(x) > 0$ $(x > 0)$.

(3) $f(x) = \sin x - \left(x - \dfrac{x^3}{6}\right)$ とおくと $f(0) = 0$, $f'(x) = \cos x - 1 + \dfrac{x^2}{2}$. また, $f'(0) = 0$, $f''(x) = x - \sin x$. 問題 17.1 (1) によって $f''(x) > 0$ $(0 < x < \pi/2)$ であるから
$$f'(x) > 0 \quad (0 < x < \pi/2), \quad f(x) > 0 \quad (0 < x < \pi/2).$$

(4) $f(x) = \sin x + \cos x - (1 + x - x^2)$ とおくと
$$f(0) = 0, \quad f'(x) = \cos x - \sin x - 1 + 2x,$$
$$f'(0) = 0, \quad f''(x) = -\sin x - \cos x + 2 = 2 - \sqrt{2}\sin(x + \pi/4) > 0.$$
したがって $f(x) > 0$.

17.2 $f(x) = x^p/p + 1/q - x$ とおくと $f'(x) = x^{p-1} - 1$. $x \geq 0$ で $f(x)$ の増減表を考えれば

x	0	$\cdots$	1	$\cdots$
$f'(x)$		$-$	0	$+$
$f(x)$		$\searrow$	0	$\nearrow$

$f(x) \geq f(1) = \dfrac{1}{p} + \dfrac{1}{q} - 1 = 0$.

18.1 $y' = 4x^3 - 24x^2 + 36x = 4x(x-3)^2$ 増減表をつくれば

x	$\cdots$	0	$\cdots$	3	$\cdots$
y'	$-$	0	$+$	0	$+$
y	$\searrow$	0	$\nearrow$	27	$\nearrow$

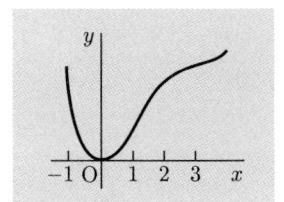

また $y'' = 12(x-3)(x-1)$ であるから凹凸は次の表のようになる.

x	$\cdots$	1	$\cdots$	3	$\cdots$
y''	$+$	0	$-$	0	$+$
y	$\cup$	変曲点	$\cap$	変曲点	$\cup$

変曲点 $(1, 11)$, $(3, 27)$

18.1 (1)

(2) $y' = \dfrac{-2x}{(x^2+1)^2}$, $y'' = \dfrac{6x^2-2}{(x^2+1)^3}$ であるから $y = \dfrac{1}{x^2+1}$ の増減, 凹凸は次の表のようになる.

x	$\cdots$	0	$\cdots$
y'	$+$	0	$-$
y	$\nearrow$	1	$\searrow$

$y > 0$
$\displaystyle\lim_{x \to \pm\infty} y = 0$.

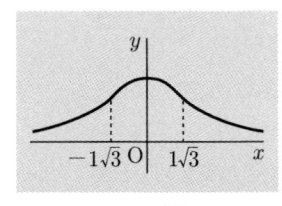

x	$\cdots$	$-1/\sqrt{3}$	$\cdots$	$1/\sqrt{3}$	$\cdots$
y''	$+$	0	$-$	0	$+$
y	$\cup$	変曲点	$\cap$	変曲点	$\cup$

18.1 (2)

変曲点 $\left(\pm\dfrac{1}{\sqrt{3}}, \dfrac{3}{4}\right)$.

(3) $y' = -e^{-x}\sin x + e^{-x}\cos x = \sqrt{2}\,e^{-x}\cos(x+\pi/4)$, $y'' = -2e^{-x}\cos x$ であるから，$y' = 0$ となるのは $x = \pi/4, 5\pi/4$, $y'' = 0$ となるのは $x = \pi/2, 3\pi/2$ である．したがって $y = e^{-x}\sin x$ の増減，凹凸は次の表のようになる．

x	0	$\cdots$	$\pi/4$	$\cdots$	$5\pi/4$	$\cdots$	2π
y'	1	+	0	−	0	+	$e^{-2\pi}$
y	0	↗	極大	↘	極小	↗	0

x	0	$\cdots$	$\pi/2$	$\cdots$	$3\pi/2$	$\cdots$	2π
y''		−	0	+	0	−	
y	0	∩	変曲点	∪	変曲点	∩	0

極大値は $x = \pi/4$ のとき $y = e^{-\pi/4}/\sqrt{2}$.

極小値は $x = 5\pi/4$ のとき $y = -e^{-(5/4)\pi}/\sqrt{2}$.

変曲点 $\left(\dfrac{\pi}{2}, e^{-\pi/2}\right), \left(\dfrac{3\pi}{2}, -e^{-3\pi/2}\right)$

よってそのグラフは下図のようになる．

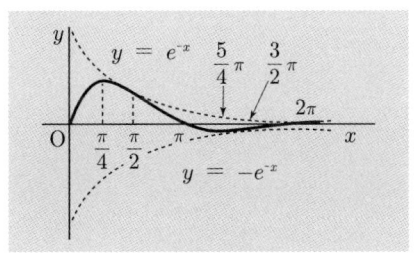

18.1 (3)

18.2 x_1, x_2, x_3 を $x_1 < x_2 < x_3$ なる区間 I の任意の点とする．区間 I で $f(x), g(x)$ はともに下に凸であるから

$$\frac{f(x_2) - f(x_1)}{x_2 - x_1} \leq \frac{f(x_3) - f(x_2)}{x_3 - x_2}, \quad \frac{g(x_2) - g(x_1)}{x_2 - x_1} \leq \frac{g(x_3) - g(x_2)}{x_3 - x_2}.$$

ゆえに，$\alpha > 0$, $\beta > 0$ ならば

$$\frac{\alpha f(x_2) + \beta g(x_2) - \{\alpha f(x_1) + \beta g(x_1)\}}{x_2 - x_1} = \alpha\frac{f(x_2) - f(x_1)}{x_2 - x_1} + \beta\frac{g(x_2) - g(x_1)}{x_2 - x_1}$$
$$\leq \alpha\frac{f(x_3) - f(x_2)}{x_3 - x_2} + \beta\frac{g(x_3) - g(x_2)}{x_3 - x_2} = \frac{\alpha f(x_3) + \beta g(x_3) - \{\alpha f(x_2) + \beta g(x_2)\}}{x_3 - x_2}$$

したがって $\alpha f(x) + \beta g(x)$ も下に凸である．

19.1 切り取る正方形の一辺の長さを x とすると箱の体積は

$f(x) = x(a-2x)^2 \quad (0 < x < a/2)$.

$f'(x) = (a-2x)(a-6x)$

x	0	$\cdots$	$a/6$	$\cdots$	$a/2$
$f'(x)$		+	0	−	
$f(x)$		↗		↘	

$x = \dfrac{a}{6}$ のとき箱の体積は最大で その値は $f\left(\dfrac{a}{6}\right) = \dfrac{2}{27}a^3$ である．

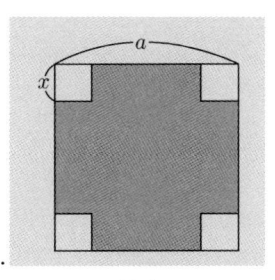

19.1

19.2 台形の底角を θ とすると，底辺の長さは $a+2a\cos\theta$，高さは $a\sin\theta$ である．したがって台形の面積は

$$f(\theta) = a^2(1+\cos\theta)\sin\theta \quad (0 < \theta < \pi).$$
$$f'(\theta) = a^2(1+\cos\theta)\cos\theta - a^2\sin^2\theta$$
$$= a^2(2\cos^2\theta + \cos\theta - 1)$$
$$= a^2(2\cos\theta - 1)(\cos\theta + 1).$$

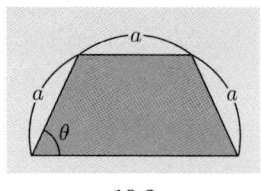

ゆえに，$0 < \theta < \pi$ で $f'(\theta) = 0$ となるのは $\cos\theta = 1/2$ のとき，すなわち $\theta = \pi/3$ のときである．

θ	0	$\cdots$	$\pi/3$	$\cdots$	π
$f'(\theta)$		+	0	−	
$f(\theta)$		↗		↘	

ゆえに，$\theta = \dfrac{\pi}{3}$ のとき $f(\theta)$ は最大値をとり，その値は $f\left(\dfrac{\pi}{3}\right) = \dfrac{3\sqrt{3}}{4}a^2$ である．

19.3 円錐の体積を V，側面積を S，高さを x，底面の半径を y とする．

$$V = \frac{\pi}{3}xy^2, \quad S = \pi y\sqrt{x^2+y^2}$$

であるから

$$S = \pi\sqrt{\frac{3V}{\pi x}}\sqrt{x^2 + \frac{3V}{\pi x}} = \sqrt{3V}\frac{\sqrt{\pi x^3 + 3V}}{x}.$$

$f(x) = \dfrac{\sqrt{\pi x^3 + 3V}}{x}$ とおくと

$$f'(x) = \frac{\pi x^3 - 6V}{2x^2\sqrt{\pi x^3 + 3V}} \quad \text{であるから} \quad x = \sqrt[3]{\frac{6V}{\pi}}$$

のとき $f(x)$ は最小となる．したがってこのとき S も最小となる．

x	0	$\cdots$	$\sqrt[3]{6V/\pi}$	$\cdots$
f'		−	0	+
f		↘		↗

このとき $y^2 = \dfrac{3V}{\pi\sqrt[3]{6V/\pi}} = \sqrt[3]{\dfrac{9V^2}{2\pi^2}}$ となるから，

$$x : y = \sqrt[3]{\frac{6V}{\pi}} : \frac{1}{\sqrt[6]{2}}\sqrt[3]{\frac{3V}{\pi}} = \sqrt{2} : 1.$$

20.1 $f(x) = x^3 - 3x + 1$ とおくとき，$f'(x) = 3x^2 - 3$, $f''(x) = 6x$. $(0,1)$ で $f''(x) > 0$, $f(0) = 1 > 0$, $f(1) = -1 < 0$ であるので p.48 の例題 20 (1) より方程式 $f(x) = 0$ は 0 と 1 との間にただ 1 つの解を持つ．

次に (2) により，$a_1 = 0$ を第 1 近似値とすると，第 2 近似値 a_2，第 3 近似値 a_3 は，

$$a_2 = 0 - f(0)/f'(0) = 1/3$$
$$a_3 = 1/3 - f(1/3)/f'(1/3) \fallingdotseq 0.347$$

20.2 $f(x) = x - \cos x$ とおくと $f(0) = -1 < 0$, $f(\pi/2) = \pi/2 > 0$ であり, $f'(x) = 1 + \sin x > 0$, $f''(x) = \cos x > 0$ $(0 < x < \pi/2)$ であるから, 方程式 $f(x) = 0$ は 0 と $\pi/2$ の間にただ一つの実数解 c をもつ (右図 **20.2** を参照して p.48 の例題 20 と同様に証明できる). $b = a_1 = \pi/4$ を第 1 近似値とすると第 2 近似値 a_2 は

$$a_2 = \frac{\pi}{4} - \frac{f(\pi/4)}{f'(\pi/4)}$$
$$= \frac{\pi}{4} - \left(\frac{\pi}{4} - \frac{1}{\sqrt{2}}\right) \Big/ \left(1 + \frac{1}{\sqrt{2}}\right) \doteqdot 0.739.$$

右の **20.2** は $f(a) < 0$, $f(b) > 0$, $f''(x) > 0$

$$a_2 = a_1 - \frac{f(a_1)}{f'(a_1)}, \quad b = a_1$$

のときの図である.

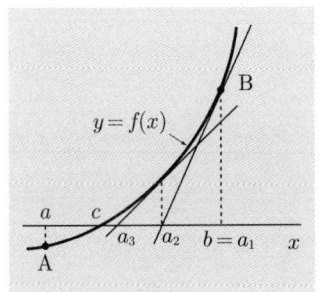

20.2

◆ 演習問題 *2-A* の解答

1. (1) $\lim\limits_{x \to -0} e^{1/x} = \lim\limits_{x \to -0} \dfrac{1}{e^{-1/x}} = 0$, $\lim\limits_{x \to +0} e^{1/x} = +\infty$ であるから $\lim\limits_{x \to 0} e^{1/x}$ は存在しない.

(2) $\dfrac{1}{x} \to +\infty \ (x \to +0)$ であるから, $\lim\limits_{x \to +0} \dfrac{1}{1 + 2^{1/x}} = 0$.
また $\dfrac{-1}{x} \to +\infty \ (x \to -0)$ であるから, $2^{1/x} = \dfrac{1}{2^{-1/x}} \to 0 \ (x \to -0)$. ゆえに,
$\lim\limits_{x \to -0} \dfrac{1}{1 + 2^{1/x}} = 1$ で $\lim\limits_{x \to 0} \dfrac{1}{1 + 2^{1/x}}$ は存在しない.

(3) $\left|\dfrac{x}{1 + e^{1/x}}\right| \leq |x|$ であるから, $\lim\limits_{x \to +0} \dfrac{x}{1 + e^{1/x}} = \lim\limits_{x \to -0} \dfrac{x}{1 + e^{1/x}} = 0$.

2. $2\sin x - \sin 2x = 2\sin x - 2\sin x \cos x = 2\sin x(1 - \cos x) = 4\sin x \cdot \sin^2 \dfrac{x}{2}$ より,
$\lim\limits_{x \to 0} \dfrac{2\sin x - \sin 2x}{x^3} = \lim\limits_{x \to 0} \dfrac{\sin x}{x} \cdot \left(\sin \dfrac{x}{2} \Big/ \dfrac{x}{2}\right)^2 = 1$ で 3 位の無限小である.

3. (1) $\lim\limits_{\theta \to 0} \dfrac{\tan \theta}{\theta} = \lim\limits_{\theta \to 0} \dfrac{\sin \theta}{\theta} \dfrac{1}{\cos \theta} = 1$

(2) $\sqrt[n]{x} - 1 = z$ とおくと $n \to \infty$ のとき $z \to 0$. また $n = \dfrac{\log x}{\log(z + 1)}$ であるので
$\lim\limits_{n \to \infty} n(\sqrt[n]{x} - 1) = \lim\limits_{z \to 0} \dfrac{\log x}{\log(z + 1)} z = \log x$

4. $f(x)$ が $x = a$ で連続とすると $|f(x) - f(a)| \to 0 \ (x \to a)$ であるから, 不等式 $\big||f(x)| - |f(a)|\big| \leq |f(x) - f(a)|$ によって $|f(x)| \to |f(a)| \ (x \to a)$ である. ゆえに, $|f(x)|$ は $x = a$ において連続である.

5. $x \to 0$ とすると, 特に $\dfrac{1}{x} = \dfrac{\pi}{2} + 2n\pi \ (n = 0, 1, 2, \cdots)$ となるような x, すなわち $x = \dfrac{2}{(4n+1)\pi}$ に対しては, $f(x)$ は $0 \ (= f(0))$ に収束しない (実は $\lim\limits_{x \to 0} f(x)$ は存在しない). したがって $f(x)$ は $x = 0$ で不連続である.

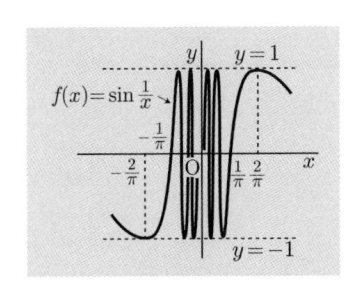

問題 2-A **5**

6. $f(x) = (x^2-1)\cos x + \sqrt{2}\sin x - 1$ とおくと, $f(x)$ は x のすべての値に対して連続で,
$$f(0) = (0-1)\cos 0 + \sqrt{2}\sin 0 - 1 = -2 \quad \therefore \quad f(0) < 0$$
$$f(1) = (1-1)\cos 1 + \sqrt{2}\sin 1 - 1 = \sqrt{2}\sin 1 - 1$$
そして $1 > \pi/4$ (ここで $\pi = 3.14\cdots$) であるから $\sin 1 > \sin(\pi/4)$
$$\therefore \quad \sqrt{2}\sin 1 - 1 > \sqrt{2}\sin(\pi/4) - 1 = 0 \quad \therefore \quad f(1) > 0$$
ゆえに, $f(x) = 0$ は 0 と 1 の間に少なくとも 1 つの実数解をもつ.

7. (1) 対数微分法を用いる.
$$\log|y| = 2\log|2x^2+3| + 3\log|3x+1| \quad \text{より} \quad \frac{y'}{y} = \frac{8x}{2x^2+3} + \frac{9}{3x+1}$$
となるから, $y' = (2x^2+3)^2(3x+1)^3\left\{\dfrac{8x}{2x^2+3} + \dfrac{9}{3x+1}\right\} = (2x^2+3)(3x+1)^2(42x^2+8x+27)$.

(2) $y' = \dfrac{\dfrac{1}{\sqrt{2}}\left(\tan\dfrac{x}{2}\right)'}{1+\dfrac{1}{2}\tan^2\dfrac{x}{2}} = \dfrac{\dfrac{1}{2\sqrt{2}}\sec^2\dfrac{x}{2}}{1+\dfrac{1}{2}\tan^2\dfrac{x}{2}} = \dfrac{1}{\sqrt{2}}\dfrac{\sec^2\dfrac{x}{2}}{1+\sec^2\dfrac{x}{2}} = \dfrac{1}{\sqrt{2}}\dfrac{1}{1+\cos^2\dfrac{x}{2}}$

$= \dfrac{1}{\sqrt{2}}\dfrac{1}{1+(1+\cos x)/2} = \dfrac{\sqrt{2}}{3+\cos x}$

(3) $\sin^{-1}x = t$ とおけば, $x = \sin t \left(-\dfrac{\pi}{2} \leq x \leq \dfrac{\pi}{2}\right)$, $y = \dfrac{t\sin t}{\cos t} + \log(\cos t)$. ゆえに

$$\frac{dy}{dx} = \frac{dy}{dt}\bigg/\frac{dx}{dt} = \left\{\frac{(t\sin t)'\cos t - (t\sin t)(\cos t)'}{\cos^2 t} - \frac{\sin t}{\cos t}\right\}\bigg/\cos t$$

$$= \left\{\frac{(\sin t + t\cos t)\cos t + t\sin^2 t}{\cos^2 t} - \frac{\sin t}{\cos t}\right\}\bigg/\cos t = \frac{t}{\cos^3 t} = \frac{\sin^{-1}x}{(\sqrt{1-x^2})^3}$$

8. (1) $\displaystyle\lim_{x\to 0}\frac{x-\sin^{-1}x}{x^3}\;\left(\frac{0}{0}\right) = \lim_{x\to 0}\frac{1-1/\sqrt{1-x^2}}{3x^2}\;\left(\frac{0}{0}\right)$

$= \displaystyle\lim_{x\to 0}\frac{\sqrt{1-x^2}-1}{\sqrt{1-x^2}}\cdot\frac{1}{3x^2} = \lim_{x\to 0}\frac{-x^2}{3x^2\sqrt{1-x^2}(\sqrt{1-x^2}+1)} = -\frac{1}{6}$

(2) $\displaystyle\lim_{x\to\pi/2-0}\left(x\tan x - \frac{\pi}{2}\sec x\right) = \lim_{x\to\pi/2-0}\frac{2x\sin x - \pi}{2\cos x}\;\left(\frac{0}{0}\right)$

$= \displaystyle\lim_{x\to\pi/2-0}\frac{2\sin x + 2x\cos x}{-2\sin x} = -1$

(3) $y = \left(\dfrac{\tan x}{x}\right)^{1/x^2}$ とおくと $\log y = \dfrac{1}{x^2}\log\left(\dfrac{\tan x}{x}\right)$

$\therefore \displaystyle\lim_{x\to 0}\log y = \lim_{x\to 0}\frac{\log\dfrac{\tan x}{x}}{x^2} \quad \left(\lim_{x\to 0}\frac{\tan x}{x} = 1 \text{ であるから } \frac{0}{0}\right)$

$= \displaystyle\lim_{x\to 0}\frac{x}{\tan x}\cdot\frac{x\sec^2 x - \tan x}{x^2}\bigg/2x = \lim_{x\to 0}\frac{x}{\tan x}\cdot\lim_{x\to 0}\frac{x\sec^2 x - \tan x}{2x^3}$

$$\lim_{x\to 0}\frac{x\sec^2 x - \tan x}{2x^3} = \lim_{x\to 0}\frac{2x\sec^2 x \tan x + \sec^2 x - \sec^2 x}{6x^2} = \lim_{x\to 0}\frac{1}{3\cos^3 x}\cdot\frac{\sin x}{x} = \frac{1}{3}$$

$$\therefore \quad \lim_{x\to 0}\log y = 1\times\frac{1}{3} = \frac{1}{3}$$

したがって $\displaystyle\lim_{x\to 0} y = \lim_{x\to 0} e^{\log y} = e^{1/3}$ $\quad\therefore\quad \displaystyle\lim_{x\to 0}\left(\frac{\tan x}{x}\right)^{1/x^2} = e^{1/3}$

(4) $y = x^x$ とおくと, $\log y = x\log x$

そして
$$\lim_{x\to +0}\log y = \lim_{x\to +0} x\log x = \lim_{x\to +0}\frac{\log x}{1/x} \quad \left(\frac{\infty}{\infty}\right)$$
$$= \lim_{x\to +0}\frac{1}{x}\bigg/\left(-\frac{1}{x^2}\right) = \lim_{x\to +0}(-x) = 0$$

したがって $\displaystyle\lim_{x\to +0} y = \lim_{x\to +0} e^{\log y} = e^0 = 1 \quad\therefore\quad \lim_{x\to +0} x^x = 1$

(5) $\displaystyle\lim_{x\to\pi/4-0}\tan 2x = \infty$, $\displaystyle\lim_{x\to\pi/4-0}\cot(x+\pi/4) = 0$ であるから $0\cdot\infty$ の形の不定形である.

$\tan 2x\cdot\cot(x+\pi/4) = \dfrac{\tan 2x}{\tan(x+\pi/4)}$ と変形して $\dfrac{\infty}{\infty}$ の形となるから

$$\lim_{x\to\pi/4-0}\tan 2x\cdot\cot\left(x+\frac{\pi}{4}\right) = \lim_{x\to\pi/4-0}\frac{\tan 2x}{\tan(x+\pi/4)} = \lim_{x\to\pi/4-0}\frac{2\sec^2 2x}{\sec^2(x+\pi/4)}$$
$$= 2\left\{\lim_{x\to\pi/4-0}\frac{\cos(x+\pi/4)}{\cos 2x}\right\}^2 = 2\left\{\lim_{x\to\pi/4-0}\frac{\sin(x+\pi/4)}{2\sin 2x}\right\}^2 = \frac{1}{2}$$

9. 長方形の一辺の長さを x とすると他の一辺の長さは $\sqrt{4r^2 - x^2}$ であるから, 長方形の面積は $f(x) = x\sqrt{4r^2 - x^2}\ (0 < x < 2r)$ となる.

$$f'(x) = \frac{4r^2 - 2x^2}{\sqrt{4r^2 - x^2}} = \frac{-2(x - \sqrt{2}\,r)(x + \sqrt{2}\,r)}{\sqrt{4r^2 - x^2}}$$

x	0	$\cdots$	$\sqrt{2}r$	$\cdots$	$2r$
$f'(x)$		$+$		$-$	
$f(x)$		↗	極大	↘	

したがって, $x = \sqrt{2}\,r$ のとき面積は極大となる. 考えている範囲で極大は 1 個であるのでこのとき最大となる. すなわち正方形のときである.

10. 行列式を展開すると

$$\begin{vmatrix} 1 & 1 & 1 \\ x_1 & x_2 & x_3 \\ f(x_1) & f(x_2) & f(x_3) \end{vmatrix} = \begin{vmatrix} 1 & 0 & 0 \\ x_1 & x_2 - x_1 & x_3 - x_2 \\ f(x_1) & f(x_2) - f(x_1) & f(x_3) - f(x_2) \end{vmatrix}$$
$$= \begin{vmatrix} x_2 - x_1 & x_3 - x_2 \\ f(x_2) - f(x_1) & f(x_3) - f(x_2) \end{vmatrix}$$
$$= (x_2 - x_1)\{f(x_3) - f(x_2)\} - (x_3 - x_2)\{f(x_2) - f(x_1)\}$$
$$= (x_2 - x_1)(x_3 - x_2)\left\{\frac{f(x_3) - f(x_2)}{x_3 - x_2} - \frac{f(x_2) - f(x_1)}{x_2 - x_1}\right\}$$

$f''(x) > 0\ (a \leqq x \leqq b)$ であるから, 曲線 $y = f(x)$ はその区間で下に凸である. したがって p.43 の曲線が下に凸の定義式より

$$\frac{f(x_3) - f(x_2)}{x_3 - x_2} - \frac{f(x_2) - f(x_1)}{x_2 - x_1} > 0, \quad \begin{vmatrix} 1 & 1 & 1 \\ x_1 & x_2 & x_3 \\ f(x_1) & f(x_2) & f(x_3) \end{vmatrix} > 0.$$

11. (1) $y' = -2xe^{-x^2}$
$y'' = (4x^2 - 2)e^{-x^2}$

よって次のように増減と凹凸がわかる.

x	$\cdots$	0	$\cdots$
y'	$+$	0	$-$
y	↗	極大	↘

極大値 1 $(x=0)$

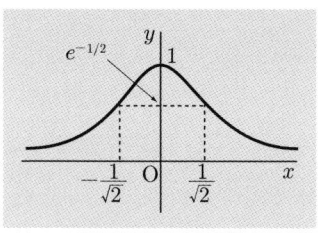

x	$\cdots$	$-\frac{1}{\sqrt{2}}$	$\cdots$	$\frac{1}{\sqrt{2}}$	$\cdots$
y''	$+$	0	$-$	0	$+$
y	∪		∩		∪

変曲点 $\left(-\dfrac{1}{\sqrt{2}}, e^{-1/2}\right)$, $\left(\dfrac{1}{\sqrt{2}}, e^{-1/2}\right)$

問題 2-A **11** (1)

次に与えられた関数のグラフは y 軸に関して対称であり
$$\lim_{x \to \pm\infty} e^{-x^2} = 0.$$
以上を総合して, 右上図のようなグラフを得る.

(2) $y' = \log x + 1$, $y'' = 1/x$. $y' = 0$ となるのは $x = 1/e$ のときである. また, $x > 0$ のとき $y'' > 0$ であるので, グラフは下に凸である.

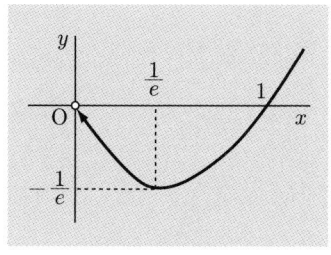

x	0	$\cdots$	$1/e$	$\cdots$
y'		$-$	0	$+$
y	なし	↘	$-1/e$	↗

問題 2-A **11** (1)

$$\lim_{x \to +0} x \log x = \lim_{x \to +0} \frac{\log x}{1/x} \left(\frac{\infty}{\infty}\right) = \lim_{x \to +0} \frac{1/x}{-1/x^2} = \lim_{x \to +0} (-x) = 0.$$

よってグラフは原点に近づき, x 切片は 1 である. 以上を総合して上図のようなグラフを得る.

◆ 演習問題 *2-B* の解答

1. $|x| < 1$ のときは $\lim_{n \to \infty} x^n = 0$ であるから $f(x) = 1$

$$f(1) = \lim_{n \to \infty} \frac{1 - 1^n + 1^{n+1}}{1 - 1^n + 1^{n+2}} = \lim_{n \to \infty} 1 = 1$$

$$f(-1) = \lim_{n \to \infty} \frac{1 - (-1)^n + (-1)^{n+1}}{1 - (-1)^n + (-1)^{n+2}}$$

$$= \begin{cases} -1 & (n \text{ が偶数のとき}) \\ 3 & (n \text{ が奇数のとき}) \end{cases}$$

したがって $x = -1$ のとき $f(x)$ は値を持たない.

$|x| > 1$ のときは, $\lim_{n \to \infty} |x^n| = \infty$ であるので,

$$\therefore \quad f(x) = \lim_{n \to \infty} \frac{1/x^n - 1 + x}{1/x^n - 1 + x^2} = \frac{x - 1}{x^2 - 1} = \frac{1}{x + 1}$$

問題 2-B **1**

そこで $f(x)$ のグラフを描くと右の図のようになる.

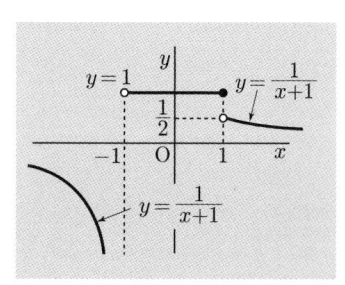

2. (1) $y = \sin^{-1} x$ とすると $y' = 1/\sqrt{1-x^2}$ であるから $\sqrt{1-x^2}\, y' = 1$. 両辺を x で微分すると
$$\sqrt{1-x^2}\, y'' - \frac{x}{\sqrt{1-x^2}}\, y' = 0 \quad \therefore \quad (1-x^2)y'' - xy' = 0.$$
ライプニッツの公式を用いて n 回微分すると
$$(1-x^2)y^{(n+2)} + \binom{n}{1}(1-x^2)'y^{(n+1)} + \binom{n}{2}(1-x^2)''y^{(n)} - \left\{ xy^{(n+1)} + \binom{n}{1}x'y^{(n)} \right\} = 0$$
$$\therefore \quad (1-x^2)y^{(n+2)} - 2nxy^{(n+1)} - n(n-1)y^{(n)} - \{xy^{(n+1)} + ny^{(n)}\} = 0$$
$$\therefore \quad (1-x^2)y^{(n+2)} - (2n+1)xy^{(n+1)} - n^2 y^{(n)} = 0$$

(2) 前問において $x=0$ とおくと, $y^{(n+2)}(0) = n^2 y^{(n)}(0)$ $(n=1,2,\cdots)$. また $y(0) = 0$, $y'(0) = 1$ であるから, $y''(0) = 0$, $y'''(0) = 1^2$, $y'(0) = 1^2$. 一般に n が偶数ならば,
$$y^{(n)}(0) = (n-2)^2 y^{(n-2)}(0) = \cdots = (n-2)^2(n-4)^2 \cdots 2^2 \cdot y''(0) = 0.$$
n が奇数ならば,
$$y^{(n)}(0) = (n-2)^2 y^{(n-2)}(0) = \cdots = (n-2)^2(n-4)^2 \cdots 3^2 \cdot 1^2 y'(0)$$
$$= (n-2)^2 (n-4)^2 \cdots 3^2 \cdot 1^2.$$

(3) 上記 (2) を用いる. マクローリンの定理（⇨ p.35）から,
$$\sin^{-1} x = \sum_{n=0}^{\infty} \frac{f^{(n)}(0)}{n!} x^n = x + \frac{x^3}{3!} + \frac{3^2 \cdot 1^2}{5!} x^5 + \frac{5^2 \cdot 3^2 \cdot 1^2}{7!} x^7 + \cdots$$
$$= x + \frac{1}{2} \cdot \frac{x^3}{3} + \frac{1 \cdot 3}{2 \cdot 4} \cdot \frac{x^5}{5} + \frac{1 \cdot 3 \cdot 5}{2 \cdot 4 \cdot 6} \cdot \frac{x^7}{7} + \cdots \quad (|x| < 1).$$

3. $\displaystyle \lim_{x \to 0} \left(\frac{1}{\sin^2 x} - \frac{1}{x^2} \right) = \lim_{x \to 0} \frac{x^2 - \sin^2 x}{x^2 \sin^2 x}.$
次に $\sin^2 x = (1 - \cos 2x)/2$ であるから, マクローリンの定理（⇨ p.35）により
$$\cos 2x = 1 - \frac{(2x)^2}{2!} + \frac{(2x)^4}{4!} - \frac{\cos \theta(2x)}{6!}(2x)^6 \quad (0 < \theta < 1)$$
であるので, これを代入すると,
$$\sin^2 x = \frac{1}{2}(1 - \cos 2x) = x^2 - \frac{1}{3}x^4 + \frac{\cos \theta(2x)}{2 \cdot 6!}(2x)^6 \quad (0 < \theta < 1)$$
$$\lim_{x \to 0} \left(\frac{1}{\sin^2 x} - \frac{1}{x^2} \right) = \lim_{x \to 0} \frac{\frac{1}{3}x^4 - \frac{\cos \theta(2x)}{2 \cdot 6!}(2x)^6}{\left\{ x^2 \left(x^2 - \frac{1}{3}x^4 + \frac{\cos \theta(2x)}{2 \cdot 6!}(2x)^6 \right) \right\}}$$
$$= \lim_{x \to 0} \frac{\frac{1}{3} - \frac{\cos \theta(2x)}{2 \cdot 6!} 2^6 \cdot x^2}{1 - \frac{1}{3}x^2 + \frac{\cos \theta \cdot 2x \cdot 2^6}{2 \cdot 6!} x^4} = \frac{1}{3} \quad (0 < \theta < 1)$$

4. $\sin^2 x = t$ とおくと, $\dfrac{4}{\cos^2 x} + \dfrac{1}{\sin^2 x} = \dfrac{4}{1-t} + \dfrac{1}{t} \; (= g(t))$. $0 < t < 1$ での $g(t)$ の最大値, 最小値を求める.
$$g'(t) = \frac{4}{(1-t)^2} - \frac{1}{t^2} = \frac{3t^2 + 2t - 1}{t^2(t-1)^2}$$
$$= \frac{(3t-1)(t+1)}{t^2(t-1)^2}$$

t	0	$\cdots$	$\frac{1}{3}$	$\cdots$	1
$g'(t)$		$-$	0	$+$	
$g(t)$	∞	$\searrow$	9	$\nearrow$	∞

$g'(t) = 0$ から $t = 1/3$ $(0 < t < 1)$. 増減表から $g(1/3) = 9$ が最小値である.
$$\lim_{t \to +0} g(t) = \lim_{t \to 1-0} g(t) = \infty$$
であるから, $g(t)$ の最大値はない.

5. (1)　$y' = (x-1)e^x$, $y'' = xe^x$

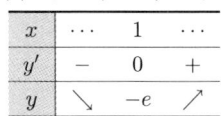

x	$\cdots$	1	$\cdots$
y'	$-$	0	$+$
y	$\searrow$	$-e$	$\nearrow$

x	$\cdots$	0	$\cdots$
y''	$-$	0	$+$
y	$\cap$	-2	$\cup$

極小値 $-e\,(x=1)$　　変曲点 $(0, -2)$

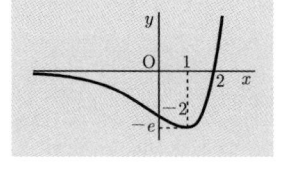

問題 2-B **5** (1)

$x = -t$ とおく
$$\lim_{x \to -\infty}(x-2)e^x = \lim_{t \to \infty}\frac{(-t-1)}{e^t} \quad \left(\frac{\infty}{\infty}\right) = \lim_{t \to \infty}\frac{-1}{e^t} = 0, \quad \lim_{x \to \infty}(x-2)e^x = \infty.$$
また, x 切片は 2, y 切片は -2 である. 以上を総合すると, 上図のようなグラフを得る.

(2)　$y' = \dfrac{1 - \log x}{x^2}$, $y'' = \dfrac{2\log x - 3}{x^3}$.

x	0	$\cdots$	e	$\cdots$	極大値
y'		$+$	0	$-$	$\dfrac{1}{e}\,(x=e)$
y		$\nearrow$	$1/e$	$\searrow$	

x	0	$\cdots$	$e^{3/2}$	$\cdots$	変曲点
y''		$-$	0	$+$	$\left(e^{3/2}, \dfrac{3}{2}e^{-3/2}\right)$
y		$\cap$	$\frac{3}{2}e^{-3/2}$	$\cup$	

$$\lim_{x \to +0} y = -\infty, \quad \lim_{x \to \infty} y = 0.$$
また, x 切片は 1. 以上を総合すると右の図のようなグラフを得る.

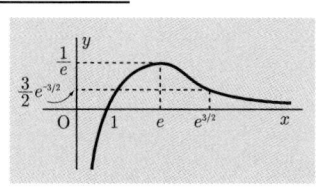

問題 2-B **5** (2)

(3)　$y' = xe^{-x}(2-x)$, $y'' = e^{-x}(x^2 - 4x + 2)$

x	$\cdots$	0	$\cdots$	2	$\cdots$
y'	$-$	0	$+$	0	$-$
y	$\searrow$	0	$\nearrow$	$4e^{-2}$	$\searrow$

極大値 $4e^{-2}\,(x=2)$

極小値 $0\,(x=0)$

x	$\cdots$	$2-\sqrt{2}$	$\cdots$	$2+\sqrt{2}$	$\cdots$
y''	$+$	0	$-$	0	$+$
y	$\cup$	$(6-4\sqrt{2})e^{-2+\sqrt{2}}$	$\cap$	$(6+4\sqrt{2})e^{-2-\sqrt{2}}$	$\cup$

$$\lim_{x \to -\infty} y = \infty, \quad \lim_{x \to \infty} y = 0$$

変曲点 $\left(2-\sqrt{2}, (6-4\sqrt{2})e^{-2+\sqrt{2}}\right)$, $\left(2+\sqrt{2}, (6+4\sqrt{2})e^{-2-\sqrt{2}}\right)$
また, このグラフは原点を通る. 以上を総合すると次のようなグラフを得る.

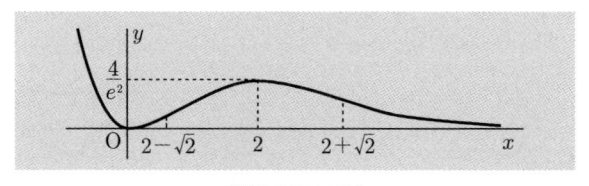

問題 2-B **5** (3)

3章の解答

1.1 (1) $\displaystyle\int \frac{5x^2 - 3x + 1}{x}dx = \int\left(5x - 3 + \frac{1}{x}\right)dx = \frac{5}{2}x^2 - 3x + \log|x|$

(2) $\displaystyle\int \frac{3x^2 - 4x + 2}{\sqrt{x}}dx = \int(3x^{3/2} - 4x^{1/2} + 2x^{-1/2})dx = \frac{6}{5}\sqrt{x^5} - \frac{8}{3}\sqrt{x^3} + 4\sqrt{x}$

(3) $\displaystyle\int \frac{x^4}{1-x^2}dx = -\int \frac{x^4 - 1 + 1}{x^2 - 1}dx = -\int \frac{x^4 - 1}{x^2 - 1}dx - \int \frac{dx}{x^2 - 1}$
$\displaystyle = \int(-x^2 - 1)dx - \int \frac{1}{x^2 - 1}dx = -\frac{x^3}{3} - x - \frac{1}{2}\log\left|\frac{x-1}{x+1}\right|$

(4) $\displaystyle\int \frac{1}{(x-3)(x+2)}dx = \frac{1}{5}\int\left(\frac{1}{x-3} - \frac{1}{x+2}\right)dx = \frac{1}{5}\log\left|\frac{x-3}{x+2}\right|$ （部分分数に分解する）

(5) $\displaystyle\int x^2(x-2)^3 dx = \int x^2(x^3 - 6x^2 + 12x - 8)dx = \int(x^5 - 6x^4 + 12x^3 - 8x^2)dx$
$= x^6/6 - 6x^5/5 + 3x^4 - 8x^3/3$

(6) $\displaystyle\int(2e^x + 3\cos x)dx = 2e^x + 3\sin x$ (7) $\displaystyle\int \frac{1}{2}(x^2+1)^{-2}(x^2+1)'dx = -\frac{1}{2}(x^2+1)^{-1}$

2.1 (1) $\displaystyle\int \frac{4}{\sqrt{3-x^2}}dx = 4\sin^{-1}\frac{x}{\sqrt{3}}$ （p.52 の基本公式 ⑤）

(2) $\displaystyle\int \frac{4}{\sqrt{2x^2-3}}dx = 2\sqrt{2}\int \frac{dx}{\sqrt{x^2 - 3/2}} = 2\sqrt{2}\log\left|x + \sqrt{x^2 - \frac{3}{2}}\right|$ （p.52 の基本公式 ⑥）

(3) $\displaystyle\int \frac{x^2}{x^2+1}dx = \int \frac{x^2 + 1 - 1}{x^2 + 1}dx = \int\left(1 - \frac{1}{x^2+1}\right)dx = x - \tan^{-1}x$ （p.52 の基本公式 ③）

(4) $\displaystyle\int\left(\frac{3}{x^2} + \frac{2}{1+x^2}\right)dx = -\frac{3}{x} + 2\tan^{-1}x$ （p.52 の基本公式 ③）

(5) $\displaystyle\int\left(\frac{4}{x} - \frac{3}{\sqrt{1-x^2}}\right)dx = 4\log|x| - 3\sin^{-1}x$ （p.52 の基本公式 ⑤）

(6) $\displaystyle\int\left(\cos\frac{x}{2} - \sin\frac{x}{2}\right)^2 dx = \int\left(1 - 2\cos\frac{x}{2}\sin\frac{x}{2}\right)dx = \int(1 - \sin x)dx = x + \cos x$

3.1 (1) $x = 2\sin t$ とおくと, $dx = 2\cos t\, dt$,
$$(4-x^2)^{3/2} = (4 - 4\sin^2 t)^{3/2} = 8\cos^3 t$$
$\displaystyle\therefore\ I = \int \frac{2\cos t}{8\cos^3 t}dt = \frac{1}{4}\int \frac{1}{\cos^2 t}dt = \frac{1}{4}\tan t = \frac{\sin t}{4\cos t} = \frac{1}{4}\frac{\sin t}{\sqrt{1-\sin^2 t}} = \frac{x}{4\sqrt{4-x^2}}$

(2) $x = \tan t$ とおくと, $dx = \sec^2 t\, dt$, $1 + x^2 = \sec^2 t$
$\displaystyle\therefore\ I = \int \frac{\sec^2 t}{\sec^4 t}dt = \int \cos^2 t\, dt = \frac{1}{2}\int(1 + \cos 2t)dt = \frac{1}{2}\left(t + \frac{1}{2}\sin 2t\right)$
$\displaystyle = \frac{1}{2}(t + \sin t\cos t) = \frac{1}{2}\left(t + \tan t\frac{1}{1 + \tan^2 t}\right) = \frac{1}{2}\left(\tan^{-1}x + \frac{x}{1+x^2}\right)$

(3) $x^2 = t$ とおくと, $2x\, dx = dt$ $\displaystyle\therefore\ I = \frac{3}{2}\int \frac{dt}{\sqrt{1-t^2}} = \frac{3}{2}\sin^{-1}t = \frac{3}{2}\sin^{-1}x^2$

(4) $x^3 = t$ とおくと, $3x^2 dx = dt$

$$\therefore \quad I = \frac{1}{3}\int \frac{dt}{t^2-1} = \frac{1}{3} \times \frac{1}{2}\log\left|\frac{t-1}{t+1}\right| = \frac{1}{6}\log\left|\frac{x^3-1}{x^3+1}\right|$$

(5) $\sqrt{x+1} = t$ とおくと $x = t^2 - 1$, $dx = 2tdt$

$$\int (2x+1)\sqrt{x+1}\,dx = \int (4t^4 - 2t^2)dt = \frac{4}{5}t^5 - \frac{2}{3}t^3 = \frac{4}{5}(x+1)^{5/2} - \frac{2}{3}(x+1)^{3/2}$$

4.1 (1) $\int xe^x dx = xe^x - \int e^x dx = e^x(x-1)$ （部分積分法）

(2) $\int \cos x \log(\sin x)dx = \sin x \log(\sin x) - \int \sin x \cdot \frac{1}{\sin x} \cdot \cos x\, dx$

$$= \sin x \log(\sin x) - \sin x = \sin x (\log \sin x - 1) \quad \text{（部分積分法）}$$

(3) 部分積分法を用いる. $\left(-\frac{1}{3}(1-x^2)^{3/2}\right)' = x\sqrt{1-x^2}$ であるので,

$$\int x^2\left(x\sqrt{1-x^2}\right)dx = -\frac{x^2}{3}(1-x^2)^{3/2} + \frac{2}{3}\int x(1-x^2)^{3/2}dx$$

$$= -\frac{x^2}{3}(1-x^2)^{3/2} - \frac{2}{15}(1-x^2)^{5/2}$$

5.1 (1) $f = x^2, g' = \cos 3x$ とおくと, $f' \cdot g = 2x\dfrac{\sin 3x}{3}$ となり積分しやすくなる.

$$\int x^2 \cos 3x\, dx = x^2 \frac{\sin 3x}{3} - \int 2x \frac{\sin 3x}{3}dx$$

$$= \frac{x^2 \sin 3x}{3} - \frac{2}{3}\int x \sin 3x\, dx = \frac{x^2 \sin 3x}{3} - \frac{2}{3}I$$

$$I = \int x \sin 3x\, dx = x\left(-\frac{\cos 3x}{3}\right) - \int \left(-\frac{\cos 3x}{3}\right)dx = -\frac{x \cos 3x}{3} + \frac{1}{3}\frac{\sin 3x}{3}$$

$$\therefore \quad \int x^2 \cos 3x\, dx = \frac{1}{3}x^2 \sin 3x + \frac{2}{9}x\cos 3x - \frac{2}{27}\sin 3x$$

(2) $\int \dfrac{2x+3}{x^2+3x+5}dx = \log|x^2 + 3x + 5|$

(3) $\int \dfrac{3x-2}{\sqrt{9-x^2}}dx = 3\int \dfrac{x}{\sqrt{3^2-x^2}}dx - 2\int \dfrac{dx}{\sqrt{3^2-x^2}} = -3\sqrt{9-x^2} - 2\sin^{-1}\dfrac{x}{3}$

(4) $\int \tan^{-1} x\, dx = \int 1 \times \tan^{-1} x\, dx = x\tan^{-1} x - \int x \cdot \dfrac{1}{1+x^2}dx$

$$= x\tan^{-1} x - \frac{1}{2}\log(1+x^2)$$

6.1 p.59 の例題 6 において, $a = -3, b = 2$ とおくと,

$$\int \frac{\sin 2x}{e^{3x}}dx = \frac{e^{-3x}}{13}(-3\sin 2x - 2\cos 2x) = -\frac{3\sin 2x + 2\cos 2x}{13e^{3x}}$$

【別解】 部分積分法を 2 回用いる

$I = \int e^{-3x} \sin 2x dx$ において，$e^{-3x} = g'(x)$, $\sin 2x = f(x)$ と考える．

$$= -\frac{1}{3}e^{-3x}\sin 2x + \frac{2}{3}\int e^{-3x}\cos 2x dx = -\frac{e^{-3x}\sin 2x}{3} + \frac{2}{3} \cdot \frac{-1}{3}e^{-3x}\cos 2x - \frac{4}{9}I$$

$$\left(1 + \frac{4}{9}\right)I = -\frac{1}{3}e^{-3x}\sin 2x - \frac{2}{9}e^{-3x}\cos 2x \qquad \therefore \quad I = -\frac{3\sin 2x + 2\cos 2x}{13e^{3x}}$$

6.2 (1) $(\tan^{-1} x)' = \dfrac{1}{1+x^2}$ だから，部分積分法により，

$$\int x \tan^{-1} x dx = \frac{x^2}{2}\tan^{-1} x - \int \frac{x^2}{2}\frac{1}{1+x^2}dx = \frac{x^2}{2}\tan^{-1} x - \frac{1}{2}\int\left(1 - \frac{1}{1+x^2}\right)dx$$

$$= \frac{x^2}{2}\tan^{-1} x - \frac{1}{2}(x - \tan^{-1} x) = \frac{1}{2}(1+x^2)\tan^{-1} x - \frac{1}{2}x$$

(2) $\dfrac{x}{\sqrt{1-x^2}} = \left(-\sqrt{1-x^2}\right)'$, $(\sin^{-1} x)' = \dfrac{1}{\sqrt{1-x^2}}$ だから，部分積分法により

$$\int \frac{x \sin^{-1} x}{\sqrt{1-x^2}}dx = -\sqrt{1-x^2}\sin^{-1} x + \int \sqrt{1-x^2} \cdot \frac{1}{\sqrt{1-x^2}}dx = -\sqrt{1-x^2}\sin^{-1} x + x$$

(3) $(\log x)' = \dfrac{1}{x}$ だから，部分積分法により

$$\int e^x \log x dx = e^x \log x - \int e^x \frac{1}{x}dx \qquad \therefore \quad \int\left(e^x \log x + \frac{1}{x}e^x\right)dx = e^x \log x$$

(4) $e^x = t$ とおくと，$x = \log t$ だから $dx = \dfrac{1}{t}dt$，よって

$$\int \frac{1}{e^x + e^{-x}}dx = \int \frac{1}{t + (1/t)} \cdot \frac{1}{t}dt = \int \frac{1}{t^2 + 1}dt = \tan^{-1} t = \tan^{-1} e^x$$

(5) $\displaystyle\int \frac{2x+1}{\sqrt{x^2 - 4x + 5}}dx = \int \frac{2x - 4 + 5}{\sqrt{x^2 - 4x + 5}}dx = 2\sqrt{x^2 - 4x + 5} + 5\int \frac{dx}{\sqrt{(x-2)^2 + 1}}$

$$= 2\sqrt{x^2 - 4x + 5} + 5\log\left|x - 2 + \sqrt{x^2 - 4x + 5}\right|$$

7.1 (1) $\dfrac{x^3}{(x-1)(x-2)} = x + 3 + \dfrac{7x - 6}{(x-1)(x-2)}$

$\dfrac{7x - 6}{(x-1)(x-2)} = \dfrac{A}{x-1} + \dfrac{B}{x-2}$ とおく．$7x - 6 = A(x-2) + B(x-1)$ より

$x = 2$ とおくと $\quad 14 - 6 = B \qquad \therefore \quad B = 8$

$x = 1$ とおくと $\quad 7 - 6 = -A \qquad \therefore \quad A = -1$

$$\int \frac{x^3}{(x-1)(x-2)}dx = \int\left(x + 3 - \frac{1}{x-1} + \frac{8}{x-2}\right)dx$$

$$= \frac{x^2}{2} + 3x - \log|x-1| + 8\log|x-2| = \frac{x^2}{2} + 3x + \log\frac{(x-2)^8}{|x-1|}$$

(2) $\dfrac{x^3+1}{x(x-1)^3}$ を部分分数に分解する．

$$\dfrac{x^3+1}{x(x-1)^3} = \dfrac{A}{x} + \dfrac{B}{x-1} + \dfrac{C}{(x-1)^2} + \dfrac{D}{(x-1)^3} \text{ とおく．}$$

$x^3+1 = A(x-1)^3 + Bx(x-1)^2 + Cx(x-1) + Dx$ より

$x=0$ とおくと $1 = -A$ $\quad\therefore\quad A = -1,\quad x=1$ とおくと $2 = D$ $\quad\therefore\quad D = 2$

$x=-1$ とおくと $0 = -8A - 4B + 2C - D$

$x=2$ とおくと $9 = A + 2B + 2C + 2D$

これを解いて，$A=-1, B=2, C=1, D=2$．

$$\therefore\quad I = \int \dfrac{x^3+1}{x(x-1)^3} dx = \int \left(\dfrac{-1}{x} + \dfrac{2}{x-1} + \dfrac{1}{(x-1)^2} + \dfrac{2}{(x-1)^3} \right) dx$$
$$= \log \dfrac{(x-1)^2}{|x|} - \dfrac{1}{x-1} - \dfrac{1}{(x-1)^2}$$

(3) $\dfrac{4}{x^3+4x} = \dfrac{4}{x(x^2+4)} = \dfrac{A}{x} + \dfrac{Bx+C}{x^2+4}$ とおき，分母を払って
$$4 = (A+B)x^2 + Cx + 4A.$$

これより $A+B=0, C=0, 4A=4$ となり，これを解くと，$A=1, B=-1, C=0$ となる．

$$\therefore\quad \int \dfrac{4}{x^3+4x} dx = \int \dfrac{1}{x} dx - \int \dfrac{x}{x^2+4} dx = \int \dfrac{1}{x} dx - \dfrac{1}{2} \int \dfrac{2x}{x^2+4} dx$$
$$= \log|x| - \dfrac{1}{2}\log|x^2+4| = \log \dfrac{|x|}{\sqrt{x^2+4}}.$$

8.1 (1) $\dfrac{1}{x^3+1} = \dfrac{1}{(x+1)(x^2-x+1)}$ を部分分数に分解する．

$$\dfrac{1}{(x+1)(x^2-x+1)} = \dfrac{A}{x+1} + \dfrac{Bx+C}{x^2-x+1}$$

とおくと，
$$1 = A(x^2-x+1) + (Bx+C)(x+1)$$

x^2 の係数を比較すると $A+B=0$，x の係数を比較すると $-A+B+C=0$，定数項を比較すると $A+C=1$．これを解いて，$A=\dfrac{1}{3}, B=-\dfrac{1}{3}, C=\dfrac{2}{3}$．

$$\therefore\quad I = \int \dfrac{1}{x^3+1} dx = \dfrac{1}{3} \int \left(\dfrac{1}{x+1} + \dfrac{-x+2}{x^2-x+1} \right) dx$$
$$= \dfrac{1}{3} \left\{ \int \dfrac{dx}{x+1} - \dfrac{1}{2} \int \left(\dfrac{2x-1}{x^2-x+1} - \dfrac{3}{x^2-x+1} \right) dx \right\}$$
$$= \dfrac{1}{3} \log|x+1| - \dfrac{1}{6} \log|x^2-x+1| + \dfrac{1}{2} \int \dfrac{dx}{(x-1/2)^2 + (\sqrt{3}/2)^2}$$
$$= \dfrac{1}{3} \log|x+1| - \dfrac{1}{6} \log|x^2-x+1| + \dfrac{1}{\sqrt{3}} \tan^{-1} \dfrac{2x-1}{\sqrt{3}}$$

(2) $\dfrac{x^2}{x^4+x^2-2} = \dfrac{x^2}{(x^2+2)(x^2-1)} = \dfrac{1}{3}\left(\dfrac{2}{x^2+2}+\dfrac{1}{x^2-1}\right)$

このように "めのこ" で部分分数に分解できるときは，この方が便利である．

$$\int \dfrac{x^2}{x^4+x^2-2}dx = \dfrac{2}{3}\int \dfrac{dx}{x^2+2} + \dfrac{1}{3}\int \dfrac{dx}{x^2-1} = \dfrac{2}{3}\cdot\dfrac{1}{\sqrt{2}}\tan^{-1}\dfrac{x}{\sqrt{2}} + \dfrac{1}{6}\log\left|\dfrac{x-1}{x+1}\right|$$
$$= \dfrac{\sqrt{2}}{3}\tan^{-1}\dfrac{x}{\sqrt{2}} + \dfrac{1}{6}\log\left|\dfrac{x-1}{x+1}\right|$$

9.1 漸化式（⇨ p.62 例題 9）を用いる．

$$I_3 = \dfrac{1}{2(3-1)a^2}\left\{\dfrac{x}{(x^2+a^2)^2} + (2\times 3-3)I_2\right\} = \dfrac{1}{4a^2}\left\{\dfrac{x}{(x^2+a^2)^2} + 3I_2\right\}$$
$$= \dfrac{1}{4a^2}\left[\dfrac{x}{(x^2+a^2)^2} + 3\cdot\dfrac{1}{2\cdot(2-1)a^2}\left\{\dfrac{x}{x^2+a^2} + (2\cdot 2-3)I_1\right\}\right]$$
$$= \dfrac{1}{4a^2}\left\{\dfrac{x}{(x^2+a^2)^2} + \dfrac{3}{2a^2}\cdot\dfrac{x}{x^2+a^2} + \dfrac{3}{2a^2}\cdot\dfrac{1}{a}\tan^{-1}\dfrac{x}{a}\right\}$$
$$= \dfrac{1}{4a^2}\cdot\dfrac{x}{(x^2+a^2)^2} + \dfrac{3}{8a^4}\cdot\dfrac{x}{x^2+a^2} + \dfrac{3}{8a^5}\tan^{-1}\dfrac{x}{a}$$

9.2 部分積分法による．

$$I_n = \int x^n e^x dx = x^n e^x - \int nx^{n-1}e^x dx = x^n e^x - nI_{n-1}$$
$$I_1 = \int xe^x dx = xe^x - \int e^x dx = xe^x - e^x = e^x(x-1)$$

10.1 (1) $\tan(x/2) = t$ とおくと，公式より

$$\therefore \int \dfrac{\sin x}{1+\sin x}dx = \int \dfrac{2t/(1+t^2)}{1+2t/(1+t^2)}\cdot\dfrac{2}{1+t^2}dt = 4\int \dfrac{t}{(1+t^2)(1+t)^2}dt$$
$$= 2\int\left(\dfrac{1}{1+t^2} - \dfrac{1}{(1+t)^2}\right)dt = 2\left(\tan^{-1}t + \dfrac{1}{1+t}\right) = x + \dfrac{2}{1+\tan x/2}$$

(2) $\tan(x/2) = t$ とおいてもできるが，次のようにしてもよい．分母，分子に $1-\sin x$ をかけると，

$$I = \int\dfrac{1-\sin x}{(1+\sin x)(1-\sin x)}dx = \int\dfrac{1-\sin x}{1-\sin^2 x}dx = \int\dfrac{1-\sin x}{\cos^2 x}dx$$
$$= \int(\sec^2 x - \tan x\sec x)dx = \tan x - \sec x$$

(3) $\cos x = t$ とおくと，$-\sin x dx = dt$

$$\int \tan^3 x dx = \int\dfrac{\sin^3 x}{\cos^3 x}dx = -\int\dfrac{\sin^2 x(-\sin x)}{\cos^3 x}dx$$
$$= -\int\dfrac{1-t^2}{t^3}dt = \int\dfrac{1}{t}dt - \int\dfrac{1}{t^3}dt = \log|t| + \dfrac{1}{2}t^{-2} = \log|\cos x| + \dfrac{1}{2}\dfrac{1}{\cos^2 x}$$

(4) $\tan(x/2) = t$ とおけば，

$$I = \int \frac{1-2\cos x}{5-4\cos x}dx = \int \frac{1-2\dfrac{1-t^2}{1+t^2}}{5-4\dfrac{1-t^2}{1+t^2}}\cdot\frac{2}{1+t^2}dt = \int \frac{-1+3t^2}{1+9t^2}\cdot\frac{2}{1+t^2}dt$$

$$= \int \left(\frac{-3}{1+9t^2}+\frac{1}{1+t^2}\right)dt = -\tan^{-1}3t + \tan^{-1}t = -\tan^{-1}\left(3\tan\frac{x}{2}\right) + \frac{x}{2}$$

(5) $\tan x = t$ とおくと，$\sec^2 x dx = dt,\ dx = \dfrac{dt}{1+t^2}$

$$\therefore\quad \int \frac{\tan x}{\sqrt{1+5\tan^2 x}}dx = \int \frac{t}{\sqrt{1+5t^2}}\cdot\frac{1}{1+t^2}dt$$

ここでまた $\sqrt{1+5t^2} = z$ とおくと，$\dfrac{5t}{\sqrt{1+5t^2}}dt = dz$

$$1+5t^2 = z^2,\quad t^2 = \frac{z^2-1}{5},\quad 1+t^2 = \frac{z^2+4}{5}$$

$$\therefore\quad \int \frac{t}{\sqrt{1+5t^2}}\cdot\frac{1}{1+t^2}dt = \int \frac{5}{z^2+4}\cdot\frac{dz}{5} = \frac{1}{2}\tan^{-1}\frac{z}{2}$$

$$\therefore\quad \int \frac{\tan x}{\sqrt{1+5\tan^2 x}}dx = \frac{1}{2}\tan^{-1}\frac{\sqrt{1+5\tan^2 x}}{2}$$

11.1 (1) $\tan(x/2) = t$ とおいてもよいが，$\sin x = t$ とおけば次のように簡単になる．すなわち $\cos x dx = dt$ であるので，

$\displaystyle\int \frac{\sin^2 x}{\cos^3 x}dx = \int \frac{\sin^2 x\cdot \cos x}{(1-\sin^2 x)^2}dx = \int \frac{t^2}{(1-t^2)^2}dt$ となる．ここで

$$\frac{t^2}{(1-t^2)^2} = \frac{t^2}{(1+t)^2(1-t)^2} = \frac{A}{(1+t)^2}+\frac{B}{1+t}+\frac{C}{(1-t)^2}+\frac{D}{1-t}$$

とおき，A, B, C, D を求めると，$A = \dfrac{1}{4},\ B = -\dfrac{1}{4},\ C = \dfrac{1}{4},\ D = -\dfrac{1}{4}$ となる．よって求める積分は，

$$\int \frac{t^2}{(1-t^2)^2}dt = \frac{1}{4}\int\left\{\frac{1}{(1+t)^2}-\frac{1}{1+t}+\frac{1}{(1-t)^2}-\frac{1}{1-t}\right\}dt$$

$$= \frac{1}{4}\left\{\frac{1}{1-t}-\frac{1}{1+t}+\log|1-t|-\log|1+t|\right\}$$

$$= \frac{1}{4}\left\{\frac{2t}{1-t^2}+\log\left|\frac{1-t}{1+t}\right|\right\} = \frac{1}{4}\left\{\frac{2\sin x}{\cos^2 x}+\log\left|\frac{1-\sin x}{1+\sin x}\right|\right\}$$

(2) $\displaystyle\int \cos^2 x dx = \int \frac{1}{2}(1+\cos 2x)dx = \frac{1}{2}x + \frac{1}{4}\sin 2x$

(3) p.63 の三角関数の漸化式を用いてもよいが次の方が簡単である．

$$\frac{\sin^4 x}{\cos^2 x} = \frac{(1-\cos^2 x)^2}{\cos^2 x} = \frac{1}{\cos^2 x} - 2 + \cos^2 x = \sec^2 x - 2 + \frac{1+\cos 2x}{2}$$

$$\int \frac{\sin^4 x}{\cos^2 x} dx = \tan x - \frac{3}{2}x + \frac{\sin 2x}{4}$$

(4) p.63 の漸化式 (2) を用いる.

まず $m=4, n=0$ とおいて, $I(4,0) = -\frac{1}{4}\sin^3 x \cos x + \frac{3}{4}I(2,0)$

$$I(2,0) = -\frac{1}{2}\sin x \cos x + \frac{1}{2}I(0,0), \quad I(0,0) = \int dx = x.$$

$$\therefore \int \sin^4 x \, dx = -\frac{1}{4}\sin^3 x \cos x - \frac{3}{8}\sin x \cos x + \frac{3}{8}x$$

12.1 (1) $\sqrt{\dfrac{x-1}{x+1}} = t$ とおくと, $x = \dfrac{1+t^2}{1-t^2},\ dx = \dfrac{4t}{(1-t^2)^2}dt$

したがって, $\displaystyle\int \sqrt{\dfrac{x-1}{x+1}}dx = \int t \dfrac{4t}{(1-t^2)^2}dt.$ ところが被積分関数を部分分数に分解すると,

$$\frac{4t^2}{(1-t^2)^2} = \frac{-1}{1+t} + \frac{1}{(1+t)^2} + \frac{-1}{1-t} + \frac{1}{(1-t)^2} \quad (\Rightarrow \text{p.206 の 11.1 (1)})$$

であるから

$$\int \frac{4t^2}{(1-t^2)^2}dt = -\log|1+t| - \frac{1}{1+t} + \log|1-t| + \frac{1}{1-t} = \log\left|\frac{1-t}{1+t}\right| + \frac{2t}{1-t^2}$$

(変数を x に戻して)
$$= \log\left|x - \sqrt{x^2-1}\right| + \sqrt{x^2-1}$$

(2) $\sqrt{x-1} = t$ とおくと, $x-1 = t^2, x = t^2+1, dx = 2tdt$

$$\therefore \int \frac{dx}{x+\sqrt{x-1}} = \int \frac{2t}{t^2+1+t}dt = \int \frac{2t+1-1}{t^2+t+1}dt$$

$$= \int \frac{2t+1}{t^2+t+1}dt - \int \frac{1}{t^2+t+1}dt = \log|t^2+t+1| - \int \frac{dt}{\left(t+\frac{1}{2}\right)^2 + \left(\frac{\sqrt{3}}{2}\right)^2}$$

$$= \log|t^2+t+1| - \frac{1}{\sqrt{3}/2}\tan^{-1}\frac{t+1/2}{\sqrt{3}/2}$$

$$= \log|x+\sqrt{x-1}| - \frac{2}{\sqrt{3}}\tan^{-1}\frac{2\sqrt{x-1}+1}{\sqrt{3}}$$

(3) $\sqrt[3]{x-8} = t$ とおくと, $x = t^3+8, dx = 3t^2 dt$

$$\therefore I = \int \frac{x+1}{x\sqrt[3]{x-8}}dx = 3\int t \cdot \frac{t^3+9}{t^3+8}dt = 3\int \left(t + \frac{t}{t^3+8}\right)dt$$

ところが, $\dfrac{t}{t^3+8}$ を部分分数に分解すると

$$\frac{t}{t^3+8} = -\frac{1}{6}\frac{1}{t+2} + \frac{1}{6}\frac{t+2}{t^2-2t+4} \quad \text{となるので}$$

$$I = 3\int\left\{t - \frac{1}{6}\left(\frac{1}{t+2} - \frac{t+2}{t^2-2t+4}\right)\right\}dt$$

$$= 3\left\{\frac{t^2}{2} - \frac{1}{6}\log|t+2| + \frac{1}{6\times 2}\int\frac{2t-2+6}{t^2-2t+4}dt\right\}$$

$$= 3\left\{\frac{t^2}{2} - \frac{1}{6}\log|t+2| + \frac{1}{12}\int\frac{2t-2}{t^2-2t+4}dt + \frac{1}{2}\int\frac{dt}{(t-1)^2+3}\right\}$$

$$= 3\left\{\frac{t^2}{2} + \frac{1}{12}\log\frac{|t^2-2t+4|}{(t+2)^2} + \frac{1}{2\sqrt{3}}\tan^{-1}\frac{t-1}{\sqrt{3}}\right\}$$

(変数を x に戻して)

$$= \frac{3}{2}\sqrt[3]{(x-8)^2} + \frac{1}{4}\log\frac{(\sqrt[3]{x-8}-1)^2+3}{(\sqrt[3]{x-8}+2)^2} + \frac{\sqrt{3}}{2}\tan^{-1}\frac{\sqrt[3]{x-8}-1}{\sqrt{3}}$$

(4) $\sqrt[4]{x} = t$ とおくと, $x = t^4, dx = 4t^3 dt$

$$\therefore\quad I = 4\int\frac{t}{1+t^2}t^3 dt = 4\int\left((t^2-1) + \frac{1}{t^2+1}\right)dt = 4\left(\frac{t^3}{3} - t + \tan^{-1}t\right)$$

$$= \frac{4}{3}\sqrt[4]{x^3} - 4\sqrt[4]{x} + 4\tan^{-1}\sqrt[4]{x}$$

(5) $\sqrt[6]{x+1} = t$ とおくと, $x = t^6 - 1, dx = 6t^5 dt$

$$\therefore\quad I = \int\frac{6t^5}{t^2-t^3}dt = 6\int\frac{t^3}{1-t}dt = 6\int\left(-t^2 - t - 1 + \frac{1}{1-t}\right)dt$$

$$= 6\left(-\frac{t^3}{3} - \frac{t^2}{2} - t - \log|1-t|\right)$$

$$= -6\left\{\frac{1}{3}\sqrt[2]{x+1} + \frac{1}{2}\sqrt[3]{x+1} + \sqrt[6]{x+1} + \log\left|1 - \sqrt[6]{x+1}\right|\right\}$$

13.1 (1) p.66 の (3) ② の $a < 0$ の場合である. 公式より

$$\sqrt{\frac{x+2}{1-x}} = t \quad\text{とおくと,}\quad \frac{x+2}{1-x} = t^2, x = \frac{t^2-2}{1+t^2}, dx = \frac{6t}{(1+t^2)^2}dt$$

また, $\sqrt{2-x-x^2} = (1-x)\sqrt{\dfrac{x+2}{1-x}} = \dfrac{3t}{1+t^2}$

$$\therefore\quad I = \int\frac{x}{\sqrt{2-x-x^2}}dx = \int\frac{2(t^2-2)}{(1+t^2)^2}dt = 2\int\frac{t^2+1-3}{(1+t^2)^2}dt$$

$$= 2\int\left\{\frac{1}{t^2+1} - \frac{3}{(t^2+1)^2}\right\}dt$$

$$= 2\tan^{-1}t - 6\cdot\frac{1}{2\cdot 1}\left\{(4-3)\tan^{-1}t + \frac{t}{t^2+1}\right\} \quad\left(\begin{array}{l}\text{後者の不定積分は}\\ \text{p.62 の例題 9 による}\end{array}\right)$$

$$= -\tan^{-1}t - \frac{3t}{t^2+1}$$

(変数 t を x に戻して)

$$= -\tan^{-1}\sqrt{\frac{x+2}{1-x}} - \sqrt{2-x-x^2}$$

(2) $\sqrt{x^2+4x}=t-x$ とおく. $x=\dfrac{1}{2}\dfrac{t^2}{t+2}$

$$\sqrt{x^2+4x}=t-x=\dfrac{t^2+4t}{2(t+2)},\quad \dfrac{dx}{dt}=\dfrac{t^2+4t}{2(t+2)^2}$$

$$\therefore\ I=\int\dfrac{\sqrt{x^2+4x}}{x^2}dx=\int\dfrac{(t+4)^2}{t^2(t+2)}dt$$

いま, $\dfrac{(t+4)^2}{t^2(t+2)}$ を部分分数に分解すると $\dfrac{(t+4)^2}{t^2(t+2)}=\dfrac{8}{t^2}+\dfrac{1}{t+2}$ となるので,

$$I=\int\dfrac{8}{t^2}dt+\int\dfrac{1}{t+2}dt=-8\dfrac{1}{t}+\log|t+2|=\dfrac{-8}{\sqrt{x^2+4x}+x}+\log\left|\sqrt{x^2+4x}+x+2\right|$$

(3) $\sqrt{x^2-4x-2}=t-x$ とおくと, $x=\dfrac{1}{2}\dfrac{t^2+2}{t-2},\ \dfrac{dx}{dt}=\dfrac{t^2-4t-2}{2(t-2)^2}$

$$x-1=\dfrac{t^2-2t+6}{2(t-2)},\quad \sqrt{x^2-4x-2}=t-x=\dfrac{t^2-4t-2}{2(t-2)}$$

$$\therefore\ I=\int\dfrac{dx}{(x-1)\sqrt{x^2-4x-2}}=2\int\dfrac{1}{t^2-2t+6}dt=2\int\dfrac{1}{(t-1)^2+5}dt$$

$$=2\cdot\dfrac{1}{\sqrt{5}}\tan^{-1}\dfrac{t-1}{\sqrt{5}}=\dfrac{2}{\sqrt{5}}\tan^{-1}\dfrac{1}{\sqrt{5}}\left(\sqrt{x^2-4x-2}+x-1\right)$$

141 (1) $x=\tan\theta$ とおくと, $\dfrac{dx}{d\theta}=\sec^2\theta,\ x^2+1=\tan^2\theta+1=\sec^2\theta$

$$I=\int\dfrac{\sec^2\theta d\theta}{(1-\tan^2\theta)\sec\theta}=\int\dfrac{\sec\theta}{1-\tan^2\theta}d\theta=\int\dfrac{\cos\theta}{\cos^2\theta-\sin^2\theta}d\theta=\int\dfrac{\cos\theta}{1-2\sin^2\theta}d\theta$$

ここでさらに $\sin\theta=t$ とおくと, $\cos\theta d\theta=dt$ であるので,

$$I=\int\dfrac{1}{1-2t^2}dt=-\dfrac{1}{2}\int\dfrac{1}{t^2-1/2}dt=-\dfrac{1}{2\sqrt{2}}\log\left|\dfrac{\sqrt{2}t-1}{\sqrt{2}t+1}\right|\quad\text{(変数を }x\text{ に戻して)}$$

$$=-\dfrac{1}{2\sqrt{2}}\log\left|\dfrac{\dfrac{\sqrt{2}x}{\sqrt{1+x^2}}-1}{\dfrac{\sqrt{2}x}{\sqrt{1+x^2}}+1}\right|=-\dfrac{1}{2\sqrt{2}}\log\left|\dfrac{\sqrt{2}x-\sqrt{1+x^2}}{\sqrt{2}x+\sqrt{1+x^2}}\right|$$

(2) $x=\sin\theta$ とおくと, $dx=\cos\theta d\theta,\ \sqrt{1-x^2}=\sqrt{1-\sin^2\theta}=\cos\theta$

$$\therefore\ I=\int\dfrac{\cos\theta d\theta}{(1+\sin^2\theta)\cos\theta}=\int\dfrac{1}{1+\sin^2\theta}d\theta$$

(分母分子を $\cos^2\theta$ で割り $\tan\theta=t$ とおくと)

$$=\int\dfrac{\sec^2\theta}{\sec^2\theta+\tan^2\theta}d\theta=\int\dfrac{1}{1+2t^2}dt=\dfrac{1}{2}\int\dfrac{1}{t^2+1/2}dt$$

$$=\dfrac{1}{\sqrt{2}}\tan^{-1}\sqrt{2}t=\dfrac{1}{\sqrt{2}}\tan^{-1}\dfrac{\sqrt{2}x}{\sqrt{1-x^2}}$$

15.1 (1) $x = \dfrac{1}{t}$ とおくと, $dx = -\dfrac{1}{t^2}dt$ である.

$$\therefore\ I = \int \dfrac{1}{x^2\sqrt{x^2-3}}dx = \int t^2 \cdot \dfrac{\pm t}{\sqrt{1-3t^2}}\left(-\dfrac{1}{t^2}\right)dt = \int \dfrac{\mp t}{\sqrt{1-3t^2}}dt$$

$$= \dfrac{1}{6}\int \dfrac{\mp 6t}{\sqrt{1-3t^2}}dt = \pm\dfrac{1}{3}\sqrt{1-3t^2} = \dfrac{\sqrt{x^2-3}}{3x} \quad \text{(複号同順)}$$

(2) $x = \dfrac{1}{t}$ とおくと対数微分法によって, $\dfrac{dx}{x} = -\dfrac{dt}{t}$.

(i) $x > 0$ のとき $\displaystyle\int \dfrac{1}{x\sqrt{4-x^2}}dx = \int -\dfrac{1}{t}\cdot\dfrac{t}{\sqrt{4t^2-1}}dt = -\int \dfrac{1}{2\sqrt{t^2-(1/2)^2}}dt$

$$= -\dfrac{1}{2}\log\left|t + \sqrt{t^2-\dfrac{1}{4}}\right| = -\dfrac{1}{2}\log\left|\dfrac{2+\sqrt{4-x^2}}{2x}\right|$$

(ii) $x < 0$ のとき $\displaystyle\int \dfrac{1}{x\sqrt{4-x^2}}dx = \int -\dfrac{1}{t}\cdot\dfrac{-t}{\sqrt{4t^2-1}}dt = \dfrac{1}{2}\int \dfrac{1}{\sqrt{t^2-(1/2)^2}}dt$

$$= \dfrac{1}{2}\log\left|t+\sqrt{t^2-\dfrac{1}{4}}\right| = \dfrac{1}{2}\log\left|\dfrac{1}{x}+\sqrt{\dfrac{1}{x^2}-\dfrac{1}{4}}\right| = \dfrac{1}{2}\log\left|\dfrac{1}{x}+\sqrt{\dfrac{4-x^2}{4x^2}}\right|$$

$$= \dfrac{1}{2}\log\left|\dfrac{1}{x} - \dfrac{\sqrt{4-x^2}}{2x}\right| = \dfrac{1}{2}\log\left|\dfrac{2-\sqrt{4-x^2}}{2x}\right|$$

よって,

$$x > 0 \quad \text{のとき} \quad -\dfrac{1}{2}\log\left|\dfrac{2+\sqrt{4-x^2}}{2x}\right|$$

$$x < 0 \quad \text{のとき} \quad \dfrac{1}{2}\log\left|\dfrac{2-\sqrt{4-x^2}}{2x}\right|$$

16.1 (1) $\sqrt{e^x-1} = t$ とおく. $e^x = t^2 + 1$

$$x = \log(t^2+1), \quad dx = \dfrac{2t}{t^2+1}dt$$

$$\therefore\ I = \int \sqrt{e^x-1}\,dx = \int t\cdot\dfrac{2t}{t^2+1}dt = 2\int\left(1 - \dfrac{1}{t^2+1}\right)dt$$

$$= 2t - 2\tan^{-1}t = 2\bigl(\sqrt{e^x-1} - \tan^{-1}\sqrt{e^x-1}\bigr)$$

(2) $e^x = t$ とおく. $x = \log t$, $dx = \dfrac{1}{t}dt$

$$\therefore\ I = \int \dfrac{dx}{(e^x+e^{-x})^4} = \int \dfrac{1}{(t+1/t)^4}\dfrac{1}{t}dt = \int \dfrac{t^4}{(t^2+1)^4}\dfrac{1}{t}dt = \int \dfrac{t^3}{(t^2+1)^4}dt$$

さらに, $1+t^2 = z$ とおくと, $2tdt = dz$

$$I = \int \dfrac{z-1}{z^4}\cdot\dfrac{1}{2}dz = \dfrac{1}{2}\int\left(\dfrac{1}{z^3} - \dfrac{1}{z^4}\right)dz = \dfrac{1}{2}\left(-\dfrac{1}{2z^2} + \dfrac{1}{3z^3}\right)$$

(変数を x に戻して)

$$= \dfrac{1}{2}\left\{\dfrac{1}{3(e^{2x}+1)^3} - \dfrac{1}{2(e^{2x}+1)^2}\right\}$$

(3) $\sqrt{e^{3x}+4}=t$ とおく．$e^{3x}+4=t^2, e^{3x}=t^2-4, 3e^{3x}dx=2tdt$

$$\therefore\ I=\int\frac{dx}{\sqrt{e^{3x}+4}}=\int\frac{1}{t}\cdot\frac{2t}{3e^{3x}}dt=\frac{2}{3}\int\frac{1}{t^2-4}dt=\frac{2}{3}\cdot\frac{1}{4}\log\left|\frac{t-2}{t+2}\right|$$

$$=\frac{1}{6}\log\left|\frac{\sqrt{e^{3x}+4}-2}{\sqrt{e^{3x}+4}+2}\right|$$

(4) $e^x=t$ とおいてもよいが，$e^x+e^{-x}=t$ とおくのもよい．そのとき，$(e^x-e^{-x})dx=dt$．

よって $\quad I=\int\frac{1}{t}dt=\log|t|=\log(e^x+e^{-x})$

(5) $\log x=t$ とおくと，$x=e^t, dx=e^t dt$

$$\therefore\ I=\int t^2 e^t\cdot e^t dt=\int t^2\cdot e^{2t}dt=t^2\frac{1}{2}e^{2t}-\frac{1}{2}\int 2t\cdot e^{2t}dt\quad\text{(部分積分法)}$$

$$=\frac{1}{2}t^2 e^{2t}-\left\{t\cdot\frac{1}{2}e^{2t}-\frac{1}{2}\int e^{2t}dt\right\}=\frac{1}{2}t^2 e^{2t}-\frac{1}{2}te^{2t}+\frac{1}{4}e^{2t}$$

$$=\frac{1}{4}e^{2t}(2t^2-2t+1)=\frac{1}{4}x^2\{2(\log x)^2-2\log x+1\}$$

(6) $\log x=t$ とおくと，$x=e^t, dx=e^t dt$

$$I=\int t^3\cdot e^t dt\quad\text{(部分積分法)}$$

$$=t^3 e^t-3\int t^2\cdot e^t dt=t^3\cdot e^t-3\left\{t^2\cdot e^t-2\int te^t dt\right\}$$

$$=t^3 e^t-3e^t t^2+6\left(te^t-\int e^t dt\right)=e^t(t^3-3t^2+6t-6)$$

$$=x\left\{(\log x)^3-3(\log x)^2+6\log x-6\right\}$$

(7) $e^x=t$ とおくと $x=\log t, dx=\frac{1}{t}dt$．

$$\therefore\ I=\int\frac{t^2}{\sqrt[4]{t+1}}\frac{1}{t}dt=\int\frac{t}{\sqrt[4]{t+1}}dt=\int t\cdot(t+1)^{-1/4}dt$$

$$=t\cdot\frac{4}{3}(t+1)^{3/4}-\frac{4}{3}\int(t+1)^{3/4}dt=\frac{4}{3}t(t+1)^{3/4}-\frac{4}{3}\cdot\frac{4}{7}(t+1)^{7/4}$$

$$=\frac{4}{3}(e^x+1)^{3/4}\left\{e^x-\frac{4}{7}(e^x+1)\right\}=\frac{4}{21}(e^x+1)^{3/4}(3e^x-4)$$

(8) $1+\log x=t$ とおくと，$\frac{1}{x}dx=dt$

$$\therefore\ I=\int t^{1/2}dt=\frac{1}{1/2+1}t^{1/2+1}=\frac{2}{3}t^{3/2}=\frac{2}{3}\sqrt{(1+\log x)^3}$$

17.1 部分積分法を用いる．

$$I_n = \int 1 \times (\log x)^n dx = x(\log x)^n - \int x \cdot n(\log x)^{n-1} \cdot \frac{1}{x} dx = x(\log x)^n - nI_{n-1}$$

18.1 (1)
$$\int_{-\pi/6}^{\pi/6} \frac{d\theta}{1+2\sin^2\theta} = \int_{-\pi/6}^{\pi/6} \frac{\sec^2\theta \cdot d\theta}{\sec^2\theta + 2\tan^2\theta} = \int_{-\pi/6}^{\pi/6} \frac{d\tan\theta}{1+3\tan^2\theta}$$
$$= \frac{1}{\sqrt{3}} \int_{-\pi/6}^{\pi/6} \frac{d(\sqrt{3}\tan\theta)}{1+(\sqrt{3}\tan\theta)^2} = \frac{1}{\sqrt{3}} \left[\tan^{-1}\sqrt{3}\tan\theta\right]_{-\pi/6}^{\pi/6}$$
$$= \frac{1}{\sqrt{3}} \left\{\tan^{-1} 1 - \tan^{-1}(-1)\right\} = \frac{1}{\sqrt{3}} \left\{\frac{\pi}{4} - \left(-\frac{\pi}{4}\right)\right\} = \frac{\pi}{2\sqrt{3}}$$

(2)
$$\int_0^1 \frac{x^2}{\sqrt{2-x^2}} dx = \int_0^1 \frac{-(2-x^2)+2}{\sqrt{2-x^2}} dx = \int_0^1 \left(-\sqrt{2-x^2} + \frac{2}{\sqrt{2-x^2}}\right) dx$$
$$= \left[-\frac{1}{2}\left\{x\sqrt{2-x^2} + 2\sin^{-1}\frac{x}{\sqrt{2}}\right\} + 2\sin^{-1}\frac{x}{\sqrt{2}}\right]_0^1$$
$$= \left[-\frac{1}{2}x\sqrt{2-x^2} + \sin^{-1}\frac{x}{\sqrt{2}}\right]_0^1 = -\frac{1}{2} + \sin^{-1}\frac{1}{\sqrt{2}} = \frac{\pi}{4} - \frac{1}{2}$$

19.1 (1)
$$\int_0^1 \frac{1-x^2}{1+x^2} dx = \int_0^1 \frac{-(1+x^2)+2}{1+x^2} dx = \int_0^1 \left(-1 + \frac{2}{1+x^2}\right) dx$$
$$= \left[-x + 2\tan^{-1} x\right]_0^1 = -1 + 2\tan^{-1} 1 = \pi/2 - 1$$

(2) $\dfrac{x}{x^2+x+1} = \dfrac{(x+1/2)-1/2}{(x+1/2)^2+3/4}$, $x + \dfrac{1}{2} = t$ とおけば $dx = dt$,

$x=0$ のとき $t=1/2$, $x=1$ のとき $t=3/2$

$$\therefore \int_0^1 \frac{x}{x^2+x+1} dx = \int_{1/2}^{3/2} \frac{t-\frac{1}{2}}{t^2+\frac{3}{4}} dt = \frac{1}{2}\int_{1/2}^{3/2} \left\{\frac{(t^2+\frac{3}{4})'}{t^2+\frac{3}{4}} - \frac{1}{t^2+\frac{3}{4}}\right\} dt$$
$$= \frac{1}{2}\left[\log\left(t^2+\frac{3}{4}\right) - \frac{2}{\sqrt{3}}\tan^{-1}\frac{2}{\sqrt{3}}t\right]_{1/2}^{3/2}$$
$$= \frac{1}{2}\left(\log 3 - \frac{2}{\sqrt{3}}\tan^{-1}\sqrt{3} - \log 1 + \frac{2}{\sqrt{3}}\tan^{-1}\frac{1}{\sqrt{3}}\right)$$
$$= \frac{1}{2}\log 3 - \frac{1}{\sqrt{3}}\left(\frac{\pi}{3} - \frac{\pi}{6}\right) = \frac{1}{2}\log 3 - \frac{\pi}{6\sqrt{3}}$$

(3) $\sin x = t$ とおくと，$\dfrac{dt}{dx} = \cos x$, $dt = \cos x dx$

$x=0$ のとき $t=0$, $x=\pi/2$ のとき $t=1$

$$\therefore \int_0^{\pi/2} \frac{\cos x}{1+\sin^2 x} dx = \int_0^1 \frac{dt}{1+t^2} = \left[\tan^{-1} t\right]_0^1 = \tan^{-1} 1 - \tan^{-1} 0 = \frac{\pi}{4}$$

(4) $\dfrac{1}{\cos x} = \dfrac{\cos x}{\cos^2 x} = \dfrac{\cos x}{1-\sin^2 x}$, $\sin x = t$ とおくと，$\dfrac{dt}{dx} = \cos x$, $dt = \cos x dx$.

$x=0$ のとき $t=0$, $x=\pi/4$ のとき $t=1/\sqrt{2} = \sqrt{2}/2$

$$\int_0^{\pi/4} \frac{dx}{\cos x} = \int_0^{\pi/4} \frac{\cos x}{1-\sin^2 x} dx = \int_0^{\sqrt{2}/2} \frac{dt}{1-t^2} = \left[\frac{1}{2}\log\left|\frac{t+1}{t-1}\right|\right]_0^{\sqrt{2}/2}$$

$$= \frac{1}{2}\log\left|\frac{\frac{\sqrt{2}}{2}+1}{\frac{\sqrt{2}}{2}-1}\right| = \frac{1}{2}\log\left|\frac{\frac{\sqrt{2}}{2}+\sqrt{2}+1}{\frac{1}{2}-1}\right| = \frac{1}{2}\log(3+2\sqrt{2})$$

$$= \log\sqrt{3+2\sqrt{2}} = \log(\sqrt{2}+1)$$

(5) $\dfrac{1}{\sqrt{x+a}+\sqrt{x}} = \dfrac{\sqrt{x+a}-\sqrt{x}}{x+a-x} = \dfrac{1}{a}(\sqrt{x+a}-\sqrt{x})$

$$\int_0^a \frac{dx}{\sqrt{x+a}+\sqrt{x}} = \frac{1}{a}\int_0^a (\sqrt{x+a}-\sqrt{x})dx = \frac{1}{a}\left[\frac{2}{3}(x+a)^{3/2} - \frac{2}{3}x^{3/2}\right]_0^a$$

$$= \frac{1}{a}\left\{\frac{2}{3}(2a)^{3/2} - \frac{2}{3}a^{3/2} - \frac{2}{3}a^{3/2}\right\} = \frac{1}{a}\left(\frac{4a}{3}\sqrt{2a} - \frac{4a}{3}\sqrt{a}\right) = \frac{4}{3}\sqrt{2a} - \frac{4}{3}\sqrt{a} = \frac{4}{3}(\sqrt{2}-1)\sqrt{a}$$

(6) $2 - x - x^2 = (2+x)(1-x)$ であるから, $-1 \leqq x \leqq 1$ では, $2 - x - x^2 \geqq 0$, $1 \leqq x \leqq 2$ では $2 - x - x^2 \leqq 0$, したがって,

$$\int_{-1}^2 |2-x-x^2|dx = \int_{-1}^1 |2-x-x^2|dx + \int_1^2 |2-x-x^2|dx$$

$$= \int_{-1}^1 (2-x-x^2)dx + \int_1^2 (x^2+x-2)dx = \left[2x - \frac{x^2}{2} - \frac{x^3}{3}\right]_{-1}^1 + \left[\frac{x^3}{3} + \frac{x^2}{2} - 2x\right]_1^2 = \frac{31}{6}$$

20.1 (1) $0 < x < 1$ のとき, $1 < 1 + x^2 < 2$.
したがって, $1 - x^2 < (1-x^2)(1+x^2) < 2(1-x^2)$

$\therefore \sqrt{1-x^2} < \sqrt{1-x^4} < \sqrt{2}\sqrt{1-x^2}$ すなわち $\dfrac{1}{\sqrt{1-x^2}} > \dfrac{1}{\sqrt{1-x^4}} > \dfrac{1}{\sqrt{2(1-x^2)}}$

$$\int_0^1 \frac{1}{\sqrt{1-x^2}}dx > \int_0^1 \frac{1}{\sqrt{1-x^4}}dx > \int_0^1 \frac{1}{\sqrt{2(1-x^2)}}dx$$

ここに, $\displaystyle\int_0^1 \frac{1}{\sqrt{1-x^2}}dx = \left[\sin^{-1}x\right]_0^1 = \frac{\pi}{2}$

$$\frac{1}{\sqrt{2}}\int_0^1 \frac{1}{\sqrt{1-x^2}}dx = \frac{1}{\sqrt{2}}\left[\sin^{-1}x\right]_0^1 = \frac{1}{\sqrt{2}}\sin^{-1}1 = \frac{\pi}{2\sqrt{2}}$$

$$\therefore \quad \frac{\pi}{2} > \int_0^1 \frac{1}{\sqrt{1-x^4}}dx > \frac{\pi}{2\sqrt{2}}$$

(2) $0 < x < \pi/2$ で $0 < \sin x < 1$. したがって $1 > 1 - (1/2)\sin^2 x > 1/2$

$\therefore \quad 1 > \sqrt{1 - \dfrac{1}{2}\sin^2 x} > \dfrac{1}{\sqrt{2}}$ すなわち $1 < \dfrac{1}{\sqrt{1-(1/2)\sin^2 x}} < \sqrt{2}$

$$\int_0^{\pi/2} 1 \cdot dx < \int_0^{\pi/2} \frac{1}{\sqrt{1-(1/2)\sin^2 x}}dx < \int_0^{\pi/2} \sqrt{2}\,dx$$

$$\frac{\pi}{2} < \int_0^{\pi/2} \frac{1}{\sqrt{1-(1/2)\sin^2 x}}dx < \sqrt{2}\cdot\frac{\pi}{2} = \frac{\pi}{\sqrt{2}}$$

21.1 $\displaystyle\lim_{n\to\infty}\sum_{i=0}^{n-1}\frac{n}{n^2+i^2} = \lim_{n\to\infty}\sum_{i=0}^{n-1}\frac{1}{1+(i/n)^2}\cdot\frac{1}{n}$. この右辺は定積分の定義式 $\displaystyle\sum_{i=0}^{n-1}f(x_i)\Delta x_i=\int_a^b f(x)dx$ において, $f(x)=\dfrac{1}{1+x^2}, a=0, b=1$ とし, $[0,1]$ を n 等分して, $\Delta x_i=\dfrac{1}{n}, x_i=\dfrac{i}{n}$ とおいたものである.

$$\therefore\ \lim_{n\to\infty}\sum_{i=0}^{n-1}\frac{n}{n^2+i^2}=\int_0^1\frac{1}{1+x^2}dx=\Big[\tan^{-1}\Big]_0^1=\frac{\pi}{4}$$

22.1 (1) $\sqrt{b-x}=t$ とおくと, $b-x=t^2, x=b-t^2, dx=-2tdt,$
$$\sqrt{x-a}=\sqrt{b-t^2-a}=\sqrt{b-a-t^2}.$$
t が $\sqrt{b-a}$ から 0 まで減少するとき, x は a から b まで増加する.

$$\int_a^b\sqrt{\frac{x-a}{b-x}}dx=\int_{\sqrt{b-a}}^0\frac{\sqrt{b-a-t^2}}{t}(-2tdt)=2\int_0^{\sqrt{b-a}}\sqrt{b-a-t^2}\,dt$$
$$=2\left[\frac{1}{2}\left\{t\sqrt{b-a-t^2}+(b-a)\sin^{-1}\frac{t}{\sqrt{b-a}}\right\}\right]_0^{\sqrt{b-a}}=(b-a)\frac{\pi}{2}$$

(2) $\tan(x/2)=t$ とおくと,

$$\int_0^{\pi/2}\frac{\sin x}{1+\sin x}dx=\int_0^1\frac{\frac{2t}{1+t^2}}{1+\frac{2t}{1+t^2}}\cdot\frac{2}{1+t^2}dt=\int_0^1\left\{\frac{2}{1+t^2}-\frac{2}{(1+t)^2}\right\}dt$$
$$=\left[2\tan^{-1}t+\frac{2}{1+t}\right]_0^1=\frac{\pi}{2}-1$$

(3) $x=\tan t$ とおく. $\dfrac{dx}{dt}=\sec^2 t$

$$I=\int_{-\pi/4}^{\pi/4}\frac{1}{\sec^4 t}\cdot\sec^2 t\,dt=\int_{-\pi/4}^{\pi/4}\cos^2 t\,dt=\frac{1}{2}\int_{-\pi/4}^{\pi/4}(1+\cos 2t)dt$$
$$=\frac{1}{2}\left[t+\frac{\sin 2t}{2}\right]_{-\pi/4}^{\pi/4}=\frac{1}{2}\left[\frac{\pi}{4}+\frac{1}{2}+\frac{\pi}{4}+\frac{1}{2}\right]=\frac{\pi}{4}+\frac{1}{2}$$

(4) $\sqrt{x}=t$ とおく. $x=t^2, dx=2tdt$

$$I=\int_0^1\log(1+t)\cdot 2tdt=\left[t^2\log(1+t)\right]_0^1-\int_0^1 t^2\cdot\frac{1}{1+t}dt$$
$$=\log 2-\int_0^1\left(t-1+\frac{1}{t+1}\right)dt=\log 2-\left[\frac{t^2}{2}-t+\log|t+1|\right]_0^1$$
$$=\log 2-(1/2-1+\log 2)=1/2$$

23.1 $\displaystyle\int_0^\pi f(\sin x)dx=\int_0^{\pi/2}f(\sin x)dx+\int_{\pi/2}^\pi f(\sin x)dx$

$x = \pi - t$ とおくと，$\int_{\pi/2}^{\pi} f(\sin x)dx = \int_{\pi/2}^{0} f(\sin t)(-dt) = \int_{0}^{\pi/2} f(\sin t)dt$

$\therefore \int_{0}^{\pi} f(\sin x)dx = 2\int_{0}^{\pi/2} f(\sin x)dx$

23.2 $x = \pi - t$ とおけば，

$I = \int_{0}^{\pi} \frac{x \sin x}{1 + \cos^2 x} dx = \int_{\pi}^{0} \frac{(\pi - t)\sin t}{1 + \cos^2 t}(-dt) = \int_{0}^{\pi} \frac{\pi \sin t - t \sin t}{1 + \cos^2 t} dt = \int_{0}^{\pi} \frac{\pi \sin t}{1 + \cos^2 t} dt - I$

$\cos t = u$ とおくと $-\sin t dt = du$.

$\therefore 2I = \pi \int_{0}^{\pi} \frac{\sin t}{1 + \cos^2 t} dt = \pi \int_{1}^{-1} \frac{-du}{1 + u^2} = \pi \int_{-1}^{1} \frac{1}{1 + u^2} du = \pi \left[\tan^{-1} u \right]_{-1}^{1}$

$= \pi \cdot (\pi/4 + \pi/4) = \pi^2/2 \qquad \therefore \quad I = \pi^2/4$

【別解】 $I = \left[-x \tan^{-1}(\cos x) \right]_{0}^{\pi} + \int_{0}^{\pi} \tan^{-1}(\cos x)dx = -\pi \times \left(-\frac{\pi}{4}\right) = \frac{\pi^2}{4}$

$\therefore \int_{0}^{\pi} \tan^{-1}(\cos x)dx = \int_{0}^{\pi/2} \tan^{-1}(\cos x)dx + \int_{\pi/2}^{\pi} \tan^{-1}(\cos x)dx$

$x = \pi - t$ とおくと，$\int_{\pi/2}^{\pi} \tan^{-1}(\cos x)dx = \int_{\pi/2}^{0} \tan^{-1}(-\cos t)(-dt) = -\int_{0}^{\pi/2} \tan^{-1}(\cos t)dt$

$\therefore \int_{0}^{\pi} \tan^{-1}(\cos t)dt = 0$

24.1 (1) $\int_{0}^{\pi/2} x \sin^2 x dx = \int_{0}^{\pi/2} x \left(\frac{1 - \cos 2x}{2} \right) dx$

$= \left[\frac{1}{2}x^2 - \frac{1}{4}x \sin 2x \right]_{0}^{\pi/2} - \int_{0}^{\pi/2} \left(\frac{1}{2}x - \frac{1}{4}\sin 2x \right) dx$

$= \frac{\pi^2}{8} - \left[\frac{x^2}{4} + \frac{1}{8}\cos 2x \right]_{0}^{\pi/2} = \frac{\pi^2}{8} - \left(\frac{\pi^2}{16} - \frac{1}{8} - \frac{1}{8} \right) = \frac{\pi^2}{16} + \frac{1}{4}$

(2) $\int_{1}^{2} x^n \log x dx = \left[\frac{x^{n+1}}{n+1} \log x \right]_{1}^{2} - \frac{1}{n+1}\int_{1}^{2} x^n dx$

$= \frac{2^{n+1}}{n+1} \log 2 - \frac{1}{n+1}\left[\frac{x^{n+1}}{n+1} \right]_{1}^{2} = \frac{2^{n+1}}{n+1} \log 2 - \frac{2^{n+1} - 1}{(n+1)^2}.$

(3) $\sin^{-1}\sqrt{\frac{x}{x+a}} = t$ とおく．$\frac{x}{x+a} = \sin^2 t$, $x = \frac{a \sin^2 t}{1 - \sin^2 t} = a \tan^2 t$.

$dx = 2a \tan t \sec^2 t dt$. $x = 0$ のとき $t = 0$, $x = a$ のとき $t = \pi/4$ で，t が 0 から $\pi/4$ まで増加するとき，x は 0 から a まで増加する．

$I = a \int_{0}^{\pi/4} t \cdot 2 \tan t \sec^2 t dt = a \left\{ \left[t \tan^2 t \right]_{0}^{\pi/4} - \int_{0}^{\pi/4} \tan^2 t dt \right\}$

$= \frac{\pi}{4}a - a \int_{0}^{\pi/4} (\sec^2 t - 1)dt = \frac{\pi}{4}a - a \left[\tan t - t \right]_{0}^{\pi/4} = \frac{\pi}{4}a - a + \frac{\pi}{4}a = a\left(\frac{\pi}{2} - 1 \right)$

25.1 t が 1 から 16 までかわるとき x は 1 から 2 までしかかわらないので, p.74 の定理 3.6 の仮定を満たしていない.

26.1 (1) $x=1$ が特異点である. よって, 求める特異積分は,
$$\lim_{\varepsilon\to+0}\int_0^{1-\varepsilon}\frac{dx}{1-x^2}=\lim_{\varepsilon\to+0}\left[\frac{1}{2}\log\left|\frac{1+x}{1-x}\right|\right]_0^{1-\varepsilon}=\frac{1}{2}\lim_{\varepsilon\to+0}\log\frac{2-\varepsilon}{\varepsilon}=\infty$$

(2) $\alpha>0$ のとき $x=-1$ が特異点である. ゆえに, 求める特異積分は,
$$\lim_{\varepsilon\to+0}\int_{-1+\varepsilon}^2\frac{dx}{(x+1)^\alpha}=\lim_{\varepsilon\to+0}\left[\frac{(x+1)^{-\alpha+1}}{-\alpha+1}\right]_{-1+\varepsilon}^2=\lim_{\varepsilon\to+0}\frac{3^{-\alpha+1}-\varepsilon^{-\alpha+1}}{-\alpha+1}=\begin{cases}\dfrac{3^{-\alpha+1}}{-\alpha+1}&(\alpha<1)\\ \infty&(\alpha\geqq 1)\end{cases}$$

(3) $\alpha>0$ のとき $x=0$ が特異点である. よって求める特異積分は
$$\lim_{\varepsilon\to+0}\int_\varepsilon^1\frac{dx}{x^\alpha}=\lim_{\varepsilon\to+0}\left[\frac{x^{-\alpha+1}}{-\alpha+1}\right]_\varepsilon^1=\lim_{\varepsilon\to+0}\left(\frac{1}{1-\alpha}-\frac{1}{1-\alpha}\frac{1}{\varepsilon^{\alpha-1}}\right)$$
ゆえに $\alpha>1$ ならば発散であり, $0<\alpha<1$ ならば $1/(1-\alpha)$ に収束する. $\alpha=1$ ならば
$$\lim_{\varepsilon\to+0}\int_\varepsilon^1\frac{1}{x}dx=\lim_{\varepsilon\to+0}\left[\log|x|\right]_\varepsilon^1=\lim_{\varepsilon\to+0}(-\log\varepsilon)=+\infty.$$

27.1 不連続点が 1 個の場合つまり $x=c$ $(a<c<b)$ で不連続のときを示す.
$$\int_a^b f(x)dx=\lim_{\varepsilon\to+0}\left[F(x)\right]_a^{c-\varepsilon}+\lim_{\varepsilon'\to+0}\left[F(x)\right]_{c+\varepsilon'}^b$$
$$=\lim_{\varepsilon\to+0}F(c-\varepsilon)-F(a)+F(b)-\lim_{\varepsilon'\to+0}F(c+\varepsilon')=F(b)-F(a)=\left[F(x)\right]_a^b$$

27.2 (1) $I=\int_0^1\dfrac{dx}{\sqrt{1-x^2}}$ の特異点は 1 である. ゆえに
$$I=\lim_{\varepsilon\to+0}\int_0^{1-\varepsilon}\frac{dx}{\sqrt{1-x^2}}=\lim_{\varepsilon\to+0}\left[\sin^{-1}x\right]_0^{1-\varepsilon}=\lim_{\varepsilon\to+0}\{\sin^{-1}(1-\varepsilon)-\sin^{-1}0\}$$
$$=\sin^{-1}1=\frac{\pi}{2}.$$

(2) $\sin x+\cos x=\sqrt{2}(\sin x\cos\pi/4+\cos x\sin\pi/4)=\sqrt{2}\sin(x+\pi/4)$ により, 与えられた定積分の特異点は, $x=3\pi/4$ である. ゆえに,

$$I=\int_0^\pi\frac{1}{\sqrt{2}\sin(x+\pi/4)}dx=\int_0^{3\pi/4}\frac{1}{\sqrt{2}\sin(x+\pi/4)}dx+\int_{3\pi/4}^\pi\frac{1}{\sqrt{2}\sin(x+\pi/4)}dx=I_1+I_2$$
$$I_1=\lim_{\varepsilon\to+0}\frac{1}{\sqrt{2}}\int_0^{3\pi/4-\varepsilon}\frac{1}{\sin(x+\pi/4)}dx=\lim_{\varepsilon\to+0}\frac{1}{\sqrt{2}}\left[\log\left|\tan\left(\frac{x}{2}+\frac{\pi}{8}\right)\right|\right]_0^{3\pi/4-\varepsilon}$$
$$=\lim_{\varepsilon\to+0}\frac{1}{\sqrt{2}}\left(\log\left|\tan\left(\frac{\pi}{2}-\frac{\varepsilon}{2}\right)\right|-\log\left|\tan\frac{\pi}{8}\right|\right)=+\infty, \text{ 同様に } I_2 \text{ も発散である.}$$

したがって $\int_0^\pi\dfrac{dx}{\sin x+\cos x}$ は発散である.

28.1 (1) $B\left(\dfrac{1}{2},1\right)=\int_0^1 x^{-1/2}dx=\left[2\sqrt{x}\right]_0^1=2$ (p.85 の定理 3.9 より)

(2) $B\left(\dfrac{1}{2},\dfrac{1}{2}\right) = \displaystyle\int_0^1 x^{-1/2}(1-x)^{-1/2}dx = \int_0^1 \dfrac{1}{\sqrt{x(1-x)}}dx$

$= \displaystyle\int_0^1 \dfrac{1}{\sqrt{(1/2)^2-(x-1/2)^2}}dx = \left[\sin^{-1}\dfrac{x-1/2}{1/2}\right]_0^1$ (p.85 の定理 3.9 より)

$= \left[\sin^{-1}(2x-1)\right]_0^1 = \sin^{-1}1 - \sin^{-1}(-1) = \pi/2 + \pi/2 = \pi$

28.2 (1) $x = 1 - u$ と変換すればよい．

(2) 部分積分法を用いて

$$B(p+1,q) = \int_0^1 x^p(1-x)^{q-1}dx = \left[-\dfrac{(1-x)^q}{q}x^p\right]_0^1 + \dfrac{p}{q}\int_0^1 x^{p-1}(1-x)^q dx$$
$$= \dfrac{p}{q}B(p,q+1)$$

(3) 自然数 m, n のとき，前問の (2) を次々と用いて

$$B(m,n) = \dfrac{m-1}{n}B(m-1,n+1) = \dfrac{m-1}{n}\cdot\dfrac{m-2}{n+1}B(m-2,n+2)$$
$$= \cdots = \dfrac{m-1}{n}\cdot\dfrac{m-2}{n+1}\cdots\dfrac{1}{n+m-2}B(1,m+n-1)$$
$$= \dfrac{(m-1)!(n-1)!}{(n+m-2)!}\int_0^1 x^{m+n-2}dx = \dfrac{(m-1)!(n-1)!}{(n+m-1)!}$$

29.1 (1) $\sqrt[3]{e^x-1} = z$ とおくと $e^x - 1 = z^3$. $x = \log(1+z^3)$, $dx = \dfrac{3z^2}{z^3+1}dz$ より

$\displaystyle\int_0^\infty \dfrac{dx}{\sqrt[3]{e^x-1}} = \int_0^\infty \dfrac{1}{z}\dfrac{3z^2}{z^3+1}dz = \int_0^\infty \dfrac{3z\,dz}{(z+1)(z^2-z+1)} = \int_0^\infty \left(\dfrac{z+1}{z^2-z+1} - \dfrac{1}{z+1}\right)dz$

$= \displaystyle\int_0^\infty \left(\dfrac{(2z-1)/2}{z^2-z+1} + \dfrac{3/2}{(z-1/2)^2+3/4} - \dfrac{1}{z+1}\right)dz$

$= \left[\dfrac{1}{2}\log(z^2-z+1) + \dfrac{3}{2}\cdot\dfrac{2}{\sqrt{3}}\tan^{-1}\dfrac{2z-1}{\sqrt{3}} - \log(z+1)\right]_0^\infty$

$= \left[\log\dfrac{\sqrt{z^2-z+1}}{z+1} + \sqrt{3}\tan^{-1}\dfrac{2z-1}{\sqrt{3}}\right]_0^\infty$

$= \displaystyle\lim_{z\to\infty}\left(\log\dfrac{\sqrt{z^2-z+1}}{z+1} + \sqrt{3}\tan^{-1}\dfrac{2z-1}{\sqrt{3}}\right) - \left\{\log 1 + \sqrt{3}\left(-\dfrac{\pi}{6}\right)\right\}$

$= \log 1 + \sqrt{3}\dfrac{\pi}{2} - \log 1 + \sqrt{3}\dfrac{\pi}{6} = \dfrac{2\sqrt{3}}{3}\pi$

(2) $\displaystyle\int_{-\infty}^0 e^{3x}\sqrt{1-e^{3x}}\,dx = -\dfrac{1}{3}\int_{-\infty}^0 (1-e^{3x})^{1/2}d(1-e^{3x}) = -\dfrac{1}{3}\lim_{a\to-\infty}\left[\dfrac{2}{3}(1-e^{3x})^{3/2}\right]_a^0$

$= -\dfrac{1}{3}\left\{0 - \displaystyle\lim_{a\to-\infty}\dfrac{2}{3}(1-e^{3a})^{3/2}\right\} = \dfrac{2}{9}$

(3) $I = \lim\limits_{\substack{M\to\infty \\ N\to-\infty}} \int_N^M \dfrac{dx}{(2x+3/2)^2 + 3/4} = \lim\limits_{\substack{M\to\infty \\ N\to-\infty}} \left[\dfrac{1}{2\sqrt{3}/2}\tan^{-1}\dfrac{2x+3/2}{\sqrt{3}/2}\right]_N^M$

$\qquad = \lim\limits_{\substack{M\to\infty \\ N\to-\infty}} \dfrac{1}{\sqrt{3}}\left(\tan^{-1}\dfrac{4M+3}{\sqrt{3}} - \tan^{-1}\dfrac{4N+3}{\sqrt{3}}\right) = \dfrac{1}{\sqrt{3}}\left(\dfrac{\pi}{2} - \left(-\dfrac{\pi}{2}\right)\right) = \dfrac{\pi}{\sqrt{3}}$

(4) $I = \int_1^\infty \dfrac{dx}{x(1+x^2)}$

$\qquad \int_1^N \left(\dfrac{1}{x} - \dfrac{x}{1+x^2}\right)dx = \left[\log x - \dfrac{1}{2}\log(1+x^2)\right]_1^N = \log N - \dfrac{1}{2}\log(1+N^2) + \dfrac{1}{2}\log 2$

$\qquad\qquad\qquad\qquad\qquad = \dfrac{1}{2}\log\dfrac{N^2}{1+N^2} + \dfrac{1}{2}\log 2$

$\qquad I = \lim\limits_{N\to\infty}\int_1^N \dfrac{dx}{x(1+x^2)} = \dfrac{1}{2}\log 2$

(5) $x^2 = t$ とおくと, $2x\dfrac{dx}{dt} = 1$, $xdx = \dfrac{1}{2}dt$

$\qquad I = \int_0^\infty e^{-x^2} x^{2n+1} dx = \dfrac{1}{2}\int_0^\infty e^{-t}t^n dt$

$\qquad I_n = \int_0^\infty e^{-t}\cdot t^n dt = \left[-e^{-t}\cdot t^n\right]_0^\infty + n\int_0^\infty e^{-t}\cdot t^{n-1}dt = nI_{n-1} \quad \left(\because \lim\limits_{N\to\infty}\dfrac{N^n}{e^N} = 0\right)$

$\qquad I = \dfrac{1}{2}I_n = \dfrac{1}{2}nI_{n-1} = \dfrac{1}{2}n(n-1)I_{n-2} = \cdots = \dfrac{1}{2}n(n-1)\cdots 2 \times I_1$

$\qquad I_1 = \int_0^\infty e^{-t}\cdot t\,dt = \left[-te^{-t}\right]_0^\infty + \int_0^\infty e^{-t}dt = \left[-te^{-t}\right]_0^\infty + \left[-e^{-t}\right]_0^\infty = 1$

$\qquad\qquad I = \dfrac{1}{2}n(n-1)\cdots 2\cdot 1 = \dfrac{n!}{2}$

29.2 $0 < x < 1$ と $x \geqq 1$ とに分けて考え, $0 < x < 1$ のとき不等式 $e^{-x^2} < 1$ を, $x \geqq 1$ のとき不等式 $e^{-x^2} \leqq xe^{-x^2}$ を用いる.

$$\int_1^\infty xe^{-x^2}dx = \lim_{N\to\infty}\left[-\dfrac{1}{2}e^{-x^2}\right]_1^N = \dfrac{1}{2}e^{-1}$$

$$\int_0^\infty e^{-x^2}dx = \int_0^1 e^{-x^2}dx + \int_1^\infty e^{-x^2}dx < \int_0^1 1\cdot dx + \int_1^\infty xe^{-x^2}dx = 1 + \dfrac{1}{2e}$$

30.1 (1) $p > 0$ であるので, 部分積分法により,

$$\Gamma(p+1) = \int_0^\infty e^{-x}x^p dx = \left[-e^{-x}x^p\right]_0^\infty - \int_0^\infty (-e^{-x})px^{p-1}dx = p\int_0^\infty e^{-x}x^{p-1}dx = p\Gamma(p)$$

(2) $\Gamma(1) = \int_0^\infty e^{-x}dx = \left[-e^{-x}\right]_0^\infty = 1$

$$\Gamma(n+1) = n\Gamma(n) = n(n-1)\Gamma(n-1) = n(n-1)\cdots\Gamma(1) = n!$$

30.2 (1) $f(x) = \dfrac{\sin x}{\sqrt{x}}$ とすると, $f(x)$ は $(0,1]$ で連続である. また, $|f(x)| = \left|\dfrac{\sin x}{\sqrt{x}}\right| \leqq \dfrac{1}{\sqrt{x}}$ が成立する. p.85 の定理 3.8 (1) で, $M = 1$, $\lambda = 1/2 < 1$ であるのでこの特異積分は存在する.

(2) $f(x) = \dfrac{1}{\sqrt{1+x^4}}$ とすると，$f(x)$ は $[0,\infty)$ で連続である．また，$|f(x)| = \left|\dfrac{1}{\sqrt{1+x^4}}\right| \leqq \dfrac{1}{x^2}$ が成立する．p.85 の定理 3.8 (2) で $M=1$, $\lambda=2>1$ であるのでこの無限積分は存在する．

31.1 面積：求める面積を S とすると，$S = 4\displaystyle\int_0^a (a^{2/3} - x^{2/3})^{3/2}dx$.

ここで $x = a\sin^3\theta$ とおくと，$dx = 3a\sin^2\theta\cos\theta d\theta$. $x=0$ のとき $\theta=0$, $x=a$ のとき $\theta = \pi/2$ であるから，

$$S = 4\int_0^a (a^{2/3}-x^{2/3})^{3/2}dx = 4\int_0^{\pi/2} 3a^2\sin^2\theta\cos^4\theta d\theta$$

$$= 12a^2\int_0^{\pi/2}\cos^4\theta(1-\cos^2\theta)d\theta = 12a^2\int_0^{\pi/2}(\cos^4\theta - \cos^6\theta)d\theta$$

$$= 12a^2\left(\dfrac{3}{4}\cdot\dfrac{1}{2}\cdot\dfrac{\pi}{2} - \dfrac{5}{6}\cdot\dfrac{3}{4}\cdot\dfrac{1}{2}\cdot\dfrac{\pi}{2}\right) = \dfrac{3\pi a^2}{8} \quad (\Rightarrow \textbf{31.1} \text{ の図})$$

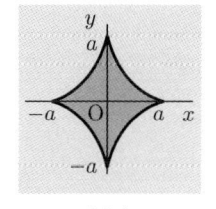

31.1

周の長さ：曲線は x 軸と y 軸に関して対称で，$y\geqq 0$ とすると $y = (a^{2/3}-x^{2/3})^{3/2}$ ($|x|\leqq a$)

$$\therefore\ \dfrac{dy}{dx} = \dfrac{3}{2}(a^{2/3}-x^{2/3})^{1/2}\left(-\dfrac{2}{3}x^{-1/3}\right) = -\dfrac{(a^{2/3}-x^{2/3})^{1/2}}{x^{1/3}},$$

$$1 + \left(\dfrac{dy}{dx}\right)^2 = 1 + \dfrac{a^{2/3}-x^{2/3}}{x^{2/3}} = \dfrac{a^{2/3}}{x^{2/3}}\quad (x\neq 0)$$

したがって全周を S とすると

$$S = 4\lim_{\varepsilon\to+0}\int_\varepsilon^a \sqrt{a^{2/3}x^{-2/3}}\,dx = 4\lim_{\varepsilon\to+0}\int_\varepsilon^a a^{1/3}x^{-1/3}dx = 4a^{1/3}\left[\dfrac{3}{2}x^{2/3}\right]_0^a = 6a\quad (\Rightarrow \textbf{31.1} \text{ の図})$$

31.2 $0\leqq\theta<2\pi$ のとき $0\leqq x\leqq 2\pi a$, $y\geqq 0$ であるから求める面積を S とすると，

$$S = \int_0^{2\pi} y\cdot\dfrac{dx}{d\theta}d\theta = \int_0^{2\pi}\{a(1-\cos\theta)\times a(1-\cos\theta)\}d\theta$$

$$= a^2\int_0^{2\pi} 4\sin^4\dfrac{\theta}{2}d\theta\quad\left(\dfrac{\theta}{2}=t \text{ とおく．}\dfrac{dt}{d\theta}=\dfrac{1}{2}\right)$$

$$= 8a^2\int_0^\pi \sin^4 t\,dt = 16a^2\int_0^{\pi/2}\sin^4 t\,dt$$

$$= 16a^2\times\dfrac{3}{4}\times\dfrac{1}{2}\times\dfrac{\pi}{2} = 3\pi a^2\quad (\Rightarrow \textbf{31.2} \text{ の図})$$

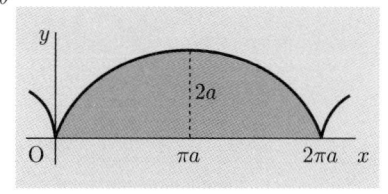

31.2 サイクロイド

32.1 (1) $xy + x + y = 1$, $(x+1)y = -x+1$

$x+1\neq 0$ のとき $y = \dfrac{-x+1}{x+1} = \dfrac{2}{x+1} - 1$

$$\therefore\ S = \int_0^1\left(\dfrac{2}{x+1} - 1\right)dx$$

$$= \Big[2\log(x+1) - x\Big]_0^1$$

$$= 2\log 2 - 1\quad (\Rightarrow \textbf{32.1 (1)} \text{ の図})$$

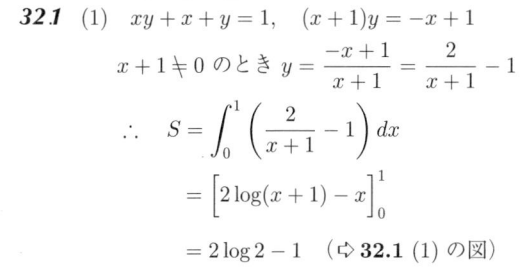

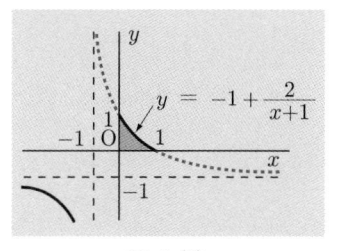

32.1 (1)

(2) $x^{1/2} + y^{1/2} = 1$ のときは $y = (1 - x^{1/2})^2$, そして $1 \geqq x \geqq 0$. したがって求める面積を S とすると,

$$S = \int_0^1 (1 - x^{1/2})^2 dx = \int_0^1 (1 - 2x^{1/2} + x) dx$$
$$= \left[x - \frac{4}{3} x^{3/2} + \frac{1}{2} x^2 \right]_0^1 = \frac{1}{6} \quad (\Rightarrow \textbf{32.1} \text{ (2) の図})$$

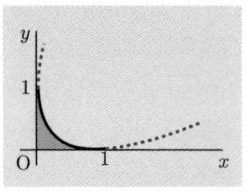

32.1 (2)　パラボラ（放物線）

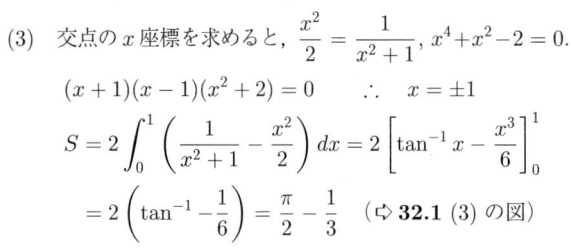

(3) 交点の x 座標を求めると, $\dfrac{x^2}{2} = \dfrac{1}{x^2+1}$, $x^4 + x^2 - 2 = 0$.
$(x+1)(x-1)(x^2+2) = 0 \quad \therefore \quad x = \pm 1$

$$S = 2 \int_0^1 \left(\frac{1}{x^2+1} - \frac{x^2}{2} \right) dx = 2 \left[\tan^{-1} x - \frac{x^3}{6} \right]_0^1$$
$$= 2 \left(\tan^{-1} - \frac{1}{6} \right) = \frac{\pi}{2} - \frac{1}{3} \quad (\Rightarrow \textbf{32.1} \text{ (3) の図})$$

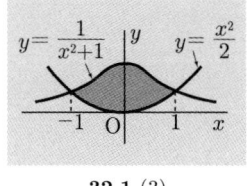

32.1 (3)

(4) 求める面積を S とする.

$$S = \pi a^2 - 3 \times \frac{1}{2} \int_0^{\pi/3} a^2 \sin^2 3\theta d\theta = \pi a^2 - \frac{3}{2} a^2 \int_0^{\pi/3} \frac{1 - \cos 6\theta}{2} d\theta$$
$$= \pi a^2 - \frac{3}{4} a^2 \left[\theta - \frac{1}{6} \sin 6\theta \right]_0^{\pi/3} = \pi a^2 - \frac{3}{4} a^2 \times \frac{\pi}{3} = \frac{3}{4} \pi a^2 \quad (\Rightarrow \textbf{32.1} \text{ (4) の図})$$

(5) 求める面積を S とする.

$$S = 4 \times \frac{1}{2} \int_0^{\pi/4} a^2 \cos 2\theta d\theta = 2a^2 \left[\frac{1}{2} \sin 2\theta \right]_0^{\pi/4} = 2a^2 \times \frac{1}{2} = a^2 \quad (\Rightarrow \textbf{32.1} \text{ (5) の図})$$

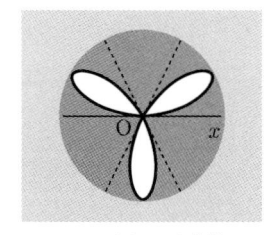

32.1 (4)　三葉線 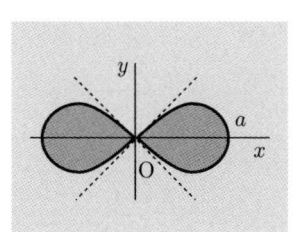　　　　**32.1** (5)　連珠形（レムニスケート）

32.2 (1) 曲線の長さを L とすると, ($\Rightarrow$ 上の **32.1** (2) の図)

$$L = \int_0^1 \sqrt{1 + (y')^2}\, dx = \int_0^1 \sqrt{1 + (1 - 1/\sqrt{x})^2}\, dx$$
$$\underset{\sqrt{x}=t \text{ とおく}}{=} 2 \int_0^1 \sqrt{2t^2 - 2t + 1}\, dt \underset{2t-1=u \text{ とおく}}{=} \frac{1}{\sqrt{2}} \int_{-1}^1 \sqrt{u^2 + 1}\, du$$
$$= \frac{1}{2\sqrt{2}} \left[u\sqrt{u^2+1} + \log(u + \sqrt{u^2+1}) \right]_{-1}^1 = 1 + \frac{1}{\sqrt{2}} \log(1 + \sqrt{2})$$

注意　$\sqrt{x} = 1/2 + t$, $\sqrt{y} = 1/2 - t$ と媒介変数表示にして求めてもよい.

(2) $2y\dfrac{dy}{dx} = 4a$, $\dfrac{dy}{dx} = \dfrac{2a}{y}$, $\left(\dfrac{dy}{dx}\right)^2 = \dfrac{4a^2}{y^2} = \dfrac{4a^2}{4ax} = \dfrac{a}{x}$. 求める弧の長さを S とすると

$$S = \int_0^{x_1} \sqrt{1 + \dfrac{a}{x}}\,dx = \int_0^{x_1} \dfrac{\sqrt{x+a}}{\sqrt{x}}\,dx \quad \left(\sqrt{x} = t \text{ とおくと } \dfrac{dt}{dx} = \dfrac{1}{2\sqrt{x}},\ 2dt = \dfrac{1}{\sqrt{x}}dx\right)$$

$$= \int_0^{t_1} 2\sqrt{t^2+a}\,dt = \left[t\sqrt{t^2+a} + a\log\left|t+\sqrt{t^2+a}\right|\right]_0^{t_1}$$

$$= t_1\sqrt{t_1^2+a} + a\log\left|t_1+\sqrt{t_1^2+a}\right| - a\log\sqrt{a}$$

$$= \sqrt{x_1(x_1+a)} + a\log(\sqrt{x_1+a}+\sqrt{x_1}) - a\log\sqrt{a}$$

33.1 体積：$r = a(1+\cos\theta)$ であるので，(⇨ **33.1** の図)
$x = r\cos\theta = a(1+\cos\theta)\cos\theta$, $\quad y = r\sin\theta = a(1+\cos\theta)\sin\theta \quad (0 \leqq \theta \leqq \pi)$

$\theta = \dfrac{2}{3}\pi$ のとき $x = a\left(1 - \dfrac{1}{2}\right) \times \left(-\dfrac{1}{2}\right) = -\dfrac{a}{4}$

$$V = \pi\int_{-a/4}^{2a} y^2\,dx - \pi\int_{-a/4}^0 y^2\,dx = \pi\left(\int_{2\pi/3}^0 - \int_{2\pi/3}^\pi\right) y^2(\theta)\dfrac{dx}{d\theta}\cdot d\theta$$

$$= -\pi\left(\int_0^{2\pi/3} + \int_{2\pi/3}^\pi\right) a^2(1+\cos\theta)^2\sin^2\theta(-a\sin\theta - 2a\cos\theta\sin\theta)d\theta$$

$$= \pi\int_\pi^0 a^3(1+2\cos\theta+\cos^2\theta)(1-\cos^2\theta)(1+2\cos\theta)(-\sin\theta)d\theta$$

$\left(\begin{array}{l}\cos\theta = t \text{ とおく } \dfrac{dt}{d\theta} = -\sin\theta \\ \theta = \pi \text{ のとき } t = -1,\ \theta = 0 \text{ のとき } t = 1\end{array}\right)$

$$= \pi a^3 \int_{-1}^1 (1+2t+t^2)(1-t^2)(1+2t)dt$$

$$= \pi a^3 \int_{-1}^1 (1 + 4t + 4t^2 - 2t^3 - 5t^4 - 2t^5)dt$$

$$= 2\pi a^3\left[t + \dfrac{4}{3}t^3 - t^5\right]_0^1 = 2\pi a^3\left(1 + \dfrac{4}{3} - 1\right) = \dfrac{8}{3}\pi a^3$$

33.1 心臓形（カーディオイド）

表面積：$\theta = \alpha$ から $\theta = \beta$ までの曲線 $r = f(\theta)$ の弧を原線の周りに 1 回転して得られる回転体の表面積 S は

$$S = 2\pi\int_\alpha^\beta \sqrt{r^2 + \left(\dfrac{dr}{d\theta}\right)^2}\,r\sin\theta\,d\theta \quad (\text{ただし } r\sin\theta \geqq 0,\ \alpha < \beta)$$

で与えられる．これを用いる．

$$\sqrt{r^2 + \left(\dfrac{dr}{d\theta}\right)^2} = \sqrt{a^2(1+\cos\theta)^2 + a^2\sin^2\theta} = a\sqrt{2(1+\cos\theta)} = 2a\sqrt{\cos^2\dfrac{\theta}{2}}$$

求める面積を S とする．

$$S = 2\pi \int_0^\pi 2a\cos\frac{\theta}{2} \times a(1+\cos\theta) \times \sin\theta d\theta$$
$$= 4\pi a^2 \int_0^\pi \cos\frac{\theta}{2} \times 2\cos^2\frac{\theta}{2} \times 2\sin\frac{\theta}{2}\cos\frac{\theta}{2}d\theta = 16\pi a^2 \int_0^\pi \cos^4\frac{\theta}{2}\sin\frac{\theta}{2}d\theta$$

$$\begin{pmatrix} \cos\dfrac{\theta}{2} = t \text{ とおくと } \dfrac{dt}{d\theta} = -\dfrac{1}{2}\sin\dfrac{\theta}{2},\ -2dt = \sin\dfrac{\theta}{2}d\theta \\ \theta = 0 \text{ のとき } t = 1,\ \theta = \pi \text{ のとき } t = 0 \end{pmatrix}$$

$$= -32\pi a^2 \int_1^0 t^4 dt = 32\pi a^2 \left[\frac{1}{5}t^5\right]_0^1 = \frac{32}{5}\pi a^2$$

33.2 (1) 求める体積を V とすると,
$$V = \pi \int_1^e (\log x)^2 dx$$
いま, $\log x = t$ とおく, $x = e^t$, $dx = e^t dt$. よって
$$V = \pi \int_0^1 t^2 e^t dt = \pi \left\{\left[t^2 e^t\right]_0^1 - \int_0^1 2te^t dt\right\}$$
$$= \pi \left\{e - \left[2te^t\right]_0^1 + 2\int_0^1 e^t dt\right\}$$
$$= \pi \left\{e - 2e + 2\left[e^t\right]_0^1\right\} = \pi(e-2) \quad (\Rightarrow \textbf{33.2 (1)} \text{ の図})$$

33.2 (1)

(2) $V = \pi \int_{-a}^a \left\{\left(b+\sqrt{a^2-x^2}\right)^2 - \left(b-\sqrt{a^2-x^2}\right)^2\right\} dx$
$$= 2\pi \int_0^a \left\{b^2 + 2b\sqrt{a^2-x^2} + a^2 - x^2\right.$$
$$\left. - \left(b^2 - 2b\sqrt{a^2-x^2} + a^2 - x^2\right)\right\} dx$$
$$= 8\pi b \int_0^a \sqrt{a^2-x^2}\,dx = 4\pi b\left[x\sqrt{a^2-x^2} + a^2\sin^{-1}\frac{x}{a}\right]_0^a$$
$$= 4\pi b \times a^2 \sin^{-1} 1 = 2\pi^2 a^2 b \quad (\Rightarrow \textbf{33.2 (2)} \text{ の図})$$

33.2 (2)

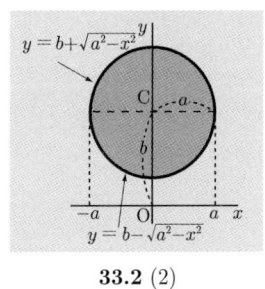

33.3 (1) $x = \varphi(t), y = \psi(t)\ (\alpha \leqq t \leqq \beta)$ のとき x 軸の周りに 1 回転して得られる回転体の表面積 S を求める公式は
$$S = 2\pi \int_\alpha^\beta y\sqrt{\left(\frac{dx}{d\theta}\right)^2 + \left(\frac{dy}{d\theta}\right)^2}\,d\theta$$
である. これを用いる.
$$\left(\frac{dx}{d\theta}\right)^2 + \left(\frac{dy}{d\theta}\right)^2 = 9a^2\sin^2\theta\cos^4\theta + 9a^2\sin^4\theta\cos^2\theta = 9a^2\sin^2\theta\cos^2\theta$$
$$S = 4\pi \int_0^{\pi/2} (a\sin^3\theta)\sqrt{9a^2\sin^2\theta\cos^2\theta}\,d\theta = 12\pi a^2 \int_0^{\pi/2} \sin^4\theta\cos\theta d\theta$$
ここで $\sin\theta = t$ とおく. $\dfrac{dt}{d\theta} = \cos\theta,\ dt = \cos\theta d\theta$

$\theta = 0$ のとき $t = 0$, $\theta = \pi/2$ のとき $t = 1$ である.
$$S = 12\pi a^2 \int_0^1 t^4 dt = 12\pi a^2 \left[\frac{t^5}{5}\right]_0^1 = \frac{12}{5}\pi a^2 \quad (\Rightarrow \text{33.3 (1) の図})$$

(2) $2r \cdot \dfrac{dr}{d\theta} = -2a^2 \sin 2\theta$, $\dfrac{dr}{d\theta} = \dfrac{-a^2 \sin 2\theta}{r}$

$$\sqrt{r^2 + \left(\frac{dr}{d\theta}\right)^2} = \sqrt{a^2 \cos 2\theta + \frac{a^4 \sin^2 2\theta}{r^2}} = \sqrt{a^2 \cos 2\theta + \frac{a^2 \sin^2 2\theta}{\cos 2\theta}}$$
$$= \sqrt{\frac{a^2(\cos^2 2\theta + \sin^2 2\theta)}{\cos 2\theta}} = \frac{a}{\sqrt{\cos 2\theta}}$$

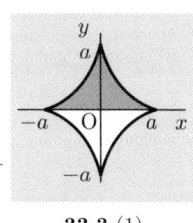

33.3 (1)

求める面積を S とすると
$$S = 4\pi \int_0^{\pi/4} \frac{a}{\sqrt{\cos 2\theta}} \cdot \sqrt{a^2 \cos 2\theta} \sin\theta d\theta = 4\pi a^2 \int_0^{\pi/4} \sin\theta d\theta$$
$$= 4\pi a^2 \Big[-\cos\theta\Big]_0^{\pi/4} = 4\pi a^2 \left(-\frac{1}{\sqrt{2}} + 1\right) = 4\pi a^2 \left(1 - \frac{1}{\sqrt{2}}\right)$$

($\Rightarrow$ **33.3** (2) の図)

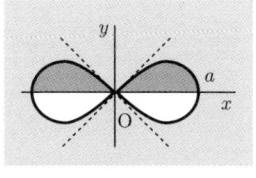

33.3 (2)

34.1 $\displaystyle\int_0^1 \frac{dx}{1+x^2} = \frac{\pi}{4}$, $\therefore \pi = 4\displaystyle\int_0^1 \frac{dx}{1+x^2}$

次にシンプソンの公式において $f(x) = \dfrac{1}{1+x^2}$, $a=0$, $b=1$, $2n=10$ とおくと $h = \dfrac{1}{10}$,

$$\begin{array}{ccc}
& y_1 = 0.9900990 & \\
& y_3 = 0.9174312 & y_2 = 0.9615385 \\
& y_5 = 0.8000000 & y_4 = 0.8620690 \\
y_0 = 1 & y_7 = 0.6711409 & y_6 = 0.7352941 \\
+)\ y_{10} = 0.5 & +)\ y_9 = 0.5524862 & +)\ y_8 = 0.6097561 \\
\hline
1.5 & 3.9311573 & 3.1686577 \\
& \times 4 & \times 2 \\
\hline
& 15.7246292 & 6.3373154
\end{array}$$

$\therefore \pi \fallingdotseq 4 \times \dfrac{1}{3} \times \dfrac{1}{10}(1.5 + 15.7246292 + 6.3373154) = 3.14159261$

◆ 演習問題 3-A の解答

1. (1) $\sqrt{x} = t$ とおくと, $x = t^2$, $dx = 2tdt$

$$\int \frac{\sqrt{x}}{x-a} dt = \int \frac{t}{t^2-a} 2t dt = \int \frac{2t^2 - 2a + 2a}{t^2-a} dt = \int \left(2 + \frac{2a}{t^2-a}\right) dt$$
$$= 2t + \frac{2a}{2\sqrt{a}} \log\left|\frac{t-\sqrt{a}}{t+\sqrt{a}}\right| = 2\sqrt{x} + \sqrt{a} \log\left|\frac{\sqrt{x}-\sqrt{a}}{\sqrt{x}+\sqrt{a}}\right|$$

(2) $\int \dfrac{x}{(a^2-x^2)^{3/2}}dx = (a^2-x^2)^{-1/2}$ であるので

$$\int \dfrac{x}{(a^2-x^2)^{3/2}}dx = \int x\cdot \dfrac{x}{(a^2-x^2)^{3/2}}dx$$
$$= x(a^2-x^2)^{-1/2} - \int (a^2-x^2)^{-1/2}dx$$
$$= \dfrac{x}{\sqrt{a^2-x^2}} - \sin^{-1}\dfrac{x}{a}$$

(3) $f = \log\left(x+\sqrt{x^2+1}\right),\, g' = x$ と考えて部分積分法を用いると,

$$\int x\log\left(x+\sqrt{x^2+1}\right)dx$$
$$= \dfrac{x^2}{2}\log\left(x+\sqrt{x^2+1}\right) - \dfrac{1}{2}\int x^2 \dfrac{1}{x+\sqrt{x^2+1}}\left(1+\dfrac{x}{\sqrt{x^2+1}}\right)dx$$
$$= \dfrac{x^2}{2}\log\left(x+\sqrt{x^2+1}\right) - \dfrac{1}{2}\int \dfrac{x^2+1-1}{\sqrt{x^2+1}}dx$$
$$= \dfrac{x^2}{2}\log\left(x+\sqrt{x^2+1}\right) - \dfrac{1}{2}\int \left(\sqrt{x^2+1} - \dfrac{1}{\sqrt{x^2+1}}\right)dx$$
$$= \dfrac{x^2}{2}\log\left(x+\sqrt{x^2+1}\right) - \dfrac{1}{2}\left\{\dfrac{1}{2}x\sqrt{x^2+1} + \dfrac{1}{2}\log\left(x+\sqrt{x^2+1}\right) - \log\left(x+\sqrt{x^2+1}\right)\right\}$$
$$= \dfrac{2x^2+1}{4}\log\left(x+\sqrt{x^2+1}\right) - \dfrac{1}{4}x\sqrt{x^2+1}$$

(4) $I = \int \dfrac{x^2}{1+x^2}\tan^{-1}x\,dx = \int \dfrac{x^2+1-1}{x^2+1}\tan^{-1}x\,dx = \int \left\{\left(1 - \dfrac{1}{x^2+1}\right)\tan^{-1}x\right\}dx$

$$= x\tan^{-1}x - \int x\dfrac{1}{1+x^2}dx - \int \dfrac{1}{x^2+1}\tan^{-1}x\,dx = x\tan^{-1}x - \dfrac{1}{2}\log(1+x^2) - I_1$$

$$I_1 = \int \dfrac{1}{x^2+1}\tan^{-1}x\,dx = (\tan^{-1}x)^2 - \int \tan^{-1}x\dfrac{1}{1+x^2}dx = (\tan^{-1}x)^2 - I_1$$

$\therefore\ I_1 = \dfrac{1}{2}(\tan^{-1}x)^2$

$$\therefore\ I = x\tan^{-1}x - \dfrac{1}{2}\log(1+x^2) - \dfrac{1}{2}(\tan^{-1}x)^2$$

(5) $\dfrac{4}{x^3+4x} = \dfrac{4}{x(x^2+4)} = \dfrac{A}{x} + \dfrac{Bx+C}{x^2+4}$ とおき,分母を払って

$$4 = (A+B)x^2 + Cx + 4A.$$

これより $A+B=0,\, C=0,\, 4A=4$ となり,これを解くと, $A=1,\, B=-1,\, C=0$ となる.

$$\therefore\ \int \dfrac{4}{x^3+4x}dx = \int \dfrac{1}{x}dx - \int \dfrac{x}{x^2+4}dx = \log|x| - \dfrac{1}{2}\log|x^2+4| = \log\dfrac{|x|}{\sqrt{x^2+1}}.$$

(6) $f = \sin^{-1}x,\, g' = \dfrac{x}{\sqrt{1-x^2}}$ と考えて部分積分法を用いる.

$$\int \dfrac{x\sin^{-1}x}{\sqrt{1-x^2}}dx = -\sqrt{1-x^2}\sin^{-1}x + \int \sqrt{1-x^2}\cdot\dfrac{1}{\sqrt{1-x^2}}dx = -\sqrt{1-x^2}\sin^{-1}x + x$$

(7) $x+\sqrt{2+x^2}=t$ とおくと, $\sqrt{2+x^2}=t-x$, $x=\dfrac{t^2-2}{2t}$, $\dfrac{dx}{dt}=\dfrac{t^2+2}{2t^2}$

$\therefore\ I=\displaystyle\int\sqrt{x+\sqrt{2+x^2}}\,dx=\dfrac{1}{2}\int\sqrt{t}\left(1+\dfrac{2}{t^2}\right)dt=\dfrac{1}{2}\left\{\int\sqrt{t}\,dt+2\int t^{-3/2}dt\right\}$

$=\dfrac{1}{3}t^{3/2}-2t^{-1/2}=\dfrac{t^2-6}{3\sqrt{t}}=\dfrac{x^2+2+x^2+2x\sqrt{2+x^2}-6}{3\sqrt{x+\sqrt{x^2+2}}}=\dfrac{2x^2+2x\sqrt{2+x^2}-4}{3\sqrt{x+\sqrt{x^2+2}}}$

(8) $2ax-x^2=a^2-(x-a)^2$ であるから $x-a=t$ とおくと $x=t+a$, $dx=dt$. ゆえに求める積分を I とすると,

$I=\displaystyle\int\dfrac{(t+a)^2}{\sqrt{a^2-t^2}}dt=\int\dfrac{-(a^2-t^2)+2at+2a^2}{\sqrt{a^2-t^2}}dt$

$=-\displaystyle\int\sqrt{a^2-t^2}\,dt-a\int\dfrac{-2t}{\sqrt{a^2-t^2}}dt+2a^2\int\dfrac{1}{\sqrt{a^2-t^2}}dt$

$=-\dfrac{1}{2}\left(t\sqrt{a^2-t^2}+a^2\sin^{-1}\dfrac{t}{a}\right)-2a\sqrt{a^2-t^2}+2a^2\sin^{-1}\dfrac{t}{a}$

$=\dfrac{3}{2}a^2\sin^{-1}\dfrac{t}{a}-\dfrac{1}{2}\sqrt{a^2-t^2}\,(t+4a)=\dfrac{3}{2}a^2\sin^{-1}\dfrac{x-a}{a}-\dfrac{1}{2}(x+3a)\sqrt{2ax-x^2}$.

(9) $x+1=\dfrac{1}{t}$ とおくと, $dx=-\dfrac{1}{t^2}dt$

(i) $x+1>0$ のとき

$I=\displaystyle\int t\cdot\dfrac{t}{\sqrt{-1+3t-t^2}}\left(-\dfrac{1}{t^2}\right)dt=\int\dfrac{-1}{\sqrt{-1+3t-t^2}}dt$

$=\displaystyle\int\dfrac{-1}{\sqrt{\left(\frac{\sqrt{5}}{2}\right)^2-\left(t-\frac{3}{2}\right)^2}}dt=-\sin^{-1}\dfrac{t-\frac{3}{2}}{\frac{\sqrt{5}}{2}}=\sin^{-1}\dfrac{3x+1}{\sqrt{5}\,(x+1)}$

(ii) $x+1<0$ のとき

$I=\displaystyle\int\dfrac{-t^2}{\sqrt{-1+3t-t^2}}\left(-\dfrac{1}{t^2}\right)dt=\int\dfrac{1}{\sqrt{-1+3t-t^2}}dt$

$=\displaystyle\int\dfrac{1}{\sqrt{\left(\frac{\sqrt{5}}{2}\right)^2-\left(t-\frac{3}{2}\right)^2}}dt=\sin^{-1}\dfrac{2}{\sqrt{5}}\left(t-\dfrac{3}{2}\right)=-\sin^{-1}\dfrac{3x+1}{\sqrt{5}\,(x+1)}$

(10) $f=\log(1+x^2)$, $g'=\dfrac{1}{x^2}$ と考えて部分積分法を用いる.

$\displaystyle\int\dfrac{\log(1+x^2)}{x^2}dx=-\dfrac{1}{x}\log(1+x^2)+2\int\dfrac{dx}{1+x^2}=-\dfrac{1}{x}\log(1+x^2)+2\tan^{-1}x$

2. $I_m=\displaystyle\int\sin^m x\,dx=\int\sin^{m-1}x\sin x\,dx$ とおき部分積分法を用いる.

$I_m=\displaystyle\int\sin^m x\,dx=\int\sin^{m-1}x\cdot\sin x\,dx=\sin^{m-1}x(-\cos x)+(m-1)\int\cos x\sin^{m-2}x\cos x\,dx$

$=-\sin^{m-1}x\cos x+(m-1)\displaystyle\int\sin^{m-2}x(1-\sin^2 x)dx$

$=-\sin^{m-1}x\cos x+(m-1)\displaystyle\int(\sin^{m-2}x-\sin^m x)dx$

$$\{1+(m-1)\}I_m = -\sin^{m-1} x \cos x + (m-1)I_{m-2}$$
$$\therefore \quad I_m = -\frac{1}{m}\sin^{m-1} x \cos x + \frac{m-1}{m}I_{m-2}.$$

次にこの漸化式により $\int \sin^4 x dx$ を求める.

$$I_4 = -\frac{1}{4}\sin^3 x \cos x + \frac{3}{4}I_2 = -\frac{1}{4}\sin^3 x \cos x + \frac{3}{4}\left\{-\frac{1}{2}\sin x \cos x + \frac{1}{2}I_0\right\}$$
$$= -\frac{1}{4}\sin^3 x \cos x - \frac{3}{8}\sin x \cos x + \frac{3}{8}x.$$

3. (1) $\displaystyle\int_0^1 \frac{x^2}{\sqrt{x^2+4}}dx = \int_0^1 \frac{(x^2+4)-4}{\sqrt{x^2+4}}dx = \int_0^1\left(\sqrt{x^2+4} - \frac{4}{\sqrt{x^2+4}}\right)dx$
$$= \left[\frac{1}{2}\left\{x\sqrt{x^2+4} + 4\log\left(x\sqrt{x^2+4}\right)\right\} - 4\log\left(x+\sqrt{x^2+4}\right)\right]_0^1$$
$$= \left[\frac{1}{2}x\sqrt{x^2+4} - 2\log\left(x+\sqrt{x^2+4}\right)\right]_0^1$$
$$= \frac{1}{2}\sqrt{5} - 2\log\left(1+\sqrt{5}\right) - \left(0 - 2\log\sqrt{4}\right) = \frac{1}{2}\sqrt{5} - 2\log\frac{1+\sqrt{5}}{2}$$

(2) $\displaystyle\int_{-\pi/6}^{\pi/6}\frac{d\theta}{1+2\sin^2\theta} = \int_{-\pi/6}^{\pi/6}\frac{\sec^2\theta d\theta}{\sec^2\theta+2\tan^2\theta} = \int_{-\pi/6}^{\pi/6}\frac{d\tan\theta}{1+3\tan^2\theta}$
$$= \frac{1}{\sqrt{3}}\int_{-\pi/6}^{\pi/6}\frac{d(\sqrt{3}\tan\theta)}{1+(\sqrt{3}\tan\theta)^2} = \frac{1}{\sqrt{3}}\left[\tan^{-1}\sqrt{3}\tan\theta\right]_{-\pi/6}^{\pi/6}$$
$$= \frac{1}{\sqrt{3}}\{\tan^{-1}1 - \tan^{-1}(-1)\} = \frac{1}{\sqrt{3}}\left\{\frac{\pi}{4} - \left(-\frac{\pi}{4}\right)\right\} = \frac{\pi}{2\sqrt{3}}$$

(3) $t = x - 1/2$ とおくと,
$$I = \int_0^1 \frac{dx}{(x^2-x+1)^{3/2}} = \int_{-1/2}^{1/2}\frac{dt}{\{t^2+(\sqrt{3}/2)^2\}^{3/2}} = 2\int_0^{1/2}\frac{1}{\{t^2+(\sqrt{3}/2)^2\}^{3/2}}dt$$

さらに $t = \dfrac{\sqrt{3}}{2}\tan\theta$ とおくと $\dfrac{dt}{d\theta} = \dfrac{\sqrt{3}}{2}\sec^2\theta$
$$\therefore \quad I = 2\int_0^{\pi/6}\frac{1}{\{(\sqrt{3}/2\tan\theta)^2+(\sqrt{3}/2)^2\}^{3/2}}\frac{\sqrt{3}}{2}\sec^2\theta d\theta$$
$$= 2\cdot\frac{\sqrt{3}}{2}\cdot\frac{8}{3\sqrt{3}}\int_0^{\pi/6}\frac{\sec^2\theta}{(\sec^2\theta)^{3/2}}d\theta = \frac{8}{3}\int_0^{\pi/6}\cos\theta d\theta = \frac{8}{3}\left[\sin\theta\right]_0^{\pi/6} = \frac{4}{3}$$

(4) $\displaystyle\int_1^3\frac{x^3}{\sqrt{x^2+16}}dx = \int_1^3\frac{x(x^2+16)-16x}{\sqrt{x^2+16}}dx = \int_1^3\left\{x\sqrt{x^2+16} - \frac{16x}{\sqrt{x^2+16}}\right\}dx$

$\sqrt{x^2+16} = t$ とおく. $x^2+16 = t^2$, $2x\cdot\dfrac{dx}{dt} = 2t$, $xdx = tdt$,

$x=1$ のとき $t=\sqrt{17}$, $x=3$ のとき $t=5$.
$$\therefore \quad \int_1^3\frac{x^3}{\sqrt{x^2+16}}dx = \int_{\sqrt{17}}^5\left(t - \frac{16}{t}\right)t\cdot dt = \int_{\sqrt{17}}^5(t^2-16)dt = \left[\frac{t^3}{3} - 16t\right]_{\sqrt{17}}^5$$
$$= \left(\frac{125}{3} - 80\right) - \left(\frac{17}{3}\sqrt{17} - 16\sqrt{17}\right) = \frac{31}{3}\sqrt{17} - \frac{115}{3}$$

4. $\int f(t)dt = F(t)$ とする.

$$\frac{d}{dx}\int_{2x}^{x^2} f(t)dt = \frac{d}{dx}\Big[F(t)\Big]_{2x}^{x^2} = \frac{d}{dx}\{F(x^2) - F(2x)\}$$
$$= 2xF'(x^2) - 2F'(2x) = 2xf(x^2) - 2f(2x)$$

5. $S_n = \dfrac{1}{n^3}\sum_{i=0}^{n-1} i\sqrt{n^2 - i^2} = \dfrac{1}{n^3}\Big\{\sqrt{n^2 - 1} + 2\sqrt{n^2 - 2^2} + \cdots + (n-1)\sqrt{n^2 - (n-1)^2}\Big\}$

$$= \frac{1}{n}\left\{\frac{1}{n^2}\sqrt{n^2 - 1} + \frac{2}{n^2}\sqrt{n^2 - 2^2} + \cdots + \frac{n-1}{n^2}\sqrt{n^2 - (n-1)^2}\right\}$$

$$= \frac{1}{n}\left\{\frac{1}{n}\sqrt{1 - \left(\frac{1}{n}\right)^2} + \frac{2}{n}\sqrt{1 - \left(\frac{2}{n}\right)^2} + \cdots + \frac{n-1}{n}\sqrt{1 - \left(\frac{n-1}{n}\right)^2}\right\}$$

$$\lim_{n\to\infty}\frac{1}{n^3}\sum_{i=0}^{n-1} i\sqrt{n^2 - i^2} = \int_0^1 x\sqrt{1-x^2}\,dx$$

$\sqrt{1-x^2} = t$ とおく. $1 - x^2 = t^2$, $-2x\dfrac{dx}{dt} = 2t$ $\therefore$ $xdx = -tdt$

$x = 0$ のとき $t = 1$, $x = 1$ のとき $t = 0$ であるから,

$$\lim_{n\to\infty} S_n = \int_1^0 (-t^2)dt = \left[-\frac{t^3}{3}\right]_1^0 = \frac{1}{3}.$$

6. (1) $I = \displaystyle\int_1^2 \frac{dx}{\sqrt{x(2-x)}} + \int_2^3 \frac{dx}{\sqrt{x(x-2)}}$

$$I = \lim_{\varepsilon \to +0}\int_1^{2-\varepsilon} \frac{dx}{\sqrt{1-(x-1)^2}} + \lim_{\varepsilon' \to +0}\int_{2+\varepsilon'}^3 \frac{dx}{\sqrt{(x-1)^2 - 1}}$$

$$= \lim_{\varepsilon \to +0}\Big[\sin^{-1}(x-1)\Big]_1^{2-\varepsilon} + \lim_{\varepsilon' \to +0}\Big[\log\big|(x-1) + \sqrt{(x-1)^2 - 1}\big|\Big]_{2+\varepsilon'}^3$$

$$= \lim_{\varepsilon \to +0}\sin^{-1}(1-\varepsilon) + \lim_{\varepsilon' \to +0}\Big\{\log\big|2 + \sqrt{3}\big| - \log\big|(1+\varepsilon') + \sqrt{(1+\varepsilon')^2 - 1}\big|\Big\}$$

$$= \pi/2 + \log(2 + \sqrt{3})$$

(2) $I = \displaystyle\int_\alpha^\beta \frac{1}{\sqrt{\left(\frac{\beta-\alpha}{2}\right)^2 - \left(x - \frac{\alpha+\beta}{2}\right)^2}}\,dx = \lim_{\substack{\varepsilon' \to +0 \\ \varepsilon \to +0}}\int_{\alpha+\varepsilon}^{\beta-\varepsilon'} \frac{1}{\sqrt{\left(\frac{\beta-\alpha}{2}\right)^2 - \left(x - \frac{\alpha+\beta}{2}\right)^2}}\,dx$

$$= \lim_{\substack{\varepsilon' \to +0 \\ \varepsilon \to +0}}\left[\sin^{-1}\frac{x - \frac{\alpha+\beta}{2}}{\frac{\beta-\alpha}{2}}\right]_{\alpha+\varepsilon}^{\beta-\varepsilon'} = \lim_{\substack{\varepsilon' \to +0 \\ \varepsilon \to +0}}\left\{\sin^{-1}\frac{\frac{\beta-\alpha}{2} - \varepsilon'}{\frac{\beta-\alpha}{2}} - \sin^{-1}\frac{\varepsilon + \frac{\alpha-\beta}{2}}{\frac{\beta-\alpha}{2}}\right\}$$

$$= \sin^{-1} 1 - \sin^{-1}(-1) = \pi/2 - (-\pi/2) = \pi$$

(3) $\displaystyle\int_0^N \frac{\tan^{-1} x}{1 + x^2}\,dx = \Big[(\tan^{-1} x)^2\Big]_0^N - \int_0^N \frac{\tan^{-1} x}{1 + x^2}\,dx$ より $2\displaystyle\int_0^N \frac{\tan^{-1} x}{1 + x^2}\,dx = (\tan^{-1} N)^2$

$$\therefore \int_0^\infty \frac{\tan^{-1} x}{1 + x^2}\,dx = \lim_{N\to\infty}\int_0^N \frac{\tan^{-1} x}{1 + x^2}\,dx = \lim_{N\to\infty}\frac{(\tan^{-1} N)^2}{2} = \frac{\pi^2}{8}$$

(4) $(a<0)$　$\displaystyle\int_0^N e^{ax}\sin bx\,dx = \left[\dfrac{e^{ax}}{a^2+b^2}(a\sin bx - b\cos bx)\right]_0^N$　（⇨ p.59 の例題 6）

$$= \dfrac{e^{aN}}{a^2+b^2}\sqrt{a^2+b^2}\sin(bN-\theta) + \dfrac{b}{a^2+b^2}$$

$$\therefore \int_0^\infty e^{ax}\sin bx\,dx = \lim_{N\to\infty}\int_0^N e^{ax}\sin bx\,dx = \dfrac{b}{a^2+b^2}$$

7. $x=0,\ x=1$ が特異点である．よって，

$$\int_0^1 \dfrac{2x-1}{x^2-x}dx = \lim_{\substack{\varepsilon\to +0\\ \varepsilon'\to +0}}\int_\varepsilon^{1-\varepsilon'}\dfrac{2x-1}{x^2-x}dx = \lim_{\substack{\varepsilon\to +0\\ \varepsilon'\to +0}}\Big[\log|x(x-1)|\Big]_\varepsilon^{1-\varepsilon'}$$

$$= \lim_{\substack{\varepsilon\to +0\\ \varepsilon'\to +0}}\{\log\varepsilon'(1-\varepsilon') - \log\varepsilon(1-\varepsilon)\}$$

と計算しなくてはならない．そして右辺は ε と ε' が無関係に 0 に近づくときの極限である．問題は $\varepsilon=\varepsilon'$ という特別の場合の極限を計算したにすぎないからこれは誤りである．$\varepsilon, \varepsilon'$ が独立に 0 に近づく場合は明らかに上の極限は存在しないから，この積分も存在しない．

8. y について解くと，$y = -x \pm \sqrt{x^2-(2x^2-1)} = -x \pm \sqrt{1-x^2}$（⇨ 3–A 8 の図）．したがって，$x$ の範囲は $-1 \leqq x \leqq 1$．ゆえに 2 つの曲線 $y=-x+\sqrt{1-x^2}$ と $y=-x-\sqrt{1-x^2}$ の囲む面積を求めればよい．したがって求める面積を S とすると

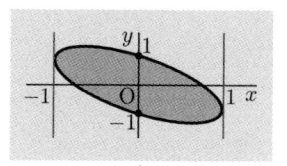

3–A 8

$$S = \int_{-1}^1 \left\{\left(-x+\sqrt{1-x^2}\right) - \left(-x-\sqrt{1-x^2}\right)\right\}dx = 2\int_{-1}^1 \sqrt{1-x^2}\,dx$$

$$= 2\left[\dfrac{1}{2}\left\{x\sqrt{1-x^2} + \sin^{-1}x\right\}\right]_{-1}^1 = \sin^{-1}1 - \sin^{-1}(-1) = \dfrac{\pi}{2} - \left(-\dfrac{\pi}{2}\right) = \pi$$

9. 曲線の長さ L を求める（⇨ 3–A 9 の図）．

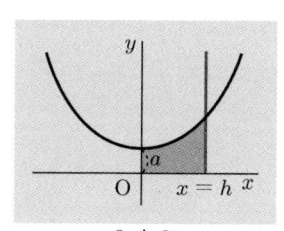

$$\dfrac{dy}{dx} = \dfrac{a}{2}\left(\dfrac{1}{a}e^{x/a} - \dfrac{1}{a}e^{-x/a}\right) = \dfrac{1}{2}(e^{x/a} - e^{-x/a})$$

$$L = \int_0^h \sqrt{1 + \dfrac{1}{4}(e^{x/a} - e^{-x/a})^2}\,dx$$

$$= \int_0^h \sqrt{\dfrac{1}{4}(e^{x/a} + e^{-x/a})^2}\,dx$$

3–A 9

$$= \int_0^h \dfrac{1}{2}(e^{x/a} + e^{-x/a})\,dx = \dfrac{1}{2}\left[ae^{x/a} - ae^{-x/a}\right]_0^h = \dfrac{a}{2}(e^{h/a} - e^{-h/a})$$

次に面積 A を求める．

$$A = \int_0^h \dfrac{a}{2}(e^{x/a} + e^{-x/a})dx = \left[\dfrac{a^2}{2}(e^{x/a} - e^{-x/a})\right]_0^h = \dfrac{a^2}{2}(e^{h/a} - e^{-h/a}) \qquad \therefore\ A = aL$$

3 章の解答   229

10. 3–A 10 の図において，底面の中心 O を原点，$\overline{\text{OP}} = x$ とする．P において AB に垂直な平面でこの立体を切った切り口は，直角三角形 PQR で，その面積を $S(x)$ とすると

$$S(x) = \frac{1}{2}\overline{\text{PQ}} \cdot \overline{\text{QR}} = \frac{1}{2}\overline{\text{PQ}} \cdot \overline{\text{PQ}} \tan\frac{\pi}{6}$$

$$= \frac{1}{2\sqrt{3}}\overline{\text{PQ}}^2 = \frac{1}{2\sqrt{3}}(\overline{\text{OQ}}^2 - \overline{\text{OP}}^2) = \frac{1}{2\sqrt{3}}(a^2 - x^2)$$

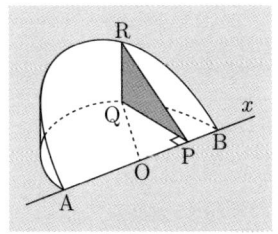

3–A 10

よって

$$V = \int_{-a}^{a} S(x)dx = \frac{1}{2\sqrt{3}}\int_{-a}^{a}(a^2 - x^2)dx = \frac{2}{3\sqrt{3}}a^3$$

11. サイクロイド $\begin{cases} x = a(\theta - \sin\theta) \\ y = a(1 - \cos\theta) \end{cases}$ $(a > 0,$
$0 \leqq \theta \leqq 2\pi)$ は 3–A 11 の図のようになる．曲線の長さを求める．

$$\frac{dx}{d\theta} = a(1 - \cos\theta), \quad \frac{dy}{d\theta} = a\sin\theta$$

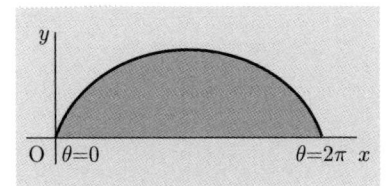

3–A 11

$$\therefore \quad L = 2\int_0^\pi \sqrt{\left(\frac{dx}{d\theta}\right)^2 + \left(\frac{dy}{d\theta}\right)^2}\,d\theta = 2\int_0^\pi \sqrt{a^2(1 - \cos\theta)^2 + a^2\sin^2\theta}\,d\theta$$

$$= 2\sqrt{2}\,a\int_0^\pi \sqrt{1 - \cos\theta}\,d\theta \quad \left(\cos 2\cdot\frac{\theta}{2} = 1 - 2\sin^2\frac{\theta}{2} \text{より}\right)$$

$$= 4a\int_0^\pi \sin\frac{\theta}{2}d\theta = 4a\left[-2\cos\frac{\theta}{2}\right]_0^\pi = 8a.$$

◆ 演習問題 *3-B* の解答

1. (1) $x^3 = x(x^2 + a^2) - a^2 x$ とおく．

$$I = \int \frac{x(x^2 + a^2) - a^2 x}{(a^2 + x^2)^{3/2}}dx = \int \frac{x}{(a^2 + x^2)^{1/2}}dx - a^2\int \frac{x}{(a^2 + x^2)^{3/2}}dx$$

$$= \sqrt{x^2 + a^2} + \frac{a^2}{\sqrt{x^2 + a^2}} = \frac{x^2 + 2a^2}{\sqrt{x^2 + a^2}}$$

(2) $\theta = \sin^{-1} x$ とおく．すなわち，$x = \sin\theta,\ dx = \cos\theta d\theta$ である．

$$I = \int \frac{\sqrt{1 - x^2}}{x^4}\sin^{-1}x\,dx = \int \theta\frac{\cos^2\theta}{\sin^4\theta}d\theta = \int \theta \cdot \cot^2\theta\,\text{cosec}^2\theta\,d\theta$$

ここで $f = \theta,\ g' = \cot^2\theta\,\text{cosec}^2\theta$ として部分積分法を用いると，

$$I = -\frac{\theta\cot^3\theta}{3} + \frac{1}{3}\int \cot^3\theta\,d\theta$$

$$\int \cot^3 \theta d\theta = \int \frac{\cos\theta(1-\sin^2\theta)}{\sin^3\theta} d\theta = \int \frac{\cos\theta}{\sin^3\theta} d\theta - \int \frac{\cos\theta}{\sin\theta} d\theta = -\frac{1}{2\sin^2\theta} - \log|\sin\theta|$$

$$\therefore \int \frac{\sqrt{1-x^2}}{x^4} \sin^{-1} x dx = -\frac{\theta \cot^3\theta}{3} - \frac{1}{6\sin^2\theta} - \frac{1}{3}\log|\sin\theta|$$

$$= -\frac{1}{3}\left(\frac{\sqrt{1-x^2}}{x}\right)^3 \sin^{-1}x - \frac{1}{6x^2} - \frac{1}{3}\log|x|.$$

(3) $t = \cot^{-1} x$ とおく.

$$\int \frac{\cot^{-1} x}{x^2(1+x^2)} dx = \int \frac{t\cdot(-\csc^2 t)}{\cot^2 t \csc^2 t} dt = -\int t\cdot \tan^2 t dt$$

$$= \int t dt - \int t \sec^2 t dt = \frac{t^2}{2} - \left(t\tan t - \int \tan t dt\right) = \frac{t^2}{2} - t\tan t - \log|\cos t|$$

$$= \frac{(\cot^{-1} x)^2}{2} - (\cot^{-1} x)\tan(\cot^{-1} x) - \log|\cos(\cot^{-1} x)|$$

(4) $\int \frac{e^x}{x}(1 + x\log x) dx = \int \frac{e^x}{x} dx + \int e^x \log x dx$ この後半に部分積分法を適用する.

$$\int e^x \log x dx = e^x \log x - \int \frac{e^x}{x} dx \quad \therefore \quad \int \frac{e^x}{x}(1+x\log x) dx = e^x \log x$$

2. $\sqrt{x^2+1} - x = t$ とおくと, $x = \frac{1-t^2}{2t}$, $\frac{dx}{dt} = -\frac{1}{2}\left(1 + \frac{1}{t^2}\right)$

$$I = \int_1^0 t^\alpha \left\{-\frac{1}{2}\left(1 + \frac{1}{t^2}\right)\right\} dt = \int_0^1 \frac{1}{2}(t^\alpha + t^{\alpha-2}) dt = \frac{1}{2}\left[\frac{t^{\alpha+1}}{\alpha+1} + \frac{t^{\alpha-1}}{\alpha-1}\right]_0^1$$

$$= \frac{1}{2}\left(\frac{1}{\alpha+1} + \frac{1}{\alpha-1}\right) = \frac{\alpha}{\alpha^2-1} \quad \left(\because \lim_{x\to\infty} \sqrt{x^2+1} - x = \lim_{x\to\infty} \frac{1}{\sqrt{x^2+1}+x} = 0\right)$$

3. $\lim_{x\to\infty} x^4 e^{-2x} = \lim_{x\to\infty} \frac{x^4}{e^{2x}} = \lim_{x\to\infty} \frac{4x^3}{2e^{2x}} = \lim_{x\to\infty} \frac{12x^2}{4e^{2x}} = \lim_{x\to\infty} \frac{24x}{8e^{2x}} = \lim_{x\to\infty} \frac{24}{16e^{2x}} = 0$

ゆえに $x \geqq c$ に対して $x^2 e^{-2x} \leqq \frac{1}{x^2}$.

よって, p.85 の定理 3.8 (2) において, $M = 1, \lambda = 2 > 1$ となるので, 広義積分 $\int_0^\infty x^2 e^{-2x} dx$ は存在する.

次に $2x = t$ とおくと, $dx = \frac{1}{2} dt$

$$\int_0^\infty x^2 e^{-2x} dx = \lim_{N\to\infty} \int_0^N \left(\frac{t}{2}\right)^2 \cdot e^{-t} \cdot \frac{1}{2} dt = \frac{1}{8} \lim_{N\to\infty} \int_0^N t^2 e^{-t} dt$$

$$= \frac{1}{8}\Gamma(3) = \frac{1}{8}\cdot 2! = \frac{1}{4} \quad (\Rightarrow \text{p.89 の } \mathbf{30.1}\ (2))$$

4. $A \geqq 0, B \geqq 0$ として, $x = AB^{-1/(p-1)}$ とおき, 問題の中の与えられた不等式 ① に代入すると $\frac{1}{p}(AB^{-1/(p-1)})^p + \frac{1}{q} - AB^{-1/(p-1)} \geqq 0$. この両辺を $B^{-p/(p-1)}$ で割って

$$\frac{1}{p}A^p + \frac{1}{q}B^{p/(p-1)} - AB^{-1/(p-1)+p/(p-1)} \geqq 0$$

$$\therefore \quad \frac{1}{p}A^p + \frac{1}{q}B^q \geqq AB \qquad \cdots ②$$

いま $f(x) \geqq 0, g(x) \geqq 0$ のとき,

$$P = \left(\int_a^b f^p(x)dx\right)^{1/p}, \quad Q = \left(\int_a^b g^q(x)dx\right)^{1/q}$$

とおき, $A = f(x)/P, B = g(x)/Q$ とすると, 上記 ② より

$$\frac{f(x)}{P} \cdot \frac{g(x)}{Q} \leqq \frac{1}{p}\left(\frac{f(x)}{P}\right)^p + \frac{1}{q}\left(\frac{g(x)}{Q}\right)^q$$

$$\int_a^b \left(\frac{f(x)}{P} \cdot \frac{g(x)}{Q}\right)dx \leqq \frac{1}{p}\int_a^b \left(\frac{f(x)}{P}\right)^p dx + \frac{1}{q}\int_a^b \left(\frac{g(x)}{Q}\right)^q dx = \frac{1}{p} + \frac{1}{q} = 1$$

$$\therefore \quad \int_a^b f(x)g(x)dx \leqq PQ = \left(\int_a^b f^p(x)dx\right)^{1/p}\left(\int_a^b g^q(x)dx\right)^{1/q}$$

4 章の解答

1.1 (1) $\sqrt{|x|+|y|-2}$ が実数値となるのは, $|x|+|y| \geqq 2$ のとき. ゆえに定義域は $\{(x,y)||x|+|y| \geqq 2\}$ である.

(2) $\log(x+y)$ が実数値となるのは $x+y>0$ のとき. ゆえに定義域は $\{(x,y)|x+y>0\}$ である.

(3) $\sqrt{\dfrac{a^2-x^2}{b^2-y^2}}$ が意味をもつのは $\dfrac{a^2-x^2}{b^2-y^2} \geqq 0, b^2-y^2 \neq 0$ のときである. これは $(x^2-a^2)(b^2-y^2) \geqq 0, b^2-y^2 \neq 0$ と同値であるから, 定義域は $|x| \geqq |a|, |y|>|b|$ を満たす点 (x,y) および $|x| \leqq |a|, |y|<|b|$ を満たす点 (x,y) である.

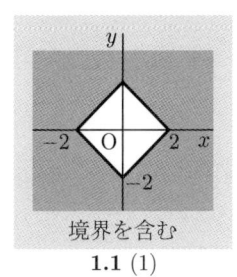

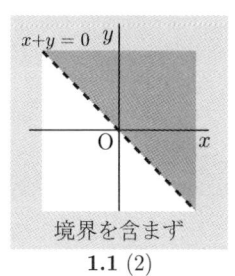

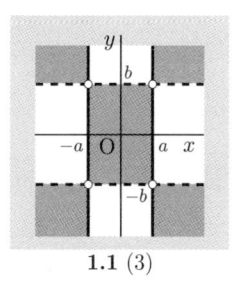

1.1 (1) 境界を含む

1.1 (2) 境界を含まず

1.1 (3)

1.2 $\left|x\sin\dfrac{1}{y} + y\sin\dfrac{1}{x}\right| \leqq |x|+|y|$ であるから,

$$0 \leqq \lim_{(x,y)\to(0,0)}|f(x,y)| \leqq \lim_{(x,y)\to(0,0)}(|x|+|y|)=0, \quad \lim_{(x,y)\to(0,0)}f(x,y)=0$$

他方, $\lim_{y\to 0}f(x,y) = x\lim_{y\to 0}\sin(1/y), \lim_{x\to 0}f(x,y) = y\lim_{x\to 0}\sin(1/x)$ は存在しない. したがって, もちろん $\lim_{x\to 0}\lim_{y\to 0}f(x,y), \lim_{y\to 0}\lim_{x\to 0}f(x,y)$ は存在しない.

2.1 (1) $y = mx$ 上に点 (x,y) をとると $f(x,y) = \dfrac{1-m^2+(1+m^3)x}{1+m^2}$. この直線上を点 (x,y) を 0 に近づけると $f(x,y) \to \dfrac{1-m^2}{1+m^2}$ でこれは m の値で異なった値になるから $\lim_{(x,y)\to(0,0)} f(x,y)$ は存在しない.

(2) 直線 $y = x$ 上に点 (x,y) をとると, $f(x,y) = \dfrac{2x^3-x^3+x^2+x^2}{2x^2} = \dfrac{x+2}{2}$ となり, この直線に沿って点 (x,y) を原点に近づけると, $f(x,y) \to 1$ となる. 直線 $x=0$ (y 軸), $y=0$ (x 軸) についても同様に考えるとその極限値は 1 になる. よって, もし極限があるならば, それは 1 でなければならない. そこで, $f(x,y)$ と 1 との差が 0 に近づくことを証明する.

いま, $x = r\cos\theta, y = r\sin\theta$ とおくと $(x,y) \to (0,0)$ のとき, $r \to 0$ であるから次のようになり, 極限は 1 である.

$$\left| \frac{2x^3-y^3+x^2+y^2}{x^2+y^2} - 1 \right| = \left| \frac{2x^3-y^3}{x^2+y^2} \right| = \left| \frac{r^3(2\cos^3\theta - \sin^3\theta)}{r^2} \right|$$
$$\leqq |2r\cos^3\theta| + |r\sin^3\theta| \leqq 2r + r \to 0 \quad ((x,y) \to (0,0))$$

3.1 (1) $f(x,y)$ が $(0,0)$ 以外の点で連続となることは明らか, また p.104 の例題 2 (2) と同様に $\lim_{(x,y)\to(0,0)} f(x,y)$ が存在しないから点 $(0,0)$ では不連続.

(2) 点 $(0,0)$ を除いて $f(x,y)$ が連続なことは明らかである. また $\sqrt{ab} \leqq \dfrac{a+b}{2}$ ($a \geqq 0, b \geqq 0$) で $a = x^2, b = y^2$ とおくと, $xy \leqq \dfrac{x^2+y^2}{2}$ …① となり $\dfrac{xy}{\sqrt{x^2+y^2}} \leqq \dfrac{\sqrt{x^2+y^2}}{2}$ となるので,

$$\lim_{(x,y)\to(0,0)} |f(x,y)| \leqq \lim_{(x,y)\to(0,0)} \frac{\sqrt{x^2+y^2}}{2} = 0, \quad \lim_{(x,y)\to(0,0)} f(x,y) = f(0,0)$$

より点 $(0,0)$ においても連続である.

3.2 (1) $(0,0)$ 以外の点での連続性は明らかである. $\left| \dfrac{x^2-y^2}{x^2+y^2} \right| \leqq 1$ であるから,

$$\lim_{(x,y)\to(0,0)} |f(x,y)| \leqq \lim_{(x,y)\to(0,0)} |xy| = 0, \quad \lim_{(x,y)\to(0,0)} f(x,y) = f(0,0).$$

したがって点 $(0,0)$ でも連続.

(2) $\left| \dfrac{x^2 y}{x^2+y^2} \right| = |x| \left| \dfrac{xy}{x^2+y^2} \right| \leqq |x| \cdot \dfrac{x^2+y^2}{2} \cdot \dfrac{1}{x^2+y^2} = \dfrac{1}{2}|x|$ (⇨ 上記 ①) より $\lim_{(x,y)\to(0,0)} f(x,y) = f(0,0)$. したがって点 $(0,0)$ でも連続.

4.1 (1) $\dfrac{\partial z}{\partial x} = \dfrac{x}{\sqrt{x^2+y^2}}, \quad \dfrac{\partial z}{\partial y} = \dfrac{y}{\sqrt{x^2+y^2}}$ \quad (2) $\dfrac{\partial z}{\partial x} = \dfrac{1}{\sqrt{y^2-x^2}}, \quad \dfrac{\partial z}{\partial y} = \dfrac{-x}{y\sqrt{y^2-x^2}}$

(3) $z = x^y = e^{y\log x}$ として計算する. $\dfrac{\partial z}{\partial x} = yx^{y-1}, \quad \dfrac{\partial z}{\partial y} = x^y \log x$

(4) $\dfrac{\partial z}{\partial x} = \dfrac{2x}{x^2+y^2}, \quad \dfrac{\partial z}{\partial y} = \dfrac{2y}{x^2+y^2}$

(5) $\dfrac{\partial z}{\partial x} = \dfrac{y(2+y^2)}{(2+x^2+y^2+x^2y^2)\sqrt{2+x^2+y^2}}, \quad \dfrac{\partial z}{\partial y} = \dfrac{x(2+x^2)}{(2+x^2+y^2+x^2y^2)\sqrt{2+x^2+y^2}}$

4.2 (1) $z_x = \dfrac{\cos u}{v} \cdot \dfrac{-y}{x^2} + \dfrac{-\sin u}{v^2} \cdot 2x = \left\{\cos\dfrac{y}{x} \bigg/ (x^2+y^2)\right\}\dfrac{-y}{x^2} - \left\{\sin\dfrac{y}{x}\bigg/(x^2+y^2)^2\right\}2x$

$\qquad = -\left\{(x^2+y^2)y\cos\dfrac{y}{x} + 2x^3\sin\dfrac{y}{x}\right\}\bigg/ x^2(x^2+y^2)^2.$

$\qquad z_y = \dfrac{\cos u}{v}\cdot\dfrac{1}{x} + \dfrac{-\sin u}{v^2}\cdot 2y = \left\{\cos\dfrac{y}{x}\bigg/(x^2+y^2)\right\}\dfrac{1}{x} - \left\{\sin\dfrac{y}{x}\bigg/(x^2+y^2)^2\right\}2y$

$\qquad = \left\{(x^2+y^2)\cos\dfrac{y}{x} - 2xy\sin\dfrac{y}{x}\right\}\bigg/ x(x^2+y^2)^2.$

(2) $z_x = e^{\sin u + \cos v}\cdot\cos u\cdot y + e^{\sin u+\cos v}(-\sin v) = z\{y\cos xy - \sin(x+y)\}$

$\quad z_y = e^{\sin u+\cos v}\cdot \cos u\cdot x + e^{\sin u+\cos v}(-\sin v) = z\{x\cos xy - \sin(x+y)\}.$

5.1 $z = f(x,y) = \varphi(u), u = \dfrac{y}{x}$ とすると, $\dfrac{\partial z}{\partial x} = \varphi'(u)\dfrac{-y}{x^2}, \dfrac{\partial z}{\partial y} = \varphi'(u)\dfrac{1}{x}$ となるから,

$$x\dfrac{\partial z}{\partial x} + y\dfrac{\partial z}{\partial y} = -\dfrac{y}{x}\varphi'(u) + \dfrac{y}{x}\varphi'(u) = 0.$$

逆に $x\dfrac{\partial z}{\partial x} + y\dfrac{\partial z}{\partial y} = 0$ と仮定する. $u = \dfrac{y}{x}$ とおき, $z = f(x,y) = f(x,ux) = \varphi(x,u)$ とすると

$$\dfrac{\partial z}{\partial x} = \dfrac{\partial \varphi}{\partial x} + \dfrac{\partial \varphi}{\partial u}\cdot\dfrac{\partial u}{\partial x} = \varphi_x + \varphi_u\dfrac{-y}{x^2}, \quad \dfrac{\partial z}{\partial y} = \dfrac{\partial \varphi}{\partial u}\cdot\dfrac{\partial u}{\partial y} = \varphi_u\dfrac{1}{x}$$

ゆえに, $\quad 0 = x\dfrac{\partial z}{\partial x} + y\dfrac{\partial z}{\partial y} = x\left(\varphi_x + \varphi_u\dfrac{-y}{x^2}\right) + y\left(\varphi_u\dfrac{1}{x}\right) = x\varphi_x, \quad \varphi_x = 0.$

これは φ が u のみの関数すなわち f が y/x のみの関数であることを意味する.

6.1 $f_x(0,0) = \lim_{x\to 0}\dfrac{f(x,0) - f(0,0)}{x} = \lim_{x\to 0}\dfrac{0}{x} = 0,$

$\qquad f_x(0,y) = \lim_{x\to 0}\dfrac{f(x,y) - f(0,y)}{x} = \lim_{x\to 0}\dfrac{x^2\tan^{-1}(y/x) - y^2\tan^{-1}(x/y)}{x}$

$\qquad\quad = \lim_{x\to 0}\left(2x\tan^{-1}\dfrac{y}{x} + x^2\dfrac{-y/x^2}{1+(y/x)^2} - y^2\dfrac{1/y}{1+(x/y)^2}\right) \quad$ (ロピタルの定理)

$\qquad\quad = \lim_{x\to 0}\left(2x\tan^{-1}\dfrac{y}{x} - y\right) = -y.$

ゆえに, $\qquad f_{xy}(0,0) = \lim_{y\to 0}\dfrac{f_x(0,y) - f_x(0,0)}{y} = \lim_{y\to 0}\dfrac{-y}{y} = -1.$

同様にして, $f_{yx}(0,0) = 1.$

6.2 (1) $f_x = \dfrac{-x}{\sqrt{1-x^2-y^2}}, \quad f_{xy} = \dfrac{-xy}{\sqrt{(1-x^2-y^2)^3}}, \quad f_y = \dfrac{-y}{\sqrt{1-x^2-y^2}},$

$\qquad f_{yx} = \dfrac{-xy}{\sqrt{(1-x^2-y^2)^3}}.$

(2) $f_x = -\dfrac{y}{x^2+y^2}, \quad f_{xy} = \dfrac{y^2-x^2}{(x^2+y^2)^2}, \quad f_y = \dfrac{x}{x^2+y^2}, \quad f_{yx} = \dfrac{y^2-x^2}{(x^2+y^2)^2}.$

6.3 $f(x,y) = \sqrt{|xy|}$ が $(0,0)$ で連続であることを示す. いま $x = r\cos\theta, y = r\sin\theta$ とおくと,

$\sqrt{|xy|} = r\sqrt{|\sin\theta\cos\theta|} \leqq r \to 0 \ (r\to 0).\qquad \therefore \lim_{(x,y)\to (0,0)} f(x,y) = f(0,0)$

ゆえに $f(x,y)$ は $(0,0)$ で連続.

$\qquad f_x(0,0) = \lim_{x\to 0}\dfrac{f(x,0) - f(0,0)}{x} = 0, \quad f_y(0,0) = \lim_{y\to 0}\dfrac{f(0,y) - f(0,0)}{y} = 0$

は明らかである．いま，$f(h,k) - f(0,0) = f_x(0,0)h + f_y(0,0)k + \varepsilon\sqrt{h^2+k^2}$ とおけば
$$\sqrt{|hk|} = \varepsilon\sqrt{h^2+k^2} \quad \therefore \quad \varepsilon = \sqrt{|hk|}/\sqrt{h^2+k^2}$$
ここで $k = mh \ (m>0)$ とすると，$\varepsilon = \sqrt{m}/\sqrt{1+m^2}$ となり，$(h,k) \to (0,0)$ のとき，$\varepsilon \to 0$ とならない．ゆえに $f(x,y)$ は $(0,0)$ で全微分可能でない．

7.1 (1) $\dfrac{\partial z}{\partial x} = 3x^2y^2, \quad \dfrac{\partial z}{\partial y} = 2x^3y, \quad \dfrac{\partial^2 z}{\partial x^2} = 6xy^2, \quad \dfrac{\partial^2 z}{\partial y^2} = 2x^3, \quad \dfrac{\partial^2 z}{\partial x \partial y} = 6x^2y.$

(2) $\dfrac{\partial z}{\partial x} = -\dfrac{y}{x^2}, \quad \dfrac{\partial z}{\partial y} = \dfrac{1}{x}, \quad \dfrac{\partial^2 z}{\partial x^2} = \dfrac{2y}{x^3}, \quad \dfrac{\partial^2 z}{\partial y^2} = 0, \quad \dfrac{\partial^2 z}{\partial x \partial y} = -\dfrac{1}{x^2}.$

(3) $\dfrac{\partial z}{\partial x} = \dfrac{x^2+2xy-y^2}{(x+y)^2}, \quad \dfrac{\partial z}{\partial y} = \dfrac{y^2+2xy-x^2}{(x+y)^2}, \quad \dfrac{\partial^2 z}{\partial x^2} = \dfrac{4y^2}{(x+y)^3},$

$\dfrac{\partial^2 z}{\partial y^2} = \dfrac{4x^2}{(x+y)^3}, \quad \dfrac{\partial^2 z}{\partial x \partial y} = \dfrac{-4xy}{(x+y)^3}.$

7.2 $\dfrac{\partial f}{\partial x} = \dfrac{-y}{x^2+y^2}, \quad \dfrac{\partial^2 f}{\partial x^2} = \dfrac{2xy}{(x^2+y^2)^2}, \quad \dfrac{\partial f}{\partial y} = \dfrac{x}{x^2+y^2}, \quad \dfrac{\partial^2 f}{\partial y^2} = \dfrac{-2xy}{(x^2+y^2)^2}$

ゆえに，$\Delta f = 0$．

7.3 $\dfrac{\partial z}{\partial u} = \dfrac{\partial z}{\partial x} \cdot \dfrac{\partial x}{\partial u} + \dfrac{\partial z}{\partial y} \cdot \dfrac{\partial y}{\partial u} = \dfrac{\partial z}{\partial x} \cdot x + \dfrac{\partial z}{\partial y} \cdot y.$

$\dfrac{\partial^2 z}{\partial u^2} = \dfrac{\partial}{\partial u}\left(\dfrac{\partial z}{\partial x} \cdot x\right) + \dfrac{\partial}{\partial u}\left(\dfrac{\partial z}{\partial y} \cdot y\right)$

$= \dfrac{\partial}{\partial x}\left(\dfrac{\partial z}{\partial x} \cdot x\right)\dfrac{\partial x}{\partial u} + \dfrac{\partial}{\partial y}\left(\dfrac{\partial z}{\partial x} \cdot x\right)\dfrac{\partial y}{\partial u} + \dfrac{\partial}{\partial x}\left(\dfrac{\partial z}{\partial y} \cdot y\right)\dfrac{\partial x}{\partial u} + \dfrac{\partial}{\partial y}\left(\dfrac{\partial z}{\partial y} \cdot y\right)\dfrac{\partial y}{\partial u}$

$= \left(\dfrac{\partial^2 z}{\partial x^2}x + \dfrac{\partial z}{\partial x}\right)x + 2\dfrac{\partial^2 z}{\partial x \partial y}xy + \left(\dfrac{\partial^2 z}{\partial y^2}y + \dfrac{\partial z}{\partial y}\right)y.$

同様に

$\dfrac{\partial z}{\partial v} = -\dfrac{\partial z}{\partial x} \cdot y + \dfrac{\partial z}{\partial y} \cdot x, \quad \dfrac{\partial^2 z}{\partial v^2} = \dfrac{\partial^2 z}{\partial x^2} \cdot y^2 - 2\dfrac{\partial^2 z}{\partial x \partial y} \cdot xy - \dfrac{\partial z}{\partial x} \cdot x - \dfrac{\partial z}{\partial y} \cdot y + \dfrac{\partial^2 z}{\partial y^2} \cdot x^2.$

$\therefore \quad \dfrac{\partial^2 z}{\partial u^2} + \dfrac{\partial^2 z}{\partial v^2} = (x^2+y^2)\dfrac{\partial^2 z}{\partial x^2} + (x^2+y^2)\dfrac{\partial^2 z}{\partial y^2} = (x^2+y^2)\left(\dfrac{\partial^2 z}{\partial x^2} + \dfrac{\partial^2 z}{\partial y^2}\right).$

7.4 $\dfrac{\partial^2 z}{\partial x \partial y} = \dfrac{\partial}{\partial x}\left(\dfrac{\partial z}{\partial y}\right) = 0$ であるから，$\dfrac{\partial z}{\partial y}$ は x を含まない，すなわち y のみの関数である．$\dfrac{\partial z}{\partial y} = g(y)$ とおけば，$z = \displaystyle\int g(y)dy + c$．ここで c は y を含まないが z が x,y の関数であるから x のみの関数である．$c = \varphi(x)$ とすると
$$f(x,y) = \int g(y)dy + \varphi(x).$$

8.1 (1) $f_x = \cos(x+y^2), \quad f_y = 2y\cos(x+y^2), \quad f_{xx} = -\sin(x+y^2),$

$f_{xy} = -2y\sin(x+y^2), \quad f_{yy} = 2\cos(x+y^2) - 4y^2\sin(x+y^2),$

$f_{xxx} = -\cos(x+y^2), \quad f_{xxy} = -2y\cos(x+y^2),$

$f_{xyy} = -2\sin(x+y^2) - 4y^2\cos(x+y^2),$

$f_{yyy} = -12y\sin(x+y^2) - 8y^3\cos(x+y^2), \quad f_{xxxx} = \sin(x+y^2),$

$f_{xxxy} = 2y\sin(x+y^2), \quad f_{xxyy} = -2\cos(x+y^2) + 4y^2\sin(x+y^2), \quad \cdots$

$$f_{xyyy} = -12y\cos(x+y^2) + 8y^3\sin(x+y^2)$$
$$f_{yyyy} = -12\{\sin(x+y^2) + 2y^2\cos(x+y^2)\}$$

より $f(0,0) = 0$, $f_x(0,0) = 1$, $f_y(0,0) = 0$, $f_{xx}(0,0) = f_{xy}(0,0) = 0$,
$f_{yy}(0,0) = 2$, $f_{xxx}(0,0) = -1$, $f_{xxy}(0,0) = f_{xyy}(0,0) = f_{yyy}(0,0) = 0$.
$f_{xxxx}(0,0) = f_{xxxy}(0,0) = f_{xyyy}(0,0) = f_{yyyy}(0,0) = 0$, $f_{xxyy}(0,0) = -2$, $\cdots$

したがって $$\sin(x+y^2) = x + y^2 - \frac{x^3}{3!} - \frac{12}{4!}x^2y^2 + \cdots$$

(2) $f_x = \dfrac{-x}{\sqrt{1-x^2-y^2}}$, $f_y = \dfrac{-y}{\sqrt{1-x^2-y^2}}$,

$f_{xx} = \dfrac{-(1-y^2)}{(1-x^2-y^2)^{3/2}}$, $f_{xy} = \dfrac{-xy}{(1-x^2-y^2)^{3/2}}$, $f_{yy} = \dfrac{-(1-x^2)}{(1-x^2-y^2)^{3/2}}$,

$f_{xxx} = \dfrac{-3x(1-y^2)}{(1-x^2-y^2)^{5/2}}$, $f_{xxy} = \dfrac{-y(1+2x^2-y^2)}{(1-x^2-y^2)^{5/2}}$, $f_{xyy} = \dfrac{-x(1-x^2+2y^2)}{(1-x^2-y^2)^{5/2}}$,

$f_{yyy} = \dfrac{-3y(1-x^2)}{(1-x^2-y^2)^{5/2}}$, $f_{xxxx} = \dfrac{-3(1-y^2)(1-x^2-y^2) - 15x^2(1-y^2)}{(1-x^2-y^2)^{7/2}}$,

$f_{yyyy} = \dfrac{-3(1-x^2)(1-x^2-y^2) - 15y^2(1-x^2)}{(1-x^2-y^2)^{7/2}}$,

$f_{xxyy} = \dfrac{-(1+2x^2-3y^2)(1-x^2-y^2) - 5y(y+2x^2y-y^3)}{(1-x^2-y^2)^{7/2}}$,

$f_{xxxy} = \dfrac{6xy(1-x^2-y^2) - 15xy(1-y^2)}{(1-x^2-y^2)^{7/2}}$, $f_{xyyy} = \dfrac{3xy(3x^2-2y^2-3)}{(1-x^2-y^2)^{7/2}}$, $\cdots$

より $f(0,0) = 1$, $f_x(0,0) = f_y(0,0) = 0$, $f_{xx}(0,0) = f_{yy}(0,0) = -1$,
$f_{xy}(0,0) = 0$, $f_{xxx}(0,0) = f_{xxy}(0,0) = f_{xyy}(0,0) = f_{yyy}(0,0) = 0$,
$f_{xxxx}(0,0) = f_{yyyy}(0,0) = -3$, $f_{xxxy}(0,0) = f_{xyyy}(0,0) = 0$, $f_{xxyy}(0,0) = -1$, $\cdots$

したがって $(1-x^2-y^2)^{1/2} = 1 - \dfrac{1}{2!}(x^2+y^2) + \dfrac{1}{4!}(-3x^4 - 6x^2y^2 - 3y^4) + \cdots$

8.2 $f_x = 2ax$, $f_y = 2by$, $f_{xx} = 2a$, $f_{xy} = 0$, $f_{yy} = 2b$, $f_{xxx} = f_{xxy} = f_{xyy} = f_{yyy} = 0$ より

$$f(x+h, y+k) = f(x,y) + \frac{1}{1!}\left(h\frac{\partial}{\partial x} + k\frac{\partial}{\partial y}\right)f(x,y) + \frac{1}{2!}\left(h\frac{\partial}{\partial x} + k\frac{\partial}{\partial y}\right)^2 f(x,y)$$
$$= ax^2 + by^2 + (2ahx + 2bky) + \frac{1}{2}(h^2\cdot 2a + k^2\cdot 2b)$$
$$= ax^2 + by^2 + 2(ahx + bky) + (ah^2 + bk^2).$$

8.3 マクローリンの定理から
$$f(x,y) = f(0,0) + \frac{1}{1!}\left(x\frac{\partial}{\partial x} + y\frac{\partial}{\partial y}\right)f(0,0) + \cdots + \frac{1}{(n-1)!}\left(x\frac{\partial}{\partial x} + y\frac{\partial}{\partial y}\right)^{n-1} f(0,0)$$
$$+ \frac{1}{n!}\left(x\frac{\partial}{\partial x} + y\frac{\partial}{\partial y}\right)^n f(\theta x, \theta y)$$
$$= f(0,0) + \frac{1}{1!}\left(x\frac{\partial}{\partial x} + y\frac{\partial}{\partial y}\right)f(0,0) + \cdots + \frac{1}{(n-1)!}\left(x\frac{\partial}{\partial x} + y\frac{\partial}{\partial y}\right)^{n-1} f(0,0)$$

したがって $f(x,y)$ は $n-1$ 次以下の整式である.

9.1 (1) $f_x = 3x^2y + y^3 - y$, $f_y = x^3 + 3xy^2 - x$, $f_x = f_y = 0$ を解いて，
$$(x,y) = (0,0),\ (0,\pm 1),\ (\pm 1, 0),\ (\pm 1/2, 1/2),\ (\pm 1/2, -1/2).$$
$f_{xx} = 6xy$, $f_{yy} = 6xy$, $f_{xy} = 3x^2 + 3y^2 - 1$. $D = f_{xy}^2 - f_{xx}f_{yy}$ を各点で求めると $D(0,0) = 1$, $D(0, \pm 1) = D(\pm 1, 0) = 4$, $D(\pm 1/2, 1/2) < 0$, $D(\pm 1/2, -1/2) < 0$, $f_{xx}(1/2, 1/2) > 0$, $f_{xx}(-1/2, 1/2) < 0$, $f_{xx}(1/2, -1/2) < 0$, $f_{xx}(-1/2, -1/2) > 0$ であるから，
極大値は $f\left(\dfrac{1}{2}, -\dfrac{1}{2}\right) = f\left(-\dfrac{1}{2}, \dfrac{1}{2}\right) = \dfrac{1}{8}$，極小値は $f\left(-\dfrac{1}{2}, -\dfrac{1}{2}\right) = f\left(\dfrac{1}{2}, \dfrac{1}{2}\right) = -\dfrac{1}{8}$.

(2) $f_x = 4x(x^2 + y^2) - 4a^2 x$, $f_y = 4y(x^2 + y^2) + 4a^2 y$. $f_x = f_y = 0$ を解いて，$(x, y) = (0, 0), (\pm a, 0)$. $f_{xx} = 4(3x^2 + y^2 - a^2)$, $f_{yy} = 4(x^2 + 3y^2 + a^2)$, $f_{xy} = 8xy$ となるから
$$f_{xy}(0,0)^2 - f_{xx}(0,0)f_{yy}(0,0) = 16a^4 > 0,\quad f_{xy}(\pm a, 0)^2 - f_{xx}(\pm a, 0)f_{yy}(\pm a, 0) = -64a^4 < 0.$$
$f_{xx}(\pm a, 0) = 8a^2 > 0$ より極小値は $f(\pm a, 0) = -a^4$.

(3) $f_x = 3(x^2 - ay)$, $f_y = 3(y^2 - ax)$. $f_x = f_y = 0$ を解いて，$(x, y) = (0, 0), (a, a)$. $f_{xx} = 6x$, $f_{yy} = 6y$, $f_{xy} = -3a$ であるから，$f_{xy}(0,0)^2 - f_{xx}(0,0)f_{yy}(0,0) = 9a^2 > 0$, $f_{xy}(a,a)^2 - f_{xx}(a,a)f_{yy}(a,a) = -27a^2 < 0$. $f_{xx}(a,a) = 6a$ であるから，$a > 0$ のとき $f(a,a) = -a^3$ が極小値，$a < 0$ のとき $f(a,a) = -a^3$ が極大値である．

(4) $f_x = \cos x - \cos(x+y)$, $f_y = \cos y - \cos(x+y)$. $f_x = f_y = 0$ より $\cos x = \cos y \cdots$ ①, $\cos y = \cos(x+y) \cdots$ ②. いま $0 < x < \pi, 0 < y < \pi \cdots$ ③ であるから，①，③ より $x = y \cdots$ ④. ②，③ より $x = 2\pi - (x+y) \cdots$ ⑤. よって④，⑤より，$x = y = 2\pi/3$ となる．$f_{xx} = -\sin x + \sin(x+y)$, $f_{yy} = -\sin y + \sin(x+y)$, $f_{xy} = \sin(x+y)$ であるから，
$$f_{xy}^2\left(\dfrac{2\pi}{3}, \dfrac{2\pi}{3}\right) - f_{xx}\left(\dfrac{2\pi}{3}, \dfrac{2\pi}{3}\right) f_{yy}\left(\dfrac{2\pi}{3}, \dfrac{2\pi}{3}\right) = -\dfrac{9}{4} < 0,\quad f_{xx}\left(\dfrac{2\pi}{3}, \dfrac{2\pi}{3}\right) = -\sqrt{3}.$$
ゆえに，極大値は $f\left(\dfrac{2\pi}{3}, \dfrac{2\pi}{3}\right) = \dfrac{3}{2}\sqrt{3}$

9.2 (1) $f_x = 8x^3 - 10xy$, $f_y = 4y - 5x^2$. $f_x = f_y = 0$ より $x = 0, y = 0$.
$f_{xy} = -10x$, $f_{xx} = 24x^2 - 10y$, $f_{yy} = 4$ であるから $f_{xy}(0,0)^2 - f_{xx}(0,0)f_{yy} = 0$.
したがって p.115 の定理 4.14 を使うことはできない．しかし $f(x,y) = (2x^2 - y)(x^2 - 2y)$ であるから，$\dfrac{x^2}{2} < y < 2x^2$ のとき $f(x,y) < f(0,0)$．$y < \dfrac{x^2}{2}$ または $x^2 < \dfrac{y}{2}$ のとき $f(x,y) > f(0,0) = 0$ となり $f(0,0)$ は極値ではない．

(2) $f_x = 2x - 2y^2$, $f_y = -4xy + 4y^3 - 5y^4$ であるから $f_x = f_y = 0$ より $(x, y) = (0, 0)$. $f_{xx} = 2$, $f_{yy} = -4x + 12y^2 - 20y^3$, $f_{xy} = -4y$ となるから，
$$f_{xy}(0,0)^2 - f_{xx}(0,0)f_{yy}(0,0) = 0 \qquad (f(0,0) = 0)$$
したがって p.115 の定理 4.14 の方法では判定できない．
$f(x, y) = (x - y^2)^2 - y^5$ であるから，点 $(0,0)$ の近くの点 (x,y) で $y < 0$ のときは $f > 0$．または $x = y^2$ で $y > 0$ のときは $f < 0$．ゆえに $f(0,0)$ は極値ではない．

10.1 10.1 の図のように2つの辺に対する中心角をそれぞれ x, y とすれば第3辺に対する中心角は $2\pi - x - y$ であり，三角形の周の長さは，

$$l = 2r\left\{\sin\frac{x}{2} + \sin\frac{y}{2} + \sin\left(\pi - \frac{x+y}{2}\right)\right\}$$
$$= 2r\left(\sin\frac{x}{2} + \sin\frac{y}{2} + \sin\frac{x+y}{2}\right).$$
$$l_x = r\left(\cos\frac{x}{2} + \cos\frac{x+y}{2}\right),$$
$$l_y = r\left(\cos\frac{y}{2} + \cos\frac{x+y}{2}\right). \quad l_x = l_y = 0$$

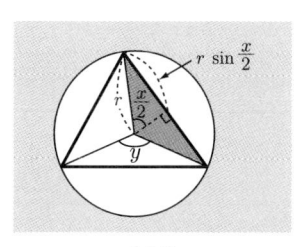

を解く. 題意により $x, y > 0$, $0 < \dfrac{x+y}{2} < \pi$ であるので

10.1

$$\cos\frac{x}{2} + \cos\frac{x+y}{2} = 2\cos\frac{2x+y}{4}\cos\frac{y}{4} = 0 \quad \text{より} \quad \frac{2x+y}{4} = \frac{\pi}{2}, \frac{y}{4} = \frac{\pi}{2}$$
$$\cos\frac{y}{2} + \cos\frac{x+y}{2} = 2\cos\frac{x+2y}{4}\cos\frac{x}{4} = 0 \quad \text{より} \quad \frac{x+2y}{4} = \frac{\pi}{2}, \frac{x}{4} = \frac{\pi}{2}$$

よって, $2x+y = 2\pi$, $x+2y = 2\pi$ より $x = \dfrac{2\pi}{3}, y = \dfrac{2\pi}{3}$ となる. $y = 2\pi, x = 2\pi$ は題意により不適である.

$$l_{xx} = \frac{-r}{2}\left(\sin\frac{x}{2} + \sin\frac{x+y}{2}\right), \quad l_{yy} = \frac{-r}{2}\left(\sin\frac{y}{2} + \sin\frac{x+y}{2}\right), \quad l_{xy} = \frac{-r}{2}\sin\frac{x+y}{2}$$

であるから,

$$l_{xx}\left(\frac{2\pi}{3}, \frac{2\pi}{3}\right) = \frac{-r\sqrt{3}}{2} < 0, \quad l_{xy}\left(\frac{2\pi}{3}, \frac{2\pi}{3}\right)^2 - l_{xx}\left(\frac{2\pi}{3}, \frac{2\pi}{3}\right)l_{yy}\left(\frac{2\pi}{3}, \frac{2\pi}{3}\right) = -\frac{9r^2}{16} < 0.$$

ゆえに l は $x = y = 2\pi/3$ のとき極大でただ一つの極大値を与える. l が最大値をもつことは, l が $x \geqq 0, y \geqq 0, x+y \leqq 2\pi$ なる有界閉領域で連続となることからわかる ($\Rightarrow$ p.102 の定理 4.5). ゆえに l は $x = y = 2\pi/3$ のとき, すなわち正三角形のとき最大となる.

10.2 問題 10.1 と同じ記号で, 三角形の面積は

$$S = \frac{r^2}{2}\{\sin x + \sin y + \sin(2\pi - x - y)\} = \frac{r^2}{2}\{\sin x + \sin y - \sin(x+y)\}.$$

この S が $x > 0, y > 0, 0 < x+y < 2\pi$ における極大値は p.118 の 9.1 (4) で求めた. つまり, $x = y = \dfrac{2\pi}{3}$ のとき極大となり, 極大値は $S = \dfrac{3}{4}\sqrt{3}r^2$ である.

S が最大値をもつことは, S が境界をつけ加えた有界閉領域 $x \geqq 0, y \geqq 0, 0 \leqq x+y \leqq 2\pi$ で, 連続であることからわかる ($\Rightarrow$ p.102 の定理 4.5). よって考えている領域で極大値は 1 つであるからそれが最大値である.

11.1 (1) $F(x, y) = y - x^y = 0$ とおくと $F(x, y) = y - e^{y\log x}$ で,

$$F_x = -\frac{y}{x}e^{y\log x} = -\frac{y^2}{x}, \quad F_y = 1 - (\log x)e^{y\log x} = 1 - (\log x)y$$

ゆえに, $F_y(x, y) \neq 0$ の点すなわち $(\log x)y = 1$ 上の点を除いて,

$$\frac{dy}{dx} = \frac{y^2/x}{1 - (\log x)y} = \frac{y^2}{x\{1 - (\log x)y\}}.$$

(2) $F(x, y) = x^3 + xy + y^2 - a^2 = 0$ とおくと

$$F_x = 3x^2 + y, \quad F_y = x + 2y \quad \therefore \quad \frac{dy}{dx} = -\frac{3x^2 + y}{x + 2y} \quad (x + 2y \neq 0)$$

11.2 $F(x,y) = \log\sqrt{x^2+y^2} - \tan^{-1}\dfrac{y}{x} = 0$ とおく．このとき，
$$F_x = (x+y)/(x^2+y^2), \quad F_y = (y-x)/(x^2+y^2)$$
ゆえに，$x \neq y$ のとき $\quad y' = -\dfrac{x+y}{y-x} = \dfrac{x+y}{x-y},$
$$F_{xx} = \dfrac{-x^2-2xy+y^2}{(x^2+y^2)^2}, \quad F_{xy} = \dfrac{x^2-2xy-y^2}{(x^2+y^2)^2}, \quad F_{yy} = \dfrac{x^2+2xy-y^2}{(x^2+y^2)}$$
これらを p.120 の ① に代入して計算すると，
$$y'' = -\dfrac{2(x^2+y^2)}{(y-x)^3}$$

12.1 (1) $f(x,y) = 2x^2 + xy + 3y^2 - 1 = 0$ とおくと，$f_x = 4x+y,\ f_y = x+6y,\ f_{xx} = 4$.
$f = f_x = 0$ を解けば $x = \pm\dfrac{1}{\sqrt{46}},\ y = \mp\dfrac{4}{\sqrt{46}}$. これらの点における $y'' = -f_{xx}/f_y$ を求めると
$$-\dfrac{f_{xx}}{f_y} = -\dfrac{4}{\pm\dfrac{1}{\sqrt{46}} \mp \dfrac{24}{\sqrt{46}}} = \begin{cases} -\dfrac{4}{1/\sqrt{46} - 24/\sqrt{46}} \\ -\dfrac{4}{-1/\sqrt{46} + 24/\sqrt{46}} \end{cases} = \begin{cases} \dfrac{4\sqrt{46}}{23} > 0 \\ -\dfrac{4\sqrt{46}}{23} < 0 \end{cases}$$
ゆえに，$x = \dfrac{1}{\sqrt{46}}$ で y は極小値 $-\dfrac{4}{\sqrt{46}}$ をとり，$x = \dfrac{-1}{\sqrt{46}}$ で極大値 $\dfrac{4}{\sqrt{46}}$ をとる．

(2) $f(x,y) = x^3y^3 + y - x = 0$ とおくと $f_x = 3x^2y^3 - 1,\ f_y = 3x^3y^2 + 1,\ f_{xx} = 6xy^3$. $f = f_x = 0$ を解けば $x = \left(\dfrac{9}{8}\right)^{1/5},\ y = \left(\dfrac{4}{27}\right)^{1/5}$. この点において $-\dfrac{f_{xx}}{f_y} = -\dfrac{6(9/8)^{1/5}(4/27)^{3/5}}{3(9/8)^{3/5}(4/27)^{2/5}+1} < 0.$
ゆえに $x = \left(\dfrac{9}{8}\right)^{1/5}$ で y は極大値 $y = \left(\dfrac{4}{27}\right)^{1/5}$ をとる．

(3) $f(x,y) = x^4 + 2a^2x^2 + ay^3 - a^3y = 0$ とおくと $f_x = 4x^3 + 4a^2x,\ f_y = 3ay^2 - a^3,$
$f_{xx} = 12x^2 + 4a^2.\ f = f_x = 0$ を解くと $(x,y) = (0,0),\ (0, \pm a)$ である．
$$-\dfrac{f_{xx}(0,0)}{f_y(0,0)} = \dfrac{4a^2}{a^3} = \dfrac{4}{a} > 0, \quad -\dfrac{f_{xx}(0,\pm a)}{f_y(0,\pm a)} = -\dfrac{4a^2}{2a^3} = -\dfrac{2}{a} < 0$$
ゆえに $x = 0$ で y は極小値 $y = 0,\ x = 0$ で極大値 $y = \pm a$ をとる．

(4) $f(x,y) = x^3 - 3xy + y^3 = 0$ とおくと．$f_x = 3x^2 - 3y,$
$f_y = 3y^2 - 3x,\ f_{xx} = 6x.\ f = f_x = 0$ を解いて，$(x,y) = (0,0),\ (\sqrt[3]{2}, \sqrt[3]{4})$ となる．$(x,y) = (0,0)$ では $f_y(0,0) = 0$ となるので省く．$(x,y) = (\sqrt[3]{2}, \sqrt[3]{4})$ のときは
$$-\dfrac{f_{xx}(\sqrt[3]{2}, \sqrt[3]{4})}{f_y(\sqrt[3]{2}, \sqrt[3]{4})} = -2 < 0.$$
ゆえに $x = \sqrt[3]{2}$ のとき $y = \sqrt[3]{4}$ は極大値．

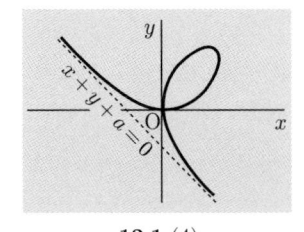

12.1 (4)

13.1 (1) ラグランジュの未定乗数法（⇨ p.116 定理 4.18）を用いる．$z = x^2 + y^2 + \lambda(x+y-1)$ とおく．$z_x = 2x + \lambda,\ z_y = 2y + \lambda.\ 2x + \lambda = 2y + \lambda = 0$ より λ を消去して $x = y$. これを $x + y - 1 = 0$ に代入して，$x = y = 1/2$. このとき $f(x,y)$ は原点からの距離の平方である

から，幾何学的に極値の存在は明らかである．ゆえに $f\left(\dfrac{1}{2}, \dfrac{1}{2}\right) = \dfrac{1}{2}$ が極値である (実は極小値).

(2) ラグランジュの未定乗数法 (⇨ p.116 定理 4.18) を用いる．$z = x^2 + y^2 + \lambda(x^3 + y^3 - 3xy)$ とおくと，$z_x = 2x + 3\lambda(x^2 - y)$, $z_y = 2y + 3\lambda(y^2 - x)$, $z_x = z_y = 0$ より λ を消去する．
$$x(y^2 - x) = y(x^2 - y) \quad \text{すなわち} \quad (x - y)(xy + x + y) = 0.$$
よって，$x = y$ と $x^3 - 3xy + y^3 = 0$ から，$(x, y) = (0, 0)$, $(x, y) = (3/2, 3/2)$. 次に，
$xy + x + y = 0 \; \cdots \text{①}$ $x^3 - 3xy + y^3 = 0 \; \cdots \text{②}$ の連立方程式を解く．
① より $xy = -(x + y) \; \cdots \text{③}$. ② より $(x + y)\{(x + y)^2 - 3xy\} - 3xy = 0 \; \cdots \text{④}$
となるので，④ に ③ を代入すると，
$$(x + y)\{(x + y)^2 + 3(x + y)\} + 3(x + y) = 0$$
$x + y = X$ とおくと，$X(X^2 + 3X + 3) = 0$ となり，$X^2 + 3X + 3 > 0$ であるから，$X = 0$. すなわち，$x + y = 0$ となる．よって，この連立方程式の解は $(x, y) = (0, 0)$. $(x, y) = (0, 0)$ のときは $g_x = 0, g_y = 0$ となるので未定乗数法は使えない．したがって，$f(x, y)$ の極値は $f(3/2, 3/2) = 9/2$ である．$f(x, y) = x^2 + y^2$ は幾何学的に考えると，原点からの距離の平方であるから，極大値は $9/2$ である．他方この幾何学的考察によると極小値は $f(0, 0) = 0$ であることがわかる．

【別解】 $y = xt$ とおくと，$x = \dfrac{3t}{1 + t^3}, y = \dfrac{3t^2}{1 + t^3}$ ∴ $z = x^2 + y^2 = \dfrac{9t^2(t^2 + 1)}{(1 + t^3)^2}$.
$\dfrac{dz}{dt} = \dfrac{18t(1 - t)(t^4 + t^3 + 3t^2 + t + 1)}{(1 + t^3)^3}$. よって $\dfrac{dz}{dt}$ の符号を調べる．
$$t^4 + t^3 + 3t^2 + t + 1 = t^2\left\{\left(t + \dfrac{1}{t}\right)^2 + \left(t + \dfrac{1}{t}\right) + 1\right\} > 0$$
よって $\dfrac{dz}{dt} = 0$ にする t の値は $t = 0, t = 1$ である．次に t についての増減表をつくる．

t	-1		0		1	
z'		$-$	0	$+$	0	$-$
z		↘	0	↗	$9/2$	↘

この増減表により $t = 0$ のとき，すなわち $x = 0, y = 0$ のとき極小値 0. $t = 1$ のとき，すなわち $x = 3/2, y = 3/2$ のとき極大値 $9/2$ を得る．

(3) $g = x^2 + y^2 - 2 = 0$, $g_x = 2x = 0$, $g_y = 2y = 0$ を満足する x, y の値はないので，$g(x, y) = 0$ は特異点をもたない．

p.116 の定理 4.18 (ラグランジュの未定乗数法) を用いる．いま $z = xy + \lambda(x^2 + y^2 - 2)$ とおく．
$$z_x = y + 2\lambda x = 0, \quad z_y = x + 2\lambda y = 0, \quad x^2 + y^2 - 2 = 0$$
より λ を消去すると，$y^2 = x^2$ となり，これを最後の式に代入すると，$x^2 = 1, y^2 = 1$ を得る．よって極値の候補は $(1, 1), (1, -1), (-1, 1), (-1, -1)$ の 4 つの点である．このとき $f(x, y)$ の値は $f(1, 1) = 1, f(1, -1) = -1, f(-1, 1) = -1, f(-1, -1) = 1$ である．

他方，$f(x,y)$ は有界閉領域 $x^2+y^2-2=0$ で連続であるから，$x^2+y^2-2=0$ の上で最大値と最小値をとる（⇨ p.102 の定理 4.5）．ここに，最大値は極大値であり，最小値は極小値である．よって，$f(x,y)$ は $(1,1)$ と $(-1,-1)$ で極大値（最大値）1 を，$(1,-1)$ と $(-1,1)$ で極小値（最小値）-1 をとる．

14.1 (1) $f(x,y,\alpha) = (1+\alpha^2)x^2 - \alpha x + y = 0$ $\cdots$ ① とおくと，$f_\alpha = 2\alpha x^2 - x = 0$ より $2\alpha x^2 = x$．これと ① から α を消去すると $x^2 + y - 1/4 = 0$．これが包絡線の方程式である．
(2) $f(x,y,\alpha) = x^3 - \alpha(y+\alpha)^2 = 0$ $\cdots$ ① とおくと，$f_\alpha = -(y+\alpha)(y+3\alpha) = 0$．よって，$y+\alpha = 0$ または $y+3\alpha = 0$ となる．
 (i) $y+\alpha = 0$ のときこれを ① に代入して，$x=0$．$f_x = 3x^2$, $f_y = -2\alpha(y+\alpha)$ であるから $x=0, y=-\alpha$ を代入すると，$f_x = 0, f_y = 0$ となり $x=0$ は特異点の軌跡である．
 (ii) $y+3\alpha = 0$ のときは，これを ① に代入して，包絡線の方程式 $27x^3 + 4y^3 = 0$ を得る．

14.2 (1) $x^2-y^2 = a^2$ 上の 1 点 (α,β) を中心とする原点を通る円の方程式は，$(x-\alpha)^2 + (y-\beta)^2 = \alpha^2 + \beta^2$，したがって $x^2 + y^2 - 2\alpha x - 2\beta y = 0$, $\alpha^2 - \beta^2 = a^2$．$f(x,y,\alpha) = x^2 - 2\alpha x + y^2 - 2\beta y = 0$ とおく．$f(x,y,\alpha)$ と $\alpha^2 - \beta^2 = a^2$ を α で微分すれば，$-2x - 2y\dfrac{d\beta}{d\alpha} = 0$, $2\alpha - 2\beta\dfrac{d\beta}{d\alpha} = 0$．ゆえに $x + \dfrac{\alpha}{\beta}y = 0$．$\beta = -\dfrac{\alpha y}{x}$ として $f(x,y,\alpha) = 0$ に代入すれば，$x(x^2+y^2) = 2\alpha(x^2-y^2)$ $\cdots$ ①
$\alpha^2 - \beta^2 = a^2$, $\alpha^2 y^2 = \beta^2 x^2$ から $\qquad a^2 x^2 = \alpha^2(x^2-y^2) \qquad\qquad \cdots$ ②
①, ② から α を消去すれば
$$(x^2+y^2)^2 = 4a^2(x^2-y^2).$$
(2) A の座標を (α,β) とする．AB を直径とする円の方程式は，
$$(x-\alpha)^2 + y^2 = \beta^2 \quad (\beta^2 = a^2) \qquad \therefore \quad (x-\alpha)^2 + y^2 = a^2 - \alpha^2 \qquad \cdots ①$$
いま，$f(x,y,\alpha) = (x-\alpha)^2 + y^2 - a^2 + \alpha^2 = 0$ とおくと，
$$f_\alpha = -2(x-2\alpha) = 0. \quad \text{よって，} \qquad \alpha = \dfrac{x}{2} \qquad\qquad \cdots ②$$
①, ② より $\dfrac{x^2}{(\sqrt{2}\,a)^2} + \dfrac{y^2}{a^2} = 1$．これが求める包絡線である．

◆ **演習問題 4-A の解答**

1. p.106 の偏微分係数の定義 ①, ② により
$$f_x(0,0) = \lim_{h \to 0}\dfrac{1}{h}\{f(h,0) - f(0,0)\} = \lim_{h \to 0}\dfrac{1}{h} \cdot \dfrac{h^3}{h^2} = 1,$$
$$f_y(0,0) = \lim_{k \to 0}\dfrac{1}{k}\{f(0,k) - f(0,0)\} = \lim_{k \to 0}\dfrac{1}{k}\left(-\dfrac{k^3}{k^2}\right) = -1$$

よって与えられた関数は $(0,0)$ で偏微分可能である．
次に p.106 の全微分可能の定義式に $A = f_x(0,0) = 1$, $B = f_y(0,0) = -1$ を代入すると，
$$f(h,k) - f(0,0) = h \cdot 1 + k(-1) + \varepsilon\sqrt{h^2+k^2}$$

$$\frac{h^3-k^3}{h^2+k^2} = h - k + \varepsilon\sqrt{h^2+k^2} \text{ より } \varepsilon = \left\{\frac{h^3-k^3}{h^2+k^2} - (h-k)\right\}\frac{1}{\sqrt{h^2+k^2}}. \text{ よって, } \varepsilon =$$
$$\frac{hk(h-k)}{(h^2+k^2)^{3/2}}. \text{ いま, } k = rh \text{ とおくと, } \varepsilon = \frac{r(1-r)}{(1+r^2)^{3/2}} \text{ となり, } h \to 0, k \to 0 \text{ のとき } \varepsilon \to 0$$
とならない. すなわち, $f(x,y)$ は $(0,0)$ で全微分可能でない.

2. (1) $z_x = 2x, z_y = 2y$ だから, これらは $(1,1)$ で連続である. よって $f(x,y)$ は p.107 の定理 4.9 により全微分可能である. したがって p.107 の ① により, $f_x(1,1) = 2, f_y(1,1) = 2$ であるので, 接平面の方程式は $\quad z - 2 = 2(x-1) + 2(y-1)$.

(2) $f_x = \dfrac{-x}{\sqrt{1-x^2-y^2}}, f_y = \dfrac{-y}{\sqrt{1-x^2-y^2}}$ で (a,b,c) はこの球面上にあるので, f_x, f_y は (a,b) で連続である. よって $f(x,y)$ は p.107 の定理 4.9 により全微分可能である. したがって p.107 の ① により

$$f_x(a,b) = \frac{-a}{\sqrt{1-a^2-b^2}} = -\frac{a}{c}, \quad f_y(a,b) = \frac{-b}{\sqrt{1-a^2-b^2}} = -\frac{b}{c}$$

であるので接平面の方程式は,

$$z - c = -\frac{a}{c}(x-a) - \frac{b}{c}(y-b) \quad \text{つまり} \quad ax + bx + cz = 1.$$

3. $xt = u, yt = v$ とおくと, $f(x,y)$ は n 次の同次関数であるので, $f(u,v) = t^n f(x,y)$ となる. この両辺を t で k 回微分すると,

$$\left(x\frac{\partial}{\partial u} + y\frac{\partial}{\partial v}\right)^k f(u,v) = n(n-1)\cdots(n-k+1)t^{n-k}f(x,y)$$

となる (左辺は p.108 の ③ を用いる). ここで $t = 1$ とすると,

$$\left(x\frac{\partial}{\partial x} + y\frac{\partial}{\partial y}\right)^k f(x,y) = n(n-1)\cdots(n-k+1)f(x,y).$$

4. p.108 の定理 4.10 ② より,

$$\frac{\partial z}{\partial x} = \frac{\partial z}{\partial u}\frac{\partial u}{\partial x} + \frac{\partial z}{\partial v}\frac{\partial v}{\partial x}, \quad \frac{\partial z}{\partial y} = \frac{\partial z}{\partial u}\frac{\partial u}{\partial y} + \frac{\partial z}{\partial v}\frac{\partial v}{\partial y}$$

$$\therefore \quad \frac{\partial^2 z}{\partial x^2} = \frac{\partial}{\partial x}\left(\frac{\partial z}{\partial u}\right)\frac{\partial u}{\partial x} + \frac{\partial z}{\partial u}\frac{\partial}{\partial x}\left(\frac{\partial u}{\partial x}\right) + \frac{\partial}{\partial x}\left(\frac{\partial z}{\partial v}\right)\frac{\partial v}{\partial x} + \frac{\partial z}{\partial v}\frac{\partial}{\partial x}\left(\frac{\partial v}{\partial x}\right)$$

そして $\dfrac{\partial z}{\partial u}, \dfrac{\partial z}{\partial v}$ は u, v の関数で, $\dfrac{\partial u}{\partial x}, \dfrac{\partial v}{\partial x}$ は x, y の関数であるから

$$\frac{\partial}{\partial x}\left(\frac{\partial z}{\partial u}\right) = \frac{\partial}{\partial u}\left(\frac{\partial z}{\partial u}\right)\frac{\partial u}{\partial x} + \frac{\partial}{\partial v}\left(\frac{\partial z}{\partial u}\right)\frac{\partial v}{\partial x} = \frac{\partial^2 z}{\partial u^2}\frac{\partial u}{\partial x} + \frac{\partial^2 z}{\partial v \partial u}\frac{\partial v}{\partial x}$$

$$\frac{\partial}{\partial x}\left(\frac{\partial z}{\partial v}\right) = \frac{\partial}{\partial u}\left(\frac{\partial z}{\partial v}\right)\frac{\partial u}{\partial x} + \frac{\partial}{\partial v}\left(\frac{\partial z}{\partial v}\right)\frac{\partial v}{\partial x} = \frac{\partial^2 z}{\partial u \partial v}\frac{\partial u}{\partial x} + \frac{\partial^2 z}{\partial v^2}\frac{\partial v}{\partial x}$$

$$\frac{\partial}{\partial x}\left(\frac{\partial u}{\partial x}\right) = \frac{\partial^2 u}{\partial x^2}, \quad \frac{\partial}{\partial x}\left(\frac{\partial v}{\partial x}\right) = \frac{\partial^2 v}{\partial x^2} \quad \text{かつ} \quad \frac{\partial^2 z}{\partial u \partial v} = \frac{\partial^2 z}{\partial v \partial u}$$

したがって

$$\frac{\partial^2 z}{\partial x^2} = \left(\frac{\partial^2 z}{\partial u^2}\frac{\partial u}{\partial x} + \frac{\partial^2 z}{\partial u \partial v}\frac{\partial v}{\partial x}\right)\frac{\partial u}{\partial x} + \frac{\partial z}{\partial u}\frac{\partial^2 u}{\partial x^2} + \left(\frac{\partial^2 z}{\partial u \partial v}\frac{\partial u}{\partial x} + \frac{\partial^2 z}{\partial v^2}\frac{\partial v}{\partial x}\right)\frac{\partial v}{\partial x} + \frac{\partial z}{\partial v}\frac{\partial^2 v}{\partial x^2}$$

$$\therefore\quad \frac{\partial^2 z}{\partial x^2} = \frac{\partial^2 z}{\partial u^2}\left(\frac{\partial u}{\partial x}\right)^2 + 2\frac{\partial^2 z}{\partial u \partial v}\frac{\partial u}{\partial x}\frac{\partial v}{\partial x} + \frac{\partial^2 z}{\partial v^2}\left(\frac{\partial v}{\partial x}\right)^2 + \frac{\partial z}{\partial u}\frac{\partial^2 u}{\partial x^2} + \frac{\partial z}{\partial v}\frac{\partial^2 v}{\partial x^2}$$

この結果において x を y で置き換えると

$$\therefore\quad \frac{\partial^2 z}{\partial y^2} = \frac{\partial^2 z}{\partial u^2}\left(\frac{\partial u}{\partial y}\right)^2 + 2\frac{\partial^2 z}{\partial u \partial v}\frac{\partial u}{\partial y}\frac{\partial v}{\partial y} + \frac{\partial^2 z}{\partial v^2}\left(\frac{\partial v}{\partial y}\right)^2 + \frac{\partial z}{\partial u}\frac{\partial^2 u}{\partial y^2} + \frac{\partial z}{\partial v}\frac{\partial^2 v}{\partial y^2}$$

5. $z_x = a(f'g + fg')$, $z_y = b(f'g - fg')$, $z_{xx} = a^2(f''g + 2f'g' + fg'')$, $z_{yy} = b^2(f''g - 2f'g' + fg'')$

$$(az_y)^2 - (bz_x)^2 = -4a^2b^2 ff'gg' = -4a^2b^2 f'g'z, \quad a^2 z_{yy} - b^2 z_{xx} = a^2b^2(-4f'g')$$

$$\therefore\quad z(a^2 z_{yy} - b^2 z_{xx}) = a^2(z_y)^2 - b^2(z_x)^2$$

6. $f(x,y) = 2x^5 + 3ay^4 - x^2y^3 = 0$ とおく. $f_x = 10x^4 - 2xy^3$, $f_y = 12ay^3 - 3x^2y^2$, $f_{xx} = 40x^3 - 2y^3$.
$f = f_x = 0$ を解けば $(x,y) = (0,0)$, $(\sqrt[3]{5^4}\,a, \sqrt[3]{5^5}\,a)$.
$(x,y) = (0,0)$ のときは $f_y(0,0) = 0$ となるので省く. $(\sqrt[3]{5^4}\,a, \sqrt[3]{5^5}\,a)$ のときは
$-\dfrac{f_{xx}(\sqrt[3]{5^4}\,a, \sqrt[3]{5^5}\,a)}{f_y(\sqrt[3]{5^4}\,a, \sqrt[3]{5^5}\,a)} = \dfrac{2}{a} > 0$ より $x = 5^{4/3}a$ で極小値 $y = 5^{5/3}a$ となる.

7. $f_x = 2(ax + hy)$, $f_y = 2(hx + by)$ だから $f_x = f_y = 0$ を解けば $h^2 - ab \neq 0$ なら $x = 0$, $y = 0$.
$f_{xy} = 2h$, $f_{xx} = 2a$, $f_{yy} = 2b$ となるから
$$f_{xy}(0,0)^2 - f_{xx}(0,0)f_{yy}(0,0) = 4(h^2 - ab).$$
ゆえに $h^2 - ab < 0$ のときは $a > 0$ ならば $f(0,0) = 0$ が極小値で, $a < 0$ ならば $f(0,0) = 0$ が極大値である. また $h^2 - ab > 0$ のときは $f(0,0)$ は極値ではない. $h^2 - ab = 0$ のときは, 定理 4.14 (⇨ p.115) は使えない. このときは
$$f(x,y) = (a^2x^2 + 2ahxy + aby^2)/a = (a^2x^2 + 2ahxy + h^2y^2)/a = (ax + hy)^2/a$$
となり, 直線 $ax + hy = 0$ の上の任意の点において
$$f_x = 2(ax + hy) = 0$$
$$f_y = 2(hx + by) = 2(ahx + aby)/a = 2(ahx + h^2y)/a = 2h(ax + hy)/a = 0$$
である. しかし $ax + hy = 0$ 上の任意の点 (x_0, y_0) に対して, その点の近くの $ax + hy = 0$ 上の点 (x,y) をとれば
$$f(x_0, y_0) = f(x,y) = 0$$
となる. したがって $h^2 - ab = 0$ のとき $f(x,y)$ は極値をとることはない.

8. p.102 の定理 4.5 により, $f(x,y) = 2x^2 + xy$ は有界閉集合 X (⇨4–A **8** の図) で連続であるので, X で最大値および最小値をとることがわかる.
$$f_x = 4x + y, \quad f_y = x$$
より, $f_x = f_y = 0$ を満たす点は $(0,0)$ である. このとき, $f(0,0) = 0$. △ABC の各辺での $f(x,y)$ の最大値, 最小値は次のようになる.

AB 上で $f(x,y) = 2 - y$ $(-1 \leqq y \leqq 3)$ より, 3 と -1

BC 上で $f(x,y) = 2x^2 - x$ $(-1 \leqq x \leqq 1)$ より, 3 と $-\dfrac{1}{8}$

AC 上で $f(x,y) = x$ $(-1 \leqq x \leqq 1)$ より, 1 と -1

以上から, $f(x,y)$ は B で最大値 3, A で最小値 -1 をとる.

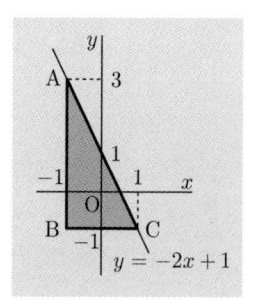

4–A **8**

4 章の解答

9. 距離の平方の和は，
$$f(x,y) = \{(x-a_1)^2 + (y-b_1)^2\} + \{(x-a_2)^2 + (y-b_2)^2\} + \cdots + \{(x-a_n)^2 + (y-b_n)^2\}$$
で表される．
$$f_x(x,y) = 2(x-a_1) + 2(x-a_2) + \cdots + 2(x-a_n),$$
$$f_y(x,y) = 2(y-b_1) + 2(y-b_2) + \cdots + 2(y-b_n)$$
であるから連立方程式 $f_x(x,y) = 0, f_y(x,y) = 0$ の解は，
$$x = \frac{1}{n}(a_1 + a_2 + \cdots + a_n), \quad y = \frac{1}{n}(b_1 + b_2 + \cdots + b_n)$$
だけである．

p.115 の定理 4.14 より
$$f_{xy}(x,y) = 0, \quad f_{xx}(x,y) = 2n, \quad f_{yy}(x,y) = 2n,$$
であるので，
$$D(x,y) = f_{xy}(x,y)^2 - f_{xx}(x,y)f_{yy}(x,y) = -4n^2 < 0$$

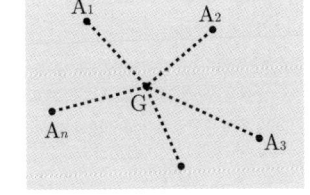

4–A **9**

さらに，$f_{xx}(x,y) > 0$ であるので，$f(x,y)$ は極小値となる．ところが負でない連続関数 $f(x,y)$ が極小値を 1 つしかもたないから，この点 (x,y) で $f(x,y)$ は最小となる．

ここで求めた点 $G\left(\frac{1}{n}\sum_{k=1}^{n}a_k, \frac{1}{n}\sum_{k=1}^{n}b_k\right)$ を，$A_1, A_2, \cdots, A_n$ の**重心**という．

10. $f(x,y,\alpha) = (y-\alpha)^2 - x(x-1)^2$ とおくと，
$$f_\alpha(x,y,\alpha) = -2(y-\alpha)$$
したがって，$f(x,y,\alpha) = 0, f_\alpha(x,y,\alpha) = 0$ のときは
$$\begin{cases} x=0 \\ y=\alpha \end{cases} \text{または} \begin{cases} x=1 \\ y=\alpha \end{cases}$$

(i) $x=0, y=\alpha$ のときは，
$f_x(x,y,\alpha) = -(x-1)^2 - 2x(x-1) \neq 0$ で，f_x と f_y とは同時には 0 とならない．ゆえに直線 $x=0$，すなわち y 軸は包絡線である．

(ii) $x=1, y=\alpha$ のときは，$f_x(x,y,\alpha) = 0, f_y(x,y,\alpha) = 0$ で，

点 $(1, \alpha)$ は曲線 $f(x,y,\alpha) = 0$ の特異点である．

そして直線 $x=1$ はこの特異点の軌跡で，曲線群には接しないから包絡線ではない．

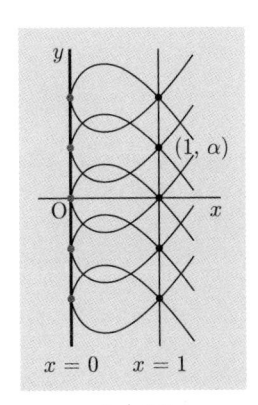

4–A **10**

11. $y^2 = 4ax$ 上の点を (α, β) とすると，$\beta^2 = 4a\alpha$ で円群の方程式は
$$\left(x - \frac{\alpha}{2}\right)^2 + \left(y - \frac{\beta}{2}\right)^2 = \frac{1}{4}(\alpha^2 + \beta^2), \quad x^2 - \alpha x + y^2 - \beta y = 0.$$
$f(x,y,\alpha) = x^2 - \alpha x + y^2 - \beta y = 0$ とおき，これと $\beta^2 = 4a\alpha$ を α で微分すると，
$$f_\alpha = -x - y\frac{d\beta}{d\alpha}, \quad 2\beta\frac{d\beta}{d\alpha} = 4a.$$
この 2 式から $\frac{d\beta}{d\alpha}$ を消去すると $\beta = \frac{-2ay}{x}$．これを $f(x,y,\alpha) = 0$ と $\beta^2 = 4a\alpha$ に代入して

$$x^2 - \alpha x + y^2 + \frac{2ay^2}{x} = 0, \quad \frac{4a^2y^2}{x^2} = 4a\alpha.$$

α を消去したものが求める包絡線である.

$$x^2 + y^2 + \frac{2ay^2}{x} - \frac{ay^2}{x} = 0 \quad \text{すなわち} \quad x^3 + (x+a)y^2 = 0.$$

◆ 演習問題 *4-B* の解答

1. (1) $\sin xy$, xy はすべての点 (x,y) で連続であるから, $f(x,y)$ は $xy \neq 0$ なるすべての点 (x,y) で連続である (⇨ p.102 の定理 4.2). 次に $xy = 0$ となる点 (x,y) における連続性を調べる. $(a, 0)$ または $(0, b)$ の 2 点を考えればよい. どちらでも同じであるから $(a, 0)$ において考えてみる.

$$\lim_{(x,y)\to(a,0)} f(x,y) = \lim_{xy\to 0} \frac{\sin xy}{xy} = 1 = f(a,0)$$

であるから $f(x,y)$ は点 $(a,0)$ において連続である. ゆえに平面全体で連続である.

(2) (1) と同様な考え方で $f(x,y)$ の点 $(x,y) \neq (0,0)$ における連続性は明らかである. 点 (x,y) が $y^2 = mx$ ($m \neq 0$) 上の点とすると,

$$f(x,y) = \frac{x \cdot (mx)}{x^2 + (mx)^2} = \frac{m}{1 + m^2}$$

となり m が異なればこの値も異なる. ゆえに $\lim_{(x,y)\to(0,0)} f(x,y)$ は存在せず, $f(x,y)$ は点 $(0,0)$ において不連続である.

2.
$$f_x(0,0) = \lim_{\Delta x \to 0} \frac{f(\Delta x, 0) - f(0,0)}{\Delta x} = \lim_{\Delta x \to 0} \frac{\Delta x^3}{\Delta x^2} = 0$$

同様に, $f_y(0,0) = 0$.

次に $(0,0)$ で不連続であることを示す. $y = x - kx^3$ とすると

$$f(x,y) = \frac{2x^3 - 3kx^5 + 3k^2x^7 - k^3x^9}{kx^3} \to \frac{2}{k} \quad (x \to 0)$$

これは k の値によって異なるから p.102 の連続性の定義より不連続.

3. (1) 定義により $\displaystyle\lim_{h\to 0}\frac{f(h,0) - f(0,0)}{h} = \lim_{h\to 0}\frac{0}{h} = 0, \quad \therefore \ f_x(0,0) = 0$

同様にして, $f_y(0,0) = 0$

(2) 与えられた関数は (1) により原点において偏微分可能である. 一般に原点において全微分可能とは次のことが成立することである.

$$f(h,k) - f(0,0) = f_x(0,0)h + f_y(0,0)k + \varepsilon\sqrt{h^2 + k^2}, \quad \varepsilon \to 0 \quad (h \to 0, k \to 0)$$

よって定義より $\varepsilon = \left| hk \sin \dfrac{1}{\sqrt{h^2+k^2}} \right| \Big/ \sqrt{h^2+k^2} \to 0\,(h \to 0, k \to 0)$ がいえれば与えられた関数は全微分可能であるといえる.

いま, $h = r\cos\theta$, $k = r\sin\theta$ とおくと

$$\varepsilon = \frac{\left| hk \sin \dfrac{1}{\sqrt{h^2+k^2}} \right|}{\sqrt{h^2+k^2}} \leq \frac{|hk|}{\sqrt{h^2+k^2}} = r|\cos\theta\sin\theta| \leq r \to 0 \quad (r \to 0)$$

である. ゆえに与えられた関数は $(0,0)$ で全微分可能である.

(3) $f_x(x,y) = y\sin\dfrac{1}{\sqrt{x^2+y^2}} - \dfrac{x^2 y}{\sqrt{(x^2+y^2)^3}}\cos\dfrac{1}{\sqrt{x^2+y^2}}$ であるから, $f_x(x,y)$ は $(0,0)$

において不連続である.

4. 内接する直方体の第 1 象限内の頂点の座標を (x, y, z), 体積を V とすると
$$z = c\sqrt{1 - \frac{x^2}{a^2} - \frac{y^2}{b^2}}, \quad V = 8cxy\sqrt{1 - \frac{x^2}{a^2} - \frac{y^2}{b^2}}.$$ いま $f(x,y) = cxy\sqrt{1 - \frac{x^2}{a^2} - \frac{y^2}{b^2}}$ とおくと,
$$f_x = \frac{y(a^2z^2 - c^2x^2)}{a^2z}, \quad f_y = \frac{x(b^2z^2 - c^2y^2)}{b^2z}$$ であるから
$f_x = f_y = 0$ を解く.

$x > 0, y > 0, \frac{x^2}{a^2} + \frac{y^2}{b^2} < 1$ の領域で考えて, $a^2z^2 - c^2x^2 = 0$, $b^2z^2 - c^2y^2 = 0$ より,
$$\frac{x^2}{a^2} = \frac{y^2}{b^2} = \frac{z^2}{c^2} = \frac{1}{3}.$$

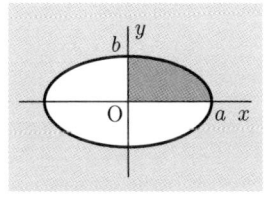

ゆえに $x = \frac{a}{\sqrt{3}}, y = \frac{b}{\sqrt{3}}, z = \frac{c}{\sqrt{3}}$. $f(x,y)$ は境界をつけ加えた有界閉領域 $X : \frac{x^2}{a^2} + \frac{y^2}{b^2} \leq 1$, $x \geq 0, y \geq 0$ で連続であるから X で最大値をとる. X の境界上では $f(x,y) = 0$ となり $f(x,y)$ は最大とならない.
$$f_{xx}\left(\frac{a}{\sqrt{3}}, \frac{b}{\sqrt{3}}\right) < 0, \quad f_{xy}^2\left(\frac{a}{\sqrt{3}}, \frac{b}{\sqrt{3}}\right) - f_{xx}\left(\frac{a}{\sqrt{3}}, \frac{b}{\sqrt{3}}\right)f_{yy}\left(\frac{a}{\sqrt{3}}, \frac{b}{\sqrt{3}}\right) < 0$$
ゆえに f は $\left(\frac{a}{\sqrt{3}}, \frac{b}{\sqrt{3}}\right)$ で極大となる. いま, 極値は 1 つしかないから, 最大値である. ゆえに $f(x,y)$ は $\left(\frac{a}{\sqrt{3}}, \frac{b}{\sqrt{3}}\right)$ で最大となり求める体積は $V = \frac{8}{3\sqrt{3}}abc$.

4-B **4**

5. (**必要性**) $f(tx, ty) = t^n f(x, y)$ とする. 両方を t で微分すると,
$$xf_x(tx, ty) + yf_y(tx, ty) = nt^{n-1}f(x, y)$$
いま, $t = 1$ とおくと, $xf_x(x, y) + yf_y(x, y) = nf(x, y)$.
(**十分性**) $\frac{f(x,y)}{x^n}$ が $\frac{y}{x}$ のみの関数であることを示せば n 次の同次関数であることがわかるから, 変数を変更して $\xi = x, \eta = y/x$ としよう. すなわち, $x = \xi, y = \xi\eta$ である.
$$\frac{f(x,y)}{x^n} = \frac{f(\xi, \xi\eta)}{\xi^n} \quad (= g(\xi, \eta) \text{ とおく})$$
が ξ に無関係であればよいから, $g_\xi(\xi, \eta) = 0$ を示せばよい. それは次式からわかる.
$$g_\xi(\xi, \eta) = \frac{(f_x + \eta f_y)\xi^n - n\xi^{n-1}f}{\xi^{2n}} = \frac{1}{\xi^n}(f_x + \eta f_y) - \frac{n}{\xi^{n+1}}f = \frac{1}{x^{n+1}}(xf_x + yf_y - nf) = 0$$

5 章の解答

1.1 (1) $I = \int_0^a \left\{\int_0^b (x^2y - xy^2) dy\right\} dx$
$= \int_0^a \left[\frac{x^2y^2}{2} - \frac{xy^3}{3}\right]_0^b dx = \int_0^a \left(\frac{b^2}{2}x^2 - \frac{b^3}{3}x\right) dx$
$= \left[\frac{b^2}{6}x^3 - \frac{b^3}{6}x^2\right]_0^a = \frac{1}{6}a^3b^2 - \frac{1}{6}a^2b^3 = \frac{a^2b^2}{6}(a-b)$

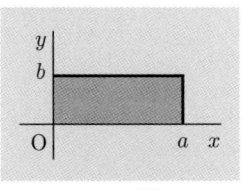

1.1 (1)

(2) $\displaystyle\int_0^a\!\!\int_0^a e^{px}e^{qy}dxdy = \int_0^a\left[\frac{1}{q}e^{qy}\right]_0^a e^{px}dx = \int_0^a \frac{1}{q}(e^{qa}-1)e^{px}dx$

$\displaystyle = \frac{e^{qa}-1}{q}\cdot\left[\frac{1}{p}e^{px}\right]_0^a = \frac{e^{qa}-1}{q}\cdot\frac{e^{pa}-1}{p}$

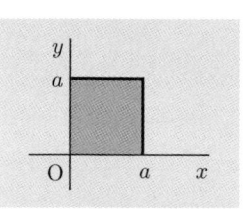

(3) $\displaystyle I = \iint_D xy\,dxdy = \int_0^a\left\{\int_0^{\sqrt{a^2-x^2}/2} xy\,dy\right\}dx$

$\displaystyle = \int_0^a\left[\frac{xy^2}{2}\right]_0^{\sqrt{a^2-x^2}/2}dx = \int_0^a\frac{x}{8}(a^2-x^2)dx$

$\displaystyle = \int_0^a\left(\frac{a^2}{8}x-\frac{x^3}{8}\right)dx = \left[\frac{a^2}{16}x^2-\frac{x^4}{32}\right]_0^a = \frac{a^4}{16}-\frac{a^4}{32}=\frac{a^4}{32}$

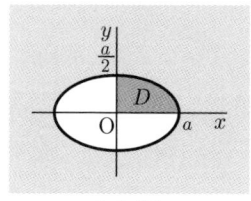

2.1 (1) $\displaystyle I = \iint_0^b\!\!\int_y^{10y}\sqrt{xy-y^2}\,dxdy = \int_0^b\left\{\int_y^{10y}\sqrt{xy-y^2}\,dx\right\}dy$

$\displaystyle = \int_0^b\left[\frac{2}{3}(xy-y^2)^{3/2}\cdot\frac{1}{y}\right]_y^{10y}dy$

$\displaystyle = \int_0^b\frac{2}{3}\left\{(10y^2-y^2)^{3/2}\cdot\frac{1}{y}-(y^2-y^2)^{3/2}\cdot\frac{1}{y}\right\}dy$

$\displaystyle = \int_0^b 18y^2dy = \left[6y^3\right]_0^b = 6b^3$

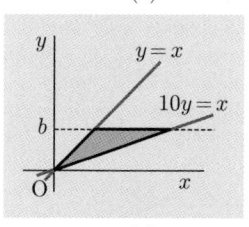

(2) $\displaystyle I = \int_0^\pi\!\!\int_0^{a(1+\cos\theta)} r^2\sin\theta\,drd\theta = \int_0^\pi\left[\frac{r^3}{3}\sin\theta\right]_0^{a(1+\cos\theta)}d\theta$

$\displaystyle = \int_0^\pi\frac{a^3}{3}(1+\cos\theta)^3\sin\theta d\theta$

$\displaystyle = \int_0^\pi\frac{8}{3}a^3\cos^6\frac{\theta}{2}\cdot 2\sin\frac{\theta}{2}\cos\frac{\theta}{2}d\theta$

$\displaystyle = \frac{16a^3}{3}\int_0^\pi\cos^7\frac{\theta}{2}\sin\frac{\theta}{2}d\theta$

ここで，$\cos\theta/2 = t$ とおくと，$dt = -1/2\sin\theta/2\,d\theta$

$\displaystyle I = \frac{16a^3}{3}\int_1^0(-2t^7)dt = -\frac{32a^3}{3}\left[\frac{t^8}{8}\right]_1^0 = \frac{4}{3}a^3$

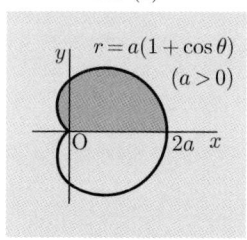

(3) $\displaystyle I = \iint_0^1\!\!\int_{\sqrt{y}}^{2-y}x^2dxdy + \iint_0^1\!\!\int_{\sqrt{y}}^{2-y}y^2dxdy = I_1+I_2$

$\displaystyle I_1 = \int_0^1 dy\int_{\sqrt{y}}^{2-y}x^2dx = \int_0^1\left[\frac{x^3}{3}\right]_{\sqrt{y}}^{2-y}dy$

$\displaystyle = \frac{1}{3}\int_0^1\left\{(2-y)^3-y^{3/2}\right\}dy$

$\displaystyle = \frac{1}{3}\int_0^1(8-12y+6y^2-y^3-y^{3/2})dy = \frac{1}{3}\left[8y-6y^2+2y^3-\frac{y^4}{4}-\frac{2}{5}y^{5/2}\right]_0^1 = \frac{67}{60}$

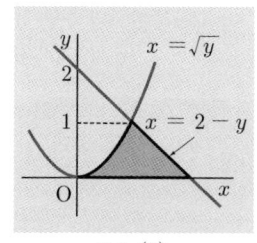

$$I_2 = \int_0^1 dy \int_{\sqrt{y}}^{2-y} y^2 dx = \int_0^1 \left[y^2 x\right]_{\sqrt{y}}^{2-y} dy = \int_0^1 (2y^2 - y^3 - y^{5/2}) dy$$

$$= \left[\frac{2}{3}y^3 - \frac{1}{4}y^4 - \frac{2}{7}y^{7/2}\right]_0^1 = \frac{11}{84} \quad \therefore \quad I = I_1 + I_2 = \frac{131}{105}$$

(4) $\displaystyle I = \iint_D y\,dx\,dy = \int_0^1 dx \int_0^{(1-\sqrt{x})^2} y\,dy = \int_0^1 \left[\frac{1}{2}y^2\right]_0^{(1-\sqrt{x})^2} dx$

$\displaystyle = \frac{1}{2}\int_0^1 (1-\sqrt{x})^4 dx = \frac{1}{2}\int_0^1 (x^2 - 4x^{3/2} + 6x - 4x^{1/2} + 1) dx$

$\displaystyle = \frac{1}{2}\left[\frac{1}{3}x^3 - \frac{8}{5}x^{5/2} + 3x^2 - \frac{8}{3}x^{3/2} + x\right]_0^1$

$\displaystyle = \frac{1}{2}\left(\frac{1}{3} - \frac{8}{5} + 3 - \frac{8}{3} + 1\right) = \frac{1}{2} \times \frac{1}{15} = \frac{1}{30}$

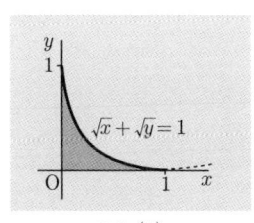

2.1 (4)

(5) $\displaystyle I = \iint_D xy\,dx\,dy = \int_0^1 \left\{\int_{\sqrt{1-x^2}}^{x+2} xy\,dy\right\} dx$

$\displaystyle = \int_0^1 \left[\frac{1}{2}xy^2\right]_{\sqrt{1-x^2}}^{x+2} dx$

$\displaystyle = \int_0^1 \left\{\frac{x}{2}(x^2 + 4x + 4) - \frac{x}{2}(1-x^2)\right\} dx$

$\displaystyle = \int_0^1 \left(x^3 + 2x^2 + \frac{3}{2}x\right) dx$

$\displaystyle = \left[\frac{1}{4}x^4 + \frac{2}{3}x^3 + \frac{3}{4}x^2\right]_0^1 = \frac{1}{4} + \frac{2}{3} + \frac{3}{4} = \frac{5}{3}$

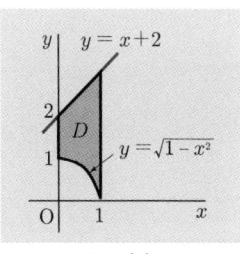

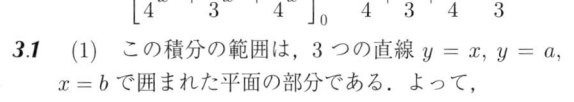

2.1 (5)

3.1 (1) この積分の範囲は，3つの直線 $y = x$, $y = a$, $x = b$ で囲まれた平面の部分である．よって，

$$I = \int_a^b dx \int_a^x f(x,y) dy = \int_a^b dy \int_y^b f(x,y) dx$$

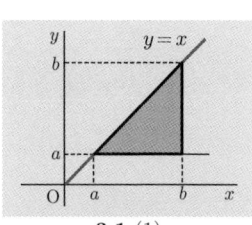

3.1 (1)

(2) この積分の範囲は，$y = 0$, $x = a$, $y = x^2$ で囲まれた平面の部分である．よって，

$$I = \int_0^a dx \int_0^{x^2} f(x,y) dy = \int_0^{a^2} dy \int_{\sqrt{y}}^a f(x,y) dx$$

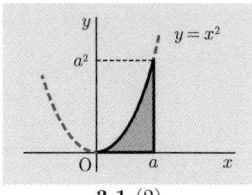

3.1 (2)

(3) この積分の範囲は，$y = \dfrac{x}{2}$, $x = 2$, $y = 3x$ で囲まれた平面の部分である．よって，

$$I = \int_0^2 dx \int_{x/2}^{3x} f(x,y) dy$$
$$= \int_0^1 dy \int_{y/3}^{2y} f(x,y) dx + \int_1^6 dy \int_{y/3}^{2} f(x,y) dx$$

(4) この積分範囲は，$x = 0$, $y = \dfrac{y^2}{4a}$, $y = 3a - x$ で囲まれた平面の部分である．よって，

$$I = \int_0^{2a} dx \int_{x^2/4a}^{3a-x} f(x,y) dy$$
$$= \int_0^a dy \int_0^{2\sqrt{ay}} f(x,y) dx + \int_a^{3a} dy \int_0^{3a-y} f(x,y) dx$$

3.2 (1) $I = \displaystyle\int_0^1 dx \int_0^x \sqrt{4x^2 - y^2}\, dy$

$$= \int_0^1 \left[\frac{1}{2} y \sqrt{4x^2 - y^2} + \frac{1}{2} \cdot 4x^2 \sin^{-1} \frac{y}{2x} \right]_0^x dx$$
$$= \int_0^1 \left(\frac{1}{2} x \sqrt{3x^2} + 2x^2 \sin^{-1} \frac{1}{2} \right) dx$$
$$= \int_0^1 \left(\frac{\sqrt{3}}{2} x^2 + \frac{\pi}{3} x^2 \right) dx$$
$$= \left(\frac{\sqrt{3}}{2} + \frac{\pi}{3} \right) \left[\frac{x^3}{3} \right]_0^1 = \frac{1}{3} \left(\frac{\sqrt{3}}{2} + \frac{\pi}{3} \right)$$

(2) $I = \displaystyle\int_1^2 dx \int_1^x \log \frac{x}{y^2} dy = \int_1^2 dx \int_1^x (\log x - 2 \log y) dy$

$$= \int_1^2 \left[y \log x - 2y \log y + 2y \right]_1^x dx$$
$$= \int_1^2 (-x \log x - \log x + 2x - 2) dx$$
$$= \int_1^2 \{(-x - 1) \log x + 2x - 2\} dx$$
$$= \left[-\frac{(x+1)^2}{2} \log x \right]_1^2 + \int_1^2 \frac{(x+1)^2}{2} \frac{1}{x} dx + \left[x^2 - 2x \right]_1^2$$
$$= -\frac{9}{2} \log 2 + \left[\frac{x^2}{4} + x + \frac{1}{2} \log x \right]_1^2 + 1$$
$$= -\frac{9}{2} \log 2 + 1 + 2 + \frac{1}{2} \log 2 - \frac{1}{4} - 1 + 1 = \frac{11}{4} - 4 \log 2$$

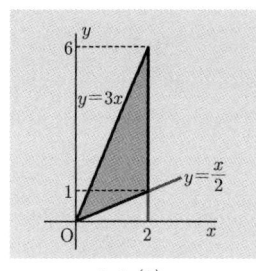

3.1 (3)

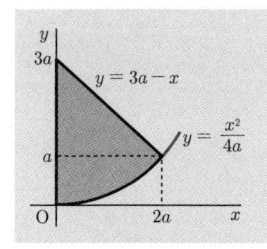

3.1 (4)

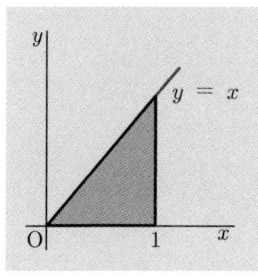

3.2 (1)

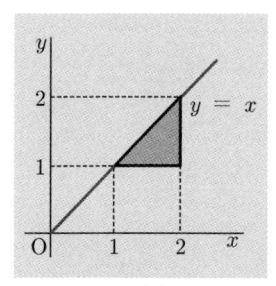

3.2 (2)

4.1 $x = ar\cos\theta$, $y = br\sin\theta$ とおくと, この対応は 1 対 1 である. また

$$J = \begin{vmatrix} \dfrac{\partial x}{\partial r} & \dfrac{\partial y}{\partial r} \\ \dfrac{\partial x}{\partial \theta} & \dfrac{\partial y}{\partial \theta} \end{vmatrix} = \begin{vmatrix} a\cos\theta & b\sin\theta \\ -ar\sin\theta & br\cos\theta \end{vmatrix} = abr \neq 0$$

であるから, $D' : r^2 \leqq 1$ とすると

$$I = \iint_{D'} r^2(a^2\cos^2\theta + b^2\sin^2\theta)abr\,drd\theta = ab\int_0^1 dr \int_0^{2\pi} r^3(a^2\cos^2\theta + b^2\sin^2\theta)d\theta$$

$$= ab\left\{\int_0^1 r^3 dr\right\}\left\{\int_0^{2\pi}(a^2\cos^2\theta + b^2\sin^2\theta)d\theta\right\}$$

$$= ab\left[\frac{r^4}{4}\right]_0^1 \cdot \int_0^{2\pi}\{a^2 + (b^2-a^2)\sin^2\theta\}d\theta$$

$$= \frac{ab}{4}\left([a^2\theta]_0^{2\pi} + 4(b^2-a^2)\int_0^{\pi/2}\sin^2\theta\,d\theta\right) \quad (\Rightarrow \text{p.82 の例題 25})$$

$$= \frac{ab}{4}\left(2\pi a^2 + 4(b^2-a^2)\cdot\frac{1}{2}\cdot\frac{\pi}{2}\right) = \frac{\pi ab(a^2+b^2)}{4}$$

4.2

図 4.2

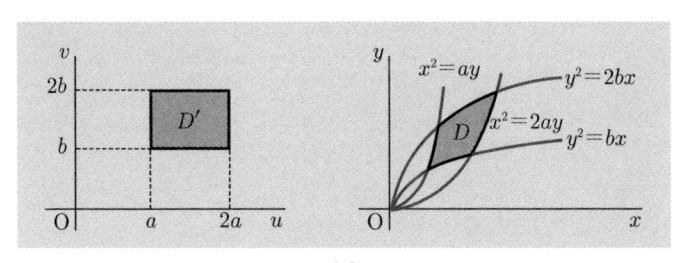

$D : x^2 = uy,\ y^2 = vx,\ D' : a \leqq u \leqq 2a,\ b \leqq v \leqq 2b$. また, $x = u^{2/3}v^{1/3}$, $y = u^{1/3}v^{2/3}$

$$J = \begin{vmatrix} x_u & x_v \\ y_u & y_v \end{vmatrix} = \begin{vmatrix} \dfrac{2}{3}u^{-1/3}v^{1/3} & \dfrac{1}{3}u^{2/3}v^{-2/3} \\ \dfrac{1}{3}u^{-2/3}v^{2/3} & \dfrac{2}{3}u^{1/3}v^{-1/3} \end{vmatrix} = \frac{1}{3}$$

$$\therefore\ \iint_D xy\,dxdy = \iint_{D'} u^{2/3}v^{1/3}u^{1/3}v^{2/3}\cdot\frac{1}{3}dudv = \frac{1}{3}\left(\int_a^{2a} u\,du\right)\left(\int_b^{2b} v\,dv\right)$$

$$= \frac{1}{3}\left[\frac{u^2}{2}\right]_a^{2a}\cdot\left[\frac{v^2}{2}\right]_b^{2b} = \frac{1}{3}\cdot\frac{3a^2}{2}\cdot\frac{3b^2}{2} = \frac{3}{4}a^2b^2$$

5.1 $I = \displaystyle\int_0^a dx \int_0^{\sqrt{a^2-x^2}} \tan^{-1}\frac{y}{x}dy$ とおき, $x = r\cos\theta$, $y = r\sin\theta$ とおくと,

$D : x^2 + y^2 \leqq a^2,\ x \geqq 0,\ y \geqq 0,\quad D' : 0 \leqq r \leqq a,\ 0 \leqq \theta \leqq \pi/2$.

よって

$$I = \int_0^{\pi/2}\int_0^a \theta r\,dr\,d\theta = \left(\int_0^{\pi/2}\theta\,d\theta\right)\left(\int_0^a r\,dr\right) = \left[\frac{\theta^2}{2}\right]_0^{\pi/2}\cdot\left[\frac{r^2}{2}\right]_0^a = \frac{\pi^2}{8}\cdot\frac{a^2}{2} = \frac{\pi^2}{16}a^2$$

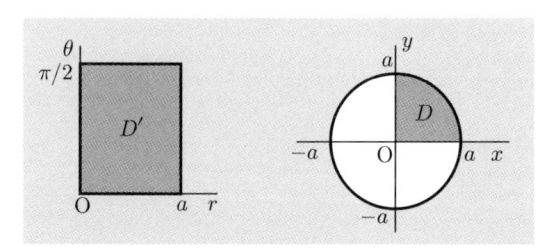

5.1

6.1 被積分関数は D で正で，原点以外では連続である．よって D の近似増加列 $\{D_n\}$ を次のようにとる．　　$D_n : 0 \leqq x \leqq y,\ 1/n \leqq y \leqq 1$

$$I_n = \iint_{D_n}\frac{dxdy}{\sqrt{x^2+y^2}} = \int_{1/n}^1 dy\int_0^y \frac{1}{\sqrt{x^2+y^2}}dx$$
$$= \int_{1/n}^1\left[\log\left(x+\sqrt{x^2+y^2}\right)\right]_0^y dy = \int_{1/n}^1\left(\log\left(1+\sqrt{2}\right)y - \log y\right)dy$$
$$= \int_{1/n}^1 \log\left(1+\sqrt{2}\right)dy = \log\left(1+\sqrt{2}\right)\left[y\right]_{1/n}^1$$
$$= \log\left(1+\sqrt{2}\right)(1-1/n) \to \log\left(1+\sqrt{2}\right)\quad (n\to\infty)\qquad \therefore\ I = \log\left(1+\sqrt{2}\right)$$

6.1 近似増加列

7.1 D_n を $0\leqq x\leqq n,\ 0\leqq y\leqq n$ とすれば $\{D_n\}$ は D の近似増加列である．また被積分関数は D で正である．$\alpha > 2$ であるので

$$I_n = \iint_{D_n}\frac{dxdy}{(x+y+1)^\alpha} = \int_0^n dx\int_0^n \frac{1}{(x+y+1)^\alpha}dy$$
$$= \int_0^n\left[\frac{1}{-\alpha+1}(x+y+1)^{1-\alpha}\right]_0^n dx$$
$$= \int_0^n \frac{1}{1-\alpha}\left\{(x+n+1)^{1-\alpha} - (x+1)^{1-\alpha}\right\}dx$$
$$= \frac{1}{1-\alpha}\cdot\frac{1}{2-\alpha}\left[(x+n+1)^{2-\alpha} - (x+1)^{2-\alpha}\right]_0^n$$
$$= \frac{1}{(1-\alpha)(2-\alpha)}\left\{\frac{1}{(2n+1)^{\alpha-2}} - \frac{2}{(n+1)^{\alpha-2}} + 1\right\} \to \frac{1}{(1-\alpha)(2-\alpha)}\quad (n\to\infty)$$
$$\therefore\ \iint_D \frac{dxdy}{(x+y+1)^\alpha} = \frac{1}{(1-\alpha)(2-\alpha)}\quad (\alpha>2)$$

7.1 近似増加列

8.1 被積分関数は $y=x$ の近傍を除けば D で連続で正である．いま D_n を
$$D_n : 1/n \leqq y \leqq 1, \quad y \geqq x + 1/n$$
ととると，$\{D_n\}$ は D の近似増加列である．$0 < \alpha < 1$ であるので，

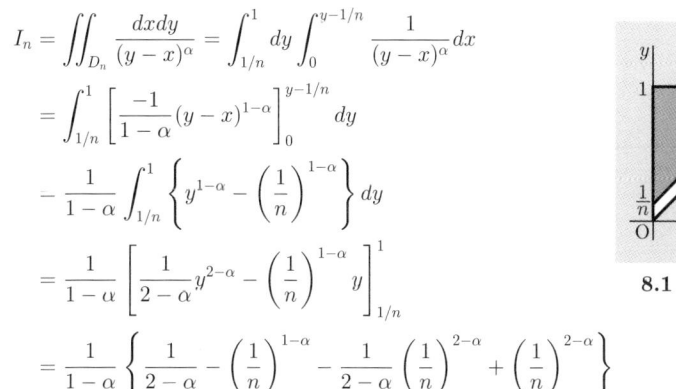

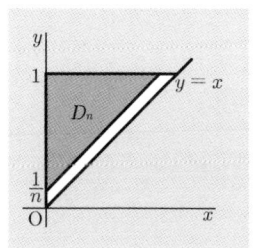

$$\begin{aligned}
I_n &= \iint_{D_n} \frac{dxdy}{(y-x)^\alpha} = \int_{1/n}^1 dy \int_0^{y-1/n} \frac{1}{(y-x)^\alpha} dx \\
&= \int_{1/n}^1 \left[\frac{-1}{1-\alpha}(y-x)^{1-\alpha} \right]_0^{y-1/n} dy \\
&= -\frac{1}{1-\alpha} \int_{1/n}^1 \left\{ y^{1-\alpha} - \left(\frac{1}{n}\right)^{1-\alpha} \right\} dy \\
&= \frac{1}{1-\alpha} \left[\frac{1}{2-\alpha} y^{2-\alpha} - \left(\frac{1}{n}\right)^{1-\alpha} y \right]_{1/n}^1 \\
&= \frac{1}{1-\alpha} \left\{ \frac{1}{2-\alpha} - \left(\frac{1}{n}\right)^{1-\alpha} - \frac{1}{2-\alpha}\left(\frac{1}{n}\right)^{2-\alpha} + \left(\frac{1}{n}\right)^{2-\alpha} \right\} \\
&\to \frac{1}{(1-\alpha)(2-\alpha)} \quad (n \to \infty) \quad \therefore \iint_D \frac{dxdy}{(y-x)^\alpha} = \frac{1}{(1-\alpha)(2-\alpha)} \quad (0 < \alpha < 1)
\end{aligned}$$

8.1 近似増加列

9.1 (1) 求める体積 V は，$z = x$ を，$D : 0 \leqq x,\ x^2 + y^2 \leqq a^2$ で積分して得られる．
$$\begin{aligned}
V &= \iint_D z\,dxdy = \int_{-a}^a dy \int_0^{\sqrt{a^2-y^2}} xdx = \int_{-a}^a \left[\frac{1}{2}x^2\right]_0^{\sqrt{a^2-y^2}} dy \\
&= \int_{-a}^a \frac{a^2-y^2}{2} dy = \frac{1}{2}\left[a^2 y - \frac{y^3}{3}\right]_{-a}^a = \frac{2}{3}a^3
\end{aligned}$$

(2) 求める体積 V は，$z = 1-x^2$ を $D : -1 \leqq x,\ y^2 \leqq 1-x$ で積分して得られる．
$$\begin{aligned}
V &= \iint_D (1-x^2)dxdy = \int_{-\sqrt{2}}^{\sqrt{2}} dy \int_{-1}^{1-y^2} (1-x^2) dx \\
&= \int_{-\sqrt{2}}^{\sqrt{2}} \left[x - \frac{x^3}{3} \right]_{-1}^{1-y^2} dy = \int_{-\sqrt{2}}^{\sqrt{2}} \left(\frac{4}{3} - y^4 + \frac{y^6}{3} \right) dy \\
&= 2\left[\frac{4}{3}y - \frac{1}{5}y^5 + \frac{1}{21}y^7 \right]_0^{\sqrt{2}} = \frac{64}{35}\sqrt{2}
\end{aligned}$$

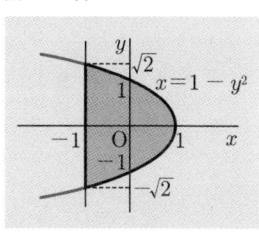

9.1 (2)

10.1 求める体積 V は，$z = (x^2+y^2)/4$ を $D : (x-1)^2 + y^2 \leqq 1$ で積分して得られる．すなわち，
$$V = \iint_D \frac{1}{4}(x^2+y^2) dxdy$$
ここで $x = r\cos\theta,\ y = r\sin\theta$ と変数変換を行うと，
$$\begin{aligned}
V &= \frac{1}{4} \int_{-\pi/2}^{\pi/2} d\theta \int_0^{2\cos\theta} r^3 dr = \frac{1}{4} \int_{-\pi/2}^{\pi/2} \left[\frac{r^4}{4}\right]_0^{2\cos\theta} d\theta = \int_{-\pi/2}^{\pi/2} \cos^4\theta\,d\theta \\
&= 2\int_0^{\pi/2} \cos^4\theta\,d\theta = \frac{3}{8}\pi \quad (\Rightarrow \text{p.82 の例題 25})
\end{aligned}$$

11.1 (1) p.146 の極座標のときの曲面積 (4) を用いる.

$$x^2 + y^2 + z^2 = a^2 \cdots ①, \qquad x^2 + y^2 = ax \cdots ②$$

$x = r\cos\theta,\ y = r\sin\theta$ とおくと, ① より $r^2 + z^2 = a^2$. したがって $z \geq 0$ とすると, $z = \sqrt{a^2 - r^2}$,

$\dfrac{\partial z}{\partial r} = \dfrac{-r}{\sqrt{a^2 - r^2}},\ \dfrac{\partial z}{\partial \theta} = 0.$ よって

$$r^2 + \left(r\frac{\partial z}{\partial r}\right)^2 + \left(\frac{\partial z}{\partial \theta}\right)^2 = r^2 + r^2\frac{r^2}{a^2 - r^2} = \frac{a^2 r^2}{a^2 - r^2}$$

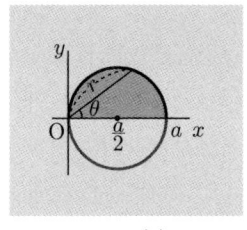

また, ② より $r^2 = ar\cos\theta$, したがって $r = a\cos\theta$ となるから

$$S = 4\int_0^{\pi/2} d\theta \int_0^{a\cos\theta} \frac{ar}{\sqrt{a^2 - r^2}} dr$$

$$= 4\int_0^{\pi/2} a\left[-(a^2 - r^2)^{1/2}\right]_0^{a\cos\theta} d\theta$$

$$= 4a\int_0^{\pi/2}(a - a\sin\theta)d\theta = 4a^2\Big[\theta + \cos\theta\Big]_0^{\pi/2} = 4a^2\left(\frac{\pi}{2} - 1\right)$$

(2) p.146 の曲面積 (3) を用いる.

$$x^2 + y^2 + z^2 = a^2 \quad \cdots ①, \qquad x^2 + y^2 = ax \quad \cdots ②$$

$y \geq 0$ とすると, ② から $y = \sqrt{ax - x^2},\ \dfrac{\partial y}{\partial x} = \dfrac{a - 2x}{2\sqrt{ax - x^2}},\ \dfrac{\partial y}{\partial z} = 0.$ よって

$$1 + \left(\frac{\partial y}{\partial x}\right)^2 + \left(\frac{\partial y}{\partial z}\right)^2 = 1 + \frac{a^2 - 4ax + 4x^2}{4(ax - x^2)} = \frac{a^2}{4(ax - x^2)}$$

そして, ①, ② より y を消去して, $z^2 = a^2 - ax$.

これは球面と柱面の交線の xz 平面への正射影の xz の平面上の方程式である. いま $z \geq 0$ とすると $z = \sqrt{a^2 - ax}$ である. よって

$$S = 4\int_0^a dx \int_0^{\sqrt{a^2 - ax}} \sqrt{\frac{a^2}{4(ax - x^2)}} dz$$

$$= 4\int_0^a \frac{a}{2\sqrt{ax - x^2}}\Big[z\Big]_0^{\sqrt{a^2 - ax}} dx$$

$$= 2a\int_0^a \frac{\sqrt{a}}{\sqrt{x}} dx = 2a\sqrt{a}\Big[2\sqrt{x}\Big]_0^a = 4a^2$$

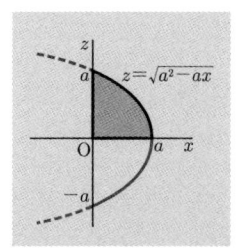

◆ 演習問題 5-A 解答

1. (1) $\begin{cases} x+y=u \\ x-y=v \end{cases}$ と変数変換すると，$\begin{cases} x=(u+v)/2 \\ y=(u-v)/2 \end{cases}$ となる．これを D の条件の式に代入すると，$D' = \{(u,v) \mid |u| \leq 1, |v| \leq 1\}$ となり，D' と D の点は 1 対 1 に対応する．またヤコビアンは，$J = \begin{vmatrix} x_u & x_v \\ y_u & y_v \end{vmatrix} = \begin{vmatrix} 1/2 & 1/2 \\ 1/2 & -1/2 \end{vmatrix} = -\dfrac{1}{2}$．よって，

$$\iint_D (x+y)^2 e^{x-y} dxdy = \iint_{D'} u^2 e^v \left|-\frac{1}{2}\right| dudv = \frac{1}{2} \int_{-1}^1 du \int_{-1}^1 u^2 e^v dv$$

$$= \frac{1}{2}\left(\int_{-1}^1 u^2 du\right)\left(\int_{-1}^1 e^v dv\right) = \frac{1}{2}\left[\frac{1}{3}u^3\right]_{-1}^1 \cdot [e^v]_{-1}^1 = \frac{1}{2}\frac{2}{3}(e-e^{-1}) = \frac{1}{3}(e-e^{-1})$$

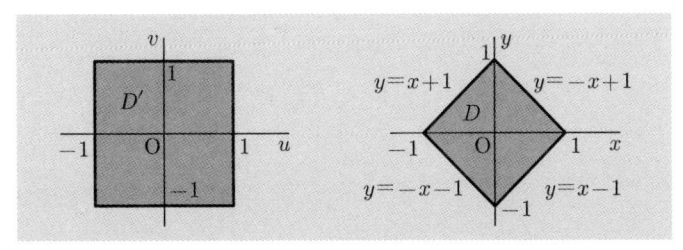

5-A **1** (1)

(2) $x+y=u, y=uv$ と変数変換すると，$D: 1/2 \leq x+y \leq 1, x \geq 0, y \geq 0$（下の右図）であるので $x+y=u$ より $1/2 \leq u \leq 1$ となる．また $y \geq 0$ より $uv \geq 0$ となり $u > 0$ であるので $v \geq 0$ となる．また $y=uv$ を $x+y=u$ に代入して $x=u(1-v) \geq 0$ となる．よって $u > 0$ より $v \leq 1$ を得る．ゆえに uv 平面の有界閉領域は

$$D': 1/2 \leq u \leq 1, \quad 0 \leq v \leq 1 \quad (\text{下の左図}).$$

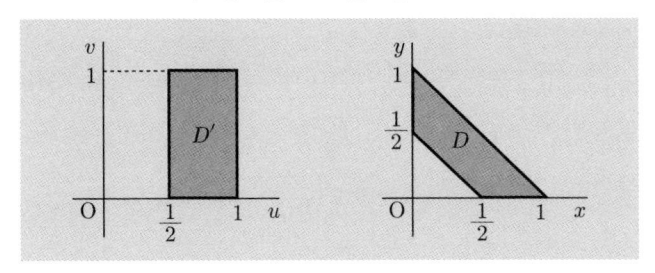

5-A **1** (2)

次にヤコビアンは $J = \begin{vmatrix} x_u & x_v \\ y_u & y_v \end{vmatrix} = \begin{vmatrix} -v+1 & -u \\ v & u \end{vmatrix} = u$．よって，

$$\iint_D e^{(y-x)/(y+x)} dxdy = \iint_{D'} e^{2v-1} u\, dudv$$

$$= \int_{1/2}^1 u\, du \int_0^1 e^{2v-1} dv = \left[\frac{u^2}{2}\right]_{1/2}^1 \cdot \left[\frac{1}{2}e^{2v-1}\right]_0^1 = \frac{3}{16}(e-e^{-1})$$

(3) $x = r\cos\theta$, $y = r\sin\theta$ と変数変換する. D は中心 $(1/2, 0)$, 半径 $1/2$ の円の内部であるから, $D': 0 \leqq r \leqq \cos\theta$, $-\pi/2 \leqq \theta \leqq \pi/2$ となる.

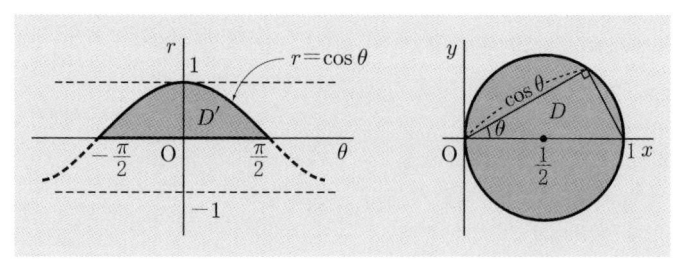

5–A **1** (3)

次にヤコビアンは
$$J = \begin{vmatrix} \cos\theta & -r\sin\theta \\ \sin\theta & r\cos\theta \end{vmatrix} = r$$

$$\therefore \iint_D x^2 dxdy = \iint_{D'} r^2\cos^2\theta \, rdrd\theta$$

$$= \int_{-\pi/2}^{\pi/2} d\theta \int_0^{\cos\theta} r^3\cos^2\theta \, dr = \int_{-\pi/2}^{\pi/2} \cos^2\theta \left[\frac{r^4}{4}\right]_0^{\cos\theta} d\theta$$

$$= \frac{1}{2}\int_0^{\pi/2} \cos^6\theta \, d\theta = \frac{1}{2}\cdot\frac{5}{6}\cdot\frac{3}{4}\cdot\frac{1}{2}\cdot\frac{\pi}{2} = \frac{5\pi}{2^6} \quad (\Rightarrow \text{p.82 の例題 25})$$

(4) $x = r\cos\theta$, $y = r\sin\theta$ と変数変換すると, 積分する領域は

$D': -\dfrac{\pi}{4} \leqq \theta \leqq \dfrac{\pi}{4}$, $0 \leqq r \leqq \sqrt{\cos 2\theta}$

$D: (x^2+y^2)^2 \leqq x^2 - y^2$, $x \geqq 0$

前問よりヤコビアン $J = r$ である.

$$\iint_D \frac{dxdy}{(1+x^2+y^2)^2} = \int_{-\pi/4}^{\pi/4} d\theta \int_0^{\sqrt{\cos 2\theta}} \frac{rdr}{(1+r^2)^2}$$

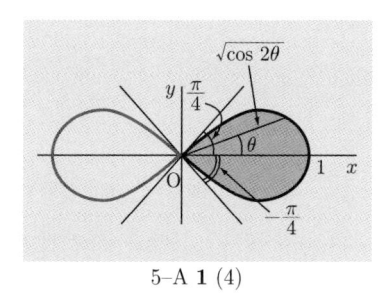

5–A **1** (4)

ここで, $J = \displaystyle\int_0^{\sqrt{\cos 2\theta}} \frac{rdr}{(1+r^2)^2}$ を求めるために, $r^2 = t$ とおくと, $2rdr = dt$ であるので,

$$J = \int_0^{\cos 2\theta} \frac{1}{2}\frac{dt}{(1+t)^2} = \left[-\frac{1}{2}\frac{1}{1+t}\right]_0^{\cos 2\theta} = \frac{1}{2}\left(1 - \frac{1}{1+\cos 2\theta}\right) = \frac{1}{2}\left(1 - \frac{1}{2\cos^2\theta}\right)$$

よって,

$$I = \frac{1}{2}\int_{-\pi/4}^{\pi/4}\left(1 - \frac{1}{2\cos^2\theta}\right)d\theta = \frac{1}{2}\left[\theta - \frac{1}{2}\tan\theta\right]_{-\pi/4}^{\pi/4} = \frac{1}{2}\left(\frac{\pi}{4} - \frac{1}{2} + \frac{\pi}{4} - \frac{1}{2}\right) = \frac{\pi}{4} - \frac{1}{2}$$

2. (1) 与えられた 2 重積分の積分領域は,

$$D : y - 1 \leqq x \leqq -y + 1, \ 0 \leqq y \leqq 1$$

である (⇨ 5–A **2** (1) 上).

この 2 重積分の順序を交換するのであるから, 積分領域は, 5–A **2** (1) 下のように D_1, D_2 に分かれる. つまり,

$$D_1 : -1 \leqq x \leqq 0, \ 0 \leqq y \leqq x + 1$$
$$D_2 : 0 \leqq x \leqq 1, \ 0 \leqq y \leqq -x + 1$$

となる. 定理 5.2 (6) (p.133) より,

$$I = \iint_{D_1} f(x,y) dx dy + \iint_{D_2} f(x,y) dx dy$$
$$= \int_{-1}^0 dx \int_0^{x+1} f(x,y) dy + \int_0^1 dx \int_0^{-x+1} f(x,y) dy$$

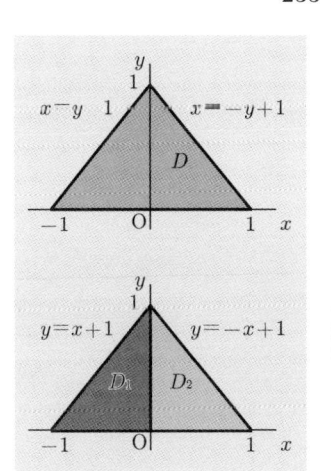

5–A **2** (1)

(2) 積分領域 D を求めると, $D : -1 \leqq y \leqq 2, \ y^2 \leqq x \leqq y + 2$ である. この順序を交換するのであるから, 積分領域 D は次のような 2 つの小領域 D_1, D_2 に分かれる (5–A **2** (2) 右).

$$D_1 : 0 \leqq x \leqq 1, \ -\sqrt{x} \leqq y \leqq \sqrt{x}, \quad D_2 : 1 \leqq x \leqq 4, \ x - 2 \leqq y \leqq \sqrt{x}$$

$$\therefore \int_{-1}^2 dy \int_{y^2}^{y+2} f(x,y) dx = \int_0^1 dx \int_{-\sqrt{x}}^{\sqrt{x}} f(x,y) dy + \int_1^4 dx \int_{x-2}^{\sqrt{x}} f(x,y) dy$$

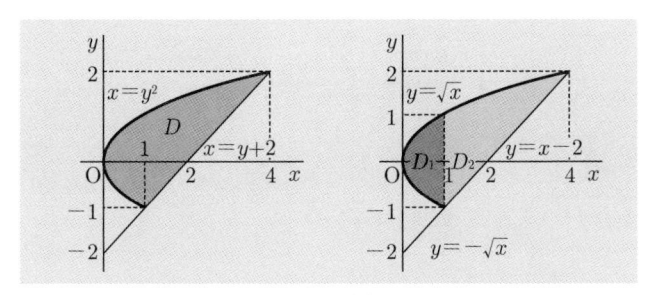

5–A **2** (2)

3. (1) p.139 の無限領域における広義の 2 重積分の場合である.

領域 D は $x \geqq 0, \ y \geqq 0$ であるから近似増加列 $\{D_m\}$ は原点を中心として半径 m の円と D との共通部分とする. 一方, 被積分関数は正であるから, p.139 の定理 5.6 を用いる.

変数を

$$x = r\cos\theta, \quad y = r\sin\theta$$

に変換すると, ヤコビアン $J = r$ であるから,

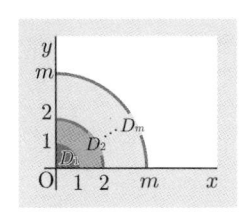

5–A **3** (1)

$$\iint_{D'_m} x^2 e^{-(x^2+y^2)} dxdy = \int_0^{\pi/2} d\theta \int_0^m r^2 \cos^2\theta \, e^{-r^2} r dr$$

$$= \left(\int_0^{\pi/2} \cos^2\theta d\theta\right)\left(\int_0^m r^3 e^{-r^2} dr\right) = I_1 \times I_2 \text{ とおく}.$$

$$I_1 = \int_0^{\pi/2} \frac{1}{2}(1+\cos 2\theta)d\theta = \frac{1}{2}\left[\theta + \frac{1}{2}\sin 2\theta\right]_0^{\pi/2} = \frac{\pi}{4}$$

$r^2 = t$ とおくと, $2rdr = dt$ より

$$I_2 = \int_0^{m^2} rte^{-t}\frac{dt}{2r} = \frac{1}{2}\int_0^{m^2} te^{-t}dt = \frac{1}{2}\left[t(-e^{-t})\right]_0^{m^2} + \frac{1}{2}\left[-e^{-t}\right]_0^{m^2}$$

$$= \frac{1}{2}\left(-\frac{m^2}{e^{m^2}} - \frac{1}{e^{m^2}} + 1\right) \to \frac{1}{2} \quad (m \to \infty)$$

$$\therefore \iint_D x^2 e^{-(x^2+y^2)} dxdy = \frac{\pi}{4} \times \frac{1}{2} = \frac{\pi}{8}$$

3. (2) p.138 の不連続点がある場合の広義の 2 重積分により求める.

被積分関数は,与えられた閉領域 D で正で, 原点以外では連続である. よって, 原点を除外する 1 つの近似増加列 $\{D_n\}$ を次のようにとる.

$$D_n : 0 \leq x \leq y,\ 1/n \leq y \leq 1$$

$$I_n = \iint_{D_n} \frac{x}{\sqrt{x^2+y^2}}dxdy = \int_{1/n}^1 dy \int_0^y \frac{x}{\sqrt{x^2+y^2}}dx$$

5–A **3** (2)

$$= \int_{1/n}^1 \left[(x^2+y^2)^{1/2}\right]_0^y dy = \int_{1/n}^1 (\sqrt{2}-1)ydy$$

$$= (\sqrt{2}-1)\left[\frac{y^2}{2}\right]_{1/n}^1 = \frac{\sqrt{2}-1}{2}\left(1-\frac{1}{n^2}\right) \to \frac{\sqrt{2}-1}{2} \quad (n\to\infty)$$

$$\therefore \iint_D \frac{x}{\sqrt{x^2+y^2}}dxdy = \frac{\sqrt{2}-1}{2}$$

4. (1) $V = 8\int_0^a dx \int_0^{(b/a)\sqrt{a^2-x^2}} c\sqrt{1-\frac{x^2}{a^2}-\frac{y^2}{b^2}}\,dy$

ここで $x = au,\ y = bv$ と変数変換すると, ヤコビアンは

$$J = \begin{vmatrix} x_u & x_v \\ y_u & y_v \end{vmatrix} = \begin{vmatrix} a & 0 \\ 0 & b \end{vmatrix} = ab \neq 0$$

$$\therefore V = 8\int_0^1 du \int_0^{\sqrt{1-u^2}} c\sqrt{1-u^2-v^2}\,ab\,dv$$

$$= 8abc\int_0^1 du \left[\frac{1}{2}\left(v\sqrt{1-u^2-v^2} + (1-u^2)\sin^{-1}\frac{v}{\sqrt{1-u^2}}\right)\right]_0^{\sqrt{1-u^2}}$$

$$= 4abc\int_0^1 \frac{\pi}{2}(1-u^2)du = 2\pi abc\left[u-\frac{u^3}{3}\right]_0^1 = \frac{4}{3}\pi abc$$

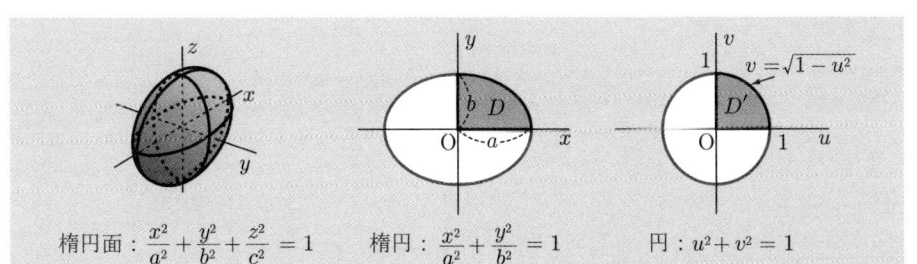

楕円面: $\dfrac{x^2}{a^2}+\dfrac{y^2}{b^2}+\dfrac{z^2}{c^2}=1$　　楕円: $\dfrac{x^2}{a^2}+\dfrac{y^2}{b^2}=1$　　円: $u^2+v^2=1$

5–A **4** (1)

(2) 直径の中心 O から距離 x の点を通ってこの直径に垂直な平面で，この切りとった立体を切るとき，切り口の面積は
$$S(x)=\dfrac{1}{2}(a^2-x^2)\tan\alpha$$
である．したがって求める体積は，
$$V=\dfrac{1}{2}\int_{-a}^{a}(a^2-x^2)\tan\alpha\,dx$$
$$=\dfrac{\tan\alpha}{2}\left[a^2x-\dfrac{x^3}{3}\right]_{-a}^{a}=\dfrac{2}{3}a^3\tan\alpha$$

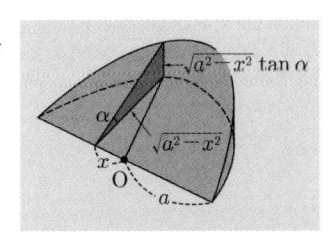

5–A **4** (2)

5. (1) $z=c\left(1-\dfrac{x}{a}-\dfrac{y}{b}\right)$　　∴　$\dfrac{\partial z}{\partial x}=-\dfrac{c}{a},\ \dfrac{\partial z}{\partial y}=-\dfrac{c}{b}$

$1+\left(\dfrac{\partial z}{\partial x}\right)^2+\left(\dfrac{\partial z}{\partial y}\right)^2=1+\dfrac{c^2}{a^2}+\dfrac{c^2}{b^2}$

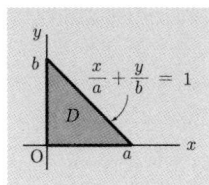

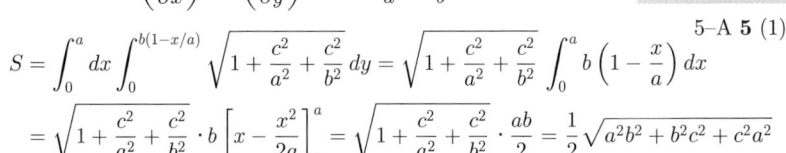

$S=\displaystyle\int_0^a dx\int_0^{b(1-x/a)}\sqrt{1+\dfrac{c^2}{a^2}+\dfrac{c^2}{b^2}}\,dy=\sqrt{1+\dfrac{c^2}{a^2}+\dfrac{c^2}{b^2}}\int_0^a b\left(1-\dfrac{x}{a}\right)dx$

$=\sqrt{1+\dfrac{c^2}{a^2}+\dfrac{c^2}{b^2}}\cdot b\left[x-\dfrac{x^2}{2a}\right]_0^a=\sqrt{1+\dfrac{c^2}{a^2}+\dfrac{c^2}{b^2}}\cdot\dfrac{ab}{2}=\dfrac{1}{2}\sqrt{a^2b^2+b^2c^2+c^2a^2}$

5–A **5** (1)

(2) p.146 の極座標のときの曲面積 (4) を用いる．$z=x^2+y^2$ (⇨ p.127 の図 4.24)，$D:x^2+y^2\leqq a,\ x\geqq 0,\ y\geqq 0$ とする．図形の対称性に注意して，D の上に立つ曲面の面積を求め，それを 4 倍する．
$x=r\cos\theta,\ y=r\sin\theta$ と極座標に変換する．よって，
$$D':0\leqq r\leqq\sqrt{a},\ 0\leqq\theta\leqq\pi/2$$
また $z=r^2$ となり $\dfrac{\partial z}{\partial r}=2r,\ \dfrac{\partial z}{\partial\theta}=0$. ゆえに

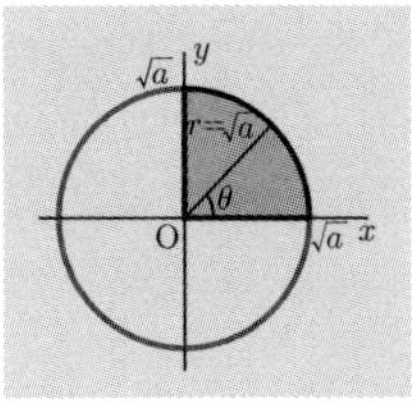

5–A **5** (2)

$S=4\displaystyle\iint_{D'}\sqrt{r^2+(2r^2)^2}\,drd\theta=4\int_0^{\pi/2}d\theta\int_0^{\sqrt{a}}r\sqrt{4r^2+1}\,dr$

$=4\cdot\dfrac{\pi}{2}\left[\dfrac{(4r^2+1)^{3/2}}{12}\right]_0^{\sqrt{a}}=\dfrac{\{(4a+1)^{3/2}-1\}}{6}\pi$

◆ **演習問題 5-B 解答**

1. $I_1 = \int_0^1 dx \int_0^{\sqrt{1-x^2}} \sqrt{\dfrac{1-x^2-y^2}{1+x^2+y^2}}\, dy$ これには x^2+y^2 の項があるので，$x=r\cos\theta,\ y=r\sin\theta$ とおくと，$D: x^2+y^2 \leqq 1,\ x\geqq 0,\ y\geqq 0,\quad D': 0\leqq r\leqq 1,\ 0\leqq \theta\leqq \pi/2$，ヤコビアン $J=r$. よって

$$I_1 = \int_0^{\pi/2} d\theta \int_0^1 \sqrt{\dfrac{1-r^2}{1+r^2}}\, r\, dr = \left(\int_0^{\pi/2} d\theta\right)\left(\int_0^1 \sqrt{\dfrac{1-r^2}{1+r^2}}\, r\, dr\right)$$

$I_2 = \int_0^1 \sqrt{\dfrac{1-r^2}{1+r^2}}\, r\, dr$ を計算するために，$r^2 = t$ とおくと，

$$I_2 = \int_0^1 \sqrt{\dfrac{1-t}{1+t}}\dfrac{1}{2}dt = \dfrac{1}{2}\int_0^1 \dfrac{1-t}{\sqrt{1-t^2}}dt = \dfrac{1}{2}\left\{\int_0^1 \dfrac{dt}{\sqrt{1-t^2}} + \int_0^1 \dfrac{-t}{\sqrt{1-t^2}}dt\right\}$$

$$= \dfrac{1}{2}\left[\sin^{-1}t + \sqrt{1-t^2}\right]_0^1 = \dfrac{1}{2}\left(\dfrac{\pi}{2}-1\right)$$

一方 $\int_0^{\pi/2} d\theta = \left[\theta\right]_0^{\pi/2} = \dfrac{\pi}{2}$ であるので $\quad I_1 = \dfrac{\pi}{2}\cdot\dfrac{1}{2}\left(\dfrac{\pi}{2}-1\right) = \dfrac{\pi}{4}\left(\dfrac{\pi}{2}-1\right)$.

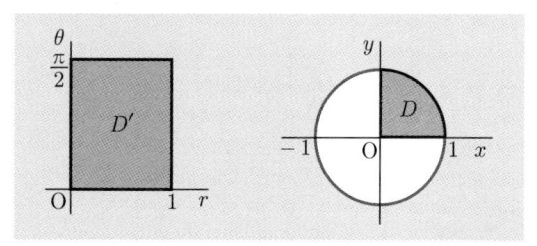

5-B **1**

2. 円柱 (1) $x^2+y^2=a^2$, と 4 つの平面

(2) $z=b$,　(3) $z=\dfrac{b}{a}y$,　(4) $z=-\dfrac{b}{a}y$,　(5) $z=0$

がある．(1), (3), (5) によって囲まれた部分の体積 V_1 と (1), (4), (5) によって囲まれた体積 V_2 は等しい．よって求める体積は V は，(1), (2), (5) によって囲まれた体積を V_3 とすると，$V = V_3 - 2V_1$ である．まず $V_3 = \pi a^2 b$ である．次に V_1 を求める．

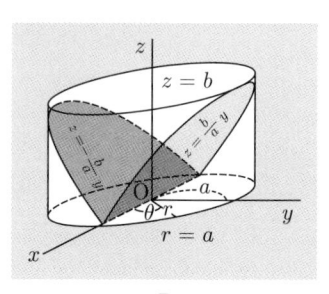

体積 V_1 は $z=(b/a)y$ を $D_1: y\geqq 0,\ x^2+y^2\leqq a^2$ で積分して求めると，

$$V_1 = \iint_{D_1} \dfrac{b}{a}y\, dx\, dy \quad (x=r\cos\theta,\ y=r\sin\theta\ \text{とおく})$$

$$= \int_0^\pi d\theta \int_0^a \left(\dfrac{b}{a}r\sin\theta\right) r\, dr = \dfrac{b}{a}\left(\int_0^\pi \sin\theta\, d\theta\right)\left(\int_0^a r^2\, dr\right) = \dfrac{2}{3}a^2 b$$

$$\therefore\quad V = \pi a^2 b - \dfrac{4}{3}a^2 b = \left(\pi - \dfrac{4}{3}\right)a^2 b$$

5-B **2**

3. $c \leqq y \leqq d$ とすると, p.134 の (9) により,

$$\int_c^y dy \int_a^b f_y(x,y)dx = \int_a^b dx \int_c^y f_y(x,y)dy = \int_a^b \Big[f(x,y)\Big]_c^y dx = \int_a^b f(x,y)dx - \int_a^b f(x,c)dx$$

この両辺を y で微分する. $\int_a^b f(x,c)dx$ は定数であることに注意して,

$$\frac{d}{dy}\int_a^b f(x,y)dx = \int_a^b f_y(x,y)dx$$

4. 被積分関数は D で正で, 原点以外では連続である. いま近似増加列 $\{D_n\}$ を次のようにとる. $D_n : 1/n^2 \leqq x^2+y^2 \leqq 1$. いま, $x=r\cos\theta$, $y=r\sin\theta$ とおくと, ヤコビアン $J=r$ であるから,

$$\iint_{D_n} \frac{dxdy}{(x^2+y^2)^{\alpha/2}} = \left(\int_0^{2\pi} d\theta\right)\left(\int_{1/n}^1 \frac{rdr}{r^\alpha}\right)$$
$$= 2\pi \int_{1/n}^1 r^{1-\alpha}dr.$$

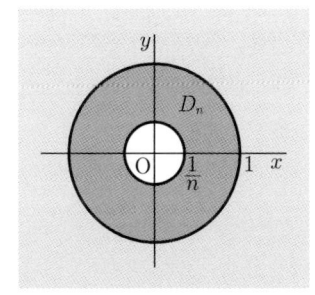

したがって, $\alpha \neq 2$ のとき

5–B 4

$$\iint_{D_n}\frac{dxdy}{(x^2+y^2)^{\alpha/2}} = \frac{2\pi}{2-\alpha}(1-n^{\alpha-2}) \to \begin{cases} \dfrac{2\pi}{2-\alpha} & (\alpha<2)\ (n\to\infty) \\ -\infty & (\alpha>2)\ (n\to\infty) \end{cases}$$

$\alpha=2$ のとき

$$\iint_{D_n}\frac{dxdy}{x^2+y^2} = 2\pi\left(\log 1 - \log\frac{1}{n}\right) \to \infty \quad (n\to\infty)$$

ゆえに $\alpha<2$ のとき

$$\iint_D \frac{dxdy}{(x^2+y^2)^{\alpha/2}} \text{ は存在してその値は } \frac{2\pi}{2-\alpha} \text{ である.}$$

5. 他の近似増加列 $\{D_i'\}$ をとると, その性質から D_i に対して $D_i \subset D_n'$ となる $n=n(i)$ がある. またその D_n' に対して, $D_n' \subset D_j$ となるような j がある. したがって $f(x,y) \geqq 0$ であることから

$$\iint_{D_i} f(x,y)dxdy \leqq \iint_{D_n'} f(x,y)dxdy \leqq \iint_{D_j} f(x,y)dxdy.$$

よって, $i\to\infty$ のとき, 両端の積分は同じ極限をもつから中央の積分も同じ極限をもつ.

6. (1) $I = \iiint_K dxdydz = \int_0^{2a} dx \int_{-\sqrt{2ax-x^2}}^{\sqrt{2ax-x^2}} dy \int_{cx}^{bx} dz$

$$= \int_0^{2a} \left(2\sqrt{2ax-x^2}\right)(b-c)x\,dx$$

いま $x - a = t$ とおくと，

$$\begin{aligned}
I &= 2(b-c)\int_{-a}^{a}(t+a)\sqrt{a^2-t^2}\,dt \\
&= 2(b-c)\left\{\int_{-a}^{a}t\sqrt{a^2-t^2}\,dt + \int_{-a}^{a}a\sqrt{a^2-t^2}\,dt\right\} \\
&= 2(b-c)\left\{\left[-\frac{1}{3}(a^2-t^2)^{3/2}\right]_{-a}^{a} + a\cdot\frac{\pi a^2}{2}\right\} \\
&= \pi(b-c)a^3
\end{aligned}$$

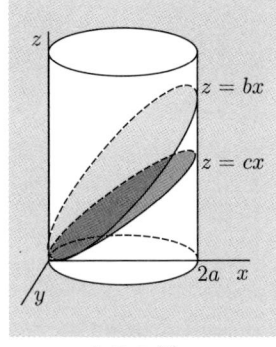

これは円柱 $x^2 + y^2 = 2ax$ と平面 $z = cx$ および $z = bx$ に囲まれる部分の体積である．

(2) 円柱座標は右図の上のように与えられる．つまり変換

$$x = r\cos\theta, \quad y = r\sin\theta, \quad z = z$$
$$(r \geqq 0,\ 0 \leqq \theta \leqq 2\pi)$$

を用いる．ヤコビアンは，

$$J = \begin{vmatrix} x_r & x_\theta & x_z \\ y_r & y_\theta & y_z \\ z_r & z_\theta & z_z \end{vmatrix} = \begin{vmatrix} \cos\theta & -r\sin\theta & 0 \\ \sin\theta & r\cos\theta & 0 \\ 0 & 0 & 1 \end{vmatrix} = r$$

$x^2 + y^2 + z^2 \leqq a^2$ より $r^2 + z^2 \leqq a^2$，つまり，$z^2 \leqq a^2 - r^2$．また，$x^2 + y^2 \leqq ax$ より $r^2 \leqq ar\cos\theta$．したがって $r \leqq a\cos\theta$．よって，$K' : z^2 \leqq a^2 - r^2,\ r \leqq a\cos\theta,\ z \geqq 0$．

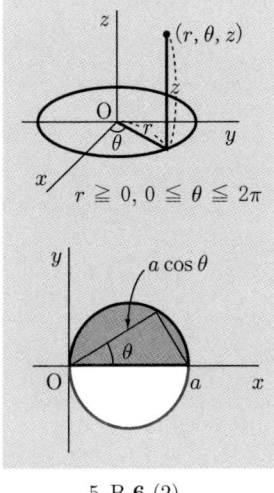

$$\begin{aligned}
I &= \iint_{x^2+y^2\leqq ax}dxdy\int_{0}^{\sqrt{a^2-x^2-y^2}}zdz = \iiint_{K'}zrdrd\theta dz \\
&= 2\int_{0}^{\pi/2}d\theta\int_{0}^{a\cos\theta}rdr\int_{0}^{\sqrt{a^2-r^2}}zdz \\
&= 2\int_{0}^{\pi/2}d\theta\int_{0}^{a\cos\theta}\frac{1}{2}\left[z^2\right]_{0}^{\sqrt{a^2-r^2}}rdr = \int_{0}^{\pi/2}d\theta\int_{0}^{a\cos\theta}(a^2-r^2)rdr \\
&= \int_{0}^{\pi/2}\left[\frac{a^2}{2}r^2 - \frac{1}{4}r^4\right]_{0}^{a\cos\theta}d\theta = \int_{0}^{\pi/2}\left(\frac{a^4}{2}\cos^2\theta - \frac{a^4}{4}\cos^4\theta\right)d\theta \\
&= \frac{a^4}{2}\left(\frac{1}{2}\cdot\frac{\pi}{2} - \frac{1}{2}\cdot\frac{3}{4}\cdot\frac{1}{2}\cdot\frac{\pi}{2}\right) = \frac{5}{64}\pi a^4 \quad (\Rightarrow\text{p.82 の例題 25})
\end{aligned}$$

6 章の解答

1.1 与えられた微分方程式は直接積分形である．よって
$$y = \int \frac{x^2}{x^2+4}dx = \int \frac{x^2+4-4}{x^2+4}dx = \int\left(1 - \frac{4}{x^2+4}\right)dx = x - 4\cdot\frac{1}{2}\tan^{-1}\frac{x}{2}.$$
ゆえに求める一般解は $y = x - 2\tan^{-1}(x/2) + C$ である（C は任意定数）．
初期条件は $x = 2$ のとき，$y = 1 - \pi/2$ より，これを一般解に代入して，
$$1 - \pi/2 = 2 - 2\tan^{-1}1 + C \quad \therefore\quad C = -1.$$
ゆえに求める特殊解は $y = x - 2\tan^{-1}(x/2) - 1$ である．

1.2 与えられた微分方程式は直接積分形である．よって
$$y = \int \frac{\sqrt{x^2+1}-1}{\sqrt{x^2+1}}dx = \int\left\{1 - \frac{1}{\sqrt{x^2+1}}\right\}dx = x - \log\left|x + \sqrt{x^2+1}\right|$$
ゆえに求める一般解は，$y = x - \log\left|x + \sqrt{x^2+1}\right| + C$ である（C は任意定数）．

2.1 $y^2 = Cx$ の両辺を x で微分すると $2yy' = C$ となる．これを与えられた微分方程式の左辺に代入すると
$$2x\cdot\frac{C}{2y} - y = 2\cdot\frac{y^2}{C}\cdot\frac{C}{2y} - y = 0$$
となって，この関数が与えられた微分方程式の解であることがわかる．さらに，任意定数を 1 つ含むからこれが一般解であるとわかる．この一般解に初期条件 $x = 1, y = 4$ を代入すると $C = 16$ と定められるので求める特殊解は $y^2 = 16x$ である．

2.2 $y = C_1 + C_2 e^{-x}$ がこの微分方程式の一般解であることは容易にわかる．$x = 0$ かつ $y = 2$，および $x = -1$ かつ $y = 1 + e$ を代入することによって連立方程式 $C_1 + C_2 = 2, C_1 + C_2 e = 1 + e$ が得られるので，これらを解いて $C_1 = C_2 = 1$ を得る．したがって求める特殊解は $y = 1 + e^{-x}$ となる．

3.1 (1) $y^2 = 4cx, 2yy' = 4c$ から c を消去して $y^2 = 2yy'x, 2xy' - y = 0$.

(2) $x^2 + y^2 = c$ を x で微分して $2x + 2yy' = 0, x + yy' = 0$.

(3) 与式を x で微分して $y' = e^{cx} + cxe^{cx} = (1+cx)e^{cx}, xy' = (1+cx)y$.
一方与式から $cx = \log\frac{y}{x}$，ゆえに $xy' = \left(1 + \log\frac{y}{x}\right)y$.

3.2 (1) $y^2 = 4c_1 x + c_2$ より $2yy' = 4c_1, yy' = 2c_1$. さらに x で微分すれば，$(y')^2 + yy'' = 0$.

(2) $y = c_1 x + \frac{c_2}{x}$ より $y' = c_1 - \frac{c_2}{x^2}, y'' = \frac{2c_2}{x^3}$. ゆえに $c_2 = \frac{1}{2}x^3 y'', c_1 = y' + \frac{c_2}{x^2} = y' + \frac{1}{2}xy''$
これらを与式に代入して整理すれば $xy' + x^2 y'' - y = 0$.

(3) $y = c_1 \sin(x + c_2)$ より $y' = c_1 \cos(x + c_2), y'' = -c_1 \sin(x + c_2)$ であるから，$y'' + y = 0$.

3.3 点 (x, y) における法線の方程式は，X, Y を流通座標として
$$Y - y = -\frac{1}{y'}(X - x).$$
これと X 軸との交点は $(x + yy', 0)$ であるから法線の長さは $\sqrt{(yy')^2 + y^2}$. ゆえに求める微分方程式は
$$(yy')^2 + y^2 = a^2, \quad y^2\{1 + (y')^2\} = a^2.$$

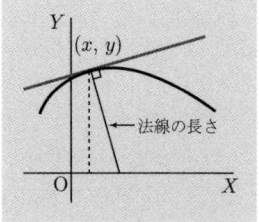

3.3

3.4 点 (x, y) における接線は X, Y を流通座標として表せば
$$Y - y = y'(X - x).$$
したがって x 切片は $x - y/y'$, y 切片は $y - xy'$ である．ゆえに
$$x + y - \left(\frac{y}{y'} + xy'\right) = 3, \quad x(y')^2 - (x + y - 3)y' + y = 0.$$

4.1 (1) $y^2 + y \neq 0$ とする．このとき両辺を $y^2 + y$ で割って $\dfrac{1}{y^2 + y}\dfrac{dy}{dx} = 1$ を得る．この両辺を x で積分すると
$$\log\left|\frac{y}{y+1}\right| = x + C_0 \quad (C_0 \text{ は積分定数})$$
となることから，改めて $C = \pm e^{C_0}$ とおくことによって
$$\frac{y}{y+1} = Ce^x \quad \text{すなわち} \quad y = \frac{Ce^x}{1 - Ce^x} \quad (C \text{ は任意定数}) \qquad \cdots \text{①}$$
と一般解を得る．

次に $y^2 + y = 0$ の場合を考える．このときは $y = 0, y = -1$ という定数関数が得られるが，これらはすぐにわかるとおり与式の解である．ここで $y = 0$ は一般解において $C = 0$ とおいて得られる特殊解となるので，一般解に含まれるとみる．$y = -1$ は一般解からは得られない特異解である．

(2) 定数関数 $y = 0$ は明らかに解である．

$y \neq 0$ のとき $\dfrac{1}{y} \cdot \dfrac{dy}{dx} = \dfrac{\cos x - \sin x}{\sin x}$ ゆえに $\displaystyle\int \frac{dy}{y} = \int \left(\frac{\cos x}{\sin x} - 1\right) dx$

よって $\log|y| = \log|\sin x| - x + C$ (C は任意定数)

$\pm e^C = A$ とおくと $y = Ae^{-x} \sin x \qquad \cdots \text{①}$

また，$y = 0$ は①で $A = 0$ とおくと得られる．

したがって，求める解は $y = Ae^{-x} \sin x$ (A は任意定数)

5.1 (1) $x + y = u$ とおくと $\dfrac{du}{dx} = 1 + \dfrac{dy}{dx}$．ゆえに
$$\frac{du}{dx} - 1 = u^2, \quad u^2 + 1 = \frac{du}{dx}$$
これを解けば，
$$\int \frac{du}{u^2 + 1} = \int dx + C, \quad \tan^{-1} u = x + C, \quad u = \tan(x + C)$$
となる．x, y の式に戻せば，$y = \tan(x + C) - x$ (C は任意定数)．

(2) $u = \dfrac{y}{x}$ とおくと $u + x\dfrac{du}{dx} = \dfrac{dy}{dx}$．これを与式に代入して整理すると $x\dfrac{du}{dx} = \dfrac{u + u^3}{1 - u^2}$．

ゆえに $\displaystyle\int \frac{1 - u^2}{u(u^2 + 1)} du = \int \frac{dx}{x} + C_1$ (C_1 は任意定数)．

$\dfrac{1 - u^2}{u(u^2 + 1)} = \dfrac{A}{u} + \dfrac{Bu + c}{u^2 + 1}$ とおいて，部分分数分解すれば，$A = 1, B = -2, c = 0$ となる．

よって，これを積分すれば，

$$\log|u| - \log(1+u^2) = \log|x| + C_1, \quad \frac{u}{1+u^2} = Cx \quad (C_1 = \log C)$$
$$\therefore \quad x^2 + y^2 = Cy \quad (C \text{ は任意定数}).$$

(3) 与式を変形して $y' = \dfrac{y^2}{xy - x^2} = \dfrac{(y/x)^2}{y/x - 1}$. いま $\dfrac{y}{x} = u$ とおくと,
$$u + x\frac{du}{dx} = \frac{u^2}{u-1}, \quad x\frac{du}{dx} = \frac{u}{u-1}, \quad \int \frac{u-1}{u}du = \int \frac{dx}{x} + C_1$$
を得る．これを計算すれば
$$u - \log|u| - \log|x| + C_1, \quad c^u = C_2 xu \quad (C_1 = \log C_2)$$
$$\therefore \quad y - Ce^{y/x} \quad (C_2 = 1/C, C \text{ は任意定数}).$$

6.1 (1) $\begin{cases} x+y+2 = 0 \\ 2x+y-1 = 0 \end{cases}$ より $\alpha = 3, \beta = -5$ となるので $x = u+3, y = v-5$ とおくと $\dfrac{dv}{du} = \dfrac{u+v}{2u+v}$. これは同次形である． $\dfrac{v}{u} = t$ とおいて書き直せば,
$$t + u\frac{dt}{du} = \frac{1+t}{2+t}, \quad -\frac{t+2}{t^2+t-1}\frac{dt}{du} = \frac{1}{u}, \quad -\int \frac{t+2}{t^2+t-1}dt = \int \frac{du}{u} + C_1.$$
$$\frac{t+2}{t^2+t-1} = \frac{1}{2}\frac{2t+1}{t^2+t-1} + \frac{3}{2}\frac{1}{(t+1/2)^2 - (\sqrt{5}/2)^2} \text{ となおして積分すると,}$$
$$-\frac{1}{2}\int \frac{2t+1}{t^2+t-1}dt - \frac{3}{2}\int \frac{1}{(t+1/2)^2 - (\sqrt{5}/2)^2}dt = \int \frac{1}{u}du + C_1 \quad (C_1 \text{ は任意定数})$$
$$-\frac{1}{2}\log|t^2+t-1| - \frac{3}{2}\frac{1}{\sqrt{5}}\log\left|\frac{t+1/2-\sqrt{5}/2}{t+1/2+\sqrt{5}/2}\right| = \log|u| + \log C \quad (C_1 = \log C)$$
変数をもとに戻すために $t = \dfrac{y+5}{x-3}$ を代入すると,
$$-\frac{1}{2}\log\left|\left(\frac{y+5}{x-3}\right)^2 + \frac{y+5}{x-3} - 1\right| - \frac{3}{2\sqrt{5}}\log\left|\frac{\frac{y+5}{x-3}+\frac{1}{2}-\frac{\sqrt{5}}{2}}{\frac{y+5}{x-3}+\frac{1}{2}+\frac{\sqrt{5}}{2}}\right| = \log C(x-3)$$

(2) p.157 の③ により, $x + 2y = u$ とおく．このとき
$$\frac{dy}{dx} = \frac{1}{2}\left(\frac{du}{dx} - 1\right) = \frac{u-1}{u+1}, \quad \frac{du}{dx} = \frac{2(u-1)}{u+1} + 1 = \frac{3u-1}{u+1}$$
で変数分離形となる．したがって
$$\int \frac{u+1}{3u-1}du = \int dx + C_1, \quad \frac{1}{3}u + \frac{4}{9}\log\left|u - \frac{1}{3}\right| = x + C_1$$
これを整理すれば $\quad 3u + 4\log\left|u - \dfrac{1}{3}\right| = 9x + C \quad (9C_1 = C)$
が得られる．これを x, y の式に直せば,
$$6(-x+y) + 4\log|x+2y - 1/3| = C \quad (C \text{ は任意定数}).$$

7.1 いずれも 1 階線形微分方程式であるから p.158 の⑤ に代入する．

(1) $y = \exp\left(\int \dfrac{x+1}{x}dx\right)\left\{\int x\exp\left(-\int \dfrac{x+1}{x}dx\right)dx + C\right\}$
$= \exp(x + \log x)\left\{\int x\exp(-x - \log x)dx + C\right\} = xe^x\left(\int e^{-x}dx + C\right)$
$= x(Ce^x - 1) \quad (C \text{ は任意定数}).$

(2) $y = e^{-\int dx}\left\{\int \sin x e^{\int dx} dx + C\right\} = e^{-x}\left\{\int e^x \sin x dx + C\right\}$
$= e^{-x}\left\{\dfrac{1}{2}e^x(\sin x - \cos x) + C\right\} = \dfrac{1}{2}(\sin x - \cos x) + Ce^{-x}$ (C は任意定数).

(3) $z = y^{-1}$ とおくと $\dfrac{dz}{dx} = -y^{-2}\dfrac{dy}{dx}$ であるから $-y^2\dfrac{dz}{dx} - y = xy^2$ を得る．すなわち $\dfrac{dz}{dx} + z = -x$ となり 1 階線形微分方程式である．ゆえに

$$z = e^{-\int dx}\left\{-\int xe^{\int dx}dx + C\right\} = e^{-x}\left(-\int xe^x dx + C\right) = e^{-x}(e^x - xe^x + C)$$
$$= 1 - x + Ce^{-x}.$$

ゆえに，$y = \dfrac{1}{Ce^{-x} - x + 1}$ (C は任意定数).

(4) 与式を整理すると $y' - \dfrac{1}{3}y = \dfrac{2}{3}y^{-2}\sin x$ であるから $z = y^3$ とおくと $\dfrac{dz}{dx} = 3y^2\dfrac{dy}{dx}$, したがって $\dfrac{1}{3}y^{-2}\dfrac{dz}{dx} - \dfrac{1}{3}y = \dfrac{2}{3}y^{-2}\sin x$, $\dfrac{dz}{dx} - z = 2\sin x$ となる．ゆえに

$$z = e^{\int dx}\left\{2\int \sin x e^{-\int dx}dx + C\right\} = e^x\left\{2\int e^{-x}\sin x dx + C\right\}$$
$$= e^x\{-e^{-x}(\sin x + \cos x) + C\} = Ce^x - \sin x - \cos x = y^3 \ (C\ \text{は任意定数}).$$

7.2 $\quad\dfrac{dy}{dx} + Py = Q \quad$ (P, Q が x の関数または定数) $\qquad\cdots$ ①

の一般解を求める．

(ⅰ) $Q = 0$ のとき，$\dfrac{dy}{dx} + Py = 0$. 変形分離形であるので $\displaystyle\int \dfrac{dy}{y} = -\int P dx$.

$$\log|y| = -\int P dx + C \quad (C\ \text{は任意定数}) \quad \therefore\ y = \underline{A}e^{-\int P dx} \quad (C = \log A)$$
この後 A を x の関数と考えて $u(x)$ とおく．

(ⅱ) $Q \not\equiv 0$ のときは u は x の関数とし，$y = ue^{-\int P dx}$ とする．
$$\dfrac{dy}{dx} = e^{-\int P dx}\cdot\dfrac{du}{dx} + e^{-\int P dx}\cdot(-P)\cdot u$$

これを ① に代入すると
$$e^{-\int P dx}\cdot\dfrac{du}{dx} + e^{-\int P dx}(-P)u + Pue^{-\int P dx} = Q$$

したがって $\dfrac{du}{dx} = Qe^{\int P dx} \quad \therefore\ u = \int Qe^{\int P dx}dx + C \quad (C\ \text{は任意定数})$

ゆえに，求める 1 階線形微分方程式 ① の解は次のように与えられる．
$$y = e^{-\int P dx}\left\{\int Q(x)e^{\int P dx}dx + C\right\}.$$

8.1 いずれもクレローの微分方程式である．

(1) 一般解は $y = Cx + \sqrt{C^2 - 1}$ (C は任意定数)．これと $x + C/\sqrt{C^2 - 1} = 0$ から C を消去すれば特異解が得られる．

$x = \dfrac{-C}{\sqrt{C^2-1}}$ より $y = \dfrac{-C^2}{\sqrt{C^2-1}} + \sqrt{C^2-1}$, したがって $y\sqrt{C^2-1} = -1$, $\sqrt{C^2-1} = -\dfrac{1}{y}$. ゆえに $C = -x\sqrt{C^2-1} = \dfrac{x}{y}$. 一般解に代入して $y = \dfrac{x^2}{y} - \dfrac{1}{y}$, $y^2 = x^2 - 1$ となって特異解が求まる.

(2) 一般解は $y = Cx + 1/C$ である. これと $x - 1/C^2 = 0$ から C を消去すれば特異解が得られる. $x = \dfrac{1}{C^2}$ より $y^2 = \left(Cx + \dfrac{1}{C}\right)^2 = C^2x^2 + 2x + \dfrac{1}{C^2} = x + 2x + x = 4x$. ゆえに特異解は $y^2 = 4x$.

(3) 一般解は $y = Cx - C^2/2$. これと $x - C = 0$ より C を消去すれば, $y = x^2 - x^2/2$, ゆえに特異解は $y = x^2/2$ である.

9.1 (1) $\dfrac{\partial}{\partial y}(2x+y) = \dfrac{\partial}{\partial x}(x+2y) = 1$ であるから完全微分形. ゆえに一般解は

$$\int (2x+y)dx + \int \left[x + 2y - \dfrac{\partial}{\partial y}\left\{\int (2x+y)dx\right\}\right]dy = C$$

で与えられる. 左辺は $x^2 + xy + y^2$ であるから, $x^2 + xy + y^2 = C$.

(2) $\dfrac{\partial}{\partial y}(2xy - \cos x) = \dfrac{\partial}{\partial x}(x^2 - 1) = 2x$ であるから完全微分形. ゆえに一般解は

$$\int (2xy - \cos x)dx + \int \left[x^2 - 1 - \dfrac{\partial}{\partial y}\left\{\int (2xy - \cos x)dx\right\}\right]dy = C.$$

∴ $x^2y - \sin x - y = C$.

9.2 (1) $p(x,y) = 2xy$, $q(x,y) = y^2 - x^2$ とおくと

$$\dfrac{1}{p}\left(\dfrac{\partial p}{\partial y} - \dfrac{\partial q}{\partial x}\right) = \dfrac{1}{2xy}(2x + 2x) = \dfrac{2}{y}.$$

ゆえに積分因子は $\exp\left(-\int \dfrac{2}{y}dy\right) = \exp(-\log y^2) = \dfrac{1}{y^2}$ となる. これを与式の両辺にかけると $\dfrac{2x}{y} - \left(\dfrac{x^2}{y^2} - 1\right)y' = 0$ は完全微分形である. したがって一般解は

$$\int \dfrac{2x}{y}dx + \int \left[1 - \dfrac{x^2}{y^2} - \dfrac{\partial}{\partial y}\left\{\int \dfrac{2x}{y}dx\right\}\right]dy = C, \quad \dfrac{x^2}{y} + y = C.$$

(2) $\dfrac{1}{x^2(x-y)}\left\{\dfrac{\partial}{\partial y}(1-x^2y) - \dfrac{\partial}{\partial x}(x^2y - x^3)\right\} = -\dfrac{2}{x}$ であるから, 積分因子は $\exp\left(-\int \dfrac{2}{x}dx\right) = \dfrac{1}{x^2}$. これを与式にかけて $\left(\dfrac{1}{x^2} - y\right) + (y-x)y' = 0$.

$$\int \left(\dfrac{1}{x^2} - y\right)dx = \dfrac{-1}{x} - xy, \quad \int \left\{y - x - \dfrac{\partial}{\partial y}\left(\dfrac{-1}{x} - xy\right)\right\}dy = \dfrac{y^2}{2}.$$

ゆえに一般解は $\dfrac{-1}{x} - xy + \dfrac{y^2}{2} = C$.

10.1 曲線群 $x^2 + y^2 = cx$ ($c \neq 0$) $\cdots$ ① が満たす微分方程式は $x^2 + 2xyy' - y^2 = 0$ である. p.166 例題 10 (1) より求める直交曲線の微分方程式は

$$x^2 + 2xy\left(-\dfrac{1}{y'}\right) - y^2 = 0 \quad \text{つまり} \quad y' = \dfrac{2xy}{x^2 - y^2} = \dfrac{2y/x}{1 - (y/x)^2}$$

となる．これは同次形である．p.157 の解法により $y = xu$ とおくと，
$xu' = -\dfrac{u(u^2+1)}{u^2-1}$．これは変数分離形である． $\therefore \displaystyle\int \dfrac{-(u^2-1)}{u(u^2+1)}du = \int \dfrac{1}{x}dx$

$$\int \left(\dfrac{1}{u} - \dfrac{2u}{u^2+1}\right) du = \int \dfrac{1}{x}dx,$$
$\log|u| - \log(u^2+1) + C_1 = \log|x|$
$\dfrac{C_2|u|}{u^2+1} = |x| \quad (C_1 = \log C_2)$
$\pm C_2 \dfrac{u}{u^2+1} = x$
$\therefore \quad Cu = x(u^2+1) \quad (C = \pm C_2)$
$C\dfrac{y}{x} = x\left(\dfrac{y^2}{x^2}+1\right)$
$\therefore \quad x^2 + y^2 = Cy$

$\begin{pmatrix} \text{これが求める①と直交} \\ \text{する円群の方程式である．} \end{pmatrix}$

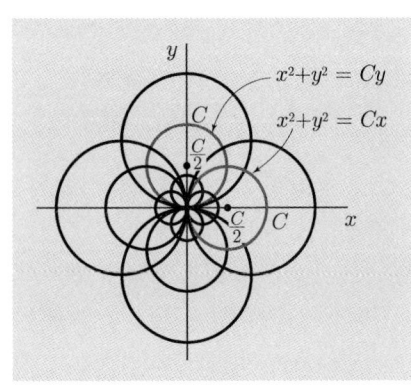

10.1

10.2 この曲線群は，$y = \pm x$ を漸近線とした双曲線である．まずこの曲線群を特長づける微分方程式を求める．

与えられた曲線群の両辺を x で微分すると次のようになる．
$$2x - 2y\dfrac{dy}{dx} = 0 \quad \text{すなわち} \quad \dfrac{dy}{dx} = \dfrac{x}{y}$$

ここに p.166 例題 10 (1) を適用する．すなわち $\dfrac{dy}{dx}$ の代わりに $-\dfrac{1}{y'}$ を代入すると，微分方程式
$$\dfrac{dy}{dx} = -\dfrac{y}{x}$$
を得る．これが求める直交曲線の微分方程式である．これは変数分離形だから容易に解くことができて，その解は $xy = c'$ (c' は正の定数) となる．すなわち，x, y 軸を漸近線とした双曲線が，与えられた曲線群の直交曲線群である．

11.1 (1) 特性方程式は $\lambda^2 + 3\lambda + 2 = (\lambda+1)(\lambda+2) = 0$．ゆえに一般解は
$$y = C_1 e^{-x} + C_2 e^{-2x}.$$
(2) 特性方程式は $\lambda^2 + 6\lambda + 9 = (\lambda+3)^2 = 0$．ゆえに一般解は
$$y = C_1 e^{-3x} + C_2 x e^{-3x}.$$
(3) 特性方程式は $\lambda^2 + 2\lambda + 5 = 0$．これを解けば $\lambda = -1 \pm 2i$．ゆえに一般解は
$$y = e^{-x}(C_1 \cos 2x + C_2 \sin 2x).$$
(4) 特性方程式は $\lambda^2 - 3\lambda - 10 = (\lambda-5)(\lambda+2) = 0$．ゆえに一般解は
$$y = C_1 e^{5x} + C_2 e^{-2x}.$$
(5) 特性方程式は $\lambda^2 - 4\lambda + 9 = 0$．これを解けば $\lambda = 2 \pm \sqrt{5}i$ である．ゆえに一般解は
$$y = e^{2x}(C_1 \cos\sqrt{5}x + C_2 \sin\sqrt{5}x).$$
(6) 特性方程式は $\lambda^2 + 6\lambda + 25 = 0$．これを解けば $\lambda = -3 \pm 4i$．ゆえに一般解は
$$y = e^{-3x}(C_1 \cos 4x + C_2 \sin 4x).$$
(7) $y = ax^2 + bx + c$ を代入して，$-ax^2 - bx + (2a-c) = x^2$．係数を比較して，$a = -1, b = 0,$

$2a - c = 0$. ゆえに $a = -1, b = 0, c = -2$ で特殊解 $y = -x^2 - 2$ を得る. $y'' - y = 0$ の特性解は $\lambda = \pm 1$ であるから，一般解は
$$y = C_1 e^x + C_2 e^{-x} - x^2 - 2.$$

(8) $y = ae^{3x}$ を代入すると $2ae^{3x} = e^{3x}, a = 1/2$. $y'' - 3y' + 2y = 0$ の特性解は $\lambda = 1, 2$ であるから一般解は
$$y = C_1 e^x + C_2 e^{2x} + e^{3x}/2.$$

(9) $y = a \cos x + b \sin x$ を代入すると $(a + 3b) \cos x + (b - 3a) \sin x = \cos x$ となるから $a + 3b = 1, b - 3a = 0$. ゆえに $a = 1/10, b = 3/10$. $y'' + 3y' + 2y = 0$ の特性解は $\lambda = -1, -2$ であるから，一般解は
$$y = C_1 e^{-x} + C_2 e^{-2x} + \frac{1}{10} \cos x + \frac{3}{10} \sin x.$$

(10) $y = (a \cos x + b \sin x) e^x$ を代入して $(-a \cos x - b \sin x) e^x = e^x \cos x$ を得る. ゆえに $a = -1, b = 0$ で特殊解 $y = -e^x \cos x$ を得る. $y'' - 2y' + y = 0$ の特性解は $\lambda = 1$（重複解）であるから一般解は
$$y = C_1 e^x + C_2 x e^x - e^x \cos x.$$

(11) $y = ax^2 + bx + c$ を代入して $-2ax^2 + 2(a - b)x + 2a - 2c + b = 2x^2 - 3x$. ゆえに, $a = -1, 2(a - b) = -3, 2a - 2c + b = 0$. ゆえに $a = -1, b = 1/2, c = -3/4$. $y'' + y' - 2y = 0$ の特性解は $\lambda = 1, -2$ であるから，一般解は
$$y = C_1 e^x + C_2 e^{-2x} - x^2 + \frac{x}{2} - \frac{3}{4}.$$

12.1 (1) $y'' - 3y' + 2y = 0$ の特性解は $\lambda = 1, 2$ であることからこの微分方程式の一般解は $C_1 e^x + C_2 e^{2x}$. 与えられた微分方程式の特殊解を求める.

$y = (ax^2 + bx) e^{2x}$ を代入してもよいが，定数変化法（p.167 の解法 (II)）を用いる. $y_1 = e^x, y_2 = e^{2x}$ とすると $y_1 y_2' - y_1' y_2 = e^{3x}$,
$$u_1(x) = \int \frac{-e^{2x} \cdot xe^{2x}}{e^{3x}} dx = -\int xe^x dx = -xe^x + e^x,$$
$$u_2(x) = \int \frac{e^x \cdot xe^{2x}}{e^{3x}} dx = \int x dx = \frac{1}{2} x^2.$$

ゆえに一般解は
$$y = C_1 e^x + C_2 e^{2x} + \frac{x^2}{2} e^{2x} - xe^{2x} + e^{2x} = C_1 e^x + \left(\frac{x^2}{2} - x + C_2 + 1 \right) e^{2x}.$$

(2) $y'' + 4y' + 4y = 0$ の一般解は $C_1 e^{-2x} + C_2 x e^{-2x}$. $y'' + 4y' + 4y = 2x$ に $y = ax + b$ を代入して $4ax + 4(a + b) = 2x, a = 1/2, b = -1/2$. ゆえに $y = (x - 1)/2$ は $y'' + 4y' + 4y = 2x$ を満たす. $y'' + 4y' + 4y = \sin x$ に $y = a \cos x + b \sin x$ を代入すれば, $(3a + 4b) \cos x + (3b - 4a) \sin x = \sin x$. $3a + 4b = 0, 3b - 4a = 1$ から $a = -4/25, b = 3/25$. ゆえに $y = (3 \sin x - 4 \cos x)/25$ は $y'' + 4y' + 4y = \sin x$ を満たす. したがって一般解は
$$y = C_1 e^{-2x} + C_2 x e^{-2x} + \frac{1}{25}(3 \sin x - 4 \cos x) + \frac{1}{2}(x - 1).$$

(3) $y'' + 2y' + 4y = 0$ の特性解は $\lambda = -1 \pm \sqrt{3} i$ であるからその一般解は $y = e^{-x} (C_1 \cos \sqrt{3} x + C_2 \sin \sqrt{3} x)$. 次に $y'' + 2y' + 4y = 7e^x$, $y'' + 2y' + 4y = -4x - 6$ の特殊解を求める. それぞれ $y = ae^x, y = bx + c$ を代入して，未定係数法（↪ p.167）を用いると, $a = 1, b = -1, c = -1$ を得る. よって特殊解は, $y = e^x, y = -x - 1$. ゆえに一般解は
$$y = e^{-x} (C_1 \cos \sqrt{3} x + C_2 \sin \sqrt{3} x) + e^x - x - 1.$$

(4) $y'' + y' = 0$ の一般解は $y = C_1 + C_2 e^{-x}$. $y_1 = 1, y_2 = e^{-x}$ として定数変化法（⇨ p.167）を用いると

$$u_1(x) = \int x \cos 2x \, dx = \frac{1}{2} x \sin 2x + \frac{1}{4} \cos 2x$$

$$u_2(x) = \int \frac{x \cos 2x}{-e^{-x}} dx = -\int x e^x \cos 2x \, dx$$

$$= \frac{e^x}{25}(4\sin 2x - 3\cos 2x) - \frac{1}{5} x e^x (\cos 2x + 2\sin 2x)$$

ゆえに一般解は

$$y = C_1 + C_2 e^{-x} + \frac{1}{2} x \sin 2x + \frac{1}{4}\cos 2x + \frac{1}{25}(4\sin 2x - 3\cos 2x) - \frac{x}{5}(\cos 2x + 2\sin 2x)$$

注意 $\int x e^x \cos 2x \, dx = (xe^x - e^x)\cos 2x + 2\int (xe^x - e_x)\sin 2x \, dx,$

$\int x e^x \sin 2x \, dx = (xe^x - e^x)\sin 2x - 2\int (xe^x - e^x)\cos 2x \, dx$

として $\int x e^x \cos 2x \, dx$ を計算すればよい．ここで $\int e^x \cos 2x \, dx = \frac{e^x}{5}(\cos 2x + 2\sin 2x),$

$\int e^x \sin 2x \, dx = \frac{e^x}{5}(\sin 2x - 2\cos 2x)$ を用いる（⇨ p.59 の例題 6）．

(5) $y'' + 2y' + y = 0$ の特性解は $\lambda = -1$（重複解）であるから一般解は $C_1 e^{-x} + C_2 x e^{-x}$. $y_1 = e^{-x}, y_2 = x e^{-x}$ として定数変化法（⇨ p.167）を用いると

$$u_1(x) = -\int \frac{xe^{-x} \cdot e^{-x} \log x}{e^{-2x}} dx = -\int x \log x \, dx = -\frac{x^2}{4}(2\log x - 1)$$

$$u_2(x) = \int \frac{e^{-x} \cdot e^{-x} \log x}{e^{-2x}} dx = \int \log x \, dx = x(\log x - 1)$$

ゆえに一般解は $y = C_1 e^{-x} + C_2 x e^{-x} + \frac{1}{2} x^2 e^{-x} \log x - \frac{3}{4} x^2 e^{-x}$.

(6) $y'' + 2y' + 10y = 0$ の特性解は $\lambda = -1 \pm 3i$ であるから一般解は $e^{-x}(C_1 \cos 3x + C_2 \sin 3x)$. $y_1 = e^{-x}\cos 3x, y_2 = e^{-x}\sin 3x$ として定数変化法（⇨ p.167）を用いると，

$$u_1(x) = \frac{-1}{3} \int \frac{\sin 3x}{\cos 3x} dx = \frac{1}{9}\log|\cos 3x|, \quad u_2(x) = \int \frac{dx}{3} = \frac{x}{3}.$$

ゆえに一般解は

$$y = e^{-x}(C_1 \cos 3x + C_2 \sin 3x) + \frac{e^{-x}}{9}\cos 3x \log|\cos 3x| + \frac{xe^{-x}}{3}\sin 3x$$

13.1 (1) $y = ux$ とおくと p.171 例題 13 と同様にして $x(1+x^2)u'' + 2u' = 0$. $u' = w$ とおけば

$$w' + \frac{2}{x(1+x^2)} w = 0, \quad \int \frac{2}{x(1+x^2)} dx = \int \left(\frac{2}{x} - \frac{2x}{1+x^2} \right) dx = \log x^2 - \log(1+x^2)$$

∴ $\log|w| + \log x^2 - \log(x^2+1) = \log C_1.$

ゆえに

$$\frac{u' x^2}{x^2 + 1} = C_1, \quad u' = C_1\left(1 + \frac{1}{x^2}\right), \quad u = C_1 x - \frac{C_1}{x} + C_2, \quad y = C_1(x^2 - 1) + C_2 x.$$

(2) $y = u\cos x$ とおくと $y' = u'\cos x - u\sin x$, $y'' = u''\cos x - 2u'\sin x - u\cos x$. 与式に代入して整理すれば

$$u''\cos x - u'\sin x = 0, \quad w'\cos x - w\sin x = 0 \quad (u' = w)$$

ゆえに，
$$\log w = -\log\cos x + C_0, \quad w = \frac{C_1}{\cos x} \quad (C_0 = \log C_1)$$
$$u = \int \frac{C_1}{\cos x} dx + C_2 = C_1 \log\left|\tan\left(\frac{x}{2} + \frac{\pi}{4}\right)\right| + C_2.$$
すなわち
$$y = C_1 \cos x \log\left|\tan\left(\frac{x}{2} + \frac{\pi}{4}\right)\right| + C_2 \cos x.$$

(3) $y = ue^x$ とおくと，$y' = u'e^x + ue^x$, $y'' = u''e^x + 2u'e^x + ue^x$. 与式に代入して整理すると
$$(x-3)u'' - (2x-3)u' = 0, \quad \frac{w'}{w} = \frac{2x-3}{x-3} \quad (w = u').$$
ゆえに
$$\log w = \int \frac{2x-3}{x-3} dx + C = 2x + 3\log(x-3) + C, \quad w = C'(x-3)^3 e^{2x}.$$
したがって
$$u = C' \int (x-3)^3 e^{2x} dx = C_1 e^{2x}(4x^3 - 42x^2 + 150x - 183) + C_2 \quad \text{(部分積分法)}$$
$$y = C_1 e^{3x}(4x^3 - 42x^2 + 150x - 183) + C_2 e^x \quad (C'/8 = C_1).$$

13.2 $y = x$ が与えられた微分方程式の解であることは明らかである．$y = ux$ とおくと $y' = u'x + u$, $y'' = u''x + 2u'$. これを与式に代入して，
$$u'' - \frac{1}{x} u' = 2 - \frac{1}{x}, \quad w' - \frac{1}{x} w = 2 - \frac{1}{x} \quad (w = u').$$
p.158 の 1 階線形微分方程式の解法により
$$w = \exp\left(\int \frac{dx}{x}\right) \left\{ \int \left(2 - \frac{1}{x}\right) \exp\left(-\int \frac{dx}{x}\right) dx + C \right\} = x \left(\int \left(\frac{2}{x} - \frac{1}{x^2}\right) dx + C \right)$$
$$= x \left(2\log x + \frac{1}{x} + C\right) = 2x\log x + 1 + Cx$$
$$u = \int (2x\log x + 1 + Cx) dx + C_2 = x^2 \log x + x + C_1 x^2 + C_2 \quad \left(\frac{C}{2} - \frac{1}{2} = C_1\right)$$
したがって，$y = x^3 \log x + x^2 + C_1 x^3 + C_2 x$.

15.1 (1) $p(x) = \dfrac{-x}{x-1}$, $q(x) = \dfrac{1}{x-1}$ とおくと $p(x) + xq(x) = 0$, $1 + p(x) + q(x) = 0$ であるから $y_1 = x$, $y_2 = e^x$ は p.172 の追記 6.2 の (i), (iii) より $y'' - \dfrac{x}{x-1} y' + \dfrac{1}{x-1} y = 0$ の特殊解である．したがって定数変化法が使える．$y_1 y_2' - y_1' y_2 = (x-1)e^x$ であるから，
$$u_1(x) = -\int \frac{(x-1)e^x}{(x-1)e^x} dx = -x, \quad u_2(x) = \int \frac{x(x-1)}{(x-1)e^x} dx = -(xe^{-x} + e^{-x}).$$
ゆえに一般解は
$$y = ax + be^x - x^2 - e^x(xe^{-x} + e^{-x}) = C_1 x + C_2 e^x - x^2 - 1 \quad (a - 1 = C_1, \, b = C_2).$$

(2) $p(x) = 0$, $q(x) = -2/x^2$ とすると $m(m-1) + mxp(x) + x^2 q(x)$ は $m = 2$, $m = -1$ のとき 0 となるから，$y_1 = x^2$, $y_2 = \dfrac{1}{x}$ は p.172 の追記 6.2 の (ii) より $y'' - \dfrac{2}{x^2} y = 0$ の特殊解である．$y_1 y_2' - y_1' y_2 = -3$ であるから
$$u_1(x) = -\int \frac{2/x}{-3} dx = \frac{2}{3} \log x, \quad u_2(x) = \int \frac{2x^2}{-3} dx = -\frac{2}{9} x^3.$$

ゆえに一般解は
$$y = ax^2 + \frac{b}{x} + \frac{2}{3}x^2 \log x - \frac{2}{9}x^3 \cdot \frac{1}{x} = C_1 x^2 + \frac{C_2}{x} + \frac{2}{3}x^2 \log x \quad \left(a - \frac{2}{9} = C_1, \, b = C_2\right).$$

15.2 (1) $-\frac{x+2}{x} + x \cdot \frac{x+2}{x^2} = 0$ であるから, p.172 追記 6.2 (i) によって $y = x$ は微分方程式 $y'' - \frac{x+2}{x}y' + \frac{x+2}{x^2}y = 0$ の特殊解である. $y = ux$ とおけば, $y' = u'x + u$, $y'' = u''x + 2u'$. これを与えられた方程式に代入して整理すれば $u'' - u' = xe^x$. これは定数係数線形微分方程式であるから p.167 の定数変化法で
$$u = C_1 + C_2 e^x + \left(\frac{1}{2}x^2 - x\right)e^x, \quad y = ux = C_1 x + C_2 x e^x + \left(\frac{1}{2}x^3 - x^2\right)e^x.$$

(2) 与式を変形して $y'' - \frac{2x+1}{x}y' + \frac{x+1}{x}y = \frac{x^2+x-1}{x}e^{2x}$. $p(x) = -\frac{2x+1}{x}$, $q(x) = \frac{x+1}{x}$ とおけば p.172 の追記 6.2 (iii) より, $1 + p(x) + q(x) = 0$ となるから, $y = e^x$ は同次微分方程式の特殊解である. いま $y = e^x u$ とおくと $y' = u'e^x + ue^x$, $y'' = u''e^x + 2u'e^x + ue^x$. これを与えられた微分方程式に代入して
$u'' - \frac{1}{x}u' = \frac{x^2+x-1}{x}e^x$, $w' - \frac{1}{x}w = \frac{x^2+x-1}{x}e^x$ $(w = u')$. これは 1 階線形微分方程式である.
$$w = \exp\left(\int \frac{dx}{x}\right) \left\{\int \left(x + 1 - \frac{1}{x}\right) e^x \exp\left(-\int \frac{dx}{x}\right) dx + C_1\right\} = xe^x + e^x + C_1 x.$$
$$u = \int (xe^x + e^x + C_1 x) dx + C_2 = xe^x + \frac{C_1}{2}x^2 + C_2.$$
ゆえに, $y = xe^{2x} + C_1 x^2 e^x + C_2 e^x$.

16.1 (1) $p(x) = \frac{4x}{x^2 - 1}$, $q(x) = \frac{x^2 + 1}{x^2 - 1}$ とおくと $q - \frac{1}{2}p' - \frac{1}{4}p^2 = 1$ となるから, 標準形 (⇨ p.174) は $u'' + u = 0$. これは定数係数 2 階線形微分方程式であるので, $u = C_1 \cos x + C_2 \sin x$. ここで $y = uv$ で,
$$v = \exp\left(\frac{1}{2}\int \frac{4x}{1-x^2} dx\right) = \exp\left(\int \left(\frac{1}{1-x} - \frac{1}{1+x}\right) dx\right) = \frac{1}{1-x^2}.$$
ゆえに $y = \frac{1}{1-x^2}(C_1 \cos x + C_2 \sin x)$ が一般解である.

(2) $p(x) = -\frac{2}{x}$, $q(x) = 9 + \frac{2}{x^2}$ とおけば $q - \frac{1}{2}p' - \frac{1}{4}p^2 = 9$ であるから, 標準形は $u'' + 9u = 0$. これは定数係数 2 階線形微分方程式であるので, これを解くと $u = C_1 \cos 3x + C_2 \sin 3x$. ここで $y = uv$ で, $v = \exp\left(\int \frac{dx}{x}\right) = x$ であるから, 一般解は $y = x(C_1 \cos 3x + C_2 \sin 3x)$.

(3) $p(x) = -8x$, $q(x) = 16x^2$ とおけば $q - \frac{1}{2}p' - \frac{1}{4}p^2 = 4$ であるから, 標準形は $u'' + 4u = 0$. これは定数係数 2 階線形微分方程式であるので, 一般解は $u = C_1 \cos 2x + C_2 \sin 2x$. $y = uv$ で
$$v = \exp\left(-\frac{1}{2}\int (-8x) dx\right) = e^{2x^2}.$$
一般解は $y = e^{2x^2}(C_1 \cos 2x + C_2 \sin 2x)$.

◆ 演習問題 6-A の解答

1. (1) $\frac{1}{x} - \frac{1}{\sqrt{1+y^2}}y' = 0$ であるから, $\int \frac{dx}{x} - \int \frac{dy}{\sqrt{1+y^2}} = C_1$.

したがって　$\log|x| - \log\left(y + \sqrt{1+y^2}\right) = C_1$, $y + \sqrt{1+y^2} = e^{-C_1}|x|$

$y - e^{-C_1}|x| = -\sqrt{1+y^2}$ として両辺を 2 乗して

$$y^2 - 2e^{-C_1}|x|y + e^{-2C_1}x^2 = 1 + y^2.$$

$$\therefore\ y = \frac{1}{2}\left(e^{-C_1}|x| - \frac{1}{e^{-C_1}|x|}\right) = \frac{1}{2}\left(Cx - \frac{1}{Cx}\right)\quad (C\ \text{は任意定数},\ \pm e^{-C_1} = C).$$

(2) 両辺を $y^2 + y \neq 0$ で割れば $\dfrac{1}{y^2+y}\dfrac{dy}{dx} = 2x$ となる．これは変数分離形である．左辺を部分分数分解し，両辺を x で積分すると $\log\left|\dfrac{y}{y+1}\right| = x^2 + C_0$ （C_0 は積分定数）となることから，改めて $C = \pm e^{C_0}$ とおくことによって

$$\frac{y}{y+1} = Ce^{x^2}\quad \text{すなわち}\quad y = \frac{Ce^{x^2}}{1 - Ce^{x^2}}\quad (C\ \text{は任意定数})\quad\cdots\text{①}$$

と一般解を得る．

$y^2 + y = 0$ つまり，$y = 0, y = -1$ も与えられた微分方程式の解である．① において $C = 0$ とすると $y = 0$ となり，$y = 0$ は一般解に含めて考える．しかし $y = -1$ は C にどのような値を代入しても得られないので $y = -1$ は特異解である．

(3) $ax + by + c = u$ とおくと $a + b\dfrac{dy}{dx} = \dfrac{du}{dx}$．ゆえに $\dfrac{1}{b}\left(\dfrac{du}{dx} - a\right) = \sqrt{u}$，したがって $\dfrac{du}{dx} = b\sqrt{u} + a$, $\dfrac{du}{b\sqrt{u}+a} = dx$．$\sqrt{u} = t$ とおいて左辺を計算すると $\dfrac{2}{b}\sqrt{u} - \dfrac{2a}{b^2}\log\left(b\sqrt{u}+a\right) = x + C$.

$$\frac{2}{b}\sqrt{ax+by+c} - \frac{2a}{b^2}\log\left(b\sqrt{ax+by+c}+a\right) = x + C\quad (C\ \text{は任意定数}).$$

(4) $xy = u$ とおくと $y + \dfrac{dy}{dx}x = \dfrac{du}{dx}$ となるから，元の微分方程式は $xy' + x + y = \dfrac{du}{dx} + x = 0$ となる．これは直接積分形なので，$u = -x^2/2 + C$．ゆえに $2xy + x^2 = C$ と解を得る．

(5) $xy = u$ とおくと，$y + \dfrac{dy}{dx}x = \dfrac{du}{dx}$ となるので $(u+1)\dfrac{du}{dx} - \dfrac{2u}{x} = 0$ を得る．これは変数分離形である．よって $\displaystyle\int\frac{u+1}{u}du = \int\frac{2}{x}dx + C$, $u + \log u = \log x^2 + C$．変数をもとにもどして，一般解は $xy + \log\dfrac{y}{x} = C$ となる．

2. (1) 連立方程式 $\begin{cases} 4x - y - 6 = 0 \\ 2x + y = 0 \end{cases}$ を解けば，$x = 1, y = -2$．$x = u+1, y = v-2$ とおいて与式を書きなおせば，

$$\frac{dv}{du} = \frac{4u - v}{2u + v} = \frac{4 - v/u}{2 + v/u}.$$

$\dfrac{v}{u} = w$ とおけば，$\dfrac{dv}{du} = w + u\dfrac{dw}{du}$, $w + u\dfrac{dw}{du} = \dfrac{4-w}{2+w}$, $u\dfrac{dw}{du} = \dfrac{4 - 3w - w^2}{2+w}$ を得る．

したがって　$\displaystyle\int\frac{w+2}{w^2+3w-4}dw = -\int\frac{du}{u} + C_1$

$$\frac{w+2}{w^2+3w-4} = \frac{w+2}{(w-1)(w+4)}$$ を部分分数に分解すると $\dfrac{3}{5}\dfrac{1}{w-1} + \dfrac{2}{5}\dfrac{1}{w+4}$ となる．よってこれを積分して
$$\frac{1}{5}\log|w-1|^3(w+4)^2 = -\log|u| + C_1$$
ゆえに $(w-1)^3(w+4)^2 u^5 = C$．これらを x, y の式になおして整理すれば，
$$\left(\frac{y+2}{x-1}-1\right)^3 \left(\frac{y+2}{x-1}+4\right)^2 (x-1)^5 = C, \quad (y-x+3)^3(4x+y-2)^2 = C.$$

(2) 与式から $\dfrac{dy}{dx} = \dfrac{y/x}{1+(y/x)^2}$．$\dfrac{y}{x} = u$ とおくと $u + x\dfrac{du}{dx} = \dfrac{u}{1+u^2}$ を得る．

ゆえに $x\dfrac{du}{dx} = -\dfrac{u^3}{1+u^2}$, $-\displaystyle\int\dfrac{1+u^2}{u^3}du = \int\dfrac{dx}{x} + C_1$．これを解いて x, y の式になおせば $y = Ce^{x^2/2y^2}$ を得る．

(3) 与えられた微分方程式は 1 階線形微分方程式である．
$$y = e^{\int 2dx}\left\{\int x^2 e^x e^{-\int 2dx}dx + C\right\} = e^{2x}\left(\int x^2 e^{-x}dx + C\right).$$
ここで
$$\int x^2 e^{-x}dx = -e^{-x}x^2 + 2\int e^{-x}xdx = -e^{-x}x^2 + 2\left(-e^{-x}x + \int e^{-x}dx\right)$$
$$= -e^{-x}x^2 - 2e^{-x}x - 2e^{-x}.$$
ゆえに，$y = e^{2x}\{C - e^{-x}(x^2+2x+2)\} = Ce^{2x} - (x^2+2x+2)e^x$．

(4) 与式は 1 階線形微分方程式である．よって
$$y = \exp\left(-2\int\tan x dx\right)\left\{\int\sin x\exp\left(2\int\tan x dx\right)dx + C\right\}$$
$$= e^{2\log|\cos x|}\left\{\int\sin x e^{-2\log|\cos x|}dx + C\right\} = \cos^2 x\left(\int\frac{\sin x}{\cos^2 x}dx + C\right)$$
$$= \cos^2 x\left(\frac{1}{\cos x} + C\right) = C\cos^2 x + \cos x.$$

(5) 与式はベルヌーイの微分方程式である．

$z = y^{-2}$ とおくと $\dfrac{dz}{dx} = -2y^{-3}\cdot\dfrac{dy}{dx}$, $\dfrac{dy}{dx} = -\dfrac{1}{2}y^3\dfrac{dz}{dx}$．これを与式に代入して整理すると $\dfrac{dz}{dx} + \dfrac{2}{x}z = -\dfrac{2}{x^2}$．ゆえに，1 階線形微分方程式となる．よって
$$z = \exp\left(-\int\frac{2}{x}dx\right)\left\{-\int\frac{2}{x^2}\exp\left(\int\frac{2}{x}dx\right)dx + C\right\}$$
$$= e^{-2\log x}\left\{-\int\frac{2}{x^2}e^{\log x^2}dx + C\right\} = \frac{1}{x^2}\left(-\int 2dx + C\right) = \frac{1}{x^2}(C - 2x).$$
ゆえに $x^2 = y^2(C - 2x)$．

(6) 与式はベルヌーイの微分方程式である．

$z = y^2$ とおくと $\dfrac{dz}{dx} = 2y\dfrac{dy}{dx}$．したがって $\dfrac{dz}{dx} + 2z = 2x$ が得られる．ゆえに 1 階線形微分方程式となる．よって

$$z = e^{-2\int dx}\left\{\int 2xe^{2\int dx}dx + C\right\} = e^{-2x}\left(2\int xe^{2x}dx + C\right)$$
$$= e^{-2x}\left(xe^{2x} - \frac{1}{2}e^{2x} + C\right) = Ce^{-2x} + x - \frac{1}{2}, \quad \text{ゆえに}, \quad y^2 = Ce^{-2x} + x - \frac{1}{2}.$$

3. $y' + y = u$ とおくと $y'' + y' = u'$. したがって $y'' = u' - y'$, $y = u - y'$. これを与式に代入して整理すると, $u' - y' - (u - y') = e^x$, $\quad \therefore \quad u' - u = e^x$

これは u についての 1 階線形微分方程式である. ゆえに

$$u = e^{\int dx}\left\{\int e^x e^{-\int dx}dx + C\right\} = e^x\left(\int e^x \cdot e^{-x}dx + C\right) = e^x\left(\int dx + C\right) = e^x(x + C_1).$$

したがって, $y' + y = e^x(x + C_1)$. これはまた 1 階線形微分方程式であるから

$$y = e^{-\int dx}\left\{\int e^x(x + C_1)e^{\int dx}dx + C_2\right\} = e^{-x}\left(\int xe^{2x}dx + C_1\int e^{2x}dx + C_2\right)$$
$$= e^{-x}\left(\frac{1}{2}xe^{2x} - \frac{1}{4}e^{2x} + \frac{C_1}{2}e^{2x} + C_2\right) = \frac{1}{2}xe^x + C_1'e^x + C_2e^{-x}.$$

4. (1) $\dfrac{\partial}{\partial y}\left(\dfrac{2x-y}{x^2+y^2}\right) = \dfrac{\partial}{\partial x}\left(\dfrac{2y+x}{x^2+y^2}\right) = \dfrac{y^2 - 4xy - x^2}{(x^2+y^2)^2}$ であり, 完全微分形である.

$$\int \frac{2x-y}{x^2+y^2}dx = \int \frac{2x}{x^2+y^2}dx - \int \frac{y}{x^2+y^2}dx = \log(x^2+y^2) - \tan^{-1}\frac{x}{y},$$
$$\int\left[\frac{2y+x}{x^2+y^2} - \frac{\partial}{\partial y}\left\{\log(x^2+y^2) - \tan^{-1}\frac{x}{y}\right\}\right]dy = 0.$$

ゆえに一般解は $\log(x^2+y^2) - \tan^{-1}\dfrac{x}{y} = C$ である.

(2) $\dfrac{\partial}{\partial y}(y^2 + e^x\sin y) = \dfrac{\partial}{\partial x}(2xy + e^x\cos y) = 2y + e^x\cos y$ で完全微分形であるから一般解は

$$\int(y^2 + e^x\sin y)dx + \int\left[2xy + e^x\cos y - \frac{\partial}{\partial y}\left\{\int(y^2 + e^x\sin y)dx\right\}\right]dy = C.$$

左辺 $= y^2x + e^x\sin y + \int\left\{2xy + e^x\cos y - \dfrac{\partial}{\partial y}(y^2x + e^x\sin y)dx\right\}dy = y^2x + e^x\sin y$

$$\therefore \quad y^2x + e^x\sin y = C.$$

(3) $p(x,y) = e^y + xe^y$, $q(x,y) = xe^y$ とすると, $\dfrac{\partial p}{\partial y} \neq \dfrac{\partial q}{\partial x}$ となるのでこのままでは完全微分形にならない. そこで積分因子を考える.

$$\frac{1}{q}\left(\frac{\partial p}{\partial y} - \frac{\partial q}{\partial x}\right) = \frac{1}{xe^y}\left\{\frac{\partial}{\partial y}(e^y + xe^y) - \frac{\partial}{\partial x}(xe^y)\right\} = 1$$

であるので積分因子は $e^{\int dx} = e^x$ である. これを両辺にかけて,
$$(1 + x)e^{x+y}dx + xe^{x+y}dy = 0.$$

ゆえに一般解は

$$\int(1+x)e^{x+y}dx + \int\left[xe^{x+y} - \frac{\partial}{\partial y}\left\{\int(1+x)e^{x+y}dx\right\}\right]dy = C, \quad \therefore \quad xe^{x+y} = C.$$

(4) $p(x,y) = \sqrt{x} + y$, $q(x,y) = 2x$ とすると, $\dfrac{\partial p}{\partial y} \neq \dfrac{\partial q}{\partial x}$ となるのでこのままでは完全微分形にならない. そこで積分因子を考える.
$$\dfrac{1}{q}\left(\dfrac{\partial p}{\partial y} - \dfrac{\partial q}{\partial x}\right) = -\dfrac{1}{2x}$$
となり, 積分因子は $e^{\int -1/(2x)dx} = \dfrac{1}{\sqrt{x}}$. これを両辺にかけて $\left(1 + \dfrac{y}{\sqrt{x}}\right)dx + 2\sqrt{x}\,dy = 0$.
$$\int \left(1 + \dfrac{y}{\sqrt{x}}\right)dx = x + 2\sqrt{x}\,y, \quad \int \left\{2\sqrt{x} - \dfrac{\partial}{\partial y}(x + 2\sqrt{x}\,y)\right\}dy = 0.$$
であるから, 一般解は $x + 2\sqrt{x}\,y = C$.

5. (1) $y'' - 4y' + 5y = 0$ は定数係数の 2 階線形微分方程式である. $\lambda^2 - 4\lambda + 5 = 0$ の特性解は $\lambda = 2 \pm i$ である. ゆえに $y = e^{2x}(C_1 \cos x + C_2 \sin x)$. $y_1 = e^{2x}\cos x$, $y_2 = e^{2x}\sin x$ として定数変化法を用いる. $y_1 y_2' - y_1' y_2 = e^{4x} \neq 0$ であるので
$$u_1(x) = \int \dfrac{(-e^{2x}\sin x)(xe^{2x}\cos x)}{e^{4x}}dx = -\dfrac{1}{2}\int x \sin 2x\,dx = \dfrac{1}{8}(2x\cos 2x - \sin 2x),$$
$$u_2(x) = \int \dfrac{(e^{2x}\cos x)(xe^{2x}\cos x)}{e^{4x}}dx = \dfrac{1}{2}\int x(1 + \cos 2x)dx = \dfrac{1}{8}(2x^2 + 2x\sin 2x + \cos 2x).$$
ゆえに一般解は
$$y = e^{2x}(C_1 \cos x + C_2 \sin x) + \dfrac{1}{8}e^{2x}\cos x(2x\cos 2x - \sin 2x)$$
$$+ \dfrac{1}{8}e^{2x}\sin x(2x^2 + 2x\sin 2x + \cos 2x).$$

(2) $y'' + n^2 y = 0$ は定数係数の 2 階線形微分方程式である. $\lambda^2 + n^2 = 0$ の特性解は $\lambda = \pm ni$ である. ゆえにこの一般解は $y = C_1 \cos nx + C_2 \sin nx$. $y_1 = \cos nx$, $y_2 = \sin nx$ とおいて, $y_1 y_2' - y_1' y_2 = n \neq 0$ であるので,
$$u_1(x) = -\dfrac{1}{n}\int \dfrac{\sin nx}{\cos nx}dx = \dfrac{1}{n^2}\log|\cos nx|, \quad u_2(x) = \dfrac{1}{n}\int dx = \dfrac{x}{n}.$$
ゆえに一般解は $y = C_1 \cos nx + C_2 \sin nx + \dfrac{\cos nx}{n^2}\log|\cos nx| + \dfrac{x}{n}\sin nx$.

6. $y = ue^{2x}$ とおくと, $y' = (u' + 2u)e^{2x}$, $y'' = (u'' + 4u' + 4u)e^{2x}$. これらを与式に代入すると, $u'' + \dfrac{2x+1}{x+1}u' = \dfrac{xe^{-x}}{x+1}$. これは u' に関して 1 階線形微分方程式である.
$$u' = \exp\left(-\int \dfrac{2x+1}{x+1}dx\right)\left\{\int \dfrac{xe^{-x}}{x+1} \cdot \exp\left(\int \dfrac{2x+1}{x+1}dx\right)dx + C_1\right\}$$
$$= \dfrac{x+1}{e^{2x}}\left\{\int \dfrac{xe^{-x}}{x+1} \cdot \dfrac{e^{2x}}{x+1}dx + C_1\right\} = \dfrac{x+1}{e^{2x}}\left(\dfrac{e^x}{x+1} + C_1\right) = e^{-x} + C_1 \dfrac{x+1}{e^{2x}}.$$
$$u = \int \left\{e^{-x} + C_1(x+1)e^{-2x}\right\}dx + C_2 = -e^{-x} - C_1 \dfrac{(2x+3)}{4}e^{-2x} + C_2.$$
ゆえに, $y = -e^x - \dfrac{C_1}{4}(2x+3) + C_2 e^{2x}$.

7. (1) 特殊解の発見法(ii) (⇨ p.172 追記 6.2) を用いる.

$p(x) = \dfrac{1}{x}$, $q(x) = -\dfrac{4}{x^2}$ とおくと $m(m-1) + mxp(x) + x^2 q(x)$ は $m = \pm 2$ のとき 0 となるから,$y_1 = x^2$, $y_2 = \dfrac{1}{x^2}$ は $y'' + \dfrac{1}{x}y' - \dfrac{4}{x^2}y = 0$ の特殊解である.$y_1 y_2' - y_1' y_2 = -4/x \neq 0$ であるから p.167 の定数変化法を用いる.

$$u_1(x) = -\int \frac{x \cdot 1/x^2}{-4/x} dx = \frac{x}{4}, \quad u_2(x) = \int \frac{x^2 \cdot x}{-4/x} dx = -\frac{x^5}{20}$$

ゆえに一般解は

$$y = C_1 x^2 + \frac{C_2}{x^2} + \frac{x^3}{4} - \frac{x^3}{20} = C_1 x^2 + \frac{C_2}{x^2} + \frac{x^3}{5}.$$

(2) 特殊解の発見法(ii) (⇨ p.172 追記 6.2) を用いる.

$y'' + \dfrac{1}{x}y' - \dfrac{1}{4x^2}y = 0$ と書き直して,$p(x) = \dfrac{1}{x}$, $q(x) = -\dfrac{1}{4x^2}$ とおく.

$$m(m-1) + m - \frac{1}{4} = 0 \quad \text{より} \quad m = \pm \frac{1}{2}$$

よって,$y = \sqrt{x}$ は1つの解である.$y = \sqrt{x}\, u$ とおくと与えられた微分方程式は $\dfrac{d^2 u}{dx^2} + \dfrac{2}{x}\dfrac{du}{dx} = 0$ となる.よって

$$\frac{du}{dx} = \frac{C}{x^2}, \quad \frac{y}{\sqrt{x}} = u = \int \frac{C}{x^2} dx + C_1 = C_1 + \frac{C_2}{x}, \quad y = C_1 \sqrt{x} + \frac{C_2}{\sqrt{x}}$$

$y = 1/\sqrt{x}$ とおいても同様の結果を得る.

(3) 特殊解の発見法(iii) (⇨ p.172 追記 6.2) を用いる.

$1 + p(x) + q(x) = 1 - \dfrac{x+3}{x} + \dfrac{3}{x} = 0$ の場合であり,$y = e^x$ は与えられた同次微分方程式の解である.$y = ue^x$ とおいて与えられた方程式を書き直すと,$\dfrac{d^2 u}{dx^2} + \left(1 - \dfrac{3}{x}\right)\dfrac{du}{dx} = x^3$ となる.ゆえに

$$\frac{du}{dx} = e^{-\int(1-3/x)dx} \left(\int x^3 e^{\int(1-3/x)dx} dx + C_1\right) = C_1 x^3 e^{-x} + x^3$$

$$\therefore \quad \frac{y}{e^x} = u = \int (C_1 x^3 e^{-x} + x^3) dx + C_2 = C_1 e^{-x}(x^3 + 3x^2 + 6x + 6) + \frac{x^4}{4} + C_2$$

$$\therefore \quad y = C_1(x^3 + 3x^2 + 6x + 6) + \frac{x^4 e^x}{4} + C_2 e^x$$

8. $t = \sin x$ とおけば $\dfrac{dt}{dx} = \cos x$, $\dfrac{d^2 t}{dx^2} = -\sin x$ であるから,

$$\frac{dy}{dx} = \frac{dy}{dt} \cdot \frac{dt}{dx} = \frac{dy}{dt} \cdot \cos x,$$

$$\frac{d^2 y}{dx^2} = \frac{d}{dx}\left(\frac{dy}{dt}\cos x\right) = \frac{d}{dx}\left(\frac{dy}{dt}\right) \cdot \cos x + \frac{dy}{dt} \cdot \frac{d}{dx}\cos x$$

$$= \frac{d}{dt}\left(\frac{dy}{dt}\right) \cdot \frac{dt}{dx} \cos x - \frac{dy}{dt} \sin x = \frac{d^2 y}{dt^2} \cos^2 x - \frac{dy}{dt}\sin x.$$

ゆえに

$$y'' + y' \tan x + y \cos^2 x = \frac{d^2 y}{dt^2} \cos^2 x - \frac{dy}{dt}\sin x + \left(\frac{dy}{dt} \cdot \cos x\right)\frac{\sin x}{\cos x} + y \cos^2 x = 0$$

まとめて,$\dfrac{d^2 y}{dt^2} + y = 0$.$y = C_1 \cos t + C_2 \sin t$,ゆえに

$$y = C_1 \cos(\sin x) + C_2 \sin(\sin x).$$

◆ **演習問題 6-B の解答**

1. 原点からの距離が 1 の直線は θ を任意定数として $x\cos\theta + y\sin\theta = 1$ と表される．x で微分すれば $\cos\theta + y'\sin\theta = 0, \cos\theta = -y'\sin\theta$．ゆえに
$$x(-y'\sin\theta) + y\sin\theta = 1, \quad (y - xy')\sin\theta = 1.$$
また，$(y')^2\sin^2\theta = \cos^2\theta = 1 - \sin^2\theta, \{(y')^2 + 1\}\sin^2\theta = 1$ となるから，
$$(y')^2 + 1 = (y - xy')^2.$$

2. $\{p(x)y - q(x)\}dx + dy = 0$ を完全微分形とみる．p.159 の ⑩ より $\dfrac{1}{q}\left(\dfrac{\partial p}{\partial y} - \dfrac{\partial q}{\partial x}\right) = \dfrac{1}{1}\left[\dfrac{\partial}{\partial y}\{p(x)y - q(x)\} - \dfrac{\partial}{\partial x}1\right] = p(x)$ は x だけの関数であるから，積分因子は $\exp\left(\displaystyle\int p(x)dx\right)$ である．したがって
$$\{p(x)y - q(x)\}\exp\left(\int p(x)dx\right)dx + \exp\left(\int p(x)dx\right)dy = 0$$
は完全微分形である．ゆえに一般解は
$$\int R(x,y)dx + \int\left\{\exp\left(\int p(x)dx\right) - \frac{\partial}{\partial y}\int R(x,y)dx\right\}dy = C$$
である．ここで
$$R(x,y) = \{p(x)y - q(x)\}\exp\left(\int p(x)dx\right)$$
とする．左辺を計算すれば
$$y\exp\left(\int p(x)dx\right) - \int q(x)\exp\left(\int p(x)dx\right)dx$$
であるから，一般解は
$$y = \exp\left(-\int p(x)dx\right)\left\{\int q(x)\exp\left(\int p(x)dx\right)dx + C\right\}$$
となる．

3. p.174 の例題 16 により標準形に変換する．$v(x) = \exp\left(-\dfrac{1}{2}\displaystyle\int(-4x)dx\right) = e^{x^2}$ より，$y = u(x)e^{x^2}$ とおく．
$$p(x) = -4x, \quad q(x) = 4x^2 - 18, \quad f(x) = xe^{x^2}$$
とおけば，
$$P(x) = q(x) - \frac{1}{2}p'(x) - \frac{1}{4}p(x)^2 = -16, \quad R(x) = \frac{f(x)}{v(x)} = \frac{xe^{x^2}}{e^{x^2}} = x$$
以上のことから，標準形
$$u'' - 16u = x \qquad\qquad\qquad \cdots ①$$
が得られる．これは定数係数 2 階線形微分方程式であるので，p.167 の解法 (II) を用いる．①の同次方程式 $u'' - 16u = 0$ の特性方程式は
$$\lambda^2 - 16 = (\lambda - 4)(\lambda + 4) = 0$$
である．ゆえに
$$y_1 = e^{4x}, \quad y_2 = e^{-4x}$$
は，同次方程式の一次独立な解で，$y_1 y_2' - y_1' y_2 = -8 \neq 0$ である．よって
$$u_1 = \int \frac{-xe^{-4x}}{-8}dx = -\frac{1}{32}e^{-4x}\left(x + \frac{1}{4}\right), \quad u_2 = \int \frac{xe^{4x}}{-8}dx = -\frac{1}{32}e^{4x}\left(x - \frac{1}{4}\right)$$

$$\therefore \quad Y(x) = -\frac{1}{32}e^{-4x}\left(x+\frac{1}{4}\right)e^{4x} - \frac{1}{32}e^{4x}\left(x-\frac{1}{4}\right)e^{-4x} = -\frac{x}{16}$$

したがって，求める一般解は，

$$y = u(x)e^{x^2} = \left(C_1 e^{4x} + C_2 e^{-4x} - \frac{x}{16}\right)e^{x^2} \quad (C_1, C_2 \text{ は任意定数})$$

4.
$$x^2 y'' + axy' + by = 0 \quad \cdots \text{①}$$

において $x = e^t$ と変数変換すると，$t = \log x$ で

$$\frac{dy}{dx} = \frac{dy}{dt}\frac{dt}{dx} = \frac{1}{x}\frac{dy}{dt}$$

$$\frac{d^2y}{dx^2} = \frac{d}{dt}\left(\frac{1}{x}\frac{dy}{dt}\right)\frac{dt}{dx} = \left\{\frac{d}{dt}\left(\frac{1}{x}\right)\frac{dy}{dt} + \frac{1}{x}\frac{d^2y}{dt^2}\right\}\frac{dt}{dx}$$

$$= \left(-\frac{1}{x}\frac{dy}{dt} + \frac{1}{x}\frac{d^2y}{dt^2}\right)\frac{1}{x} = \left(\frac{d^2y}{dt^2} - \frac{dy}{dt}\right)\frac{1}{x^2}$$

これを与えられた微分方程式に代入して整理すれば，

$$\frac{d^2y}{dt^2} + (a-1)\frac{dy}{dt} + by = 0 \quad \cdots \text{②}$$

となる．これは定数係数の微分方程式である．この特性方程式は

$$\lambda^2 + (a-1)\lambda + b = 0 \quad \cdots \text{③}$$

であるから，p.167 の解法により，② すなわち ① の一般解は次のようになる．

(1) ③ が相異なる 2 実数解 α, β をもつとき，$y = C_1 e^{\alpha t} + C_2 e^{\beta t} = C_1 x^\alpha + C_2 x^\beta$

(2) ③ が重複解 α (実数) をもつとき，$y = C_1 e^{\alpha t} + C_2 t e^{\alpha t} = x^\alpha (C_1 + C_2 \log x)$

(3) ③ が虚数解 $p \pm qi \, (q \neq 0)$ をもつとき，

$$y = C_1 e^{pt} \cos qt + C_2 e^{pt} \sin qt = C_1 x^p \cos(q \log x) + C_2 x^p \sin(q \log x)$$

5. $32x^3 + 27y^4 = 0 \cdots \text{①}$ が $y = 2x\dfrac{dy}{dx} + y^2\left(\dfrac{dy}{dx}\right)^3 \cdots \text{②}$ の解であることを示す．

① の両辺を x で微分すると $96x^2 + 108y^3\dfrac{dy}{dx} = 0$ すなわち $\dfrac{dy}{dx} = -\dfrac{8x^2}{9y^3} \cdots \text{③}$ となる．

また ① より $x^3 = -\dfrac{3^3}{2^5}y^4 \cdots \text{④}$ である．

③, ④ を ② の右辺に代入すると

$$\text{右辺}: 2x\frac{dy}{dx} + y^2\left(\frac{dy}{dx}\right)^3 = 2x\left(-\frac{8x^2}{9y^3}\right) + y^2\left(-\frac{8x^2}{9y^3}\right)^3 = -\frac{2^4}{3^2}\frac{x^3}{y^3} - \frac{2^9}{3^6}\frac{x^6}{y^7} = \frac{3}{2}y - \frac{1}{2}y$$

$$= y : \text{左辺}$$

となって，与えられた微分方程式が成り立つので，$32x^3 + 27y^4 = 0$ が ② の解になることがわかる．

注意 ここで「解」と呼んだ式は $y = f(x)$ の形になっていないが，この式から導かれる陰関数 (のうち微分可能なもの) は ③ を満たすので上の計算から ② を満たすことがわかる．すなわち，その陰関数が ② の解であることがわかる．

一般にこのようなとき，単に「$32x^3 + 27y^4 = 0$ は ② の解である」という．

索　引

あ 行

アステロイド　30, 33
1 階線形微分方程式　158
一般解　153
一般項　1
陰関数　115
上に凹　43
上に凸　43
上に有界　1
ウォリスの公式　83
円柱座標　152
円柱面　126
オイラーの定理　124
オイラーの微分方程式　176

か 行

カーディオイド　33, 94
解　153
解曲線　153
開集合　100
階数　153
外点　100
回転体の体積　91
回転体の表面積　92
確定である　1
確定でない　1
下限　73
カテナリー　33
加法性　133
完全微分形　159
ガンマ関数　89, 144
逆関数　18
逆三角関数　18
逆数置換法　70
級数の和　6
境界条件　155
境界点　100
狭義の減少　42
狭義の減少関数　18
狭義の増加　42
狭義の増加関数　18
極　90
極限値　1, 16, 101
極座標　90
極座標系　90
極座標表示　91
極小　114
極小値　42, 114
曲線群　116
曲線の特異点, 116

極大　114
極大値　42, 114
極値　42, 114
極方程式　90
曲面積　146
距離　100
近似増加列　138
区間で連続　17
クレローの微分方程式　158
原始関数　52
減少　42
減少関数　18
高位の無限小　17
広義積分　84
広義の 2 重積分　139
交項級数　11
高次導関数　25
高次偏導関数　108
項別積分　14
項別積分可能　14
項別微分　14
項別微分可能　14
コーシーの剰余項　35
コーシーの判定法　6
コーシーの平均値の定理　34
固有解　167
固有方程式　167

さ 行

サイクロイド　33, 93
最小値　43
最大値　43
3 重積分　146
3 次（階）導関数　24
三葉線　33, 94
始線　90
自然対数の底　3
下に凹　43
下に凸　43
下に有界　1
重心　243
収束　100
収束域　11
収束する　1, 6, 84
収束半径　11
シュワルツの不等式　99

上限　73
条件収束する　11
常微分方程式　153
剰余項　35
初期条件　153
初等関数　54
初等超越関数　54
助変数　116
心臓形　33, 94
振動する　1, 6
シンプソンの公式　92
数列　1
スターリングの公式　83
正規密度関数の積分　143
整級数　11
正項級数　6
斉次　153
正の無限大　1
正の無限大に発散する　6
星芒形　30, 33, 93
正葉線　33
ゼータ級数　8
積分因子　159
積分可能　73
積分曲線　153
積分する　52
積分定数　52
積分判定法　6
積分領域　132
接線の方程式　24
絶対収束する　11
接平面　107
漸化式　62
線形性　133
線形微分方程式　153
全微分　107
全微分可能　106
増加　42
増加関数　18
双曲正弦関数　23
双曲正接関数　23
双曲線関数　23, 29
双曲余弦関数　23

た 行

第 n 項　1
第 n 部分和　6
第 1 種楕円積分　93
台形公式　92
代数関数　54
対数微分法　29
体積　91, 146
第 2 種楕円積分　93
楕円　93
多変数関数　102
ダランベールの判定法　6
単調減少　1
単調性　133
単調増加　1
置換積分法　53, 74
中間値の定理　18
調和級数　8
直線の方向比　128
直線の方向余弦　128
直線の方程式　130
直交曲線群　166
直交座標表示　91
直交条件　130, 131
直交する　76
定義域　100
定数変化法　40, 167, 168
定積分　73, 132
定積分の平均値の定理　74
テイラー級数　36
テイラーの定理　35
ディリクレの変換　137
デカルトのホリアム　33
点 A で連続　102
点で連続　17
同位の無限小　17
導関数　24
同次　153, 158
同次形　157
同伴方程式　167
特異解　153
特異積分　84, 85
特異点　84
特殊解　153, 155
特性解　167
特性方程式　167

な 行

内積　76
内点　100
2 階同次微分方程式　167
2 項級数　36
2 次 (階) 導関数　24

2 次偏導関数　108
2 重積分　132
2 変数のテイラーの定理　114
2 変数の平均値の定理　114
2 変数のマクローリンの定理　114
2 変数 x, y の関数　100
ニュートン法　48
ネイピアの数　3
ノルム　76

は 行

媒介変数　25
媒介変数表示　91
はさみうちの定理　1, 16, 101
発散する　1, 6, 84
パラボラ　33, 94
パラメータ　25, 116
比較判定法　6
被積分関数　73, 132
左側極限値　16
左側微分係数　24
左側連続　17
非同次　158
微分可能　24
微分係数　24
微分積分学の基本定理　74
微分方程式　153
標準形　174
表面積　146
不定積分　52
不定形　2, 36
負の無限大　1
負の無限大に発散する　6
部分積分法　53, 74
部分分数分解　53, 60
不連続　17, 102
平均値の定理　34
閉区間で連続　17
平行条件　130, 131
閉集合　100
閉領域　100
ベータ関数　87, 144
べき級数　11
ヘルダーの不等式　99
ベルヌーイの微分方程式　158
変曲点　43
変数分離形　157
変数変換　150
偏導関数　106
偏微分可能　106
偏微分係数　106
偏微分作用素　108
偏微分する　106
偏微分法　106

偏微分方程式　153
法線の方程式　24
放物線　33
放物面　127
包絡線　116
補集合　100

ま 行

マクローリン級数　36
マクローリンの定理　35
右側極限値　16
右側微分係数　24
右側連続　17
未定係数法　167
無限小　17
無限積分　84, 85
面積　90

や 行

ヤコビアン　138
ヤコビ行列式　138
有界　1
有界閉領域　100

ら 行

ライプニッツの公式　26
ラグランジュの剰余項　35
ラグランジュの未定乗数法　116
ラプラシアン　113
リーマン和　73, 132, 150
領域　100
累次積分　133, 150
ルジャンドルの関数　32
レムニスケート　33, 94, 121
連珠形　33, 94, 121
連続　17
ロピタルの定理　36
ロルの定理　34
ロンスキアン　168
ロンスキー行列式　168

欧 字

$-\infty$　1
∞　1
D で連続　102
k 位の無限小　17
n 階線形常微分方程式　153
n 次 (階) 導関数　24
x に関して単純な領域　133
y に関して単純な領域　134

著 者 略 歴

寺　田　文　行
（てら　だ　ふみ　ゆき）

1948 年　東北帝国大学理学部数学科卒業
2016 年　逝去
　　　　早稲田大学名誉教授

坂　田　洀
（さか　た　ひろし）

1957 年　東北大学大学院理学研究科数学専攻 (修士課程) 修了
現　在　岡山大学名誉教授

新版 演習数学ライブラリ＝2

新版 演習 微分積分

2009 年　7 月 10 日 ⓒ	初 版 発 行
2024 年　5 月 25 日	初版第14刷発行

著　者	寺田文行	発行者	森平敏孝
	坂田　洀	印刷者	篠倉奈緒美
		製本者	小西惠介

発行所　　株式会社　サイエンス社

〒 151-0051　東京都渋谷区千駄ヶ谷 1 丁目 3 番 25 号
営業 ☎ (03) 5474-8500（代）振替 00170-7-2387
編集 ☎ (03) 5474-8600（代）
FAX ☎ (03) 5474-8900

印刷　　（株）ディグ　　　　　製本　ブックアート

《検印省略》

本書の内容を無断で複写複製することは，著作者および
出版者の権利を侵害することがありますので，その場合
にはあらかじめ小社あて許諾をお求め下さい．

サイエンス社のホームページのご案内
https://www.saiensu.co.jp
ご意見・ご要望は
rikei@saiensu.co.jp まで．

ISBN978-4-7819-1228-8

PRINTED IN JAPAN

積 分 公 式

(1) $\displaystyle \int \frac{dx}{x^2+a^2} = \frac{1}{a}\tan^{-1}\frac{x}{a} \quad (a \neq 0)$

(2) $\displaystyle \int \frac{dx}{x^2-a^2} = \frac{1}{2a}\log\left|\frac{x-a}{x+a}\right| \quad (a \neq 0)$

(3) $\displaystyle \int \frac{dx}{\sqrt{a^2-x^2}} = \sin^{-1}\frac{x}{a} \quad (a>0)$

(4) $\displaystyle \int \frac{dx}{\sqrt{x^2+a}} = \log\left|x+\sqrt{x^2+a}\right| \quad (a \neq 0)$

(5) $\displaystyle \int \sqrt{a^2-x^2}\,dx = \frac{1}{2}\left(x\sqrt{a^2-x^2}+a^2\sin^{-1}\frac{x}{a}\right) \quad (a>0)$

(6) $\displaystyle \int \sqrt{x^2+a^2}\,dx = \frac{1}{2}\left\{x\sqrt{x^2+a^2}+a^2\log\left(x+\sqrt{x^2+a^2}\right)\right\} \quad (a \neq 0)$

(7) $\displaystyle \int \frac{A}{(x-a)^n}\,dx = \begin{cases} A\log|x-a| & (n=1) \\ \dfrac{A}{-n+1}(x-a)^{-n+1} & (n \neq 1) \end{cases}$

(8) $\displaystyle \int \frac{Bx+C}{(x^2+px+q)^n}\,dx \quad (p^2-4q<0).$ ここで $x+\dfrac{p}{2}=t,\ q-\dfrac{p^2}{4}=a^2$ とおくと, (8) は次の (8_1), (8_2) に帰着される.

(8_1) $\displaystyle \int \frac{t}{(t^2+a^2)^n}\,dt = \begin{cases} \dfrac{1}{2}\log|t^2+a^2| & (n=1) \\ \dfrac{1}{2(-n+1)}(t^2+a^2)^{-n+1} & (n \neq 1) \end{cases}$

(8_2) $\displaystyle I_n = \int \frac{dt}{(t^2+a^2)^n}$ とおくと $(a \neq 0)$,

$$I_1 = \frac{1}{a}\tan^{-1}\frac{t}{a}$$

$$I_n = \frac{1}{a^2}\left\{\frac{t}{(2n-2)(t^2+a^2)^{n-1}} + \frac{2n-3}{2n-2}I_{n-1}\right\} \quad (n \geq 2)$$

(9) $\displaystyle \int_0^{\pi/2} \sin^n x\,dx = \int_0^{\pi/2} \cos^n x\,dx = \begin{cases} \dfrac{n-1}{n}\dfrac{n-3}{n-2}\cdots\dfrac{4}{5}\dfrac{2}{3} & (n \geq 2,\ 奇数) \\ \dfrac{n-1}{n}\dfrac{n-3}{n-2}\cdots\dfrac{3}{4}\dfrac{1}{2}\dfrac{\pi}{2} & (n \geq 2,\ 偶数) \end{cases}$